普通高等学校计算机教育
"十二五"规划教材

卓越工程师培养计划推荐教材
——软件开发类

网页设计与开发——
HTML、CSS、JavaScript

■ 王维虎 宫婷 主编 ■ 索南楞智 刘萍 吴清寿 副主编

U0337140

人民邮电出版社
北京

图书在版编目（CIP）数据

网页设计与开发 ：HTML、CSS、JavaScript / 王维
虎，宫婷主编． -- 北京 ：人民邮电出版社，2014.7（2015.12 重印）
普通高等学校计算机教育"十二五"规划教材
ISBN 978-7-115-35259-0

Ⅰ．①网… Ⅱ．①王… ②宫… Ⅲ．①超文本标记语
言－程序设计－高等学校－教材②网页制作工具－高等学
校－教材③JAVA语言－程序设计－高等学校－教材 Ⅳ.
①TP312②TP393.092

中国版本图书馆CIP数据核字(2014)第083298号

内 容 提 要

　　本书作为 Web 基础课程的教材，系统全面地介绍了 Web 基础开发所涉及的 HTML+CSS+JavaScript
的各类知识。全书共分 21 章，内容包括网页设计基础、初识 HTML、HTML 中的表格、表单的使用、图
形图像处理技术、多媒体播放技术、HTML 高级应用、CSS 概述、CSS 中的选择器、CSS 常用属性、CSS
中的变形与动画、JavaScript 概述、JavaScript 语言基础、函数及其使用、JavaScript 对象编程、JavaScript
中的事件处理、JavaScript 高级应用、Ajax 技术的使用、jQuery 技术、综合案例——企业门户网站、课程
设计——旅游网站前台。全书每章内容都与实例紧密结合，有助于学生理解知识、应用知识，达到学以致
用的目的。

　　本书附有配套 DVD 光盘，光盘中提供有本书所有实例、综合实例、实验、综合案例和课程设计的源代
码、制作精良的电子课件 PPT 及教学录像、《Java Web 编程词典（个人版）》体验版学习软件。其中，
源代码全部经过精心测试，能够在 WindowsXP、Windows 2003、Windows 7 系统下编译和运行。

　　本书可作为应用型本科计算机专业、软件学院、高职软件专业及相关专业的教材，同时也适合 Web
爱好者、初、中级的 Web 程序开发人员参考使用。

◆　主　　编　王维虎　　宫　婷
　　副 主 编　索南楞智　刘　萍　吴清寿
　　责任编辑　张立科
　　执行编辑　刘　博
　　责任印制　彭志环　杨林杰

◆　人民邮电出版社出版发行　　北京市丰台区成寿寺路 11 号
　　邮编　100164　　电子邮件　315@ptpress.com.cn
　　网址　http://www.ptpress.com.cn
　　三河市海波印务有限公司印刷

◆　开本：787×1092　1/16
　　印张：27.25　　　　　　　　2014 年 7 月第 1 版
　　字数：712 千字　　　　　　2015 年 12 月河北第 2 次印刷

定价：59.80 元（附光盘）

读者服务热线：(010)81055256　印装质量热线：(010)81055316
反盗版热线：(010)81055315
广告经营许可证：京崇工商广字第 0021 号

前言

随着 Internet 的迅速发展，网页设计技术已成为学习计算机的重要内容之一。在这种形式的驱动下也出现了很多网页设计软件。这些软件的功能相当强大，使用非常方便。但不管是哪一种软件，到最后都是将所设计的网页转化为 HTML、CSS、JavaScript 或其他动态网页。所以要成为一种优秀的网页设计者，必须对 HTML、CSS、JavaScript 以及其他流行的网页前台技术如 Ajax、jQuery 等有很深入的了解。这样才能更加充分地发挥想象力，设计出更令客户满意的作品。目前，无论是高校的计算机专业还是 IT 培训学校，都将 HTML+CSS+JavaScript 作为 Web 基础教学内容之一，这对于培养学生的计算机应用能力具有非常重要的意义。

在当前的教育体系下，实例教学是计算机语言教学的最有效的方法之一，本书将 HTML+CSS+JavaScript 知识和实用的实例有机结合起来，一方面，跟踪 HTML、CSS 和 JavaScript 的发展，适应市场需求，精心选择内容，突出重点、强调实用，使知识讲解全面、系统；另一方面，设计典型的实例，将实例融入知识讲解中，使知识与实例相辅相成，既有利于学生学习知识，又有利于指导学生实践。另外，本书在每一章的后面还提供了习题和实验，方便读者及时验证自己的学习效果（包括理论知识和动手实践能力）。

本书作为教材使用时，课堂教学建议 40～45 学时，实验教学建议 24～30 学时。各章主要内容和学时建议分配如下，老师可以根据实际教学情况进行调整。

章	主 要 内 容	课堂学时	实验学时
第 1 章	网页设计基础，包括万维网概述、HTML 语言、网页设计相关概念、网页的开发工具和浏览工具、网页制作相关技术	1	
第 2 章	初识 HTML，包括 HTML 概述、文字标记、段落标记、超链接标记、图片标记列表标记、综合实例——个性的留言	2	1
第 3 章	HTML 中的表格，包括绘制表格、行标记\<tr\>及属性、单元格标记\<td\>属性、表头标记\<th\>属性、表格的结构标记、综合实例——制作一份个人简历	2	1
第 4 章	表单的使用，包括什么是表单、表单标记\<form\>、输入标记\<input\>、文本域标记\<textarea\>、菜单和列表标记\<select\>，\<option\>、综合实例——制作注册页面	3	1
第 5 章	图形图像处理技术，包括 Canvas 的基础知识、在画布中使用路径、运用样式与颜色、绘制渐变图形、组合多个图形、给图形绘制阴影、图像的应用、绘制文字、保存与恢复状态、文件的保存、对画布绘制实现动画、综合实例——绘制五角星	3	2
第 6 章	多媒体播放技术，包括 HTML 多媒体概述、多媒体元素基本属性、多媒体元素常用方法、多媒体元素重要事件、综合实例——在 HTML 文档中播放音频	2	1
第 7 章	HTML 高级应用，包括 WebSQL 数据库基础、本地缓存的更新及状态检测、检测在线状态、使用 Web Workers 处理线程、综合实例——应用本地数据库实现留言本	2	2
第 8 章	CSS 概述，包括 CSS 发展概述、CSS 模块化简介、主流浏览器对 CSS 的支持、一个简单的 CSS 示例、综合实例——用 CSS 控制登录页面样式	1	1

续表

章	主 要 内 容	课堂学时	实验学时
第9章	CSS 中的选择器，包括选择器概述、属性选择器、伪类选择器及伪元素、通用兄弟元素选择器、综合实例——随机改变页面的背景色	2	1
10章	CSS 常用属性，包括 text-shadow 属性、文本相关属性、背景相关属性、边框相关属性、内外边距的相关属性、尺寸相关属性、定位相关属性、表格相关属性、综合实例——设计隔行变色的单线表格	3	1
第11章	CSS 中的变形与动画，包括 2D 变换、过渡效果、Animation 动画、综合实例——模拟进度条效果	2	2
第12章	JavaScript 概述，包括 JavaScript 概貌、搭建 JavaScript 开发环境、编写 JavaScript 的工具、JavaScript 在 HTML 中的使用、综合实例——用 JS 输出中文字符串	1	1
第13章	JavaScript 语言基础，包括 JavaScript 语法前奏、常用的几种 JavaScript 数据结构、数据是如何分类的——数据类型、运算符、JavaScript 流程控制语句、字符串处理技术、JavaScript 中的数组对象、综合实例——使用数组存储商品信息	3	2
第14章	函数及其使用，包括函数的定义、函数的调用、几种特殊的函数、综合实例——显示系统时间	2	1
第15章	JavaScript 对象编程，包括 Window 窗口对象、Document 文档对象、JavaScript 与表单操作、DOM 对象、综合实例——通过 JS 操作 XML 实现分页	3	2
第16章	JavaScript 中的事件处理，包括事件与事件处理概述、DOM 事件模型、鼠标键盘事件、页面事件、表单事件、综合实例——限制文本框的输入	2	1
第17章	JavaScript 高级应用，包括创建和使用 Cookie、JavaScript 中的图像处理嵌入式插件的使用、文件处理及页面打印、综合实例——将页面中的表格导出到 Word 并打印	2	2
第18章	Ajax 技术的使用，包括 Ajax 成功案例、Ajax 开发模式与传统开发模式的比较、Ajax 技术特点、Ajax 使用的技术、XMLHttpRequest 对象、Ajax 的重构、综合实例——多级联动下拉列表	3	2
第19章	jQuery 技术，包括 jQuery 概述、jQuery 下载与配置、jQuery 的插件、jQuery 选择器、jQuery 控制页面、jQuery 的事件处理、jQuery 的动画效果、综合实例——隔行换色并且鼠标指向行变色的表格	3	2
第20章	综合案例——企业门户网站，包括概述、系统设计、关键技术、系统主要模块开发、小结	2	1
第21章	课程设计——旅游网站前台，包括课程设计目的、功能描述、网站总体设计、实现过程、课程设计总结	2	1

由于编者水平有限，书中难免存在疏漏和不足之处，敬请广大读者批评指正，使本书得以改进和完善。

编　者

2013 年 12 月

目 录

第1章
网页设计基础

本章要点：
- 什么是万维网
- 网页设计的相关概念
- 常用的网页开发工具
- 常用的网页浏览工具
- 网页开发技术

随着网络技术的迅猛发展，国内外的信息化建设已经进入以 Web 应用为核心的阶段。作为即将进入 Web 应用开发阵营的准程序员，首先需要对 Web 网页开发的基础有所了解。本章将对万维网、HTML 语言、网页设计相关概念、网页开发工具、网页浏览工具及常见的网页开发技术进行介绍。

1.1　万维网概述

万维网是一种基于超文本方式工作的信息系统。作为一个能够处理文字、图像、声音和视频等多媒体信息的综合系统，它提供了丰富的信息资源，这些信息资源通常表现为以下三种形式。
- 超文本（hypertext）

超文本是一种全局性的信息结构，它将文档中的不同部分通过关键字建立链接，使信息得以用交互方式搜索。
- 超媒体（hypermedia）

超媒体是超文本（hypertext）和多媒体在信息浏览环境下的结合，有了超媒体，用户不仅能从一个文本跳到另一个文本，而且可以显示图像、播放动画、音频和视频等。
- 超文本传输协议（HTTP）

超文本传输协议是超文本在互联网上的传输协议。

1.2　HTML 语言

HTML 是一种在因特网上常见的网页制作标注性语言，而并不能算作一种程序设计语言，因为它相对于程序设计语言来说缺少了其所应有的特征。HTML 是通过浏览器的解释，将网页中的内容呈现给用户。

HTML 语言是一种简易的文件交换标准,有别于物理的文件结构,它旨在定义文件内的对象和描述文件的逻辑结构,而并不定义文件的显示。由于 HTML 所描述的文件具有极高的适应性,所以特别适合于 WWW 的出版环境。

HTML 是纯文本类型的语言,使用 HTML 编写的网页文件也是标准的纯文本文件。我们可以用任何文本编辑器打开它,例如 Windows 的"记事本"程序,来查看其中的 HTML 源代码。也可以用浏览器打开网页时,单击鼠标右键,选择"查看源文件"选项来查看其中的 HTML 源代码。HTML 文件可以直接由浏览器解释执行,而无需翻译。当使用浏览器打开一个网页时,浏览器通过读取网页中的 HTML 代码,分析其中的语法结构,然后根据解释的结果显示网页的内容,正是因为如此,网页显示的速度同页面代码的质量有很大的关系,因此保持精简和高效的 HTML 源代码是十分重要的。

1.3　网页设计相关概念

本节将对网页设计相关的几个基本概念进行介绍,主要包括超链接、统一资源定位器、网站、网页、首页等。

1.3.1　超链接

简单来讲,超链接就是指按内容链接。超链接在本质上属于一个网页的一部分,它是一种允许同其他网页或站点之间进行连接的元素。各个网页链接在一起后,才能真正构成一个网站。所谓的超链接是指从一个网页指向一个目标的连接关系,这个目标可以是另一个网页,也可以是相同网页上的不同位置,还可以是一个图片、一个电子邮件地址、一个文件,甚至是一个应用程序。而在一个网页中用来链接的对象,可以是一段文本或者是一个图片。当浏览者单击已经添加链接的文字或图片后,链接目标将显示在浏览器上,并且根据目标的类型来打开或运行。

1.3.2　统一资源定位器

统一资源定位器又称统一资源定位符(Uniform Resource Locator,URL),它包含如何访问 Internet 上资源的明确指令,是用于完整地描述 Internet 上网页和其他资源地址的一种标识方法。

1.3.3　网站

网站(Website)开始是指在因特网上,根据一定的规则,使用 HTML 等制作的用于展示特定内容的相关网页的集合。简单地说,网站是一种通讯工具,人们可以通过网站来发布自己想要公开的资讯,或者利用网站来提供相关的网络服务。衡量一个网站的性能通常从网站的空间大小、网站位置、网站连接速度(俗称"网速")、网站软件配置、网站提供服务等几方面考虑,最直接的衡量标准是这个网站的真实流量。

1.3.4　网页

网页是指网站中的任何一个页面,通常是 HTML 格式(文件扩展名为 html、htm、asp、aspx、php 或 jsp 等),网页通常用图像来提供图画,使用网页浏览器来进行浏览。

网页是构成网站的基本元素，是承载各种网站应用的平台。通俗地说，您的网站就是由网页组成的，如果您只有域名和虚拟主机而没有制作任何网页的话，您的客户仍旧无法访问您的网站。

网页是一个文件，它存放在世界某个角落的某一部计算机中，而这部计算机必须是与互联网相连的。网页经由网址（URL）来识别与存取。

1.3.5　首页

首页，又称主页或起始页，是用户打开网站时默认打开的一个或多个网页。首页也可以指一个网站的入口网页，即打开网站后看到的第一个页面，大多数作为首页的文件名是 index、default 或 main 加上扩展名。

1.4　网页的开发工具和浏览工具

本节主要对网页制作的常用开发工具和浏览工具进行介绍。

1.4.1　网页开发工具

常用的网页开发工具有 Dreamweaver、Visual Studio、Eclipse 等，下面分别对它们进行简单介绍。

1．Dreamweaver

Dreamweaver 是一个专门制作网页的工具，使用它可以创建 HTML 网页、ASP 网页、PHP 网页等，它的最新版本是 Dreamweaver CS6，效果如图 1-1 所示。

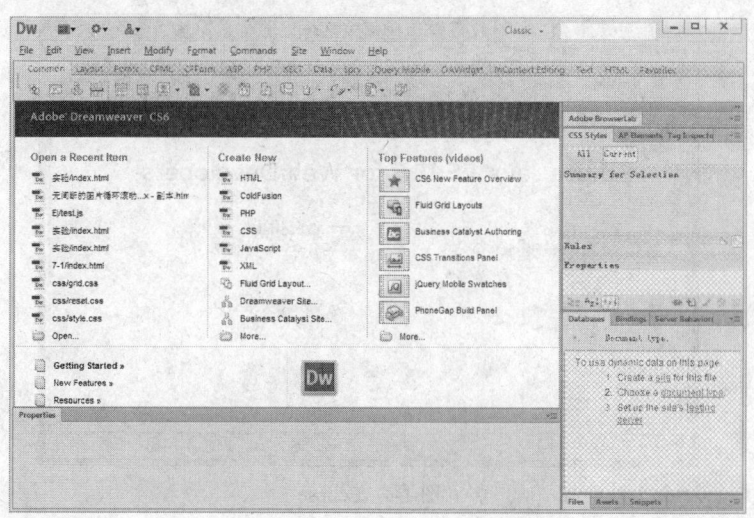

图 1-1　Dreamweaver CS6

2．Visual Studio

Visual Studio 是美国微软公司的开发工具包系列产品，它是一个完整的开发工具集，包括整个软件生命周期中所需要的大部分工具，如 UML 工具、代码管控工具、集成开发环境（IDE）等等。使用 Visual Studio 开发环境编写的目标代码适用于微软支持的所有平台，通常使用它创建 ASP.NET 网页，Visual Studio 开发环境的最新版本为 Visual Studio 2012，如图 1-2 所示。

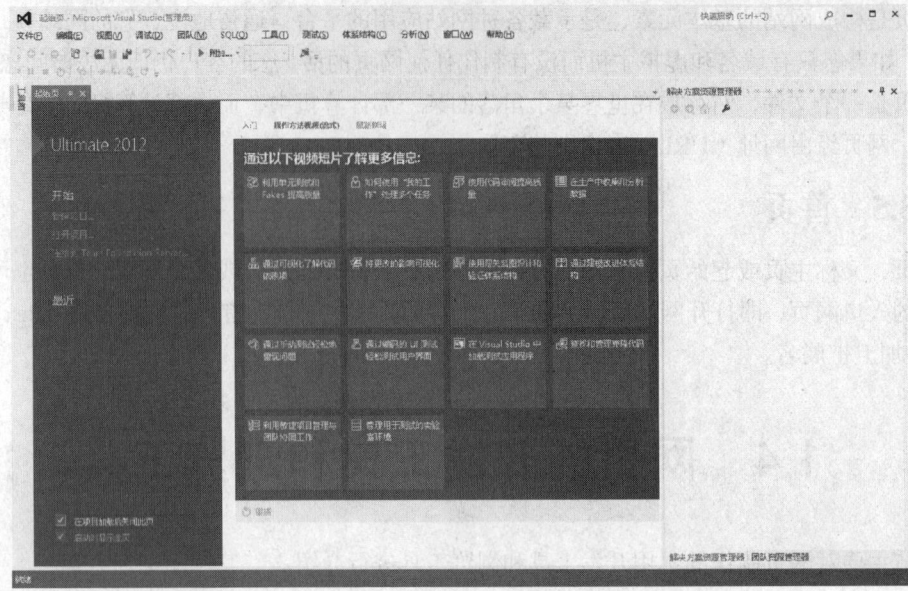

图 1-2 Visual Studio 2012

3. Eclipse

Eclipse 是一个基于 Java 的、开放源码的、可扩展的应用开发平台，它为编程人员提供了一流的 Java 集成开发环境（Integrated Development Environment，IDE）。它是一个可以用于构建集成 Web 和应用程序开发工具的平台，其本身并不会提供大量的功能，而是通过插件来实现程序的快速开发功能。人们通常使用它创建 JSP 网页，Eclipse 的最新版本是 4.2，如图 1-3 所示。

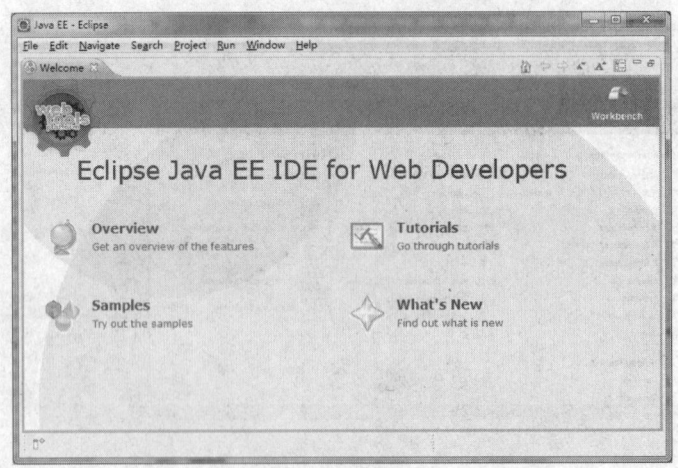

图 1-3 Eclipse

1.4.2 网页浏览工具

网页浏览工具是用来显示网页服务器或档案系统内的文件，并让用户与这些文件互动的一种软件。它用来显示在万维网或局域网等内的文字、影像及其他资讯，这些文字或影像可以是连接其他网址的超链接，用户可迅速及轻易地浏览各种资讯。常用的网页浏览工具有 IE 浏览器、火狐浏览器、Chrome 浏览器，下面分别对它们进行简单介绍。

1. IE 浏览器

网民大多数人都在使用 IE 浏览器，这要感谢它对 Web 站点强大的兼容性，最新的 Internet Explorer 11 包括 Metro 界面、HTML5、CSS3 以及大量的安全更新。

2. 火狐浏览器

2013 年 Mozilla Firefox（火狐浏览器）是市场占有率第三的浏览器，仅次于微软的 Internet Explorer 和 Google 的 Chrome；最新的 Firefox 浏览器新增了类型推断，再次大幅提高了 JavaScript 引擎的渲染速度，使得很多富含图片、视频、游戏以及 3D 图片的网站和网络应用能够更快地加载和运行。

3. Chrome 浏览器

Chrome 是由 Google 公司开发的网页浏览器，浏览速度在众多浏览器中排在前列，属于高端浏览器。

1.5　网页制作相关技术

Web 是一种典型的分布式应用架构。Web 应用中的每一次信息交换都要涉及客户端和服务端两个层面。因此，Web 开发技术大体上也可以被分为客户端技术和服务端技术两大类。其中，客户端应用的技术主要用于展现信息内容，而服务器端应用的技术则主要用于进行业务逻辑的处理和与数据库的交互等。下面进行详细介绍。

1.5.1　客户端应用技术

在进行 Web 应用开发时，离不开客户端技术的支持。目前，比较常用的客户端技术包括 HTML 语言、CSS 样式、Flash 和客户端脚本技术。下面进行详细介绍。

● HTML 语言

HTML 语言是客户端技术的基础，主要用于显示网页信息，它不需要编译，由浏览器解释执行。HTML 语言简单易用，它在文件中加入标签，使其可以显示各种各样的字体、图形及闪烁效果，还增加了结构和标记，如头元素、文字、列表、表格、表单、框架、图像和多媒体等，并且提供了与 Internet 中其他文档的超链接。例如，在一个 HTML 文件中，应用图像标记插入一个图片，可以使用如图 1-4 所示的代码，该 HTML 文件运行后的效果如图 1-5 所示。

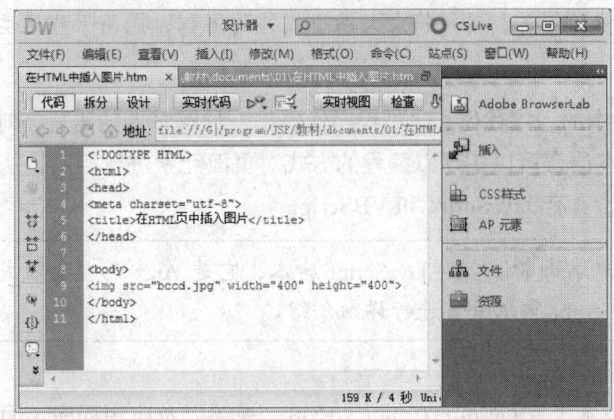

图 1-4　HTML 文件

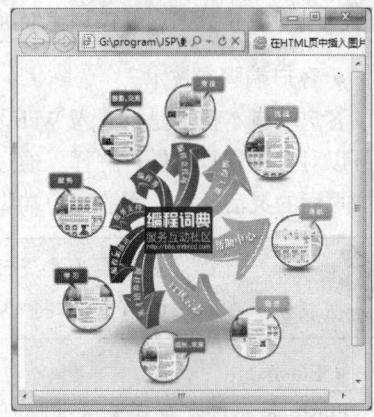

图 1-5　运行结果

HTML 语言不区分大小，这一点与 Java 不同。例如图 1-4 中的 HTML 标记<body></body>也可以写为<BODY></BODY>。

- CSS

CSS 是一种叫做样式表（Style Sheet）的技术，也有人称之为层叠样式表（Cascading Style Sheet）。在制作网页时采用 CSS 样式，可以有效地对页面的布局、字体、颜色、背景和其他效果实现更加精确的控制。只要对相应的代码做一些简单的修改，就可以改变整个页面的风格。CSS 大大提高了开发者对信息展现格式的控制能力，特别是在目前比较流行的 CSS+DIV 布局的网站中，CSS 的作用更是举足轻重。例如，在"心之语许愿墙"网站中，如果将程序中的 CSS 代码删除，将显示如图 1-6 所示的效果，而添加 CSS 代码后将显示如图 1-7 所示的效果。

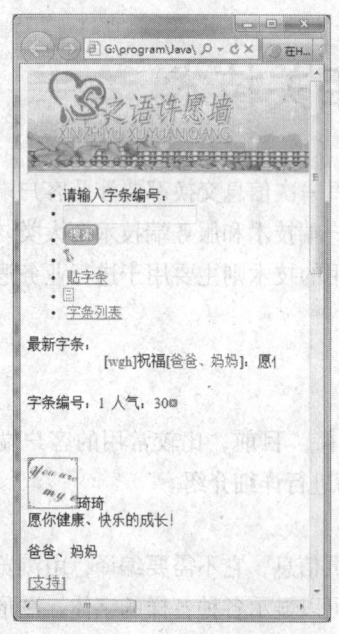

图 1-6　没有添加 CSS 样式的页面效果

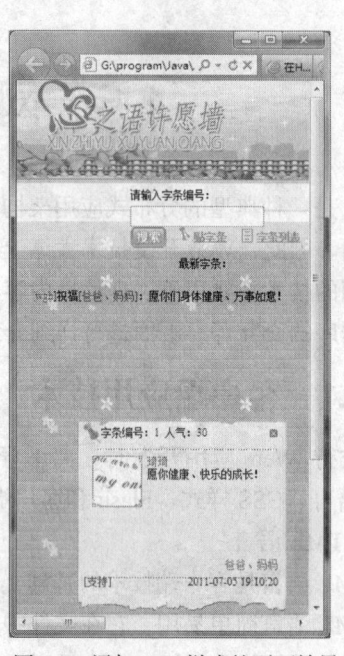

图 1-7　添加 CSS 样式的页面效果

在网页中使用 CSS 样式不仅可以美化页面，而且可以优化网页速度。因为 CSS 样式表文件只是简单的文本格式，不需要安装额外的第 3 方插件。另外，由于 CSS 提供了很多滤镜效果，从而避免使用大量的图片，这样将大大缩小文件的体积，提高下载速度。

- 客户端脚本技术

客户端脚本技术是指嵌入 Web 页面中的程序代码，这些程序代码是一种解释性的语言，浏览器可以对客户端脚本进行解释。通过脚本语言可以实现以编程的方式对页面元素进行控制，从而增加页面的灵活性。常用的客户端脚本语言有 JavaScript 和 VBScript。

目前，应用最为广泛的客户端脚本语言是 JavaScript 脚本，它是 Ajax 的重要组成部分。在本书的第 12 章将对 JavaScript 脚本语言进行详细介绍。

- Flash

Flash 是一种交互式矢量动画制作技术，它可以包含动画、音频、视频以及应用程序，而且 Flash 文件比较小，非常适合在 Web 上应用。目前，很多 Web 开发者都将 Flash 技术引入网页中，使网页更具有表现力。特别是应用 Flash 技术实现动态播放网站广告或新闻图片，并且加入随机的转场效果，如图 1-8 所示。

图 1-8 在网页中插入的 Flash 动画

1.5.2 服务器端应用技术

在开发动态网站时，离不开服务器端技术。目前，比较常用的服务器端技术主要有 CGI、ASP、PHP、ASP.NET 和 JSP。下面进行详细介绍。

● CGI

CGI 是最早用来创建动态网页的一种技术，它可以使浏览器与服务器之间产生互动关系。CGI 的全称是 Common Gateway interface，即通用网关接口。它允许使用不同的语言来编写适合的 CGI 程序，该程序被放在 Web 服务器上运行。当客户端发出请求给服务器时，服务器根据用户请求建立一个新的进程来执行指定的 CGI 程序，并将执行结果以网页的形式传输到客户端的浏览器上显示。CGI 可以说是当前应用程序的基础技术，但这种技术编制方式比较困难而且效率低下，因为每次页面被请求时，都要求服务器重新将 CGI 程序编译成可执行的代码。在 CGI 中使用最为常见的语言为 C/C++、Java 和 Perl（Practical Extraction and Report Language，文件分析报告语言）。

● ASP

ASP（Active Server Page）是一种使用很广泛的开发动态网站的技术。它通过在页面代码中嵌入 VBScript 或 JavaScript 脚本语言，来生成动态的内容，服务器端必须安装适当的解释器后，才可以通过调用此解释器来执行脚本程序，然后将执行结果与静态内容部分结合并传送到客户端浏览器上。对于一些复杂的操作，ASP 可以调用存在于后台的 COM 组件来完成，所以说 COM 组件无限地扩充了 ASP 的能力，正因如此依赖本地的 COM 组件，使得它主要用于 Windows NT 平台中，所以 Windows 本身存在的问题都会映射到它的身上。当然该技术也存在很多优点，简单易学，并且 ASP 是与微软的 IIS 捆绑在一起，在安装 Windows 操作系统的同时安装上 IIS 就可以运行 ASP 应用程序了。

● PHP

PHP 来自于 Personal Home Page 一词，但现在的 PHP 已经不再表示名词的缩写，而是一种开发动态网页技术的名称。PHP 语法与 C 语言类似，并且混合了 Perl、C++和 Java 的一些特性。它是一种开源的 Web 服务器脚本语言，与 ASP 一样可以在页面中加入脚本代码来生成动态内容。对于一些复杂的操作可以封装到函数或类中。在 PHP 中提供了许多已经定义好的函数，例如提供标准的数据库接口，使得数据库连接方便，扩展性强。PHP 可以被多个平台支持，但被广泛应用于 UNIX/Linux 平台。由于 PHP 本身的代码对外开放，经过许多软件工程师的检测，因此，该技术具有公认的安全性能。

● ASP.NET

ASP.NET 是一种建立动态 Web 应用程序的技术。它是.NET 框架的一部分，可以使用任何.NET 兼容的语言来编写 ASP.NET 应用程序。使用 Visual Basic .NET，C#，J#，ASP.NET 页面(Web Forms) 进行编译可以提供比脚本语言更出色的性能表现。Web Forms 允许在网页基础上建立强大的窗体。当建立页面时，可以使用 ASP.NET 服务端控件来建立常用的 UI 元素，并对它们编程来完成一般的任务。这些控件允许开发者使用内建可重用的组件和自定义组件来快速建立 Web Form，使代码简单化。

● JSP

Java Server Pages 简称 JSP。JSP 是以 Java 为基础开发的，所以它沿用 Java 强大的 API 功能。JSP 页面中的 HTML 代码用来显示静态内容部分；嵌入到页面中的 Java 代码与 JSP 标记来生成动态的内容部分。JSP 允许程序员编写自己的标签库来完成应用程序的特定要求。JSP 可以被预编译，提高了程序的运行速度。另外 JSP 开发的应用程序经过一次编译后，便可随时随地运行。所以在绝大部分系统平台中，代码无需做修改就可以在支持 JSP 的任何服务器中运行。

习　　题

1. 说明什么是万维网。
2. 什么是统一资源定位器?
3. 要开发 ASP.NET 网页，通常使用什么开发工具?
4. 列举常用的 3 种网页浏览器。
5. 简述进行 Web 开发时服务器端应用的技术有哪些，重点说明什么是 JSP。

第2章
初识 HTML

本章要点：
- 如何创建一个 HTML 页面
- 如何使用文字标记修饰文字
- 段落标记的使用
- 超链接标记的使用
- 图片标记的应用
- 如何使用各种列表标记

HTML 的英文全称是 Hyper Text Markup Language，意思是超文本标记语言。HTML 是在广域网上描述网页外观和内容的标准。也就是说。当我们在浏览网页的时候，页面里丰富的影像、文字、图片等，这些内容都是通过 HTML 为基础表现出来的。

2.1 HTML 概述

HTML 是一种在因特网上常见的网页制作标注性语言，而并不能算作一种程序设计语言，因为它相对于程序设计语言来说缺少了其所应有的特征。HTML 是通过浏览器的解释，将网页中的内容呈现给用户。本节将对 HTML 的发展以及如何编写简单的 HTML 页面进行介绍。

2.1.1 HTML 发展历史

1969 年前后，托德•尼尔逊提出超文本的概念，IBM 公司的 CharkesGoklfard 等设计出了通用标记语言-GML。1978 年，美国国家标准局一工作组对 GML 进行了规范，推出了命名为 SGML 的通用标记语言。1980 年，ISO 正式确定 SGML 为描述各种电子文件结果及内容的国际通用标准。

1990 年，Tim Berners-Lee 将他设计的初级浏览和编辑系统在网上合二为一，创建了一种快速小型超文本语言来为他的想法服务。他设计了数十种乃至数百种未来使用的超文本格式，并想象智能客户代理通过服务器在网上进行轻松谈判并翻译文件。它同 Macintosh 的 Claris XTND 系统极为相似，不同的是它可以在任何平台和浏览器上运行。

最初的 HTML 语言以文本格式为基础，可以用任何编辑器和文字处理器来为网络创建或转换文本，仅有不多的几个标签。网络从此迅猛发展，人们开始在网上发布信息。很快人们就开始琢磨在网上放置图像和图标。1993 年，一场辩论在羽翼渐丰的 HTML 硬件系统上广泛展开。最后，一个名叫 Marc Andreessen 的大学生在他的 Mosaic 浏览器上加入了标签<img>。这遭到了众人反对，认为仅有这个还远远不够。人们想要的是<include>或<embed>，可以将任何形式的媒介加到网页上去。对 Marc 而言，这是一个极大的工程，而且他必须尽快推出。最后，Mosaic 随<img>推出，Tim 加入了初期的国际互联网研究组织，而 Marc 前往加利福尼亚州创建了一个名为 Netscape 的小型浏览器公司。

到现在为止，HTML 已经发展到了比较成熟的 HTML5 版本。在这个版本中主要的更新功能有：本地音频视频播放、动画、地理信息、硬件加速、本地运行（即使在 Internet 连接中断之后）、本地存储、从桌面拖放文件到浏览器上传、语义化标记。其实该版本最大的意义在于改变了 Web 文档的结构方式，借助 header、footer、section、article 标签，我们可以实现更具结构化、语义化的 Web 文档。这样，搜索引擎可以更容易索引 Web 站点，我们也可以搜索到更快、更准确的信息。

2.1.2　手工编写页面

【例 2-1】　手工编写一个 HTML 页面，步骤如下所示。

实例位置：光盘\MR\源码\第 2 章\2-1

在创建 HTML 页面之前大家先了解下 HTML 的文件结构。

```
<html>                              <!--html 文件开始-->
<head>                              <!--html 文件的头部开始-->
……                                 <!--html 文件的头部内容-->
</head>                             <!--html 文件的头部介绍-->
<body>                              <!--html 文件的主体开始-->
……                                 <!--html 文件的主体内容-->
</body>                            <!--html 文件的主体结束-->
</html>                            <!--html 文件结束-->
```

可以看到，HTML 代码分为 3 部分，下面对其进行简要介绍。

- <html>……</html>：告诉浏览器 HTML 文件开始和结束的地方，其中包含<head>和<body>标记。HTML 文档中所有的内容都应该在这两个标记之间，一个 HTML 文档总是以<html>开始，以</html>结束的。
- <head>……</head>：HTML 文件的头部标记，主要包括页面的一些基本描述语句，后面讲到的 JavaScript 和 CSS 一般都是定义在 head 头元素中。
- <body>……</body>：HTML 文件的主体标记，绝大多数 HTML 内容都放置在这个区域中。通常它在</head>标记之后，而在</html>标记之前。

下面我们使用记事本来编写一个 HTML 文件，步骤如下。

（1）创建一个记事本文件命名为 first.txt 并且打开记事本程序，如图 2-1 所示。

（2）在记事本中直接输入下面的 HTML 代码：

```
<html>
<head>
<title>第一个 HTML 页面</title>
</head>
<body>
<h2>让我们开始 HTML 语言的旅程吧！</h2>
</body>
</html>
```

（3）保存记事本文件，并且把该记事本文件的后缀名改为.html。运行该文件，其运行效果如图 2-2 所示。

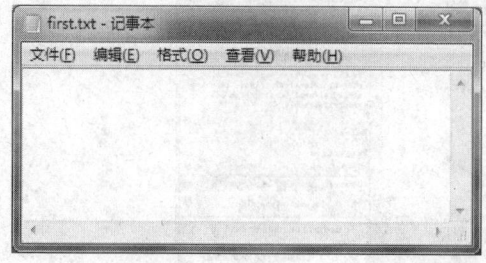

图 2-1　记事本

图 2-2　第一个手工编写的页面

这时，我们的第一个 HTML 页面就编写完了。

2.1.3　使用 Dreamweaver 创建一个 HTML 页面

Dreamweaver 是一个专门制作网页的工具，我们现在就用 Dreamweaver 创建一个 HTML 页面。

【例 2-2】　使用 Dreamweaver 创建一个 HTML 页面，步骤如下所示。

实例位置：光盘\MR\源码\第 2 章\2-2

（1）打开 Dreamweaver CS6，将显示如图 2-3 所示的起始页，在该页面中，选择 HTML，进入 Dreamweaver CS6 的操作页面。

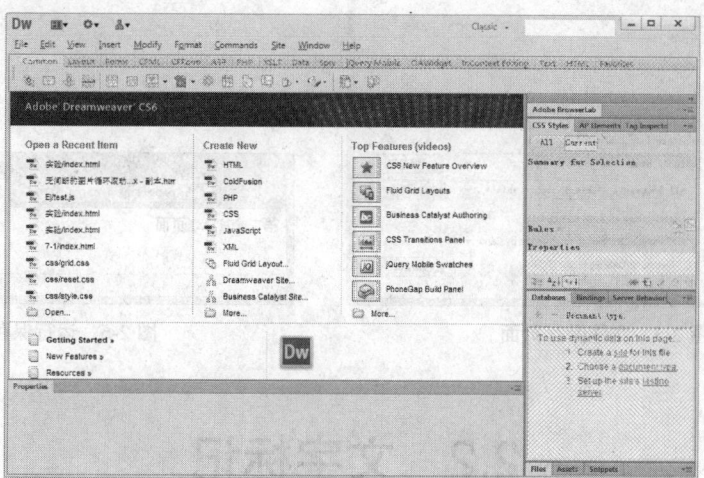

图 2-3　Dreamweaver CS6 的起始页

（2）进入 Dreamweaver CS6 的操作页面后，以在网页中输出一句话为例，单击文档工具栏中的代码，在文档窗口中<body>与</body>标签之间输入代码，这里输入文字"第二个 HTML 页面"。如图 2-4 所示，这样一个最基本的 HTML 文件就编写完了。

（3）保存 HTML 文件，单击菜单栏中的文件按钮，选择保存选项（或者使用快捷键〈Ctrl+S〉）进行 HTML 文件的保存。弹出文件保存页面如图 2-5 所示，选择文件保存路径和填写保存的文件名，填写完毕后单击保存按钮，完成保存操作。

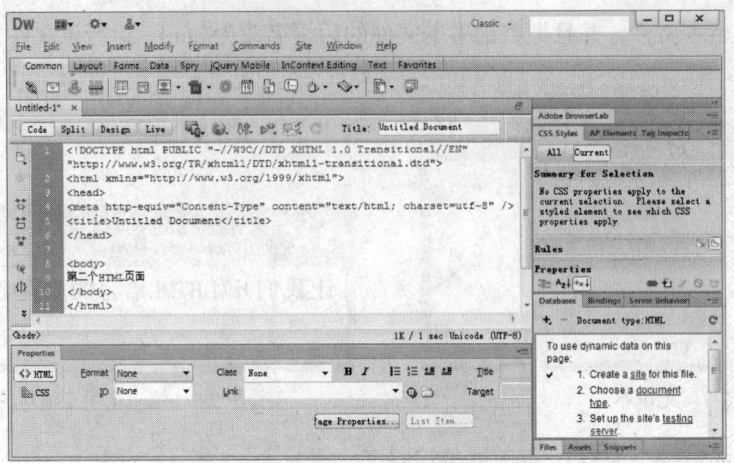

图 2-4　在<body>与</body>间输入内容

（4）在 Dreamweaver CS6 中，按下快捷键〈F12〉，将在浏览器中看到如图 2-6 所示的运行效果。

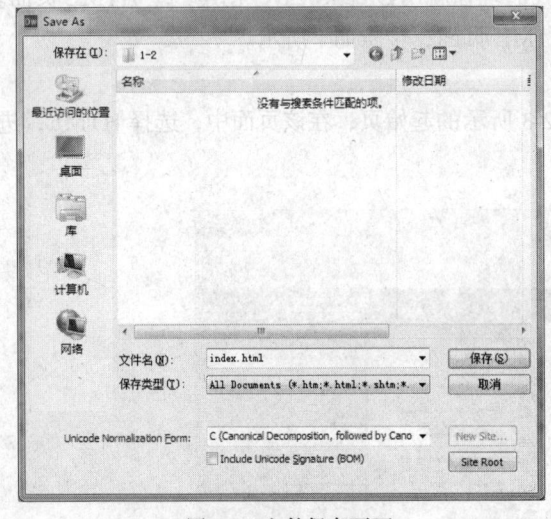

图 2-5　文件保存页面

图 2-6　运行保存的文件

2.2　文字标记

文字是网页设计的最基础的部分，一个标准的文字页面可以起到传达信息的作用。对文字的格式化，通常可以使用以下两种方式：

- 直接使用标记<h1>（标题 1）来将一行文本设置为标题 1 格式，或是使用<b>（粗体标记）来将选中的文本字符设置为加粗格式。
- 使用 CSS，即层叠样式表。CSS 是一种对文本进行格式化操作的高级技术，它从一个较高的级别上对文本进行控制。其特点是可以对文本的格式进行精确控制，而且可以在文档中实现格式的自动更新。利用 CSS，可以对现有的标记格式进行重新定义，也可以自行将某些格式组合定义为新的样式，甚至可以将格式信息定义于文档之外。

2.2.1　显示普通文字

在页面中输入文字内容是 HTML 语言所能做到的最简单的事情。只要把想输出在页面中的话写到<body>与</body>之间，这段文字就能显示到页面中。具体语法如下。

```
<body>想要输入的内容</body>
```

2.2.2　输入特殊符号

HTML 语言不能准确识别键盘所输入的空格和换行，不论连续输入几个空格和换行，在网页中只把它们当作一个空格或者一个换行显示。这些符号都是通过代码控制的，HTML 语言使用 表示空格，使用
表示换行。

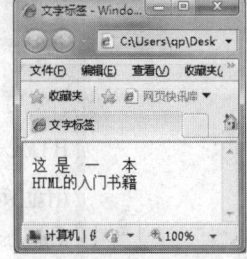

【例2-3】　在网页中加入空格和换行，代码如下所示。

实例位置：光盘\MR\源码\第 2 章\2-3

```
<body>
这 是  一   本<br>HTML 的
入门书籍
</body>
```

运行本实例，将显示如图 2-7 所示的运行效果。

图 2-7　在网页中加入空格和换行

在页面开发中，经常使用空格和回车调整页面的布局。

HTML 语言表示特殊符号的代码还有很多，下面以表格的形式列出一些比较常见的特殊符号。如表 2-1 所示。

表 2-1　　　　　　　　　　　　　　页面中常见的特殊符号

特殊符号	符号码
"	&quot;
&	&amp;
<	&lt;
>	&gt;
©	&copy;
®	&reg;

Dreamweaver 有自动补全的动能，当输入&的时候，该工具会自动提示一些代码。读者可以自己试试这些代码表示什么符号，但是建议读者在学习开发的初期，把这些常用的代码背下来，尽量少使用代码补全的功能。

2.2.3　标题字标记

在网页的正文部分，可以显示标题文字，所谓标题文字就是以某几种固定的字号显示文字，分别为<h1>到<h6>共 6 个标题字标记，它们表示的文字是逐渐减小的。具体语法如下。

```
<h1>标题内容</h1>
```

【例2-4】　在网页中使用标题字标记修饰标题文字，代码如下所示。

实例位置：光盘\MR\源码\第 2 章\2-4

```
<body>
<h1>HTML+CSS+JavaScript+Ajax 网页开发</h1>
<h2>HTML+CSS+JavaScript+Ajax 网页开发</h2>
<h3>HTML+CSS+JavaScript+Ajax 网页开发</h3>
<h4>HTML+CSS+JavaScript+Ajax 网页开发</h4>
<h5>HTML+CSS+JavaScript+Ajax 网页开发</h5>
<h6>HTML+CSS+JavaScript+Ajax 网页开发</h6>
</body>
```

运行本实例，将显示如图 2-8 所示的运行效果。

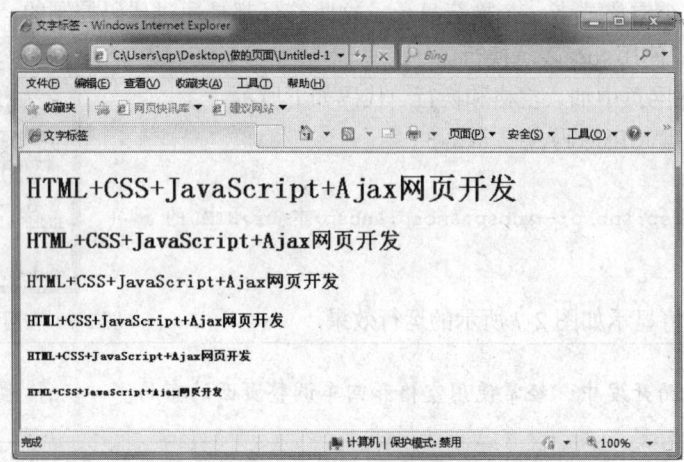

图 2-8　在网页中添加标题字

2.2.4　修饰文字的标记

在网页中可以加入多种修饰文字的标记，比如说字体加粗、倾斜等，下面以表格的形式把一些主要的修饰标记呈现给读者。修饰标记如表 2-2 所示。

表 2-2　　　　　　　　　　　　　　页面中常见的修饰文字标记

标　记	描　　述
<B>	粗体
<I>	斜体
<SUP>	上标
<SUB>	下标
<U>	下划线
<S>	删除线

以上只是一些常用的标记，下面用这些标记修饰一段文字。

【例 2-5】　使用修饰文本标记修饰一段文字，代码如下所示。

实例位置：光盘\MR\源码\第 2 章\2-5

```
<body>
<B>HTML+CSS+JavaScript+Ajax 网页开发</B><br/><br/>
<I>HTML+CSS+JavaScript+Ajax 网页开发</I><br/><br/>
<SUP>HTML+CSS+JavaScript+Ajax</SUP><SUB>网页开发</SUB><br/><br/>
```

```
<U>HTML+CSS+JavaScript+Ajax</U><S>网页开发</S>
</body>
```

运行本实例，将显示如图 2-9 所示的运行效果。

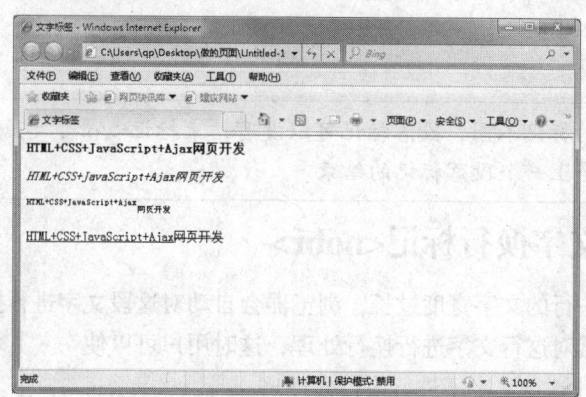

图 2-9　利用文字标记修饰一段文字

2.2.5　修饰字体标记

在网页中利用<font></font>标记修饰字体。通过修改这个标记中的属性可以修饰文字的字号、颜色和字体。<font>标记的属性如表 2-3 所示。

表 2-3　　　　　　　　　　　　　　　　　<font>标记的属性

标　　记	描　　述
face	字体
size	字号
color	颜色

【例 2-6】　使用<font>标记修饰一段文字，代码如下所示。
实例位置：光盘\MR\源码\第 2 章\2-6

```
<body>
<font color="#CC0000">为</font><font size="+6">读者
</font><font  face="华文彩云">演示</font><font
color="#C0C0C0" size="+3" face="黑体">修饰字体标记</font>
</body>
```

运行本实例，将显示如图 2-10 所示的运行效果。

图 2-10　使用<font>标记修饰一段文字

2.3　段落标记

文字的组合就是段落，在网页中要把文字有条理地显示出来，就需要使用段落标记。在文本编辑中，输入一段话后按下 Enter 键就生成了一个段落。这时有些读者会想到
标记，
标记虽然可以达到换行效果，但是在 HTML 语言中有专门用来修饰段落的标记。

2.3.1　段落标记<p>

在 HTML 中使用<p></p>来划分段落。

基本语法如下：

<p>段落文字</p>

> 与其他的标记不同，段落标记可以没有结束标记</p>，也就是说每一个新段落标记
> 的开始，就是上一个段落标记的结束。

2.3.2　取消文字换行标记<nobr>

在网页中如果某一行的文字宽度过长，浏览器会自动对这段文字进行换行处理。但是有的时候用户并不希望浏览器对这行文字进行换行处理，这时用户可以使用<nobr></nobr>标记让这行文字不进行换行处理。

【例 2-7】　使用<nobr>标记修饰文字，让文字进行不换行处理。代码如下所示。

实例位置：光盘\MR\源码\第 2 章\2-7

```
<body>
<p><nobr>使用段落标记修饰段落，本行不进行自动换行</nobr></p>
<p>使用段落标记修饰段落，本行进行自动换行</p>
</body>
```

运行本实例，将显示如图 2-11 所示的运行结果。

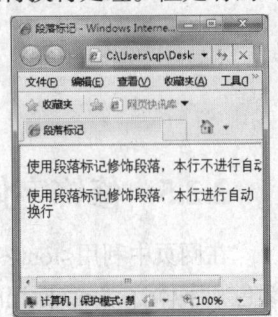

图 2-11　使用<nobr></nobr>标记修饰段落

2.3.3　修饰段落的对齐方式属性 align

段落的对齐方式是指段落相对于浏览器窗口在水平位置的对齐方式，可以设置段落文字在页面中水平位置的左、中、右的对齐，这样方便于文字在页面中的编排。具体语法如下：

<p align=value>……</p>

value：对齐位置。

【例 2-8】　通过设置 align 属性，改变段落的对齐方式。代码如下所示。

实例位置：光盘\MR\源码\第 2 章\2-8

```
<body>
<p align="left">读者您好：</p>
<p align="center">感谢您能购买本书，希望本书能为您在以后的编程中带来帮助！</p>
<p align="right">明日科技</p>
</body>
```

运行本实例，将显示如图 2-12 所示的运行结果。

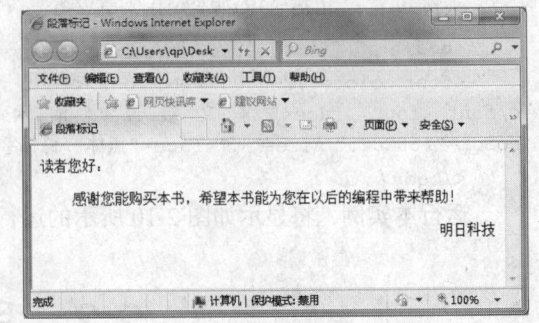

图 2-12　设置段落的对齐方式

2.3.4　保留原始排版方式标记<pre>

在网页制作中一般是通过各种标记来对文字进行排版的。但是在实际应用中，往往需要一些特殊的排版效果，比如说打印图形，使用标记会非常麻烦。但使用<pre>标记就能够保留文本格式的排版效果，为用户排版带来许多方便。其语法格式如下：

```
<pre>要保留的文本格式</pre>
```

【例 2-9】　使用<pre>标签在网页中输出字符画。代码如下所示。

实例位置：光盘\MR\源码\第 2 章\2-9

```
<body>
<pre>
    ⌒⌒⌒
{/  o  o /}
 (  (oo)  )
 ⌒⌒⌒⌒
</pre>
</body>
```

运行本实例，将显示如图 2-13 所示的运行结果。

图 2-13　使用<PRE>标记在
网页中输出字符画

2.4　超链接标记

对于初次接触网页设计的读者来说，可能对超链接的概念非常模糊。超链接就是从一个网页转到另一个网页的途径，它是一个网站的灵魂，网站的创建可以说是通过一个个超链接创建出来的。本章将从超链接的理论讲起，介绍三种地址形式：绝对地址、文件相对地址和根目录相对地址。然后介绍如何创建不同形式的链接。

2.4.1　链接标记<a>

链接标记虽然在网站设计制作中占有不可替代的地位，但是其标记只有一个，那就是<a>标记。本章介绍的超链接应用都是基于<a>标记基础上的。<a>标记中的主要属性如表 2-4 所示。

表 2-4　　　　　　　　　　　　　　　<a>标记中的主要属性

标　　记	描　　述
href	指定链接地址
name	给链接命名
title	给链接提示文字
target	指定链接的目标窗口
accessKey	链接热键

【例 2-10】　现在创建一个超链接，链接到明日科技的官方网站上，通过代码的形式为读者展示<a>标记的用法。代码如下所示。

实例位置：光盘\MR\源码\第 2 章\2-10

```
<body>
<a href="http://www.mingrisoft.com">明日科技</a>
</body>
```

运行本实例，将显示如图 2-14 所示的运行结果。

- 绝对路径

绝对路径指的是文件或目录在硬盘上的真实路径。使用绝对路径定位链接目标文件比较清晰，但是有两个缺点。第一个缺点

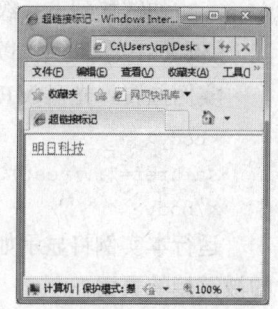

图 2-14　创建一个链接到明
日科技的超链接

是需要输入更多的内容；第二个缺点是如果链接指向文件被移动了，就需要重新设置所有的相关链接。

【例2-11】 现在以代码的形式为大家展示利用绝对路径创建一个超链接。代码如下所示。

实例位置：光盘\MR\源码\第2章\2-11

```
<body>
<a href="C:\test\02\test.html">使用绝对路径链接一个文件</a>
</body>
```

运行本实例将显示如图2-15所示的运行结果，单击页面中的超链接，将显示如图2-16所示的被链接的页面。

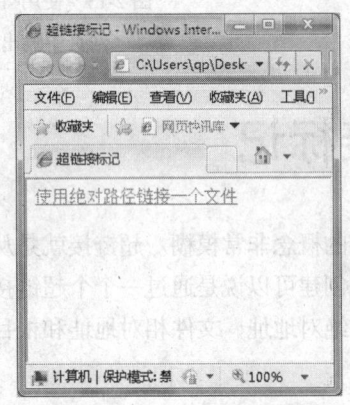

图2-15　创建一个绝对路径的超链接

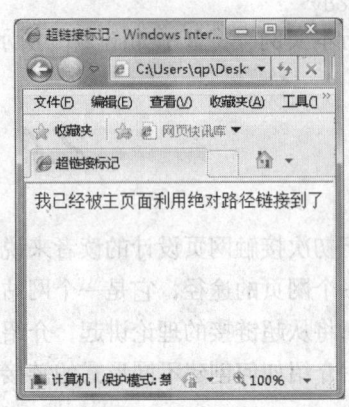

图2-16　单击超链接所链接到的文件

● 相对路径

相对路径最适合网站的内部链接。只要是属于同一网站之下的，即使不在同一个目录下，相对链接也非常适合。文件相对地址是书写内部链接的理想形式。只要是处于站点文件夹内，相对地址可以自由地在文件之间构建链接。这种地址形式利用的是构建链接的两个文件之间的相对关系，不受站点文件夹所处服务器位置的影响。因此这种书写形式省略了绝对地址中的相同部分。这样做的优点是：站点文件夹所在的服务器地址发生改变时，文件夹的所有内部链接不会出现问题。

相对链接的使用方法为：

➢ 如果链接到同一目录下，则只需输入要链接文档的名称。
➢ 要链接到下一级目录中的文件，只需要先输入目录名，然后加"/"，再输入文件名。
➢ 如链接到上一级目录中的文件，则先输入"../"，再输入目录名、文件名。

【例2-12】 现在以代码的形式为大家展示利用相对路径创建一个超链接。代码如下所示。

实例位置：光盘\MR\源码\第2章\2-12

```
<body>
<a href="../test1.html">使用相对路径链接一个文件</a>
</body>
```

运行本实例将显示如图2-17所示的运行结果，单击页面中的超链接，将显示如图2-18所示的被链接的页面。

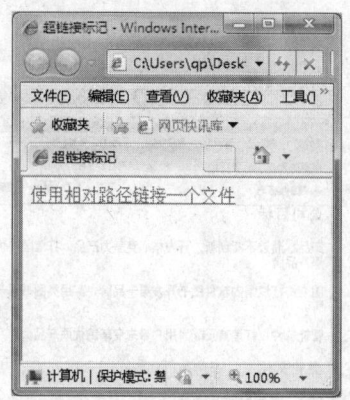

图 2-17　创建一个相对路径的超链接

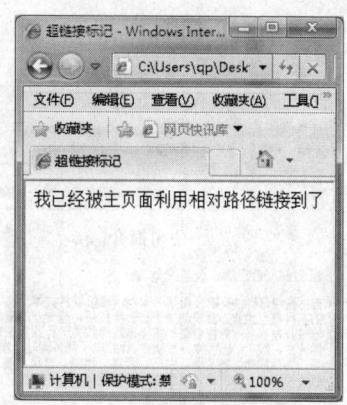

图 2-18　单击超链接所链接到的文件

2.4.2　书签链接

在浏览页面的时候，如果页面的内容过多，页面过长，浏览的时候需要不断拖动滚动条，很不方便，如果要寻找特定的内容，就更加不方便。这时如果能在该网页或另外一个页面上建立目录，浏览者单击目标上的项目就能自动跳转到网页相应的位置进行阅读，应该是件很方便的事，并且还可以在页面中设定诸如"返回页首"之类的链接。这就称为书签链接。

建立书签链接分为两步，一是建立书签，二是为书签制作链接。具体语法如下：

建立书签：<a name="书签名称">…</a>

连接书签：<a href="#所要连接的书签名称">…</a>

【例 2-13】　下面以为一个公司的简介页面添加书签为例。通过代码的形式来为读者展示书签链接的用法。代码如下所示。

实例位置：光盘\MR\源码\第 2 章\2-13

```
<body>
<h2 align="center">公司简介</h1>
<a href="#gsmb">公司目标</a>
<a href="#qywh">企业文化</a> <a href="#gsln">公司理念</a>    <!-- 创建书签连接 -->
<p>
    吉林省明日科技有限公司是一家以计算机软件技术为核心的高科技型企业，公司创建于1999年12月，是专业的
应用软件开发商和服务提供商。多年来始终致力于行业管理软件开发、数字化出版物开发制作、行业电子商务网站开发
等，先后成功开发了涉及生产、管理、物流、营销、服务等领域的多种企业管理应用软件和应用平台，目前已成为计算
机出版行业的知名品牌。
</p>
<a name="gsmb"><h3>公司目标</h3></a>                      <!-创建书签 -->
<p>产品：通过不断创新，开发核心竞争力产品，打造国内优质服务品牌。</p>
<p>图书：打造国内软件图书开发第一品牌，实用类图书第一品牌。</p>
<p>智能软件：打造真正能为用户带来变革的优质产品。</p>
<a name="qywh"><h3>企业文化</h3></a>                      <!-创建书签 -->
<p>坚韧、创新、博学、笃行 </p>
<a name="gsln"><h3>公司理念</h3></a>                      <!-创建书签 -->
<p>用今日的辛勤工作，换明日的百倍回报！ </p>
</body>
```

运行本实例将显示如图 2-19 所示的公司简介页面，单击页面的书签"公司目标"将直接跳转

到如图 2-20 所示的公司目标位置。

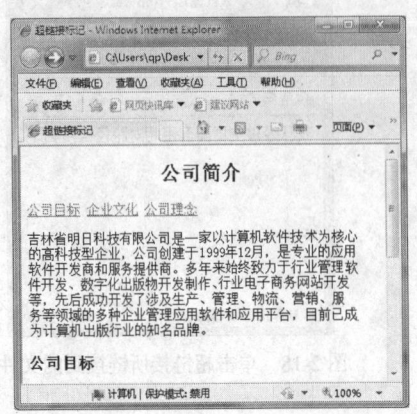

图 2-19　公司简介页面运行效果

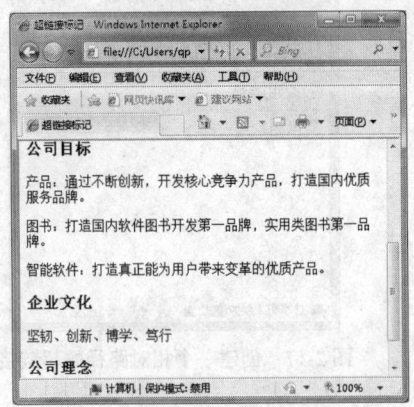

图 2-20　根据书签链接跳转到公司目标

2.5　图片标记和列表标记

每天在网络上交流的计算机多不胜数，网页的内容也越来越丰富多彩，其中页面中的图片和列表起到了不可缺少的作用。本节将介绍如何向页面中加入图片和列表。

2.5.1　插入图片标记\<img\>

在页面中插入图片可以起到美化页面的作用。插入图片的标记只有一个，那就是\<img\>标记。\<img\>标记中常用的属性如表 2-5 所示。

表 2-5　　　　　　　　　　　　　　　　\<img\>标记中常用的属性

属　　性	描　　述
src	图像的源文件
alt	提示文字
width，height	宽度、高度
border	边框
vspace	垂直间距
hspace	水平间距

现在以实例的形式为读者演示\<img\>标记的用法以及设置\<img\>标记中的属性。

【例 2-14】　为网页中加入一张图片，并且设置图片大小、水平位置和垂直位置。代码如下所示。

实例位置：光盘\MR\源码\第 2 章\2-14

```
<head>
<title>插入图片标记</title>
</head>
<body>
```

```
<img src="../images/wall.jpg" hspace="100" vspace="50" />    <!-- 插入图片 -->
</body>
```

运行本实例，将显示如图 2-21 所示的运行结果。

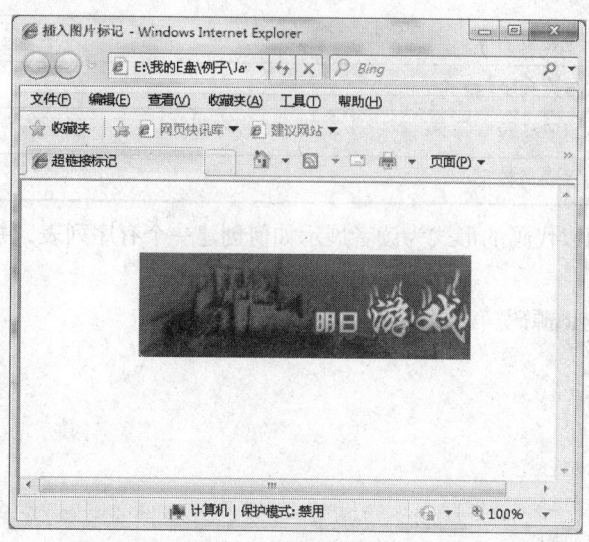

图 2-21　使用\<img\>标记为页面插入图片并设置其属性

2.5.2　建立列表

列表是一种非常实用的数据排列方式，可以起到提纲的作用。列表一共分为两种类型，一种是有序列表，一种是无序列表。前者使用编号来记录项目的顺序，而后者则使用项目符号来标记无序的项目。列表的主要标记如表 2-6 所示。

表 2-6　　　　　　　　　　　　　　列表中的主要标记

属　　性	描　　述
\<ul\>	无序列表
\<ol\>	有序列表
\<dir\>	目录列表
\<dl\>	定义列表
\<menu\>	菜单列表
\<dt\>、\<dd\>	定义列表的子标记
\<li\>	列表项目的标记

● 有序列表标记

有序列表使用编号，而不是项目符号来编排项目。列表中的项目采用数字或英文字母开头，通常各项目间有先后顺序。在有序列表中，主要使用\<ol\>和\<li\>两个标记以及 type 和 start 两个属性。

使用\<ol\>作为有序列表的声明，使用\<li\>作为每一个项目的起始。我们可以通过 type 属性将有序列表的类型设置为英文或罗马数字。有序列表的类型如表 2-7 所示。

表 2-7   有序列表的类型

值	描　　　述
1	整数
a	小写英文字母
A	大写英文字母
i	小写罗马数字
I	大写罗马数字

【例 2-15】　下面以代码的形式为读者展示如何创建一个有序列表，并且设置其属性。代码如下所示。

实例位置：光盘\MR\源码\第 2 章\2-15

```
<body>
Java 开发非常之旅套系
<ol type="A">
<li>Java 快速入门</li>
<li>Java 学习基础</li>
<li>Java 进阶模块</li>
<li>Java 应用程序 300 例</li>
<li>Java 疑难解答</li>
<li>Java 项目案例分析</li>
<li>Html+CSS+Javascript+Ajax 网页开发</li>
</ol>
Java 开发非常之旅套系
<ol type="1">
<li>Java 快速入门</li>
<li>Java 学习基础</li>
<li>Java 进阶模块</li>
<li>Java 应用程序 300 例</li>
<li>Java 疑难解答</li>
<li>Java 项目案例分析</li>
<li>Html+CSS+Javascript+Ajax 网页开发</li>
</ol>
</body>
```

运行本实例，将显示如图 2-22 所示的运行结果。

● 无序列表标记

在无序列表中，各个列表项之间没有顺序级别之分，它通常使用一个项目符号作为每个列表项的前缀。无序列表主要使用<ul>、<dir>、<dl>、<menu>、<li>几个标记和 type 属性。

【例 2-16】　下面以代码的形式为读者展示如何创建一个无序列表，并且设置其属性。代码如下所示。

实例位置：光盘\MR\源码\第 2 章\2-16

```
<body>
明日科技已经出版的图书
<ul type="square">
<li>Java 开发实战 1200 例</li>
```

```
<li>JavaWeb 开发实战宝典</li>
<li>学通 JavaWeb24 堂课</li>
</ul>
```
明日科技已经出版的图书
```
<ul type="disc">
<li>Java 开发实战 1200 例</li>
<li>JavaWeb 开发实战宝典</li>
<li>学通 JavaWeb24 堂课</li>
</ul>
</body>
```
运行本实例，将显示如图 2-23 所示的运行结果。

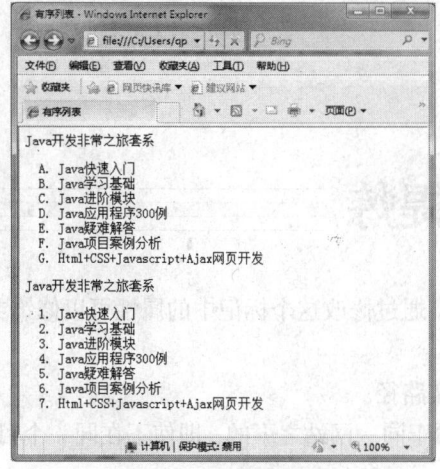

图 2-22 创建有序列表

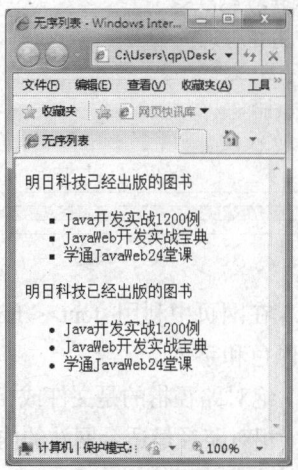

图 2-23 创建无序列表

2.6 综合实例——个性的留言

当你浏览别人空间或者博客的时候是否发现有的留言非常好看，特别有个性。通常情况下这些都是通过文字标记修饰出来的，通过前面的学习完全可以让你的留言达到与众不同的效果。本实例将通过对文字的修饰，让留言达到与众不同的效果。实例运行效果如图 2-24 所示。

创建 HTML 页面，在该页面中编写以下代码。

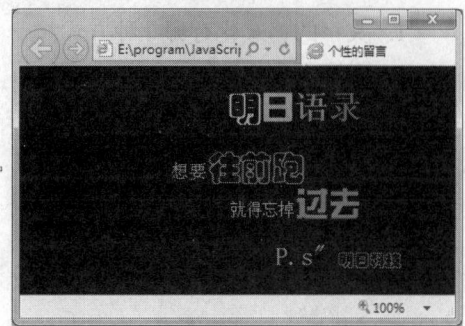

图 2-24 使用文字标记修饰留言

```
<html>
<head>
<title>个性的留言</title>
</head>
<body bgcolor="#000000" >  <!--设置背景颜色 -->
<center>                   <!--设置居中对齐 -->
<h1>       <font face="华文彩云" color="#00FFFF">明
</font><font color="#00CCFF" face="方正综艺简体" >日</font><font color="#0099FF">语
</font><font color="#0066FF">录</font></h1>                              <!--
```

23

设置标题格式，修饰标题中的字体 -->

```
<font color="00BFF3" size="4"> 想要 </font><font color="#339966" face=" 华 文 彩 云 "
size="6">往前跑</font>                                    <!-修饰字体 -->
<br />
             <!-利用空格
调整位置 -->
<font color="F7941D">就得忘掉</font><font color="#FF3300" size="6" face="方正综艺简体
">过去</font>
<br /><br />                                              <!-利用回车调整位置 -->
            &nbs
p;         
<font color="#999999" size="5">P.s&quot; </font><font color="#FF0000" face="华文彩云
">明日科技</font>
</center>
</body>
</html>
```

知识点提炼

（1）在网页中利用<font></font>标记修饰字体。通过修改这个标记中的属性可以修饰文字的字号、颜色和字体。

（2）绝对路径指的是文件或目录在硬盘上的真实路径。

（3）相对路径最适合网站的内部链接。只要是属于同一网站之下的，即使不在同一个目录下，相对链接也非常适合。

（4）列表是一种非常实用的数据排列方式，可以起到提纲的作用。在列表中一共分为两种类型，一种是有序列表，一种是无序列表。

习　题

1. 文字的格式化有哪几种方式？
2. 在网页中如何输入空格和换行？
3. 在网页中如何创建书签？

实验：设置字符编码

实验目的

（1）了解 HTML 5 文档的基本结构。

（2）掌握 HTML 5 中设置字符编码的语法。

实验内容

创建一个 HTML 5 页面，要求显示"设置字符编码为 UTF-8"。

实验步骤

（1）打开记事本输入以下代码：

```
<!DOCTYPE html>
<html>
<head>
<meta charset=UTF-8 />
<title>设置字符编码</title>
</head>
<body>
设置字符编码为 UTF-8。
</body>
</html>
```

（2）保存该文件为 index.html。

在 IE 9 浏览器中打开 index.html 文件，将显示如图 2-25 所示的页面。

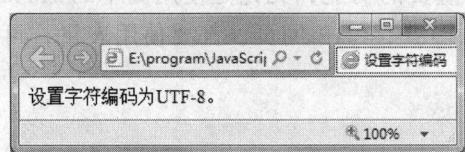

图 2-25　HTML 5 标记实例

第3章
HTML 中的表格

本章要点：

- 在网页中插入表格的方法
- 如何调整表格的大小
- 如何设置表格的背景颜色
- 如何为表格加入背景图片
- 如何合并单元格

表格是 HTML 中非常重要的功能，无论是使用简单的 HTML 语言编辑的网页，还是具备动态网站功能的 ASP，JSP，PHP 网页，都要使用表格，可以进行排版，也可以用于展示列表。

3.1　绘制表格

在 HTML 页面中，使用表格是排列内容的最佳手段，绝大多数页面都是使用表格进行排版的。在 HTML 的语法中，表格一般通过 3 个标记来构建，分别为表格标记、行标记和单元格标记。其中表格标记为\<table>\</table>，表格的其他各种属性都要写在表格的开始标记\<table>和表格的结束标记\</table>之间才有效。

创建一个表格的格式如下：

```
<table>
    <tr>
        <td>….</td>
        <td>….</td>
    </tr>
    <tr>
        <td>….</td>
        <td>….</td>
    </tr>
</table>
```

　　　　　\<tr>标记表示行开始，\</tr>表示行结束。而\<td>和\</td>之间的就是单元格中的内容。这几个标签之间是从大到小逐层包含的关系。一个表格可以有多个\<tr>和\<td>标记，分别代表多行和多个单元格。

3.1.1 设置表格的标题

在表格中可以通过<caption>标记来设置特殊的一种单元格即标题单元格。表格的标题一般位于整个表格的第一行。具体语法如下：

```
<caption>value<caption>
```

value：表格标题的内容。

3.1.2 设置表格的边框属性

在默认的情况下，表格的边框为 0，也就是说默认情况下我们是看不到表格的边框的。例如图 3-1 中的表格，我们可以看到表格的边框。我们可以通过设置表格中的属性 border 来改变边框线的宽度，单位为像素。

【例 3-1】 在页面中创建一个单词表，并设置表格的边框为 10 个像素。代码如下（实例位置：光盘\MR\源码\第 3 章\3-1）：

```
<body>
<table border="10">
    <tr>
        <td>苹果: </td>
        <td>apple</td>
    </tr>
    <tr>
        <td>香蕉: </td>
        <td>banana</td>
    </tr>
</table>
</body>
```

运行本实例，将显示如图 3-1 所示的运行结果。

图 3-1 设置表格的边框为 10 个像素的单词表

3.1.3 设置表格的宽度和高度

在默认情况下，表格的宽度和高度可以根据内容自动调整，我们也可以根据自己的需要手动设置表格的宽度和高度。具体语法如下：

```
<table width=value height=value>
```

- width：设置表格的宽度。
- height：设置表格的高度。

【例 3-2】 在页面中创建一个表格，显示近期出版的书籍，并设置表格高度为 200，宽度为 400。代码如下（实例位置：光盘\MR\源码\第 3 章\3-2）：

```
<body>
<table border="3" height="200" width="400">
    <tr>
        <td>Java 类书籍: </td>
        <td>Java 开发实战 1200 例</td>
    </tr>
    <tr>
        <td> JavaWeb 类书籍: </td>
        <td> JavaWeb 开发实战 1200 例</td>
```

```
    </tr>
</table>
</body>
```
运行本实例，将显示如图 3-2 所示的运行结果。

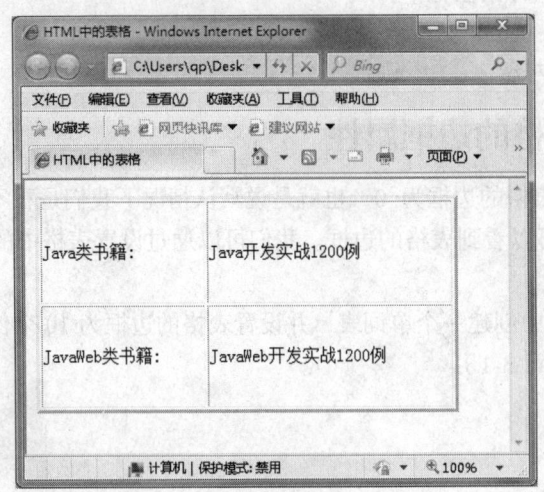

图 3-2　设置表格的高度和宽度

3.1.4　设置表格的边框颜色

为了美化表格，我们可以通过设置表格的属性 bordercolor 来改变表格边框的颜色。其值可以使用英文颜色名称或十六进制颜色值表现。

【例 3-3】　在页面中创建一个表格，来记录今天的菜谱，并设置表格的边框为红色。代码如下（实例位置：光盘\MR\源码\第 3 章\3-3）：

```
<body>
<table border="1" height="100" width="200" bordercolor="red">
    <tr>
        <td>午餐：</td>
        <td>豆角炒肉</td>
    </tr>
    <tr>
        <td>晚餐：</td>
        <td>炸酱面</td>
    </tr>
</table>
</body>
```

运行本实例，将显示如图 3-3 所示的运行结果。

图 3-3　设置表格边框的颜色为红色

3.1.5　设置表格的对齐方式

表格的对齐方式用于设置整个表格在网页中的位置。在表格中通过设置属性 align 的值来设定表格的对齐方式，具体语法如下：

```
<table align=value>
```
value：表格的对齐方式可以取值为 left、center 和 right。

3.1.6 设置表格的背景颜色

通过设置属性 bgcolor 的值可以定义表格的背景颜色，具体语法如下：

```
<table bgcolor=value>
```

value：颜色的值，可以使用英文颜色名称或十六进制颜色值表现。

【例 3-4】 在页面中创建一个表格，介绍网页开发的工具，设置表格的背景颜色为黄色。代码如下（实例位置：光盘\MR\源码\第 3 章\3-4）：

```
<body>
<table border="5" bgcolor="#0000FF">
    <tr>
        <td>网页制作软件：</td>
        <td>Dreamweaver</td>
    </tr>
    <tr>
        <td>网页动画软件：</td>
        <td>Flash</td>
    </tr>
</table>
</body>
```

图 3-4 设置表格的背景颜色为黄色

运行本实例，将显示如图 3-4 所示的运行结果。

3.1.7 设置表格的背景图片

通过设置属性 background 的值可以为表格的背景加入一张背景图片，具体语法如下：

```
<table background=value>
```

value：图片的地址可以是绝对路径，也可以为相对路径。

【例 3-5】 修改例 3-4，将表格的背景颜色换为一张图片。代码如下（实例位置：光盘\MR\源码\第 3 章\3-5）：

```
<body>
<table   border="5"   background="images/html.jpg"
whith="400" height="200">
    <tr>
        <td>网页制作软件：</td>
        <td>Dreamweaver</td>
    </tr>
    <tr>
        <td>网页动画软件：</td>
        <td>Flash</td>
    </tr>
</table>
</body>
```

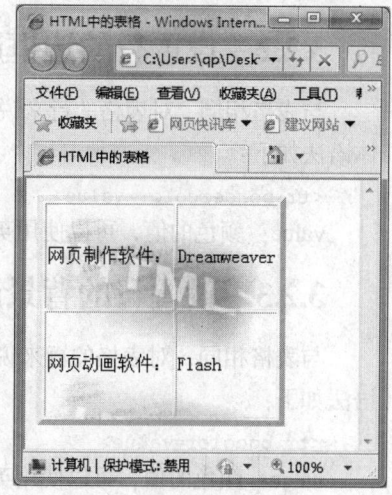

图 3-5 为表格加入背景图片

运行本实例，将显示如图 3-5 所示的运行结果。

3.2 行标记<tr>及属性

设定了表格的整体属性后，还可以对单独的一行表格进行属性设置。

3.2.1　设置行的高度

在网页中常常遇到一些表格中某一行高度和其他行高度不相等的情况，这时就需要使用 height 参数。具体语法如下：

```
<tr height=value>
```

value：设置行的高度（只对本行有效）。

【例 3-6】　创建一个表格，显示近期出版的图书，并调整其表格行的高度。代码如下（实例位置：光盘\MR\源码\第 3 章\3-6）：

```
<body>
<table border="1">
  <tr>
    <td>书籍类别：</td>
    <td>Java</td>
  </tr>
  <tr height="200">     <!-- 设置行的高度为 200 -->
    <td>书籍名称：</td>
    <td>
            Java 开发实战 1200 例<br>
            JavaWeb 开发实战 1200 例<br>
            学通 Java24 堂课<br>
            学通 JavaWeb24 堂课<br>
    </td>
  </tr>
</table>
</body>
```

运行本实例，将显示如图 3-6 所示的运行结果。

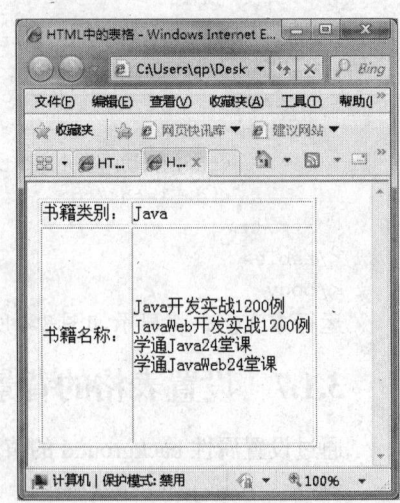

图 3-6　设置行的高度

3.2.2　设置行的边框颜色

与表格相同，对表格的行来说也可以通过设置 bordercolor 的属性单独为边框设置颜色。其具体语法如下：

```
<tr bordercolor=value>
```

value：颜色的值，可以使用英文颜色名称或十六进制颜色值表现。

3.2.3　设置行的背景颜色

与表格相同，对表格的行来说也可以通过设置 bgcolor 的属性单独为背景设置颜色。其具体语法如下：

```
<tr bgcolor=value>
```

value：颜色的值，可以使用英文颜色名称或十六进制颜色值表现。

【例 3-7】　下面是三个学生的数学成绩，数学成绩最差的学生及成绩的背景颜色设置为黄色。代码如下（实例位置：光盘\MR\源码\第 3 章\3-7）：

```
<body>
<table border="1" align="center" width="200">
    <tr bgcolor="#B6B6B6">                          <!-- 设置此行背景颜色为灰色 -->
        <td>姓 名</td>
        <td>数学成绩</td>
    </tr>
```

```
<tr>
        <td>张三</td>
        <td>97 分</td>
</tr>
<tr bgcolor="yellow"> <!-- 设置此行背景颜色
为黄色 -->
        <td>李四</td>
        <td>58 分</td>
</tr>
<tr>
        <td>王五</td>
        <td>85 分</td>
</tr>
</table>
</body>
```

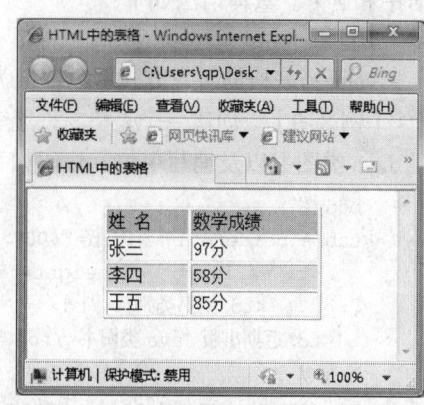

图 3-7   将数学成绩最差的学生及成绩的背景
颜色设置为黄色

运行本实例，将显示如图 3-7 所示的运行结果。

3.2.4   设置行的水平对齐方式

在水平方向上，可以通过设定行属性 align 的值，来改变本行的水平对齐方式，分别为左对齐、居中对齐和右对齐。具体语法如下：

```
<tr align=value>
```

value：表格的对齐方式可以取值为 left、center 和 right。

【例 3-8】   创建一个员工登记表，显示员工的编号、姓名、身高和体重，并设置其水平对齐方式。代码如下（实例位置：光盘\MR\源码\第 3 章\3-8）：

```
<body>
<table border="1" align="center" width="300">
    <tr align="right">                          <!-- 设置对齐方式为右对齐 -->
        <td>员工登记表</td>
        <td>编号：00001</td>
    </tr>
    <tr align="center">                         <!-- 设置对齐方式为居中对齐 -->
        <td>姓 名：</td>
        <td>张三</td>
    </tr>
    <tr align="center">
                <!-- 设置对齐方式为居中对齐 -->
        <td>身 高：</td>
        <td>175cm</td>
    </tr>
    <tr align="center">
                <!-- 设置对齐方式为居中对齐 -->
        <td>体 重：</td>
        <td>65kg</td>
    </tr>
</table>
</body>
```

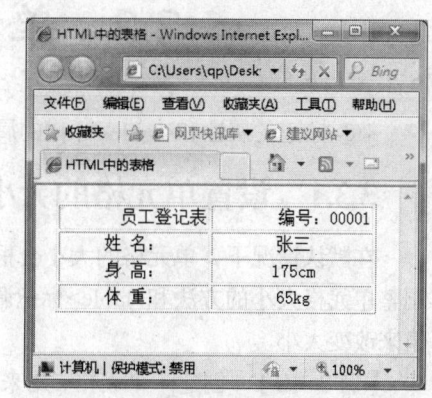

图 3-8   设置表格行的水平对齐方式

运行本实例，将显示如图 3-8 所示的运行结果。

3.2.5   设置行的垂直对齐方式

在垂直方向上，可以通过设定行属性 valign 的值，来改变本行的垂直对齐方式，分别为居上、居中和居下。具体语法如下：

```
<tr valign=value>
```

value：表格的对齐方式可以取值为 top、middle 和 bottom。

【例 3-9】 创建一个表格，设置表格中的内容分别为居上、居中、居下显示，显示近期出版的 Java 类图书以及编写单位。代码如下（实例位置：光盘\MR\源码\第 3 章\3-9）：

```
<body>
<table border="1" width="400">
    <tr valign="top" height="50">                    <!-- 设置行的对齐方式为居上对齐 -->
        <td>图书类别：</td>
    <td>近期出版 Java 类图书</td>
    </tr>
    <tr valign="middle" height="100">                <!-- 设置行的对齐方式为居中对齐 -->
        <td>图书名称：</td>
    <td>
        <ul>                                          <!-- 利用无序列表列出出版图书 -->
            <li>Java 开发实战 1200 例</li>
            <li>JavaWeb 开发实战 1200 例</li>
            <li>学通 Java24 堂课</li>
            <li>学通 JavaWeb24 堂课</li>
        </ul>
    </td>
    </tr>
    <tr valign="bottom" height="50">
            <!-- 设置行的对齐方式为居下对齐 -->
        <td>编写单位：</td>
    <td>明日科技</td>
    </tr>
</table>
</body>
```

运行本实例，将显示如图 3-9 所示的运行结果。

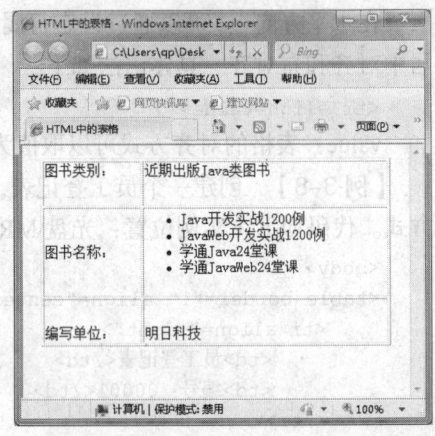

图 3-9　设置表格行的垂直对齐方式

3.3　单元格标记\<td>属性

\<td>标记的属性和\<table>标记的属性非常相似，用于设定表格中某一单元格的属性。

3.3.1　设置单元格的大小

在默认情况下，单元格的大小会根据单元格中的内容自动调整，同时也可以手动进行调整。调整单元格大小的方法和\<table>标记调整表格大小的方法一样，也是通过设置 width 和 height 的值来改变大小。

【例 3-10】 创建一个表格，用来显示图书类别和图书名称，并且设置表格中单元格的大小。代码如下（实例位置：光盘\MR\源码\第 3 章\3-10）：

```
<body>
<table border="1" align="center">
    <tr>
```

```
            <td height="40">图书类别</td>
            <td width="150">图书名称</td>
    </tr>
    <tr>
            <td width="80">Java 类</td>
            <td height="150">
                    JavaWeb 开发实战宝典<br>
                    Java 快速入门<br>
                    Java 学习基础<br>
                    Java 应用程序 300 例<br>
                    Java 项目案例分析<br>
            </td>
    </tr>
</table>
</body>
```

运行本实例，将显示如图 3-10 所示的运行结果。

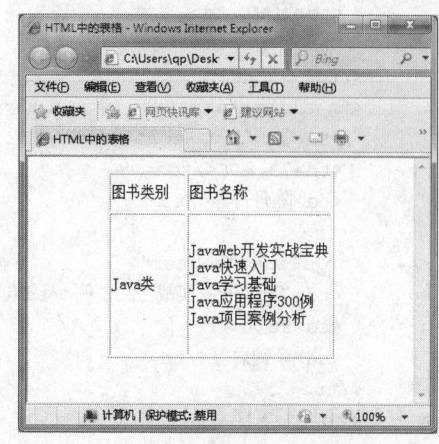

图 3-10　设置表格中单元格的大小

3.3.2　设置单元格的水平对齐属性

在水平方向上，可以设定单元格的对齐方式，分别有居左、居中、居右 3 种。其语法格式与行设定水平对齐方式的语法格式相同。具体语法如下：

```
<td align=value>
```

value：表格的对齐方式可以取值为 left、center 和 right。

例如设置表格的水平对齐方式为右对齐，代码如下：

```
<td align=right>
```

3.3.3　设置单元格的垂直对齐属性

在垂直方向上，可以设定单元格的对齐方式，分别有居上、居中、居下 3 种。其语法格式与行设定垂直对齐方式的语法格式相同。具体语法如下：

```
<td valign=value>
```

value：表格的对齐方式可以取值为 top、middle 和 bottom。

例如设置表格的垂直对齐方式为居下对齐，写法如下：

```
<td valign=bottom>
```

3.3.4　设置单元格的水平跨度

在复杂的表格结构中，有的单元格在水平方向上是跨过多个列的，这就需要使用跨列属性 colspan 来合并单元格。其具体语法如下：

```
<td colspan=value>
```

value：代表单元格跨的列数。

【例 3-11】　创建一个表格，显示明日科技近期出版图书的书名、定价和作者信息，并设置表格中单元格的水平跨度。代码如下（实例位置：光盘\MR\源码\第 3 章\3-11）：

```
<body>
<table width="400" border="1" align="center">
  <tr align="center">
    <td colspan="3">明日科技近期出版图书</td>              <!-- 合并水平位置的 3 个单元格 -->
  </tr>
  <tr align="center">
```

```
    <td>书名</td>
    <td>定价</td>
    <td>作者</td>
  </tr>
  <tr align="center">
    <td>学通 JavaWeb24 堂课</td>
    <td>79.8 元</td>
    <td>陈丹丹等</td>
  </tr>
  <tr align="center">
    <td>Java 开发实战 1200 例</td>
    <td>96 元</td>
    <td>李钟尉等</td>
  </tr>
</table>
</body>
```

运行本实例,将显示如图 3-11 所示的运行结果。

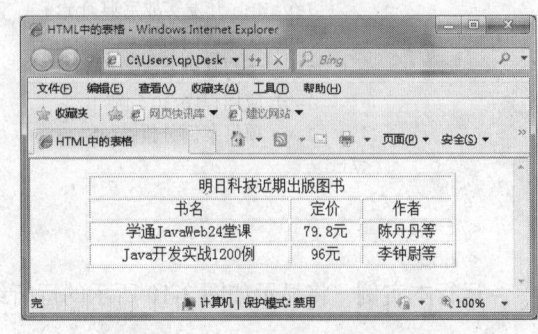

图 3-11 合并水平位置的单元格

3.3.5 设置单元格的垂直跨度

在复杂的表格结构中,有的单元格在垂直方向上是跨过多个行的,这就需要使用跨行属性 rowspan 来合并单元格。其具体语法如下:

```
<td rowspan=value>
```

value:代表单元格跨的行数。

【例 3-12】 创建一个表格,显示明日科技近期出版图书的书名、定价和图书类别信息,设置表格中单元格的垂直跨度。代码如下(实例位置:光盘\MR\源码\第 3 章\3-12):

```
<body>
<table width="500" border="1" align="center" height="200">
  <tr align="center">
    <td rowspan="4" width="50">                              <!--合并了 4 行单元格-->
明<br>日<br>科<br>技<br>出<br>版<br>图<br>书</td>
    <td>图书类别</td>
    <td>图书名称</td>
    <td>图书价格</td>
  </tr>
  <tr align="center">
    <td rowspan="3">Java</td>                                <!-- 合并了 3 行单元格 -->
    <td>学通 Java24 堂课</td>
    <td>79.8 元</td>
  </tr>
  <tr align="center">
    <td>学通 JavaWeb24 堂课</td>
    <td>79.8 元</td>
  </tr>
  <tr align="center">
    <td>Java 开发实战 1200 例</td>
    <td>99 元</td>
  </tr>
</table>
</body>
```

运行本实例,将显示如图 3-12 所示的运行结果。

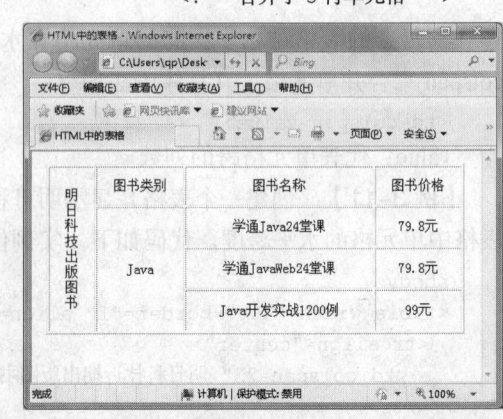

图 3-12 合并垂直位置的单元格

说明

　　设置单元格的水平跨度和垂直跨度可以说是表格中最重要的部分，在以后的排版中会经常被用到。

3.3.6　设置单元格的背景色

　　为了增加表格的绚丽，可以为不同的单元格分别设置不同的背景颜色。它的用法与设置表格的背景颜色相同，具体语法如下：

```
<td bgcolor=value>
```

　　value：颜色的值，可以使用英文颜色名称或十六进制颜色值表现。

　　例如设置单元格的背景颜色为红色，代码如下：

```
<td bgcolor=red>
```

3.3.7　设置单元格的背景图片

　　与表格的行设置不同，单元格可以为背景添加图片。它的用法与设置表格的背景图片相同，具体语法如下：

```
<td background=value>
```

　　value：图片的地址，可以是绝对路径，也可以是相对路径。

　　例如为单元格的背景添加一张名为 a.bmp 的图片，代码如下：

```
<td background="a.bmp">
```

3.4　表头标记<th>属性

　　<th>标记的属性和<td>标记的属性及语法格式非常相似，用于设定表格中某一表头的属性。<th>标记中常用的属性如表 3-1 所示。

表 3-1　　　　　　　　　　　　　　　<th>标记中常用的属性

标　记	描　述
align	设置单元格内容的水平对齐位置
valign	设置单元格内容的垂直对齐位置
bgcolor	设置单元格的背景颜色
background	设置单元格的背景图像
width	设置单元格的宽度
height	设置单元格的高度
rowspan	设置单元格的水平跨度
colspan	设置单元格的垂直跨度

　　由于<th>标记和<td>标记的属性太相似了，上面的属性用法可以参考<td>标记中的属性用法。下面使用一个实例简单说明<th>标记的用法。

　　【例 3-13】　创建一个表格并在其中加入<th>标记，用来显示编程工具软件的信息。代码如下（实例位置：光盘\MR\源码\第 3 章\3-13）：

```
<body>
<table width="300" border="1" align="center">
 <tr>
    <!-- 使用<th>标记合并单元格并设置背景色 -->
    <th colspan="2" bgcolor="#1286E4">编程工具软件</th>
 </tr>
 <tr bgcolor="#65C7FC" >                                      <!--为单元格设置背景色 -->
    <th>软件分类</th>
    <th>软件名称</th>
 </tr>
 <tr>
    <!-- 使用<th>标记合并单元格并设置背景色 -->
    <th rowspan="2" bgcolor="#1286E4">网页制
作软件</th>
    <td bgcolor="#FFFF95">Dreamweaver</td>
 </tr>
 <tr>
    <td bgcolor="#FFFF95">Flash</td>
 </tr>
</table>
</body>
```

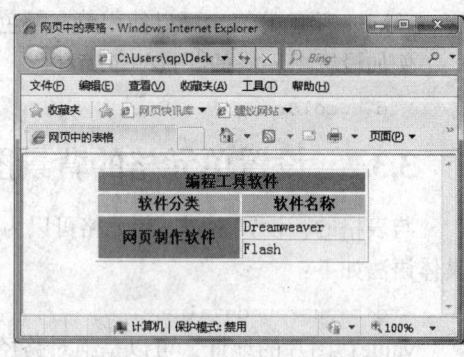

运行本实例，将显示如图 3-13 所示的运行结果。

图 3-13　加入<th>标记的表格

3.5　表格的结构标记

在 HTML 中除了表格的设计标记外，还有一些标记是用来明确表格结构的，这些标记在源码中清晰地区分表格结构，HTML 中规定了<thead>、<tbody>和<tfoot>三个标记，分别对应表格的表首、表主体和表尾。使用这些标记能对表格的一行或多行单元格的属性进行统一修改，从而省去了逐一修改单元格属性的麻烦。

3.5.1　设置表首样式

表示表首样式的标记是<thead>，它用于定义表格最上端表首的样式，其中可以设置背景颜色、文字水平对齐方式、文字的垂直对齐方式等。具体语法如下：

```
<thead align=value1 bgcolor=color_value valign=value2>
```

- value1：水平对齐方式。
- color_value：颜色代码。
- value2：垂直对齐方式。

说明　　　在上面的语法中，bgcolor、align、valign 参数的取值范围与单元格中的设置方法相同，align 可以取值 left、center 或 right，valign 可以取值 top、middle 或 bottom。在<thead>标记中还可以包含<td>、<th>和<tr>标记，而一个表元素中只能有一个<thead>标记。

【例 3-14】　创建一个表格，用来显示 Java 开发非常之旅套系图书的信息，并修改表首的样式。代码如下（实例位置：光盘\MR\源码\第 3 章\3-14）：

```
<body>
<table border="1" align="center">
```

```
<caption>Java 开发非常之旅套系图书</caption>
<thead bgcolor="#B2B2B2" align="center" valign="bottom">
    <tr>
        <th>书名</th>
        <th>出版单位</th>
    </tr>
</thead>
<tr>
  <td width="130">Java 快速入门</td>
  <td width="220">吉林省明日科技有限公司</td>
</tr>
<tr>
  <td>Java 学习基础</td>
  <td>吉林省明日科技有限公司</td>
</tr>
<tr>
  <td>Java 疑难解答</td>
  <td>吉林省明日科技有限公司</td>
</tr>
<tr>
  <td>Java 应用程序 300 例</td>
  <td>吉林省明日科技有限公司</td>
</tr>
<tr>
  <td>Java 项目案例分析</td>
  <td>吉林省明日科技有限公司</td>
</tr>
</table>
</body>
```

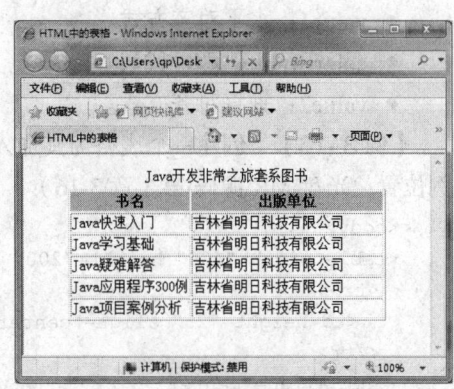

图 3-14　设置表首样式的表格

运行本实例，将显示如图 3-14 所示的运行结果。

3.5.2　设置表主体样式

与表首样式的标记功能类似，表主体标记<tbody>用于定义表格主体的样式。具体语法如下：

```
<tbody align=value1 bgcolor=color_value valign=value2>
```

- value1：水平对齐方式。
- color_value：颜色代码。
- value2：垂直对齐方式。

【例 3-15】　创建一个表格，设置其表主体样式为右对齐并添加背景颜色，用来显示 X 年级 X 班学生的数学成绩信息。代码如下（实例位置：光盘\MR\源码\第 3 章\3-15）：

```
<body>
<table width="200" border="1" align="center">
  <tr>
    <td colspan="2" align="center">X 年级 X 班数学成绩</td>
  </tr>
<tbody align="right" bgcolor="#FFFF88">    <!-- 设置表主体的样式为右对齐并添加背景色 -->
  <tr>
    <td>姓名</td>
    <td>成绩</td>
  </tr>
  <tr>
```

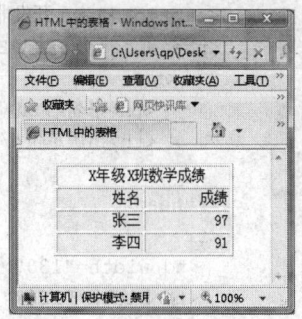

```
    <td>张三</td>
    <td>97</td>
  </tr>
  <tr>
    <td>李四</td>
    <td>91</td>
  </tr>
  </tbody>
</table>
</body>
```

运行本实例，将显示如图 3-15 所示的运行结果。

图 3-15　设置表主体样式

3.5.3　设置表尾样式

使用<tfoot>标记用于定义表尾的样式，具体语法如下：

```
<tfoot align=value1 bgcolor=color_value valign=value2>
```

- value1：水平对齐方式。
- color_value：颜色代码。
- value2：垂直对齐方式。

【例 3-16】　创建一个表格为其加入表尾，并模仿通知的样式写出一条通知。代码如下（实例位置：光盘\MR\源码\第 3 章\3-16）：

```
<body>
<table width="400" height="200" border="1" align="center">
  <tr>
    <td height="25" align="center"><b>通知</b></td>
  </tr>
  <tr align="center">
    <td>下午三点请所有员工到会议室开会。</td>
  </tr>
  <tfoot align="right">
                    <!-- 设置表尾的样式为右对齐-->
  <tr height="25">
    <td>明日科技 2014.07.12</td>
  </tr>
  </tfoot>
</table>
</body>
```

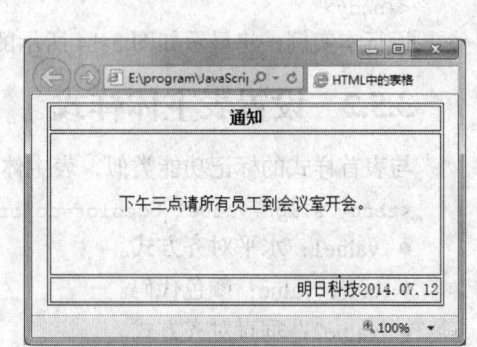

运行本实例，将显示如图 3-16 所示的运行结果。

图 3-16　设置表尾的方式

3.6　综合实例——制作一份个人简历

当去应聘一个岗位的时候首先要向该公司投递一份个人简历。这份简历是展现自己的第一幕舞蹈，完美的简历就像一出无声的舞台剧在静静展示你个人独特的魅力，让用人单位看到你的出色与优势。下面利用前面所学的知识，使用表格做一份个人简历。运行效果如图 3-17 所示。

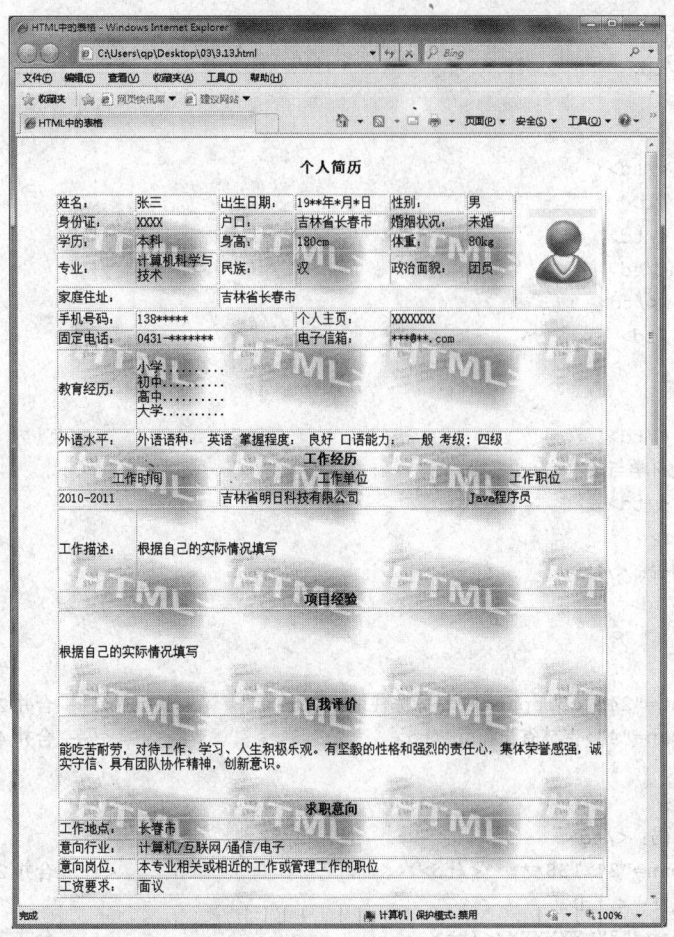

图 3-17　使用表格制作的简历

实现的主要代码如下：

```
<body>
        <!-- 创建一个表格为表格加入背景图片 -->
<table width="700" height="542" border="1" align="center" background="../images/html.jpg">
<caption><h3>个人简历</h3></caption>            <!-- 为表格添加标题 -->
  <tr>
    <td width="92">姓名：</td>                    <!-- 设置单元格的宽度 -->
    <td width="100">张三</td>
    <td width="89">出生日期：</td>
    <td width="113">19**年*月*日 </td>
    <td width="91">性别：</td>
    <td width="48">男</td>
        <!-- 竖排合并 5 个单元格，为单元格加入背景图片 -->
    <td width="121" rowspan="5" background="../images/照片.bmp"></td>
  </tr>
  <tr>
    <td>身份证：</td>
    <td>XXXX</td>
    <td>户口：</td>
    <td>吉林省长春市</td>
```

```
      <td>婚姻状况：</td>
      <td>未婚</td>
   </tr>
   <tr>
      <td>学历：</td>
      <td>本科</td>
      <td>身高：</td>
      <td>180cm</td>
      <td>体重：</td>
      <td>80kg</td>
   </tr>
   <tr>
      <td>专业：</td>
      <td>计算机科学与技术</td>
      <td>民族：</td>
      <td>汉</td>
      <td>政治面貌：</td>
      <td>团员</td>
   </tr>
   <tr>
      <td height="24" colspan="2">家庭住址：</td>        <!-- 合并 2 个单元格 -->
      <td colspan="4">吉林省长春市</td>                 <!-- 合并 4 个单元格 -->
   </tr>
   <tr>
      <td>手机号码：</td>
      <td colspan="2">138*****</td>                      <!-- 合并 2 个单元格 -->
      <td>个人主页：</td>
      <td colspan="3">XXXXXXX</td>                       <!-- 合并 3 个单元格 -->
   </tr>
   <tr>
      <td>固定电话：</td>
      <td colspan="2">0431-*******</td>
      <td>电子信箱：</td>
      <td colspan="3">***@**.com</td>
   </tr>
   <tr height="100">
      <td>教育经历：</td>
      <td colspan="6">
            小学.........<br>
            初中.........<br>
            高中.........<br>
            大学.........<br></td>
   </tr>
   <tr>
      <td>外语水平：</td>
      <td colspan="6">外语语种：英语 掌握程度：良好 口语能力：一般 考级：四级 </td>
   </tr>
   <tr>
      <td colspan="7" align="center"><b>工作经历</b></td>          <!-- 合并 7 个单元格 -->
   </tr>
```

```
  <tr align="center">
   <td colspan="2">工作时间</td>                              <!-- 合并 2 个单元格 -->
   <td colspan="3">工作单位</td>                              <!-- 合并 3 个单元格 -->
   <td colspan="2">工作职位</td>                              <!-- 合并 2 个单元格 -->
  </tr>
  <tr>
   <td colspan="2">2010-2011</td>
   <td colspan="3">吉林省明日科技有限公司</td>
   <td colspan="2">Java 程序员</td>
  </tr>
  <tr height="100">
   <td>工作描述：</td>
   <td colspan="7">根据自己的实际情况填写</td>                   <!-- 合并 7 个单元格 -->
  </tr>
  <tr>
   <td colspan="7" align="center"><b>项目经验</b></td>          <!-- 合并 7 个单元格 -->
  </tr>
  <tr>
   <td colspan="7" height="100">根据自己的实际情况填写</td>        <!-- 合并 7 个单元格 -->
  </tr>
  <tr>
   <td colspan="7" align="center"><b>自我评价</b></td>          <!-- 合并 7 个单元格 -->
  </tr>
  <tr>
   <td colspan="7" height="100">能吃苦耐劳，对待工作、学习、人生积极乐观。有坚毅的性格和强烈
的责任心，集体荣誉感强，诚实守信、具有团队协作精神，创新意识。</td>
  </tr>
  <tr>
   <td colspan="7" align="center"><b>求职意向</b></td>          <!-- 合并 7 个单元格 -->
  </tr>
  <tr>
   <td>工作地点：</td>
   <td colspan="6">长春市</td>                                 <!-- 合并 6 个单元格 -->
  </tr>
  <tr>
   <td>意向行业：</td>
   <td colspan="6">计算机/互联网/通信/电子</td>                  <!-- 合并 6 个单元格 -->
  </tr>
  <tr>
   <td>意向岗位：</td>
   <td colspan="6">本专业相关或相近的工作或管理工作的职位</td>     <!-- 合并 6 个单元格 -->
  </tr>
  <tr>
   <td>工资要求：</td>
   <td colspan="6">面议</td>                                   <!-- 合并 6 个单元格 -->
  </tr>
 </table>
 </body>
```

知识点提炼

（1）在表格中可以通过<caption>标记来设置特殊的一种单元格即标题单元格。

（2）为了美化表格，我们可以通过设置表格中的属性 bordercolor 来改变表格边框的颜色。

（3）在表格中通过设置属性 align 的值来设定表格的对齐方式。

（4）通过设置属性 background 的值可以为表格的背景加入一张背景图片。

（5）在水平方向上，可以通过设定行属性 align 的值，来改变本行的水平对齐方式，分别为左对齐、居中对齐和右对齐。

（6）在垂直方向上，可以通过设定行属性 valign 的值，来改变本行的垂直对齐方式，分别为居上、居中和居下。

（7）HTML 中规定了<thead>、<tbody>和<tfoot>三个标记，分别对应表格的表首、表主体和表尾。

习　　题

1. 在 HTML 中，绘制一张表格通常需要使用哪几个标记？
2. 在 HTML 中，如何为表格设置背景图片？
3. 在 HTML 中，表头标记是什么？
4. 在 HTML 中，提供了表格的哪几个结构标记？

实验：使用 Dreamweaver 创建乘法口诀表

实验目的

掌握在 Dreamweaver 中，绘制 HTML 表格的方法。

实验内容

利用 Dreamweaver，在 HTML 页面中创建一个显示乘法口诀的表格。

实验步骤

（1）打开 Dreamweaver，创建一个 HTML 页面。在文本工具栏选择"设计"，在插入栏中选择"常用"，在常用窗口中单击"表格"按钮如图 3-18 所示，会弹出一个创建表格的对话框如图 3-19 所示，在这个对话框中可以设置表格的大小、宽度、边框等属性。

（2）设置完表格的属性后单击"确定"按钮，即可创建一个 10 行 9 列的表格，如图 3-20 所示。

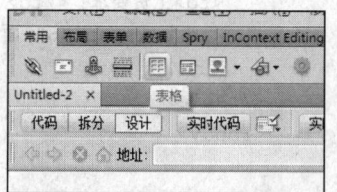

图 3-18　单击"表格"按钮

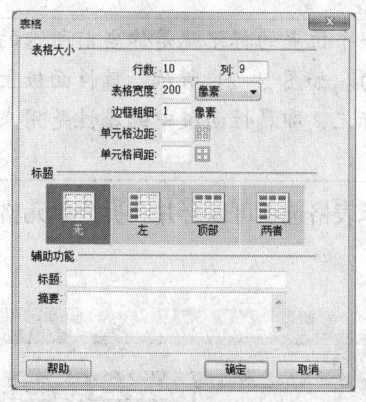

图 3-19　弹出创建表格对话框

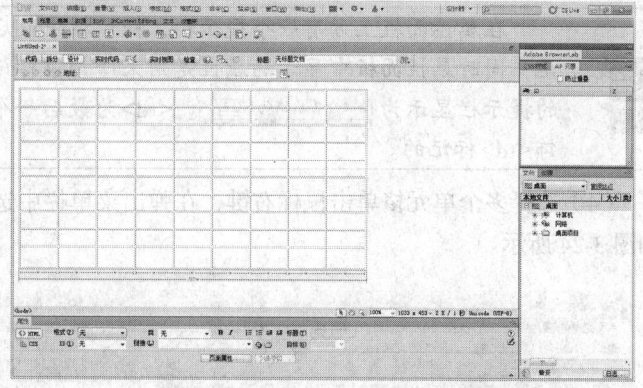

图 3-20　创建一个 10 行 9 列的表格

（3）选择表格中的不同位置，在属性面板中可以对相应位置的属性进行调整，如改变背景颜色、对齐方式等。当选择整个表格时如图 3-21 所示，在属性面板中可以设置整个表格的属性。当选择表格中的一行时如图 3-22 所示，在属性面板中可以设置一行的属性。当选择表格中的一个单元格时如图 3-23 所示，在属性面板中可以设置一个单元格的属性。

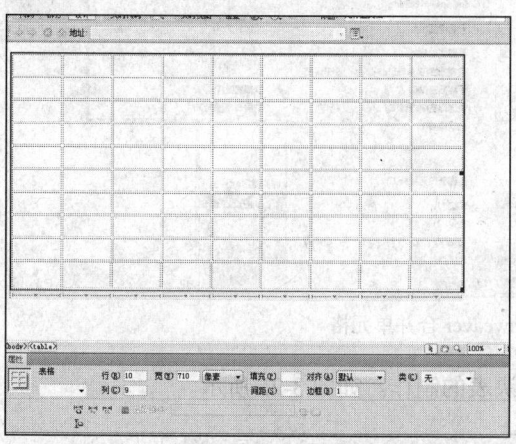

图 3-21　设置整个表格的属性

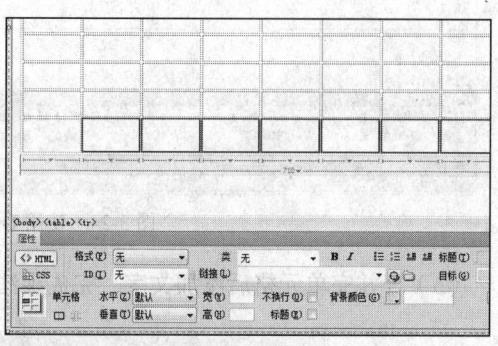

图 3-22　设置表格中一行的属性

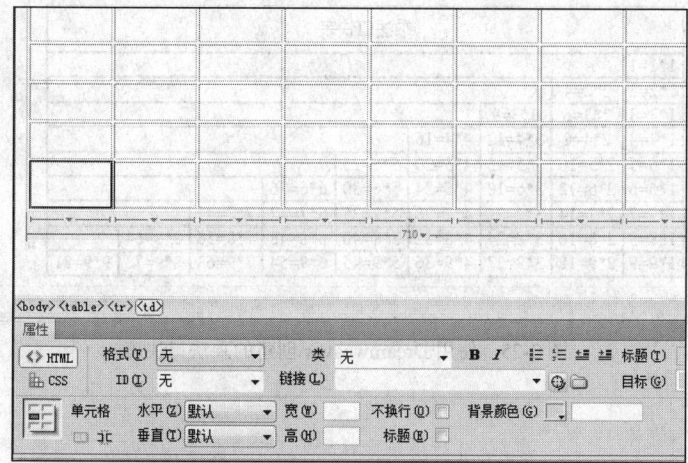

图 3-23　设置一个单元格的属性

说明

在属性面板上方有一个提示栏，提示栏中最后一个位置的标记就是你当前所选的标记，同时属性面板中显示的属性是用来修饰该标记的。如图 3-21 所示，属性面板上方的提示栏显示为 `<body><table><tr><td>` 。`<td>`为最后一个标记，即属性面板中的属性是用来修饰`<td>`标记的。

（4）选择多个单元格单击鼠标右键，在弹出菜单栏中选择表格选项可以合并和拆分单元格。如图 3-24 所示。

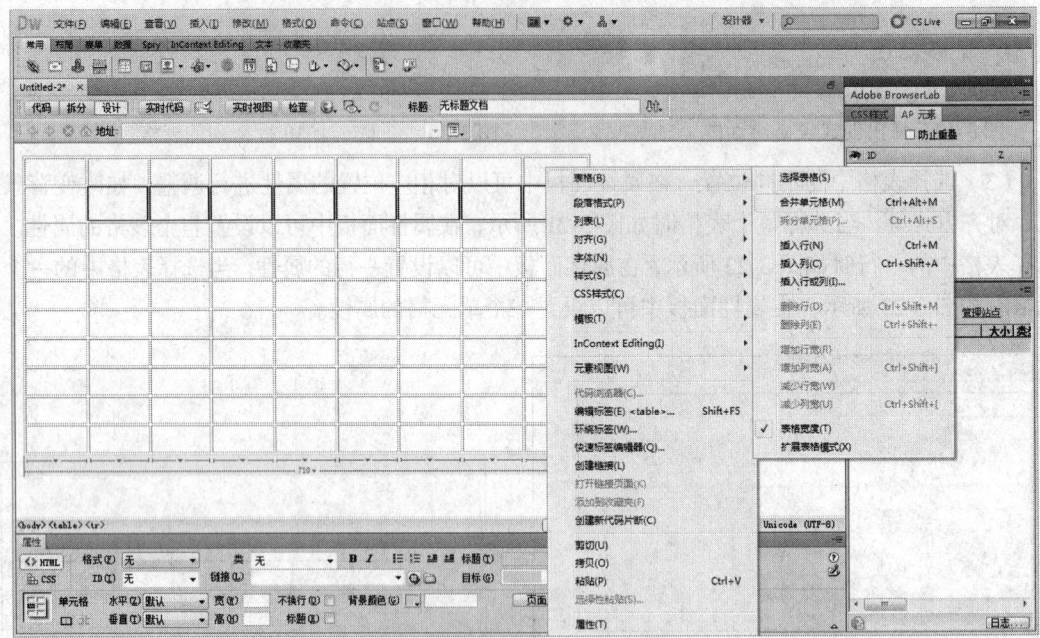

图 3-24　使用 Dreamweaver 合并单元格

（5）合并完单元格后添加文字，完成乘法口诀表的制作。如图 3-25 所示。

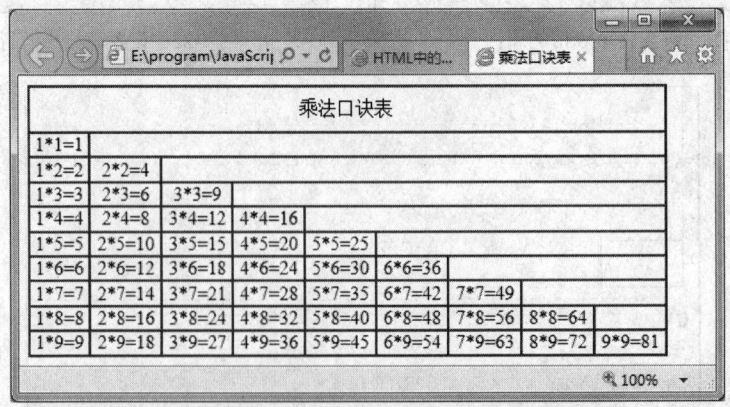

图 3-25　使用 Dreamweaver 创建的乘法口诀表

第4章
表单的使用

本章要点:
- 表单的作用
- HTML 中的表单标记
- HTML 中的输入标记
- HTML 中的文本域标记
- HTML 中的菜单和列表标记

表单的用途很多,在制作网页特别是制作动态网页时常常会用到。表单是实现动态网页的一种主要的外在形式。本章将介绍表单的创建、各种表单域的插入和设置等各种表单元素的用法。

4.1　什么是表单

表单通常设计在一个 HTML 文档中,当用户填写完信息后做提交操作,将表单的内容从客户端的浏览器传送到服务器上,经过服务器处理程序后,再将用户所需信息传送回客户端的浏览器上,这样网页就具有了交互性。HTML 表单是 HTML 页面与浏览器实现交互的重要手段。

表单的主要功能是收集信息,具体说是收集浏览者的信息。例如在网上注册一个账号,就必须按要求填写完成网站提供的表单网页,如用户名、密码、联系方式等信息如图 4-1 所示。在网页中,最常见的表单形式主要包括文本框、单选按钮、复选框、按钮等。

图 4-1　用来做注册的表单

4.2　表单标记<form>

表单是网页上的一个特定区域。这个区域是由一对<form>标记定义的。在<form>与</form>之间的一切都属于表单的内容。

每个表单元素开始于 form 元素，可以包含所有的表单控件，还有任何必需的伴随数据，如控件的标签、处理数据的脚本或程序的位置等。在表单的<form>标记中，还可以设置表单的基本属性，包括表单的名称、处理程序、传送方式等。一般情况下，表单的处理程序 action 和传送方法 method 是必不可少的参数。

4.2.1　处理程序 action 属性

真正处理表单的数据脚本或程序在 action 属性里，这个值可以是程序或者脚本的一个完整 URL。具体语法如下：

```
<form action="URL">……</form>
```
URL：表单提交的地址。

在该语法中，表单的处理程序定义的是表单要提交的地址，也就是表单中收集到的资料将要传递的程序地址。这一地址可以是绝对地址，也可以是相对地址，还可以是一些其他的地址，如发送 E-mail 等。

```
<form action="mailto:mingrisoft@mingrisoft.com">
</form>
```

上面就是定义了表单提交的地址为一个邮件，当表单提交后会将表单中收集到的内容以电子邮件的形式发送出去。

4.2.2　表单名称 name 属性

名称属性 name 用于给表单命名。这一属性不是表单的必需属性，但是为了防止表单信息在提交到后台处理程序时出现混乱，一般要设置一个与表单功能符合的名称，如登录的表单可以命名为 login。不同的表单尽量用不同的名称，以避免混乱。具体语法如下：

```
<form name="form_name">……</form>
```
form_name：为表单起的名字。

4.2.3　提交方式 method 属性

表单的 method 属性用来定义处理程序从表单中获得信息的方式，可取值为 get 或 post，它决定了表单中已收集的数据是用什么方式提交到服务器的。具体语法如下：

```
<form method=" method">……</form>
```
method：提交方式的值，只有两种选择即 get 和 post。

Method=get：使用这种方式提交表单时，表单数据会被视为 CGI 或 ASP 的参数发送，也就是来访者输入的数据会附加在 URL 之后，由用户端直接发送至服务器，所以速度上会比 post 快，但缺点是数据长度不能够太长。在没有指定 method 的情形下，一般都会视 get 为默认值。

Method=post：使用这种设置时，表单数据与 URL 是分开发送的，用户端的计算机会通知服务器来读取数据，所以通常没有数据长度上的限制，缺点是速度上会比 get 慢。

4.2.4　编码方式 enctype 属性

表单中的 enctype 参数用于设置表单信息提交的编码方式。具体语法如下：

```
<form enctype="value">……</form>
```
value：取值如表 4-1 所示。

表 4-1	enctype 属性的取值范围
取　　值	描　　述
Test/plain	以纯文本的形式传送
application/x-www-form-urlencoded	默认的编码形式
multipart/form-data	MIME 编码，上传文件的表单必须选择该项

4.2.5　目标显示方式 target 属性

target 属性用来指定目标窗口的打开方式。表单的目标窗口往往用来显示表单的返回信息，例如是否成功提交了表单的内容、是否出错等。具体语法如下：

```
<form target="target_win">……</form>
```
target_win：取值如表 4-2 所示。

表 4-2	target 属性的取值范围
取　　值	描　　述
_blank	将返回信息显示在新打开的浏览器窗口中
_parent	将返回信息显示在父级浏览器窗口中
_self	将返回信息显示在当前浏览器窗口中
_top	将返回信息显示在顶级浏览器窗口中

4.3　输入标记\<input>

输入标记\<input>是表单中最常用的标记之一。常用的文本域、按钮等都使用这个标记。具体语法如下：

```
<form>
    <input name="field_name" type="type_name">
</form>
```

- field_name：给控件起的名称。
- type_name：控件类型，所包含的可选值如表 4-3 所示。

表 4-3	输入类控件的 type 可选值
取　　值	描　　述
text	文本域
password	密码域，用户在页面输入时不显示具体的内容，以*代替
radio	单选按钮
checkbox	复选框
button	普通按钮
submit	提交按钮
reset	重置按钮
image	图形域，也称为图像提交按钮
hidden	隐藏域，隐藏域将不显示在页面上，只将内容传递到服务器中
file	文件域

4.3.1 文本域 text

text 属性值用来设定在表单的文本域中，输入任何类型的文本、数字或字母。输入的内容以单行显示。具体语法如下：

```
<input type="text" name="field_name" maxlength=max_value size=size_value value= "field_value">
```

文本域属性的含义如表 4-4 所示。

表 4-4   文本域属性

取　值	描　述
name	文本域的名称
maxlength	文本域的最大输入字符数
size	文本域的宽度（以字符为单位）
value	文本域的默认值

【例 4-1】　在页面中使用文字域，做一个人口调查的页面。代码如下（实例位置：光盘\MR\源码\第 4 章\4-1）：

```
<form>
<h3 align="center">人口调查</h3>
    姓名：<input type="text" name="username" size=20 ><br /><!--设置表示姓名的文本域 -->
                <!-- 设置表示姓名的文本域长度为 4 最大输入字符数为 1 -->
    性别：<input type="text" name="sex" size=4 maxlength=1 >  
                <!-- 设置表示年龄的文本域长度为 4 最大输入字符数为 3 -->
    年龄：<input  type="text" name="age" size=4 maxlength=3 > <br />
                <!-- 设置表示地址的文本域长度为 50，文本域中默认值为吉林省长春市-->
    居住地址：<input type="text" name="address" size=50 value="吉林省长春市">
</form>
```

运行本实例，将显示如图 4-2 所示的效果。

图 4-2　在页面中添加了文本域

4.3.2 密码域 password

在表单中还有一种文本域的形式为密码域，输入到文本域中的文字均以星号"*"或圆点显示。具体语法如下：

```
<input type="password" name="field_name" maxlength=max_value size=size_value >
```

密码域属性的含义如表 4-5 所示。

表 4-5   密码域属性

取　值	描　述
name	密码域的名称
maxlength	密码域的最大输入字符数
size	密码域的宽度（以字符为单位）
value	密码域的默认值

【例 4-2】　在网络中常常有需要修改密码的时候，现在使用密码域，创建一个修改密码的页面。代码如下（实例位置：光盘\MR\源码\第 4 章\4-2）：

```
< form>
<h3 align="center">修改密码</h3>
用  户  名: <input type="text" name=
"username" size=15><br>
原  密  码:
<input type="password" name="oldpassword" maxlength=8
size=15><br>
新  密  码:
<input type="password" name="newpassword1" maxlength=8
size=15><br>
确认新密码: <input type="password" name="newpassword2"
maxlength=8 size=15  >
</ form>
```

运行本实例，将显示如图 4-3 所示的效果。

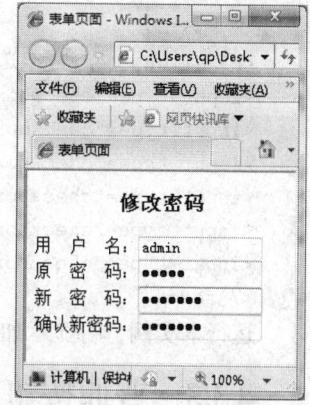

图 4-3　在页面中添加密码域

4.3.3　单选框 radio

在网页中，单选框用来让浏览者进行单一选择，在页面中以圆框表示。在单选框控件中必须设置参数 value 的值。而对于一个选择中的所有单选框来说，往往要设定同样的名称，这样在传递时才能更好地对某一个选择内容的取值进行判断。具体语法如下：

```
<input type="radio" name="field_name" checked value="value">
```

- checked：表示此项为默认选中。
- value：表示选中项目后传送到服务器端的值。

【例 4-3】　单选框在外来人员登记页面中的应用。代码如下（实例位置：光盘\MR\源码\第 4 章\4-3）：

```
< form>
<h3 align="center">外来人员登记表</h3>
姓名:<input type="text" name="username" size=15 /><br>
性别:<input type="radio" name="field_name" checked
value="男"/>男
<input type="radio" name="field_name" value="女" />女 <br>
身份证号:<input type="text" name="IDcard" size=20 /><br>
原因:<input type="text" name="causation" size=50  />
</ form>
```

运行本实例，将显示如图 4-4 所示的效果。

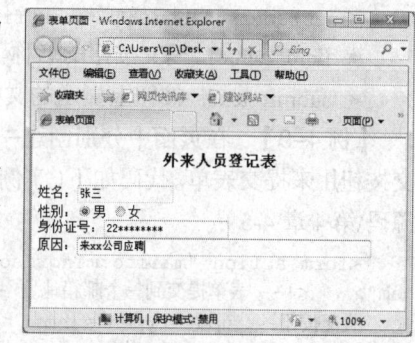

图 4-4　在页面中使用单选框

4.3.4　复选框 checkbox

浏览者填写表单时，有一些内容可以通过让浏览者进行选择的形式来实现。例如常见的网上调查，首先提出调查的问题，然后让浏览者在若干个选项中进行选择。又例如收集个人信息时，要求浏览者在个人爱好的选项中进行选择等。复选框能够进行项目的多项选择，以一个方框表示。具体语法如下：

```
<input type="checkbox" name="field_name" checked value="value">
```

- checked：表示此项为默认选中。
- value：表示选中项目后传送到服务器端的值。

【例 4-4】 在页面中使用复选框，选择你所喜欢的运动。代码如下（实例位置：光盘\MR\源码\第 4 章\4-4）：

```
<form>
<h3 align="center">选择你喜欢的运动</h3>
<input type="checkbox" name="hobby" value="游泳">游泳
<input type="checkbox" name="hobby" value="足球">足球
<input type="checkbox" name="hobby" value="篮球">篮球<br/>
<input type="checkbox" name="hobby" value="滑冰">滑冰
<input type="checkbox" name="hobby" value="滑雪">滑雪
<input type="checkbox" name="hobby" value="乒乓球">乒乓球
</ form>
```

运行本实例，将显示如图 4-5 所示的效果。

图 4-5　在页面中使用复选框

4.3.5　普通按钮 button

在网页中普通按钮也很常见，在关闭页面、恢复选项时常常用到。普通按钮一般情况下要配合脚本来进行表单处理。具体语法如下：

```
<input type="button" name="field_name" value="button_text">
```

- field_name：普通按钮的名称。
- button_text：按钮上显示的文字。

4.3.6　提交按钮 submit

提交按钮是一种特殊的按钮，在单击该类按钮时可以实现表单内容的提交。具体语法如下：

```
<input type="submit" name="field_name" value="submit_text">
```

- field_name：提交按钮的名称。
- submit_text：按钮上显示的文字。

【例 4-5】 在页面中分别创建一个普通按钮和一个提交按钮，普通按钮用来关闭该页面，提交按钮用来提交表单。代码如下（实例位置：光盘\MR\源码\第 4 章\4-5）：

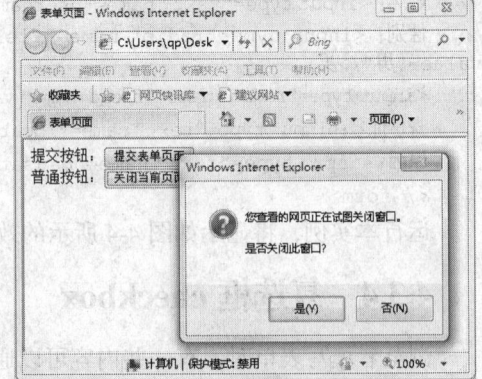

```
<form action="mailto:mingrisoft@mingrisoft.
com">    <!-- 表单提交到一个邮箱地址 -->
提交按钮: <input type="submit" value="提交表单
页面" /><br />    <!-- 使用 submit 提交表单 -->
                      <!-- onclick 为鼠标单击
事件，window.close()为关闭该页面的方法 -->
普通按钮: <input type="button" value="关闭当前
页面" onclick="window.close();" />
</form>
```

运行本实例，将显示如图 4-6 所示的效果。

图 4-6　单击普通按钮的效果

4.3.7　重置按钮 reset

单击"重置"按钮后，可以清除表单的内容，恢复默认的表单内容设定。具体语法如下：

```
<input type="reset" name="field_name" value="reset_text">
```

- field_name：重置按钮的名称。
- reset_text：按钮上显示的文字。

【例 4-6】 在填写信息时,常常有填错的时候,这时可以创建一个重置按钮,用来清除用户在页面中输入的信息。代码如下(实例位置:光盘\MR\源码\第 4 章\4-6):

```
<form>
<h3 align="center">人口调查</h3>
姓名: <input type="text" name="username" size=20 ><br />
性别: <input type="text" name="sex" size=4 maxlength=1 >   
年龄: <input type="text" name="sex" size=4 maxlength=3 > <br />
居住地址: <input type="text" name="address" size=50 value="吉林省长春市"><br />
<input type="submit" value="提交" />
<input type="reset" value="重置" />
</form>
```

运行本实例,将显示如图 4-7 所示的效果。

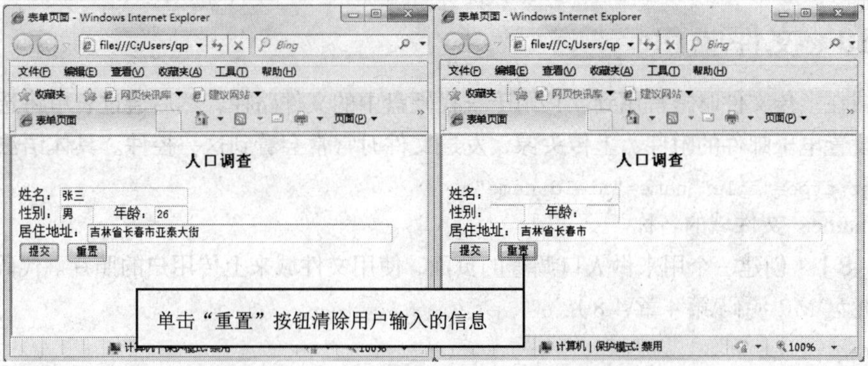

图 4-7 单击"重置"按钮清除用户输入的信息

4.3.8 图像域 image

图像域是指可以用在提交按钮位置上的图片,这幅图片具有提交按钮的功能。使用默认的按钮形式往往会让人觉得单调。如果网页使用了较为丰富的色彩或稍微复杂的设计,再使用表单默认的按钮形式甚至会破坏整体的美感。这时,可以使用图像域创建与网页整体效果相协调的图像提交按钮。具体语法如下:

```
<input type="image" name="field_name" src="image_url">
```

- field_name:图像域的名称。
- image_url:图片的路径。

【例 4-7】 大家在浏览网页的时候会看到很多漂亮的按钮,其实大部分的按钮都是一张图片,现在我们创建一个登录页面,同时为页面加入一个图片按钮。代码如下(实例位置:光盘\MR\源码\第 4 章\4-7):

```
<form>
<h3 align="center">用户登录</h3>
用户名称: <input type="text" name="username" /><br />
用户密码: <input type="password" name="pwd" /><br />
<input type="image" name="img" src="images/pic.bmp" />
</form>
```

运行本实例,将显示如图 4-8 所示的效果。

图 4-8 带图片按钮的登录界面

4.3.9　隐藏域 hidden

隐藏域在页面中对于用户是不可见的，在表单中插入隐藏域的目的在于收集或发送信息，以便于被处理表单的程序所使用。浏览者单击"提交"按钮提交表单的时候，隐藏域的信息也被一起发送到服务器。具体语法如下：

```
<input type="hidden" name="field_name" value="value">
```

说明　表单中的隐藏域主要用来传递一些参数，而这些参数不需要在页面中显示。例如隐藏用户的 id 值，写法如下。

```
<input type="hidden" name="user_id" value="10001">
```

其中 user_id 是我们为隐藏域设置的名称，10001 是用户的 id 值。

4.3.10　文件域 file

文件域在上传文件时常常用到，它用于查找硬盘中的文件路径，然后通过表单将选中的文件上传。在设置电子邮件的附件、上传头像、发送文件时常常会看到这一控件。具体语法如下：

```
<input type="file" name="field_name">
```

field_name：文件域的名称。

【例 4-8】　创建一个用来做人口调查的页面，使用文件域来上传用户的照片。代码如下（实例位置：光盘\MR\源码\第 4 章\4-8）：

```
<form>
<h3 align="center">人口调查</h3>
姓名: <input type="text" name="username" size=20 ><br />
性别: <input type="text" name="sex" size=4 maxlength=1 >  
年龄: <input type="text" name="sex" size=4 maxlength=3 > <br />
居住地址: <input type="text" name="address" size=50 value="吉林省长春市"><br />
用户照片: <input type="file" name="photo" />
</form>
```

运行本实例，将显示如图 4-9 所示的效果。

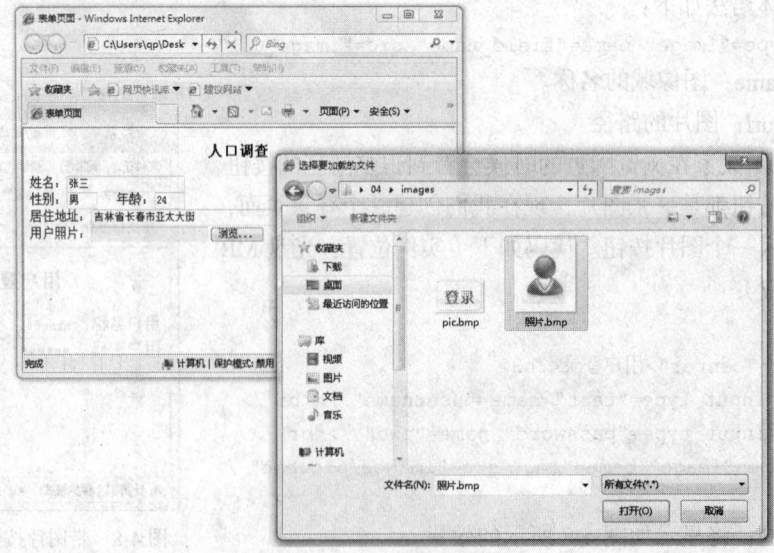

图 4-9　上传用户照片

4.4　文本区域标记\<textarea>

在 HTML 中还有一种特殊定义的文本样式，称为文本区域或编辑框。它与文本域的区别在于可以添加多行文字，从而可以输入更多的文本。这类控件在一些留言板中最为常见。具体语法如下：

```
<textarea name="textname" value="text_value" rows=rows_value cols=cols_value value=" value">
```

这些属性的含义如表 4-6 所示。

表 4-6　　　　　　　　　　　　　　文本区域标记属性

文本区域标记属性	描　　述
name	文本区域的名称
rows	文本区域的行数
cols	文本区域的列数
value	文本区域的默认值

【例 4-9】　创建一个留言板页面，在页面中使用文本区域。代码如下（实例位置：光盘\MR\源码\第 4 章\4-9）：

```
<form>
<h3 align="center">留言板</h3>
标题: <input type="text" name="username" size=50>
<br /><br />
<!--创建一个文本域，设置该文本区域的行数为 10, 列数为 70 -->
内容: <br /><textarea name="word" rows=10 cols=70></textarea>
</form>
```

运行本实例，将显示如图 4-10 所示的效果。

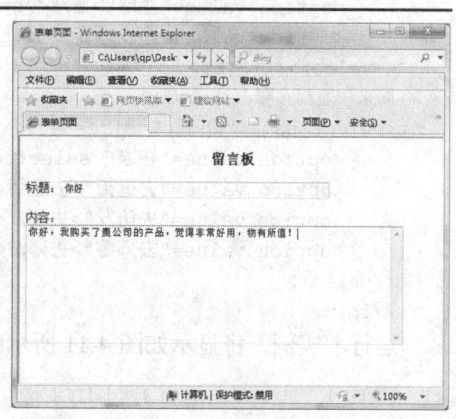

图 4-10　在页面中添加文本区域

4.5　菜单和列表标记\<select>，\<option>

菜单列表类的控件主要用来进行选择给定答案中的一种，这类选择往往答案比较多，使用单选按钮比较浪费空间。可以说，菜单列表类的控件主要是为了节省页面空间而设计的。菜单和列表都是通过调\<select>和\<option>标记来实现的。

菜单是一种最节省空间的方式，正常状态下只能看到一个选项，单击按钮打开菜单后才能看到全部的选项。

列表可以显示一定数量的选项，如果超出了这个数量，会自动出现滚动条，浏览者可以通过拖动滚动条来观看各选项。具体语法如下：

```
<select name='select_name' size=select_size multiple>
    <option value="option_value" selected>选项</option>
<option value="option_value" >选项</option>
</select>
```

这些属性的含义如表 4-7 所示。

表 4-7 菜单和列表标记属性

菜单和列表标记属性	描　　述
name	菜单和列表的名称
size	显示的选项数目，超出该数目可以通过滚动条查看
multiple	让多行列表框支持多选
value	选项值
selected	默认选项

【例 4-10】 利用<select>标签创建一个用来做学生业余生活调查的页面。代码如下（实例位置：光盘\MR\源码\第 4 章\4-10）：

```
<form>
<h3>学生业余生活调查</h3>
调查人姓名：<input type="text" name="username" size="10" /><br><br>
爱好的体育运动：<select name="hobby">
    <option value="游泳" selected>游泳</option>
    <option value="足球">足球</option>
    <option value="篮球">篮球</option>
    <option value="跑步">跑步</option>
</select><br><br>
周末一般都在哪：<br><br>
<select name="where" size="4">
    <option value="在家" selected>在家</option>
    <option value="去逛街">去逛街</option>
    <option value="去访友">去访友</option>
    <option value="去郊游">去郊游</option>
</select>
</form>
```

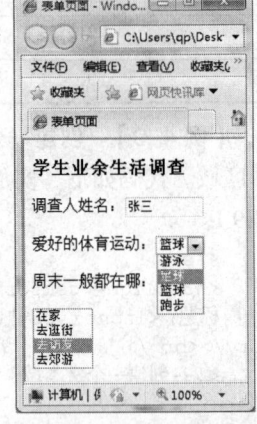

图 4-11　学生业余生活调查

运行本实例，将显示如图 4-11 所示的效果。

4.6　综合实例——制作注册页面

许多读者都有这样的经历，在访问一个网站的时候，该网站的一些信息或者功能只对该网站的会员开放，如果想要查看这些信息就需要注册成为该网站的会员。根据上面的情况，利用我们学过的知识为某网上商城制作一个注册页面。运行结果如图 4-12 所示。

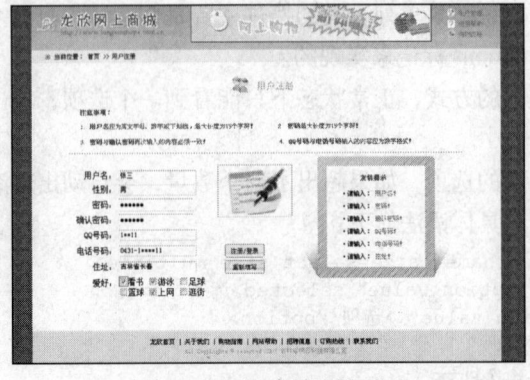

图 4-12　网上商城注册页面

　　具体实现过程如下。

　　（1）创建一个表单，设置表单提交到 login.html 页面，提交方式为 post，关键代码如下：

```
<form name="enrol" method="post" action="login.html">
</form>
```

　　（2）在步骤（1）中添加的表单中，创建一个用于进行布局的表格，并为表格加入一张背景图片，表格的大小与图片的大小一致。同时，还需要在表格的适当单元格中加入填写注册信息的表单元素，具体代码如下：

```
<table background="images/rs.jpg" width="1003" height="614" align="center">
<tr>
    <td width="93" height="320"> </td>
  <td width="107"> </td>
  <td width="188"> </td>
  <td width="103"> </td>
  <td width="488"> </td>
</tr>
<tr>
  <td height="22"> </td>
  <td align="right">用户名: </td>
  <td><input type="text" name="uname" /></td>          <!-- 用来输入姓名的文本域 -->
  <td> </td>
  <td> </td>
</tr>
<tr>
  <td height="23"> </td>
  <td align="right">性别: </td>
  <td><input type="text" name="sex" /></td>            <!-- 用来输入性别的文本域 -->
  <td> </td>
  <td> </td>
</tr>
<tr>
  <td height="25"> </td>
  <td align="right">密码: </td>
  <td><input type="password" name="password1" /></td>  <!-- 用来输入密码的密码域 -->
  <td> </td>
  <td> </td>
</tr>
<tr>
  <td height="24"> </td>
  <td align="right">确认密码: </td>
  <td><input type="password" name="password2" /></td>  <!-- 用来确认密码的密码域 -->
  <td> </td>
  <td> </td>
</tr>
<tr>
  <td height="25"> </td>
  <td align="right">QQ 号码: </td>
  <td><input type="text" name="qqnumber" /></td>       <!-- 用来输入 qq 号码的文本域 -->
  <td> </td>
  <td> </td>
</tr>
<tr>
  <td height="18"> </td>
  <td align="right">电话号码: </td>                      <!-- 用来输入电话的文本域 -->
  <td><input type="text" name="tel" /></td>
```

```
    <td align="center">
      <!-- 提交表单的按钮，onclick 为鼠标单击事件，alert ( ) 为弹出窗口事件 -->
<input name="login" type="image" id="login" src="images/denglu.bmp"
      onclick="alert("注册成功')"/></td>
    <td> </td>
</tr>
<tr>
  <td height="25"> </td>
  <td align="right">住址：</td>
  <td><input type="text" name="address" /></td>         <!-- 用来输入住址的文本域 -->
  <td align="center">
              <!-- document.enrol.reset()为重置事件 -->
  <input name="reset1" type="image" id="reset1" src="images/chongxie.bmp"
      onclick="document.enrol.reset(); return false;"/>
  </td>
  <td> </td>
</tr>
<tr>
  <td height="26"> </td>
  <td align="right">爱好：</td>
  <td rowspan="2" valign="top">
    <input type="checkbox" name="checkbox" value="看书" />看书 <!--表示爱好的复选框 -->
   <input type="checkbox" name="checkbox" value="游泳" />游泳
   <input type="checkbox" name="checkbox" value="足球" />足球<br>
   <input type="checkbox" name="checkbox" value="篮球" />篮球
   <input type="checkbox" name="checkbox" value="上网" />上网
   <input type="checkbox" name="checkbox" value="逛街" />逛街</td>
  <td> </td>
  <td> </td>
</tr>
<tr>
  <td height="44"> </td>
  <td> </td>
  <td> </td>
  <td> </td>
</tr>
<tr height="80">
  <td> </td>
  <td> </td>
  <td> </td>
  <td> </td>
  <td> </td>
</tr>
</table>
```

知识点提炼

（1）表单通常设计在一个 HTML 文档中，当用户填写完信息后做提交操作，将表单的内容从客户端的浏览器传送到服务器上，经过服务器处理程序后，再将用户所需信息传送回客户端的浏览器上，这样网页就具有了交互性。

（2）输入标记<input>是表单中最常用的标记之一。常用的文本域、按钮等都使用这个标记。

（3）text 属性值用来设定在表单的文本域中，输入任何类型的文本、数字或字母。输入的内容以单行显示。

（4）提交按钮是一种特殊的按钮，在单击该类按钮时可以实现表单内容的提交。

（5）图像域是指可以用在提交按钮位置上的图片，这幅图片具有提交按钮的功能。

（6）菜单是一种最节省空间的方式，正常状态下只能看到一个选项，单击按钮打开菜单后才能看到全部的选项。

（7）列表可以显示一定数量的选项，如果超出了这个数量，页面中会自动出现滚动条，浏览者可以通过拖动滚动条来观看各选项。

习　　题

1. 什么是表单，HTML 中的表单标记是什么？
2. 简述输入标记\<input>的常用控制类型有哪些？
3. 可以输入多行文字的文本域标记是什么？
4. 如何在页面中添加一个列表？

实验：制作用户登录页面

实验目的

掌握 HTML 的表单及表单元素的基本应用。

实验内容

应用 HTML 的表单及表单元素标记来制作一个用户登录页面。要求将用户名文本域设置默认值为 mingrisoft。

实验步骤

创建一个名称为 index.html 的 HTML 文件，并且在该文件中添加一个表单，以及实现用户登录页面所需的表单元素，关键代码如下：

```
<form method="post" action="" name="form1">
<fieldset>
  <legend> 用户登录</legend>
        <div style="height:100px;padding:10px 0px 0px 30px;font-size:9pt;">
                <ul style="float: left;list-style: none;">
                    <li style="color:black;padding:10px;">用户名:
                    <input type="text" name="username" value="mingrisoft"></li>
                    <li style="color:black;padding:10px;">密　码:
                    <input type="password" name="pwd" value=""></li>
                    <li style="color:black;padding:10px;">
                    <input type="submit" name="submit1" value="登录" style="width:60px">
                     
                    <input type="reset" name="reset1" value="重置" style="width:60px">
```

```
                    </li>
                    <li style="color:red;padding-top:20px;">
                    说明：如果您输入的用户名和密码正确，单击"登录"按钮后将开始考试！</li>
                </ul>
            </div>
    </fieldset>
</form>
```

在 IE 浏览器中打开 index.html 文件，将显示如图 4-13 所示的页面。

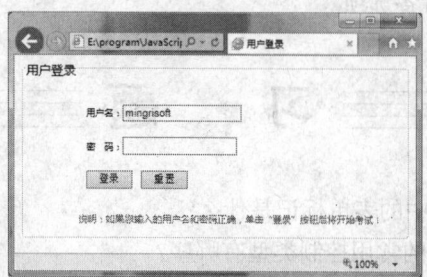

图 4-13　用户登录界面

第5章
图形图像处理技术

本章要点：

- canvas 元素的基本概念
- 如何在页面上放置一个 canvas 元素
- 如何使用 canvas 元素绘制出一个简单矩形
- 利用路径绘制出圆形与多边形
- 渐变图形的绘制方法
- 在 canvas 画布中使用图像
- 如何在画布中绘制文字
- 如何保存及恢复绘图状态

本章将介绍 HTML 中的 canvas 元素以及伴随这个元素而来的一套编程接口——canvas API。使用 canvas API 可以在页面上绘制出任何你想要的、非常漂亮的图形与图像，创造出更加丰富多彩、赏心悦目的 Web 页面。

5.1 Canvas 的基础知识

HTML canvas 有很多的功能，要用一整本书才能介绍完这个主题。这里我们只介绍 HTML Canvas 的一些基础知识，并展示一些可以使用画布元素实现的实用的内容，例如处理来自画布中的一幅图像的单个像素。

5.1.1 Canvas 是什么

Canvas 元素专门用来绘制图形。在页面上放置一个 canvas 元素，就相当于在页面上放置了一块"画布"，可以在其中进行图形的描绘。

但是，在 canvas 元素里进行绘画，并不是指拿鼠标来作画。在网页上使用 canvas 元素时，它会创建一块矩形区域。默认情况下该矩形区域宽为 300 像素，高为 150 像素，用户可以自定义具体的大小或者设置 canvas 元素的其他特性。在页面中加入了 canvas 元素后，我们便可以通过 JavaScript 来自由地控制它，可以在其中添加图片、线条以及文字，也可以在里面绘图，还可以加入高级动画。可放到 HTML 页面中的最基本的 canvas 元素代码如下：

```
<canvas></canvas>
```

5.1.2　Canvas 元素的基本用法

首先，我们来看一下在页面上的 HTML 代码中，应该怎样来放置一个 canvas 元素。

在 HTML 页面中插入 canvas 元素是非常直观和简单的，如下代码就是一段可以被插入到 HTML 页面中的 canvas 代码。

```
<canvas  width="200" height="200"> </canvas>
```

以上代码会在页面上显示出一块 200×200 像素的"隐藏"区域。假如要为其增加一个边框，可以用标准的 CSS 边框属性来设置，代码如下。

```
<canvas id="djx" style="border: 1px solid;" width="200" height="200"> </canvas>
```

在上面的代码中，不但用 CSS 边框属性设置了边框，而且还增加了一个值为"djx"的 id 特性，这么做主要是为了在开发过程中可以通过 id 来快速找到该 canvas 元素。对于任何 canvas 来说，id 都是尤为重要的，这主要是因为对 canvas 元素的所有操作都是通过脚本代码控制的，如果没有 id 的话，想要找到要操作的 canvas 元素会很难。

带边框的 canvas 元素，在浏览器中的运行效果如图 5-1 所示。

【例 5-1】　下面我们在上面的画布上，绘制一条对角线，其实现的主要步骤如下（实例位置：光盘\MR\源码\第 5 章\5-1）。

首先，通过引用特定的 canvas id 值来获取对 canvas 对象的访问权。这里引用的 id 为 djx。接着定义一个 context 变量，调用 canvas 对象的 getContext 方法，同时传入使用的 canvas 类型。这里是通过传入"2d"来获取一个二维上下文，这也是到目前为止唯一可用的上下文。具体代码如下所示。

```
var canvas = document.getElementById('djx');
var context = canvas.getContext('2d');
```

接下来，基于这个上下文执行画线的操作，主要是调用了三个方法——beginpath、moveTo 和 lineTo，传入了这条线的起点和终点的坐标。具体代码如下所示。

```
context.beginPath();
context.moveTo(70, 140);
context.lineTo(140, 70);
```

最后，在结束 canvas 操作的时候，通过调用 context.stroke()方法完成对角线的绘制。具体代码如下所示。

```
context.stroke();
}
window.addEventListener("load", drawDiagonal, true);
```

在 canvas 中绘制的对角线的效果如图 5-2 所示。

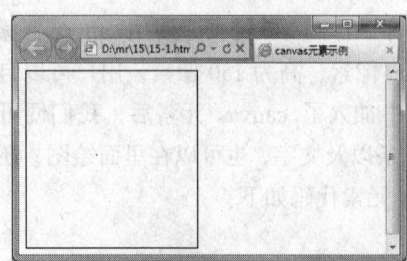

图 5-1　简单的 canvas 元素

图 5-2　canvas 中的对角线

5.1.3　绘制带边框矩形

【例 5-2】　本节将详细介绍如何在 canvas 画布中绘制一个矩形。在本例中调用了脚本文件中的 draw 函数进行图形描绘。该函数放置在 body 的属性中，使用 onload="draw('canvas');"语句。调用脚本文件中的 draw 函数进行图像描画。在本例中 draw 函数的功能是把 canvas 画布的背景用浅蓝色涂满，然后画出一个绿色正方形，边框为红色。

实例位置：光盘\MR\源码\第 5 章\5-2

用 canvas 元素绘制矩形的具体步骤如下。

（1）用 document.getElementById 方法取得 canvas 元素，代码如下：

```
var canvas = document.getElementById(id);
```

（2）使用 canvas 对象的 getContext 方法来获得图形上下文。同时传入使用的 canvas 类型，这里传递的仍然是 "2d"，代码如下：

```
var context = canvas.getContext('2d');
```

（3）填充与绘制边框，用 canvas 元素绘制图形的时候，有两种方式——填充（fill）与绘制边框（stroke）。填充是指填满图形内部；绘制边框是指不填满图形内部，只绘制图形的外框。Canvas 元素结合使用这两种方式来绘制图形。

（4）设定绘图样式（style），在进行图形绘制的时候，首先要设定好绘图的样式（style），然后调用有关方法进行图形的绘制。所谓绘图的样式，主要是针对图形的颜色而言的，但是并不限于图形的颜色，在后面我们将会介绍如何设定颜色以外的样式，本例中主要是应用了如下两种样式：

- 设定填充图形的样式

fillStyle 属性——填充的样式，在该属性中填入填充的颜色值。

- 设定图形边框的样式

strokeStyle——图形边框的样式，在该属性中填入边框的颜色值。

本例中的样式代码如下所示：

```
context.fillStyle = "green";
context.strokeStyle = "red";
```

（5）指定线宽，使用图像上下文对象的 lineWidth 属性设置图形边框的宽度。在绘制图形的时候，任何直线都可以通过 lineWidth 属性来指定直线的宽度。本例中的设置线宽的代码如下：

```
context.lineWidth=1;
```

（6）指定颜色值，绘图时填充的颜色或边框的颜色分别通过 fillStyle 属性与 strokeStyle 属性来指定。颜色值使用的是普通样式表中使用的颜色值。例如 "red" 与 "blue" 这种颜色名，或 "#EEEEFF" 这种十六进制的颜色值。

另外，也可以通过 rgb（红色值、绿色值、蓝色值）或 rgba（红色值、绿色值、蓝色值、透明度）函数来指定颜色的值。

本例中指定的颜色的值，代码如下：

```
context.fillStyle = "green";
context.strokeStyle = "red";
```

（7）矩形的绘制，分别使用 fillRect 方法与 strokeRect 方法来填充矩形和绘制矩形边框。这两个方法的定义如下：

```
context.fillRect(x,y,width,height);
context.strokeRect(x,y,width,height);
```

这里的 context 指的是图形上下文对象,这两个方法使用同样的参数,x 是指矩形起点的横坐标,y 是指矩形起点的纵坐标,坐标原点为 canvas 画布的最左上角,width 是指矩形的长度,height 是指矩形的高度——通过这 4 个参数,矩形的大小就被决定了。

本例中绘制矩形的代码如下:

```
context.fillRect(50,50,100,100);
context.strokeRect(50,50,100,100);
```

本例中绘制的矩形效果如图 5-3 所示。

图 5-3 绘制矩形的效果

5.2 在画布中使用路径

5.2.1 使用 arc 方法绘制圆形

上一节我们已经介绍了如何绘制矩形,下面我们来看一下如何绘制矩形以外的图形,例如圆形的绘制。

要想绘制其他图形,需要使用路径。同绘制矩形一样,绘制开始时还是要取得图形上下文,然后需要执行如下步骤:

● 开始创建路径;
● 创建图像的路径;
● 路径创建完成后,关闭路径;
● 设定绘制样式,调用绘制方法,绘制路径。

从上述步骤可以看出首先使用路径勾勒图形轮廓,然后设置颜色,进行绘制。

【例 5-3】 接下来,用一个实例来对路径的使用方法进行介绍。在该实例中同样是调用 draw 函数,来绘制一个红色的圆形(实例位置:光盘\MR\源码\第 5 章\5-3)。

下面是本例实现的具体过程。

(1)使用图形上下文对象的 beginPath()方法,该方法的定义如下:

```
context.beginPath()
```

该方法不使用参数。通过调用该方法,开始路径的创建。

(2)创建圆形路径时,需要使用图形上下文对象的 act 方法。该方法的定义如下:

```
context.arc(x,y,radius, startAngle, endAngle,anticlockwise)
```

该方法使用 6 个参数,x 为绘制圆形的起点横坐标,y 为绘制圆形的起点纵坐标,radius 为圆形半径,startAngle 为开始角度,endAngle 为结束角度,anticlockwise 为是否按顺时针方向进行绘制。在 canvas API 中,绘制半径与弧时指定的参数为开始弧度与结束弧度,如果习惯使用角度,请使用如下所示的方法将角度转换为弧度。

```
var radians =degrees*math.PI/180
```

其中,math.PI 表示角度为 180 度,math.PI*2 表示角度为 360 度。

arc 方法不仅可以用来绘制圆形,也可以用来绘制圆弧。因此,使用时必须要指定开始角度与结束角度,因为这两个角度决定了弧度。Anticlockwise 参数为一个布尔值的参数,参数值为 true

时，按顺时针绘制；参数值为 false 时，按逆时针方向绘制。

本例中绘制圆形的代码如下：

```
context.arc( 100, 100, 75, 0, Math.PI * 2, true);
```

（3）关闭路径，路径创建完成后，使用图形上下文对象的 closePath 方法将路径关闭。该方法定义如下：

```
context.closePath();
```

将路径关闭后，路径的创建工作就完成了，但是需要注意的是，这时只是路径创建完毕而已，还没有真正绘制图形。

（4）进行圆形绘制，并设定绘制样式。实现的代码如下：

```
context.fillStyle = 'rgba(255, 0, 0, 0.25)';
context.fill();
```

绘制完成的圆形在浏览器中的效果如图 5-4 所示。

图 5-4　使用路径绘制圆形

5.2.2　使用 moveTo 与 lineTo 路径绘制火柴人

接下来，我们来看一下除了 arc 方法以外，使用路径绘制图形时会使用到的其他方法。

moveTo（x，y）：不绘制，只是将当前位置移动到新的目标坐标（x，y）。

lineTo（x，y）：不仅将当前位置移动到新的目标坐标（x，y），而且在两个坐标之间画一条直线。

简而言之，上面两个函数的区别在于：moveTo 就像是提起画笔并移动到新位置，而 lineTo 告诉 canvas 用画笔从纸上的旧坐标画条直线到新坐标。需要提醒大家注意的是，不管调用它们哪一个，都不会真正画出图形，因为我们还没有调用 stroke 或者 fill 函数。目前，我们只是在定义路径的位置，以便后面绘制时使用。

我们再来看一个特殊的路径函数叫做 closePath。这个函数的行为和 lineTo 很像，唯一的差别在于 closePath 会将路径的起始坐标自动作为目标坐标。closePath 还会通知 canvas 当前绘制的图形已经闭合或者形成了完全封闭的区域，这对将来的填充和描边都非常有用。

此时，可以在已有的路径中继续创建其他的子路径，或者随时调用 beginPath 重新绘制新路径并完全清除之前的所有路径。

【例 5-4】　下面我们将应用 canvas 的 arc、moveTo、lineTo 的方法来绘制一个火柴人（实例位置：光盘\MR\源码\第 5 章\5-4）。

具体步骤如下：

（1）通过 document.getElementById 方法取得 canvas 元素，然后使用 canvas 对象的 getContext 方法来获得图形上下文，与此同时传入使用的 "2d" 的 canvas 类型，代码如下：

```
var canvas = document.getElementById(id);
var context = canvas.getContext('2d');
```

（2）创建一个 300×300，背景为蓝色的画布，代码如下：

```
context.fillStyle = "#EEEEFF";
context.fillRect(0, 0, 300, 300);
```

（3）使用图形上下文对象的 act 方法，创建 "火柴人的头部" 路径。这里是一个空心的，边框为 3 的红色圆形。实现代码如下：

```
context.beginPath();
context.strokeStyle = '#c00';
context.lineWidth = 3;
```

```
context.arc(100, 50, 30, 0, Math.PI*2, true);
context.fill();
context.stroke();
```

（4）火柴人的头部绘制好以后，接下来我们来绘制火柴人的脸部。这里主要是绘制红色的眼睛和嘴巴。当绘制面部的时候，我们需要再次使用 beginPath。这主要是为了让脸部的路径与头部的路径分离开。脸部特征中嘴的实现代码如下：

```
context.beginPath();
context.strokeStyle = '#c00';
context.lineWidth = 3;
context.arc(100, 50, 20, 0, Math.PI, false);
context.fill();
context.stroke();
```

（5）接下来再创建一个新的路径来绘制眼睛。先绘制一个左眼睛，也就是绘制一个圆形并通过 fillStyle 方法为其填充红颜色，然后使用 moveTo 方法"抬起"画笔来绘制右眼。眼睛的实现代码如下：

```
context.beginPath();
context.fillStyle = '#c00';
context.arc(90, 45, 3, 0, Math.PI*2, true);
context.fill();
context.stroke();
context.moveTo(113, 45);
context.arc(110, 45, 3, 0, Math.PI*2, true);
context.fill();
context.stroke();
```

（6）脸部绘制完成后，接下来就是绘制身体的部分，主要是上肢和下肢的绘制。在绘制身体的部分时，多次应用了 moveTo 和 lineTo 方法。具体的实现代码如下：

```
context.beginPath();
context.moveTo(100, 80);
context.lineTo(100, 180);
context.lineTo(75, 250);        // 绘制左腿
context.moveTo(100, 180);
context.lineTo(125, 250);       // 绘制右腿
context.moveTo(100, 90);
context.lineTo(75, 140);        // 绘制左胳膊
context.moveTo(100, 90);
context.lineTo(125, 140);       // 绘制右胳膊
context.stroke();
```

（7）最后关闭路径，路径创建完成后，使用图形上下文对象的 closePath 方法将路径关闭。因为绘制的火柴人的每一部分都是路径的一个独立的子路径，都能独立绘制。因此只要在结尾处关闭路径即可，无需调用 fill 方法或者 stroke 方法来执行绘制。

绘制的火柴人在浏览器中的效果如图 5-5 所示。

图 5-5 使用路径绘制火柴人

5.2.3 贝塞尔和二次方曲线

贝塞尔曲线可以是二次方和三次方的形式，常用于绘制复杂而有规律的形状。

绘制贝塞尔曲线主要使用 **bezierCurveTo** 方法。该方法可以说是 lineTo 的曲线版，将从当前坐标点到指定坐标点中间的贝塞尔曲线追加到路径中。该方法的定义如下：

bezierCurveTo(cp1x, cp1y, cp2x, cp2y, x, y)

该方法使用 6 个参数。绘制贝塞尔曲线的时候，需要两个控制点，cp1x 为第一个控制点的横坐标，cp1y 为第一个控制点的纵坐标；cp2x 为第二个控制点的横坐标，cp2y 为第二个控制点的纵坐标；x 为贝塞尔曲线的终点横坐标，y 为贝塞尔曲线的终点纵坐标。

绘制二次样条曲线，使用的方法是 quadraticCurveTo。该方法的定义如下：

quadraticCurveTo(cp1x, cp1y, x, y)

两种方法的区别如图 5-6 所示。它们都是一个起点一个终点（图中的蓝点），但二次方贝塞尔曲线只有一个（红色）控制点，而三次方贝塞尔曲线有两个。

参数 x 和 y 是终点坐标，cp1x 和 cp1y 是第一个控制点的坐标，cp2x 和 cp2y 是第二个的。

【例 5-5】　下面先来看一下使用 **bezierCurveTo** 方法的实例。本例中使用 **bezierCurveTo** 方法绘制一个红色实心的红心（实例位置：光盘\MR\源码\第 5 章\5-5）。

实现代码如下：

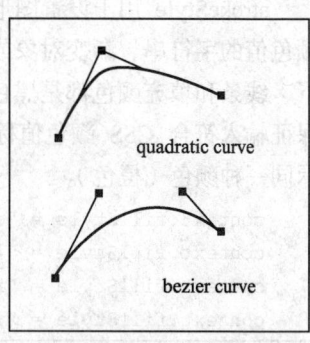

```
context.beginPath();
    context.fillStyle = '#c00';
    context.strokeStyle = '#c00';
    context.moveTo(75,40);
    context.bezierCurveTo(75,37,70,25,50,25);
    context.bezierCurveTo(20,25,20,62.5,20,62.5);
    context.bezierCurveTo(20,80,40,102,75,120);
    context.bezierCurveTo(110,102,130,80,130,62.5);
    context.bezierCurveTo(130,62.5,130,25,100,25);
    context.bezierCurveTo(85,25,75,37,75,40);
    context.fill();
    context.stroke();
```

从上面的代码可以看出，红心主要是多次使用了三次方贝塞尔曲线完成绘制的。其运行效果如图 5-7 所示。

图 5-6　**bezierCurve** 与 quadraticCurve 的区别

【例 5-6】　下面再来看一下使用 quadraticCurveTo 方法绘制二次方曲线的实例。本例主要是绘制了一个用于解释说明的对话框。其实现代码如下（实例位置：光盘\MR\源码\第 5 章\5-6）：

```
context.beginPath();
    context.moveTo(75,25);
    context.strokeStyle = '#c00';
    context.quadraticCurveTo(25,25,25,62.5);
    context.quadraticCurveTo(25,100,50,100);
    context.quadraticCurveTo(50,120,30,125);
    context.quadraticCurveTo(60,120,65,100);
    context.quadraticCurveTo(125,100,125,62.5);
    context.quadraticCurveTo(125,25,75,25);
    context.stroke();
    context.fill();
```

本例在浏览器中实现的效果如图 5-8 所示。

图 5-7　使用贝塞尔曲线绘制的红心

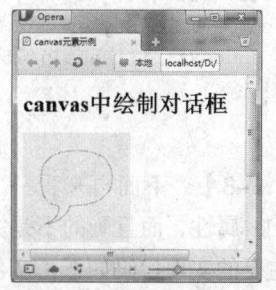

图 5-8　二次方曲线绘制的实例

5.3 运用样式与颜色

5.3.1 fillStyle 和 strokeStyle 属性

在前面的章节里，我们在绘制图形时只用到默认的线条和填充样式。而在这一节里，我们将会探讨 canvas 全部的可选项，来绘制出更加吸引人的内容。如果想要给图形上色，有两个重要的属性可以做到：fillStyle 和 strokeStyle。这两个属性的定义方法如下：

```
fillStyle = color
strokeStyle = color
```

strokeStyle 用于设置图形轮廓的颜色，而 fillStyle 用于设置填充颜色。color 是可以表示 CSS 颜色值的字符串、渐变对象或者图案对象。渐变和图案对象将在后续章节中进行讲解。默认情况下，线条和填充颜色都是黑色(CSS 颜色值 #000000)。这里需要注意的是如果自定义颜色则应该保证输入符合 CSS 颜色值标准的有效字符串。下面的代码都是符合标准的颜色表示方式，都表示同一种颜色（橙色）。

```
context.fillStyle = "orange";
context.fillStyle = "#FFA500";
context.fillStyle = "rgb(255,165,0)";
context.fillStyle = "rgba(255,165,0,1)";
```

 一旦设置了 strokeStyle 或者 fillStyle 的值，那么这个新值就会成为新绘制的图形的默认值。如果想要给每个图形填充不同的颜色，就需要重新设置 fillStyle 或 strokeStyle 的值。

【例 5-7】 下面先来看一下 fillStyle 实例，在本实例里，使用两层 for 循环来绘制方格阵列，每个方格使用不同的颜色。效果如图 5-9 所示。

从效果图可以看出色彩很绚丽。但是，实现的代码很简单，只需要两个变量 i 和 j 来为每一个方格产生唯一的 RGB 色彩值，其中仅修改红色和绿色的值，而保持蓝色的值不变，就可以通过修改这些颜色的值来产生各种各样的色板。其主要的实现代码如下（实例位置：光盘\MR\源码\第 5 章\5-7）：

```
function draw(id)
{
    var canvas = document.getElementById(id);
    var context = canvas.getContext('2d');
    for (var i=0;i<6;i++){
    for (var j=0;j<6;j++){
    context.fillStyle = 'rgb(' + Math.floor(255-42.5*i) + ',' + Math.floor(255-42.5*j) + ',0)';
     context.fillRect(j*25,i*25,25,25);
    }
  }
}
```

【例 5-8】 下面再来看一下 strokeStyle 实例，与上面的实例有点类似，但这次用到的是 strokeStyle 属性，而且画的不是方格，而是用 arc 方法来画圆。效果如图 5-10 所示。

其主要的实现代码如下（实例位置：光盘\MR\源码\第 5 章\5-8）：

```
function draw(id) {
```

```
var context = document.getElementById('canvas').getContext('2d');
for (var i=0;i<6;i++){
  for (var j=0;j<6;j++){
    context.strokeStyle = 'rgb(0,' + Math.floor(255-42.5*i) + ',' +
                Math.floor(255-42.5*j) + ')';
    context.beginPath();
    context.arc(12.5+j*25,12.5+i*25,10,0,Math.PI*2,true);
    context.stroke();
  }
}
}
```

图 5-9   利用 fillStyle 属性绘制的调色板

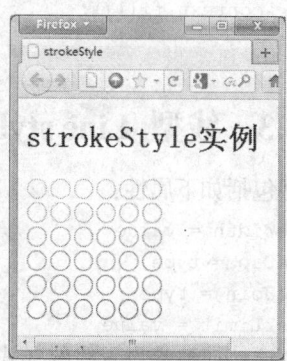

图 5-10   strokeStyle 实例效果

5.3.2   透明度 globalAlpha

除了可以绘制实色图形，我们还可以用 canvas 来绘制半透明的图形。通过设置 globalAlpha 属性或者使用一个半透明颜色作为轮廓或填充的样式来绘制透明或半透明的图形。globalAlpha 属性定义代码如下所示：

```
globalAlpha = transparency value
```

这个属性影响到 canvas 里所有图形的透明度，其有效值的范围是 0.0（完全透明）到 1.0（完全不透明），默认是 1.0。

globalAlpha 属性在需要绘制大量拥有相同透明度的图形时相当高效。

【例 5-9】   下面通过一个示例来了解一下 globalAlpha 属性的应用（实例位置：光盘\MR\源码\第 5 章\5-9）。

本例中用 4 色格作为背景，设置 globalAlpha 为 0.3 后，在上面画一系列半径递增的半透明圆。最终结果是一个径向渐变效果。圆叠加得越多，原先所画的圆的透明度会越低。通过增加循环次数，画更多的圆，背景图的中心部分会完全消失。效果如图 5-11 所示。

其主要的实现代码如下：

```
function draw(id) {
    var context = document.getElementById('canvas').
getContext('2d');
    context.fillStyle = '#FD0';
    context.fillRect(0,0,75,75);
```

图 5-11   通过 globalAlpha 属性绘制
的径向渐变效果

```
        context.fillStyle = '#6C0';
        context.fillRect(75,0,75,75);
        context.fillStyle = '#09F';
        context.fillRect(0,75,75,75);
        context.fillStyle = '#F30';
        context.fillRect(75,75,75,75);
        context.fillStyle = '#FFF';
        context.globalAlpha = 0.3;
    for (var i=0;i<7;i++){
        context.beginPath();
        context.arc(75,75,10+10*i,0,Math.PI*2,true);
        context.fill();
    }
}
```

5.3.3 线型 Line styles

线型包括如下属性：

```
lineWidth = value
lineCap = type
lineJoin = type
miterLimit = value
```

通过这些属性来设置线的样式。下面将结合实例来讲解一下各属性的应用及应用后的效果。

● lineWidth 属性

该属性设置当前绘线的粗细，属性值必须为正数。默认值是 1.0。线宽是指给定路径的中心到两边的粗细。换句话说就是在路径的两边各绘制线宽的一半。因为画布的坐标并不和像素直接对应，当需要获得精确的水平或垂直线的时候要特别注意。

【例 5-10】   在下面的例子中，用递增的宽度绘制了 10 条直线。最左边的线宽 1.0 单位（实例位置：光盘\MR\源码\第 5 章\5-10）。

本例主要的实现代码如下：

```
for (var i = 0; i < 10; i++){
    context.lineWidth = 1+i;
    context.beginPath();
     context.strokeStyle = '#c00';
    context.moveTo(5+i*14,5);
    context.lineTo(5+i*14,140);
    context.stroke();
```

本例运行效果如图 5-12 所示。

● lineCap 属性

该属性决定了线段端点显示的样子。它可以为下面的三种值之一：butt，round 和 square，默认是 butt。

【例 5-11】   下面的例子里面绘制了 3 条直线，分别赋予不同的 lineCap 值，还有两条辅助线。为了可以看清楚它们之间的区别，赋予 lineCap 值的 3 条线的起点终点都落在辅助线上。效果如图 5-13 所示。

最左边的线 LineCap 属性值使用了默认的 butt，可以注意到它与辅助线是齐平的。中间的是 round 的效果，端点处加上了半径为一半线宽的半圆。右边是 square 的效果，端点处加上了等宽且高度为一半线宽的方块。其实现代码如下（实例位置：光盘\MR\源码\第 5 章\5-11）：

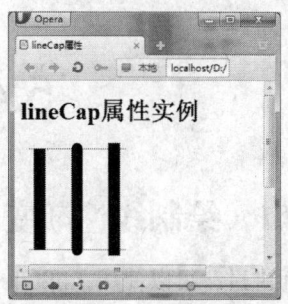

图 5-12　lineWidth 设置不同值的效果　　　　图 5-13　lineCap 属性赋值的三种效果

```
context.strokeStyle = '#09f';
    context.beginPath();
    context.moveTo(10,10);
    context.lineTo(140,10);
    context.moveTo(10,140);
    context.lineTo(140,140);
    context.stroke();

    context.strokeStyle = 'black';
  for (var i=0;i<lineCap.length;i++){
    context.lineWidth = 15;
    context.lineCap = lineCap[i];
    context.beginPath();
    context.moveTo(25+i*50,10);
    context.lineTo(25+i*50,140);
    context.stroke();
```

● lineJoin 属性

该属性值决定了图形中两线段连接处所显示的样子。它可以是以下三种值之一：round，bevel 和 miter。默认是 miter。

【例 5-12】　在下面的实例中同样绘制了三条折线，分别设置不同的 lineJoin 值。最上面一条是 round 的效果，边角处被磨圆了，圆的半径等于线宽。中间和最下面一条分别是 bevel 和 miter 的效果。这里需要注意的是当值是 miter 的时候，线段会在连接处外侧延伸直至交于一点，延伸效果受到 miterLimit 属性的制约。本实例运行效果如图 5-14 所示。

从效果图可以看出应用 LineJoin 属性值为 miter（最下面的一条）的效果，线段的外侧边缘会延伸交汇于一点上。线段直接夹角比较大的，交点不会太远；但当夹角减小时，交点距离会呈指数级增大。miterLimit 属性就是用来设定外延交点与连接点的最大距离，如果交点距离大于此值，连接效果会变成 bevel。本例主要的实现代码如下（实例位置：光盘 \MR\源码\第 5 章\5-12）：

```
var lineJoin = ['round','bevel','miter'];
        context.strokeStyle = '#09f';
        context.lineWidth = 10;
  for (var i=0;i<lineJoin.length;i++){
    context.lineJoin = lineJoin[i];
    context.beginPath();
    context.moveTo(-5,5+i*40);
    context.lineTo(35,45+i*40);
    context.lineTo(75,5+i*40);
        context.lineTo(115,45+i*40);
    context.lineTo(155,5+i*40);
    context.stroke();
```

图 5-14　lineJoin 属性的三个值
的运行效果

5.4 绘制渐变图形

5.4.1 绘制线性渐变

前面讲过，可以使用 fillStyle 方法在填充时指定填充的颜色。使用该方法，除了指定颜色之外，还可以用来指定填充的对象。

渐变是指在填充时从一种颜色慢慢过渡到另外一种颜色。渐变分为几种，我们先介绍一下最简单的两点之间的线性渐变。

绘制线性渐变时，需要使用到 LinearGradient 对象。使用图像上下文对象（context）的 createLinearGradient 方法创建该对象。该方法的定义如下所示。

```
context.createLinearGradient(xStart,yStart,xEnd,yEnd)
```

该方法使用 4 个参数，xStart 为渐变起始地点的横坐标，yStart 为渐变起始地点的纵坐标，xEnd 为渐变结束地点的横坐标，yEnd 为渐变结束地点的纵坐标。

通过使用该方法，创建一个使用两个坐标点的 LinearGradient 对象。那么，渐变的颜色该怎么设定呢？在 LinearGradient 对象后，使用 addColorStop 方法进行设定，该方法的定义如下所示。

```
context. addColorStop(offset,color)
```

使用这个方法可以追加渐变的颜色。该方法使用两个参数——offset 和 color。Offset 为所设定的颜色离开渐变起始点的偏移量。该参数的值是一个范围在 0～1 之间的浮点值，渐变起始点的偏移量为 0，渐变结束点的偏移量为 1。

【例 5-13】 下面通过一个简单的线性渐变的实例（实例位置：光盘\MR\源码\第 5 章\5-13）来介绍一下绘制渐变的步骤和原理，该实例是由上到下，由黑色渐变到白色的线性渐变。

具体的实现步骤如下。

（1）创建一个像素为 150，由上到下的线性渐变。实现代码如下：

```
var lingrad = context.createLinearGradient(0,0,0,150);
```

（2）设置了渐变对象后，接下来就是定义渐变的颜色了。一个渐变可以有两种或更多种的色彩变化。沿着渐变方向颜色可以在任何地方发生变化。要增加一种颜色变化，需要指定它在渐变中的位置。渐变位置可以在 0 和 1 之间任意取值。本例中定义一个渐变，色调从黑到白过渡，实现代码如下：

```
lingrad.addColorStop(0, 'black');
lingrad.addColorStop(1, 'white');
```

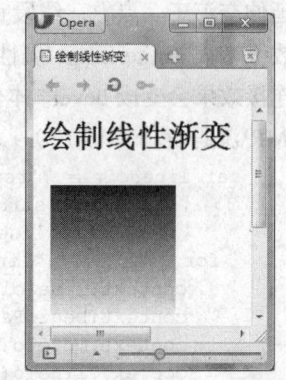

（3）定义了一种渐变后，它只是保存在内存当中，而不会直接在 canvas 上画出任何东西。要让颜色渐变产生实际效果，就需要为这个渐变对象设置图形的 fillStyle 属性，并绘制这个图形，例如画一个矩形或直线。其主要的实现代码如下：

```
context.fillStyle = lingrad;
context.fillRect(10,10,130,130);
```

本例中绘制的线性渐变，运行效果如图 5-15 所示。

图 5-15 由上到下的线性渐变

5.4.2　绘制径向渐变

使用 canvas API，除了可以绘制线性渐变之外，还可以绘制径向渐变。径向渐变是指沿着圆形的半径方向向外进行扩散的渐变方式。譬如在绘制太阳时，沿着太阳的半径方向向外扩散出去的光晕，就是一种径向渐变。

使用图形上下文对象（context）的 createRadialGradient 方法绘制径向渐变，该方法的定义如下所示。

```
context.createRadialGradient(xStart,yStart,radiusStart,xEnd,yEnd,radiusEnd)
```

该方法使用 6 个参数，xStart 为渐变开始圆的圆心横坐标，yStart 为渐变开始圆的圆心纵坐标，radiusStart 为开始圆的半径，xEnd 为渐变结束圆的圆心横坐标，yEnd 为渐变结束圆的圆心纵坐标，radiusEnd 为结束圆的半径。

在这个方法中，分别指定了两个圆的大小与位置。从第一个圆的圆心处向外进行扩散渐变，一直扩散到第二个圆的外轮廓处。

在设定颜色时，与线性渐变相同，使用的是 addColorStop 方法进行设定。同样是需要设定 0～1 之间的浮点数来作为渐变转折点的偏移量。

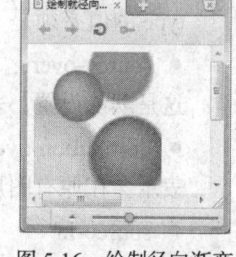

图 5-16　绘制径向渐变
产生的类似 3D 效果

【例 5-14】　下面来看一个绘制径向渐变的例子。本例中定义了 4个不同的径向渐变，设置起点稍微偏离终点，并且 4 个径向渐变效果的最后一个色标都是透明色，这样就能制造出球状 3D 效果。本例运行效果如图 5-16 所示。

实现本例的主要代码如下（实例位置：光盘\MR\源码\第 5 章\5-14）：

```
function draw(id) {
    var context = document.getElementById('canvas').getContext('2d');
    var radgrad = context.createRadialGradient(45,45,10,52,50,30);
        radgrad.addColorStop(0, '#A7D30C');
        radgrad.addColorStop(0.9, '#019F62');
        radgrad.addColorStop(1, 'rgba(1,159,98,0)');
    var radgrad2 = context.createRadialGradient(105,105,20,112,120,50);
        radgrad2.addColorStop(0, '#FF5F98');
        radgrad2.addColorStop(0.75, '#FF0188');
        radgrad2.addColorStop(1, 'rgba(255,1,136,0)');
    var radgrad3 = context.createRadialGradient(95,15,15,102,20,40);
        radgrad3.addColorStop(0, '#00C9FF');
        radgrad3.addColorStop(0.8, '#00B5E2');
        radgrad3.addColorStop(1, 'rgba(0,201,255,0)');
    var radgrad4 = context.createRadialGradient(0,150,50,0,140,90);
        radgrad4.addColorStop(0, '#F4F201');
        radgrad4.addColorStop(0.8, '#E4C700');
        radgrad4.addColorStop(1, 'rgba(228,199,0,0)');
    context.fillStyle = radgrad4;
    context.fillRect(0,0,150,150);
    context.fillStyle = radgrad3;
    context.fillRect(0,0,150,150);
    context.fillStyle = radgrad2;
    context.fillRect(0,0,150,150);
    context.fillStyle = radgrad;
    context.fillRect(0,0,150,150);
}
```

5.5　组合多个图形

在前面的实例中，我们看到使用 Canvas API 可以将一个图形重叠绘制在另一个图形上面，但图形中能够被看到的部分完全取决于以哪种方式进行组合，这时，我们需要使用到 Canvas API 的图形组合技术。

在 HTML 中，只要用图形上下文对象的 globalCompositeOperation 属性就能决定图形的组合方式了，使用方法如下所示。

context. globalCompositeOperation = type

下面将以图形组合的方式，来说明 type 值的字符串表现形式。

在下面的图形中，黑色方块是先绘制的，即"已有的 canvas 内容"，灰色圆形是后面绘制的，即"新图形"。

type 的值必须是下面几种字符串之一：

- source-over

这是默认设置，表示新图形会覆盖在原有图形之上。效果如图 5-17 所示。

- destination-over

表示会在原有图形之下绘制新图形。效果如图 5-18 所示。

- source-in

新图形会仅仅出现与原有图形重叠的部分，其他区域都变成透明的。效果如图 5-19 所示。

- destination-in

原有图形中与新图形重叠的部分会被保留，其他区域都变成透明的。效果如图 5-20 所示。

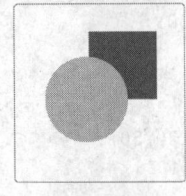　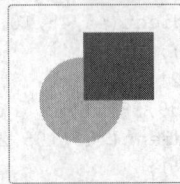　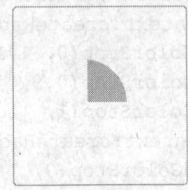　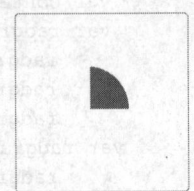

图 5-17　　　　　　　图 5-18　　　　　　　图 5-19　　　　　　　图 5-20

- source-out

结果是只有新图形中与原有内容不重叠的部分会被绘制出来。效果如图 5-21 所示。

- destination-out

原有图形中与新图形不重叠的部分会被保留。效果如图 5-22 所示。

- source-atop

只绘制新图形中与原有图形重叠的部分以及未被重叠覆盖的原有图形，新图形的其他部分变成透明。效果如图 5-23 所示。

- destination-atop

只绘制原有图形中被新图形重叠覆盖的部分与新图形的其他部分，原有图形中的其他部分变成透明，不绘制新图形中与原有图形相重叠的部分。效果如图 5-24 所示。

- lighter

两图形中重叠部分作加色处理。效果如图 5-25 所示。

- darker

两图形中重叠的部分作减色处理。效果如图 5-26 所示。

  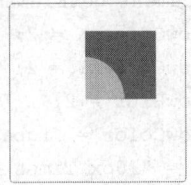 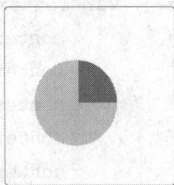

图 5-21　　　　　　图 5-22　　　　　　图 5-23　　　　　　图 5-24

- xor

重叠的部分会变成透明。效果如图 5-27 所示。

- copy

只有新图形会被保留，其他都被清除掉。效果如图 5-28 所示。

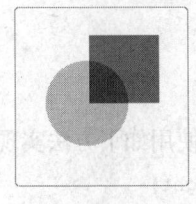 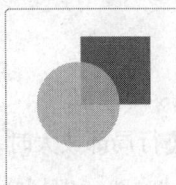 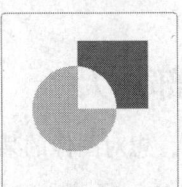 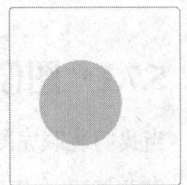

图 5-25　　　　　　图 5-26　　　　　　图 5-27　　　　　　图 5-28

5.6　给图形绘制阴影

在 HTML 中，使用 canvas 元素可以给图形添加阴影效果。添加阴影效果时，只需利用图形上下文对象的几个关于阴影绘制的属性就可以了，如下所示：

- shadowOffsetX：阴影的横向位移量
- shadowOffsetY：阴影的纵向位移量
- shadowBlur：阴影的模糊范围
- shadowColor：阴影的颜色

shadowOffsetX 和 shadowOffsetY 用来设定阴影在 X 和 Y 轴的延伸距离，它们是不受变换矩阵所影响的。负值表示阴影会往上或左延伸，正值则表示会往下或右延伸，默认延伸距离都是 0。

shadowBlur 用于设定阴影的模糊程度，它表示图形阴影边缘的模糊范围。如果不希望阴影的边缘太清晰，需要将阴影的边缘模糊化时可以使用该属性。该属性值必须要设定为比 0 大的数字，否则将被忽略。一般设定在 0～10 之间，开发时可以根据情况调整这个数值，以达到满意效果。

shadowColor 用于设定阴影效果的延伸，值可以是标准的 CSS 颜色值，默认是全透明的黑色。

【例 5-15】　下面这个实例绘制了带阴影效果的文字。效果如图 5-29 所示。

本例主要的实现代码如下所示（实例位置：光盘\MR\源码\

图 5-29　给文字绘制阴影的效果

第 5 章\5-15）：

```
function draw(id) {
    var context = document.getElementById('canvas').getContext('2d');
        context.shadowOffsetX = 2;
        context.shadowOffsetY = 2;
        context.shadowBlur = 2;
        context.shadowColor = "rgba(0, 0, 0, 0.5)";
        context.font = "20px Times New Roman";
        context.fillStyle = "Black";
        context.fillText("mingrisoft", 5, 30);
}
```

5.7 图像的应用

5.7.1 图像的局部放大

当我们装载完图像以后，想对图像的某一部分进行局部放大时，可以使用如下方法实现。

```
drawImage(image, sx, sy, sWidth, sHeight, dx, dy, dWidth, dHeight)
```

【例 5-16】 下面通过一个实例来具体讲解该方法是如何实现图像的局部放大的。本例中将卡通人物的头部放大。运行效果如图 5-30 所示。

本例主要的实现代码如下（实例位置：光盘\MR\源码\第 5 章\5-16）：

```
function draw(id)
{
    var canvas = document.getElementById(id);
    if (canvas == null)
        return false;
    var context = canvas.getContext('2d');
    context.fillStyle = "red";
    context.fillRect(0, 0, 400, 300);
    image = new Image();
    image.src = "imagemr.jpg";
    image.onload = function()
    {
        drawImg(context,image);
    };
}
function drawImg(context,image)
{
    var i=0;
    //首先调用该方法绘制原始图像
    context.drawImage(image,0,0,100,100);
    //绘制将局部区域进行放大后的图像
    context.drawImage(image,23,5,57,90,110,0,100,100);
}
```

图 5-30　图像的局部放大效果

5.7.2　图像平铺

在讲到绘制图像的时候，有一个非常重要的功能，就是图像平铺技术。所谓图像平铺就是用按一定比例缩小后的图像将画布填满，有两种方法可以实现该技术，一种是使用前面所介绍的 drawImage 方法；另一种是使用图形上下文对象的 createPattern 方法，该方法定义如下所示。

```
context.createPattern(image,type);
```

该方法使用两个参数，image 参数为要平铺的图像，type 参数的值必须是下面的字符串之一：

- no-repeat：不平铺
- repeat-x：横方向平铺
- repeat-y：纵方向平铺
- repeat：全方向平铺

【例 5-17】　下面我们以相同的实例分别用两种不同的方法来实现图像的平铺，以此来看一下两种方法的不同之处。先来看一下使用 drawImage 方法实现图像平铺的主要代码如下（实例位置：光盘\MR\源码\第 5 章\5-17）：

```
function draw(id)
{
    var image = new Image();
    var canvas = document.getElementById(id);
    var context = canvas.getContext('2d');
    image.src = "imagemr.jpg";
    image.onload = function()
    {
        drawImg(canvas,context,image);
    };
}
function drawImg(canvas,context,image)
{
    //平铺比例
    var scale=1
    //缩小后图像宽度
    var n1=image.width/scale;
    //缩小后图像高度
    var n2=image.height/scale;
    //平铺横向个数
    var n3=canvas.width/n1;
    //平铺纵向个数
    var n4=canvas.height/n2;
    for(var i=0;i<n3;i++)
        for(var j=0;j<n4;j++)
        context.drawImage(image,i*n1,j*n2,n1,n2);
}
```

从上面的代码中可以看出，使用 drawImage 方法需要使用到几个变量以及循环处理，处理的方法相对来说复杂一些。

接下来看一下使用图形上下文对象的 createPattern 方法，实现图像平铺的实例代码如下：

```
function draw(id)
{
    var image = new Image();
    var canvas = document.getElementById(id);
```

```
        if (canvas == null)
            return false;
    var context = canvas.getContext('2d');
    image.src = "imagemr.jpg";
    image.onload = function()
    {
        //创建填充样式，全方向平铺
        var ptrn = context.createPattern(image,'repeat');
        //指定填充样式
        context.fillStyle = ptrn;
        //填充画布
        context.fillRect(0,0,400,300);
    };
}
```

从上述代码中可以看出，使用图形上下文对象的
createPattern 方法实现图像平铺相对来说比较简单。只需要简单
的几步就可以轻松完成图像的平铺，实现步骤如下：

首先，创建 image 对象并指定图像文件后，使用
createPattern 方法创建填充样式。

其次，将该样式指定给图形上下文对象的 fillStyle 属性。

最后，填充画布就可以看到重复填充的效果了。

使用 drawImage 方法和使用 createPattern 方法实现本例的
运行效果是一致的，运行效果如图 5-31 所示。

图 5-31　图像的平铺实例

5.7.3　图像裁剪

使用 canvas 绘制图像的时候，有时需要对图像实现裁剪，剪去多余的内容，这时只要使用
canvas API 自带的图像裁剪功能就可以实现图像的裁剪。

canvas API 的图像裁剪功能是指，在画布内使用路径，只绘制该路径所包括区域内的图像，
不绘制路径外部的图像。

使用图形上下文对象的不带参数的 clip 方法来实现 canvas 元素的图像裁剪功能。该方法使用
路径来对 canvas 画布设置一个裁剪区域。因此，必须先创建好路径。路径创建完成后，调用 clip
方法设置裁剪区域。

【例 5-18】　下面我们看一个实例，在该实例中，把画布背景绘制完成后，调用 createyuanClip
函数。在函数中，创建一个圆形的路径，然后使用 clip 方法设置裁剪区域。具体过程为先装载图
像，然后调用 drawImage 函数，在该函数中调用 createyuanClip 创建
路径，设置裁剪区域，然后绘制裁剪后的图像——最终可以绘制出一
个圆形范围内的图像。

一旦设置好裁剪区域之后，后面绘制的所有图形就都可以使用这
个裁剪区域，如果想要取消设置好的裁剪区域，这就需要使用到我们
下一节中介绍的绘制状态的保存与恢复功能，这两个功能保存与恢复
图形上下文的临时状态。在设置图像裁剪区域时，首先调用 save 方法
保存图形上下文的当前状态，在绘制完经过裁剪的图像后，再调用
restore 恢复之前保存的图形上下文的状态，通过这种方法，对之后绘
制的图像取消裁剪区域。本实例的运行效果如图 5-32 所示。

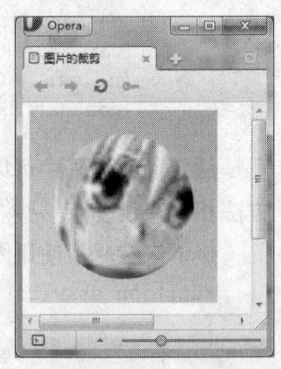

图 5-32　图像裁剪效果

实现本例的主要代码如下（实例位置：光盘\MR\源码\第 5 章\5-18）：

```
function draw(id)
{
    var canvas = document.getElementById(id);
    var context = canvas.getContext('2d');
    var gr = context.createLinearGradient(0,200,150,0);
    gr.addColorStop(0,'rgb(255,255,0)');
    gr.addColorStop(1,'rgb(0,255,255)');
    context.fillStyle = gr;
    context.fillRect(0, 0, 200, 200);
    image = new Image();
    image.onload = function()
    {
        drawImg(context,image);
    };
    image.src = "imagemr.jpg";
}
function drawImg(context,image)
{
    createyuanClip(context);
    context.drawImage(image,-50,-80,300,300);
}
function createyuanClip(context)
{
    context.beginPath();
        context.arc( 100, 100, 75, 0, Math.PI * 2, true);
        context.closePath();
    context.clip();
}
```

5.7.4　像素的处理

在 HTML 中使用 canvas API 支持的图像处理技术中，还有一个更让人惊讶的技术就是像素处理技术。使用 canvas API 能够获取图像中的每一个像素，然后得到该像素颜色的 rgb 值或 rgba 值。

使用图像上下文对象的 getImageData 方法来获取图像中的像素，该方法的定义如下所示。

```
var imagedata = context.getImageData(sx,sy,sw,sh);
```

该方法使用 4 个参数，sx、sy 分别表示所获取区域的起点横坐标、起点纵坐标，sw、sh 分别表示所获取区域的宽度和高度。

Imagedata 变量是一个 CanvasPixelArray 对象，具有 height，width，data 等属性。data 属性是一个保存像素数据的数组，内容类似于 "[r1,g1,b1,a1, r2,g2,b2,a2, r3,g3,b3,a3,…]"，其中，r1,g1,b1,a1 为第一个像素的红色值、绿色值、蓝色值、透明值；r2,g2,b2,a2 分别为第二个像素的红色值、绿色值、蓝色值、透明值，依次类推。data.length 为所取得像素的数量。

使用 canvas API 获取图像中所有像素可使用如下代码：

```
var context = canvas.getContext('2d');
var image = new Image();
image.onload = function()
{
var.imagedata;
context.drawImage(image,0,0);
imagedata = context.getImageData(0,0,image.width,image.height);
};
```

取得了这些像素以后，就可以对这些像素进行处理了，例如可以进行蒙版、面部识别等较复杂的图像处理操作。

【例 5-19】　下面给出一个用 canvas API 将图像进行反相操作的示例。

所谓的反相操作就是调整反转图像中的颜色。在对图像进行反相时，通道中每个像素的亮度值都会转换为 256 级颜色值标度上相反的值。例如，原图像中值为 255 的像素会被转换为 0，值为 5 的像素会被转化为 250。在该实例中在得到像素数组后，将该数组中每个像素的颜色进行反相操作后的图像重新绘制在画布上。该方法的定义如下所示。

```
context.putImageData(imagedata,dx,dy[,dirtyX,dirtyY,dirtyWidth, dirtyHeight]);
```

该方法使用 7 个参数，imagedata 为前面所述的像素数组，dx、dy 分别表示重绘图像的起点横坐标、起点纵坐标，后面 dirtyX、dirtyY、dirtyWidth、dirtyHeight 4 个参数为可选参数，给出一个矩形的起点横坐标、起点纵坐标、宽度与高度。如果加上后面这 4 个参数，则只绘制像素数组中这个矩形范围内的图像。本例的运行效果如图 5-33 所示。

本例实现的主要代码如下所示（实例位置：光盘\MR\源码\第 5 章\5-19）：

```
function draw(id)
{
    var canvas = document.getElementById(id);
    var context = canvas.getContext('2d');
    var  image = new Image();
     image.src = "imagemr.jpg";
     image.onload = function()
     {
     context.drawImage(image,0,0);
     var imagedata = context.getImageData(0,0,image.width,image.height);
     for(var i =0, n=imagedata.data.length;i<n;i+=4)
     {
       imagedata.data[i+0]=255-imagedata.data[i+0];    //红色
       imagedata.data[i+1]=255-imagedata.data[i+2];    //绿色
       imagedata.data[i+2]=255-imagedata.data[i+1];    //蓝色
     }
     context.putImageData(imagedata,0,0);
     } ;
}
```

图 5-33　图像的反相效果

5.8　绘制文字

在 HTML 中，还可以在 Canvas 画布中进行文字的绘制，同时也可以指定绘制文字的字体、大小、对齐方式等，还可以进行文字的纹理填充等。

绘制文字时可以使用 fillText 方法或 strokeText 方法。

fillText 方法用填充方式绘制字符串，该方法的定义如下所示。

```
void fillText(text,x,y,[maxWidth]);
```

该方法有 4 个参数，第 1 个参数 text 表示要绘制的文字，第 2 个参数 x 表示绘制文字的起点横坐标，第 3 个参数 y 表示绘制文字的起点纵坐标，第 4 个参数 maxWidth 为可选参数，表示显示文字的最大宽度，可以防止文字溢出。

strokeText 方法用轮廓方式绘制字符串，该方法的定义如下所示。

```
void stroke text(text,x,y,[maxWidth]);
```

该方法参数功能与 fillText 方法相同。

在使用 Canvas API 来进行文字的绘制之前，先对该对象的有关文字绘制的属性进行设置，主要有如下几个属性：

- font 属性：设置文字字体。
- textAlign 属性：设置文字水平对齐方式，属性值可以为 start、end、left、right、center。默认值为 start。
- textBaseline 属性：设置文字垂直对齐方式，属性值可以为 top、hanging、middle、alphabetic、ideographic、bottom。默认值为 alphabetic。

【例 5-20】　下面我们应用 fillText 方法和 strokeText 方法来绘制一句欢迎语，通过对比看一下两种方法设置字体样式的区别。本例运行的效果如图 5-34 所示。

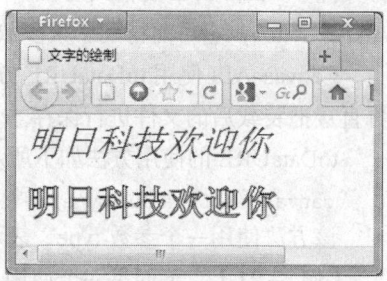

图 5-34　应用 fillText 方法和 strokeText 方法绘制文字

实现代码如下（实例位置：光盘\MR\源码\第 5 章\5-20）：

```
<script >
function draw(id)
{
    var canvas = document.getElementById(id);
    if (canvas == null)
        return false;
    var context=canvas.getContext('2d');
    context.fillStyle= '#00f';
    context.font= 'italic 30px sans-serif';
    context.textBaseline = 'top';
    //填充字符串
    context.fillText ('明日科技欢迎你', 0, 0);
    context.font='bold  30px sans-serif';
    //轮廓字符串
    context.strokeText('明日科技欢迎你', 0, 50);
}
</script>
```

5.9　保存与恢复状态

save 和 restore 方法是用来保存和恢复 canvas 状态的，都没有参数，分别保存与恢复图形上下文的当前绘画状态。这里的绘画状态指前面所讲的坐标原点、变形时的变化矩阵，以及图形上下文对象的当前属性值等很多内容。在需要保存与恢复当前状态时，首先调用 save 方法将当前状态保存到栈中，在完成设置的操作后，再调用 restore 从栈中取出之前保存的图形上下文的状态进行恢复，通过这种方法，对之后绘制的图像取消裁剪区域。

保存与恢复可以应用到以下场合：

- 图像或图形变形
- 图像裁剪
- 改变图形上下文的以下属性时：strokeStyle, fillStyle, globalAlpha, lineWidth, lineCap, lineJoin, miterLimit, shadowOffsetX, shadowOffsetY, shadowBlur, shadowColor, globalCompositeOperation

5.10 文件的保存

在画布上绘制完成一幅图形或图像后，想要对绘制的作品进行保存时，使用Canvas API就可以完成保存了。

Canvas API保存文件的原理实际上是把当前的绘画状态输出到一个data URL地址所指向的数据中的过程，所谓data URL是指目前大多数浏览器能够识别的一种base64位编码的URL，主要用于小型的、可以在网页中直接嵌入，而不需要从外部文件嵌入的数据，譬如img元素中的图像文件等。data URL的格式类似于"data:image/png;base64,iVBORw0KGgoAAAANSUhEUgAAAAoA AAAK…etc"，它目前得到了大多数浏览器的支持。

Canvas API使用toDataURL方法把绘画状态输出到一个data URL中，然后重新装载，客户可直接把装载后的文件进行保存。

toDataURL的使用方法如下所示。

```
canvas. toDataURL(type);
```

该方法使用一个参数type，表示要输出数据的MIME类型。

【例5-21】 下面是一个使用Canvas API将图像输出到data URL的实例。本例的运行效果如图5-35所示。

实现的代码如下（实例位置：光盘\MR\源码\第5章\5-21）：

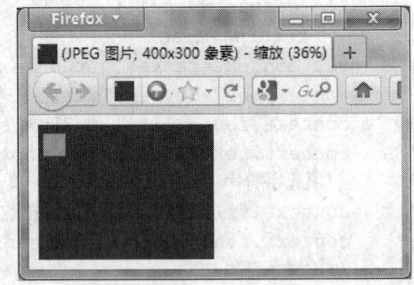

图5-35 使用Canvas API将图像输出到data URL的实例

```
function draw(id)
{
    var canvas = document.getElementById(id);
    var context = canvas.getContext('2d');
    context.fillStyle = "rgb(0, 0, 255)";
    context.fillRect(0, 0, canvas.width, canvas.height);
    context.fillStyle = "rgb(0, 255, 0)";
    context.fillRect(10, 20, 50, 50);
    window.location =canvas.toDataURL("image/jpeg");
}
```

5.11 综合实例——绘制五角星

本实例将应用lineTo()方法来绘制五角星，效果如图5-36所示。

本例主要是应用lineTo()方法绘制线条，随着程序中循环次数的控制，createStar()函数就可以创建五角星了，关键代码如下：

```
<script type="text/javascript">
    /*
        该方法负责绘制多角星。
        n:该参数通常应设为奇数，控制绘制N角星。
        dx、dy:控制N角星的位置。
        size:控制N角星的大小
    */
```

图5-36 绘制五角星

```
       function createStar(context , n , dx , dy , size)
       {
           // 开始创建路径
           context.beginPath();
           var dig = Math.PI / n * 4;
           for(var i = 0; i < n ; i++)
           {
               var x = Math.sin(i * dig);
               var y = Math.cos(i * dig);
               context.lineTo(x * size + dx ,y * size + dy);
           }
           context.closePath();
       }
       // 获取 canvas 元素对应的 DOM 对象
       var canvas = document.getElementById('mc');
       // 获取在 canvas 上绘图的 CanvasRenderingContext2D 对象
       var ctx = canvas.getContext('2d');
       // 绘制五角星
       createStar(ctx , 5 , 120 , 90 , 100);
       ctx.fillStyle = "red";
       ctx.fill();
</script>
```

知识点提炼

（1）Canvas 元素在 HTML 中专门用来绘制图形。在页面上放置一个 canvas 元素，就相当于在页面上放置了一块"画布"，可以在其中进行图形的描绘。

（2）绘制贝塞尔曲线主要使用 **bezierCurveTo** 方法。该方法可以说是 lineTo 的曲线版，将从当前坐标点到指定坐标点中间的贝塞尔曲线追加到路径中。

（3）通过设置 globalAlpha 属性或者使用一个半透明颜色作为轮廓或填充的样式来绘制透明或半透明的图形。

（4）绘制线性渐变时，需要使用到 LinearGradient 对象，该对象使用图像上下文对象（context）的 createLinearGradient 方法创建；使用图形上下文对象（context）的 createRadialGradient 方法绘制径向渐变。

（5）shadowColor 用于设定阴影效果的延伸，属性值可以是标准的 CSS 颜色值，默认是全透明的黑色。

（6）strokeStyle 用于设置图形轮廓的颜色，而 fillStyle 用于设置填充颜色。

（7）canvas API 的图像裁剪功能是指，在画布内使用路径，只绘制该路径所包括区域内的图像，不绘制路径外部的图像。

习　　题

1. 绘制图形应用的方法是什么？
2. math.PI*2 表示角度是什么？

3. 使用什么可以绘制贝塞尔曲线？
4. 对坐标的变换处理有哪几种方式？

实验：制作大头贴边框

实验目的

（1）熟悉 canvas 绘图的基本流程。
（2）掌握在 canvas 上绘图的 CanvasRenderingContext2D 对象的基本用法。

实验内容

利用位图填充的形式来实现一个圆形的大头贴边框。

实验步骤

（1）创建一个名称为 index.html 的 HTML 文件，并且在该文件中添加一个 canvas 元素，关键代码如下：

```
<canvas id="mc" width="240" height="220"
    style="border:1px solid black"></canvas>
```

（2）编写 JavaScript 代码，实现在 canvas 元素上绘制圆形的大头贴边框，具体代码如下：

```
<script type="text/javascript">
    // 获取 canvas 元素对应的 DOM 对象
    var canvas = document.getElementById('mc');
    // 获取在 canvas 上绘图的 CanvasRenderingContext2D 对象
    var ctx = canvas.getContext('2d');
    ctx.save();
    ctx.translate(120 , 120);
    var image = new Image();
    image.src = "mr.gif";
    image.onload = function()
    {
        imgPattern = ctx.createPattern(image, "repeat");// 创建位图填充
        ctx.fillStyle = imgPattern;          // 设置使用位图填充作为填充颜色
        // 添加圆弧
        ctx.arc(0 , 0 , 80 , 0 , Math.PI * 2 , true);
        ctx.closePath();
        ctx.lineWidth = 12;
        ctx.strokeStyle = imgPattern;
                            // 设置使用位图填充作为边框颜色
        ctx.stroke();
    }
</script>
```

在 Opera 浏览器中打开 index.html 文件，将显示如图 5-37 所示的大头贴边框。

图 5-37　绘制大头贴边框

第6章 多媒体播放技术

本章要点：

- 了解<object>和<embed>元素
- 什么是 video 元素与 audio 元素
- 如何在页面中添加 video 元素与 audio 元素
- video 元素与 audio 元素的属性
- video 元素与 audio 元素的方法
- 如何捕捉 video 元素与 audio 元素的事件

在 HTML 页面中，多媒体是非常重要的一部分，比如大家经常在互联网上看到的视频、在线音频等，都需要多媒体技术的支持。本章将对 HTML 中的多媒体技术进行详细讲解。

6.1 HTML 多媒体概述

HTML 中提供了两种使用多媒体的方式，一种是使用 Flash 或者 Media Player 等插件，这时需要使用<object>和<embed>元素；而另一种是直接使用 video 与 audio 元素，不需要其他的第三方插件。本节将分别对这两种方式中的 4 种元素进行介绍。

6.1.1 <object>和<embed>元素

在 Web 页面中嵌入多媒体时可以使用<object>和<embed>元素，示例代码如下。

```
<object width="425" height="344">
<param name="movie" value="http://www.mingribook.com/ad.swf" />
<param name="allowFullScreen" value="true" />
<param name="aiiowscriptaccess" value="always" />
<embed src="http://www.mingribook.com/ad.swf"
type="application/x-shockwave-flash"
allowscriptaccess="always"
allowFullScreen="ture" width="425" height="344">
</embed>
</object>
```

从上面的代码可以看出，使用<object>和<embed>元素嵌入多媒体有如下缺点。

- 代码冗长而笨拙。
- 需要使用第三方插件（Flash）。如果用户没有安装 Flash 插件，则不能播放视频，画面上也会出现一片空白。

6.1.2 video 与 audio 元素

video 元素专门用来播放网络上的视频或电影,而 audio 元素专门用来播放网络上的音频数据。使用这两个元素,不需要使用其他任何插件。表 6-1 中介绍了目前浏览器对 video 元素与 audio 元素的支持情况。

表 6-1 目前浏览器对 video 元素与 audio 元素的支持情况

浏览器	支持情况
Chrome	3.0 及以上版本支持
Firefox	3.5 及以上版本支持
Opera	10.5 及以上版本支持
Safari	3.2 及以上版本支持
IE	9.0 及以上版本支持

这两个元素的使用方法都很简单,首先以 audio 元素为例,只要把播放音频的 URL 给指定元素的 src 属性就可以了,audio 元素使用方法如下。

```
<audio src="http://mingri/demo/test.mp3">
您的浏览器不支持 audio 元素!
</audio>
```

通过这种方法,可以把指定的音频数据直接嵌入在网页上,其中"您的浏览器不支持 audio 元素!"为在不支持 audio 元素的浏览器中所显示的替代文字。

video 元素的使用方法也很简单,只要设定好元素的长、宽等属性,并且把播放视频的 URL 地址指定给该元素的 src 属性就可以了,video 元素的使用方法如下:

```
<video width="640" height="360" src=" http://mingri/demo/test.mp3">
您的浏览器不支持 video 元素!
</video>
```

另外,还可以通过使用 source 元素来为同一个媒体数据指定多个播放格式与编码方式,以确保浏览器可以从中选择一种自己支持的播放格式进行播放,浏览器的选择顺序为代码中的书写顺序,它会从上往下判断自己对该播放格式是否支持,直到选择到自己支持的播放格式为止。其使用方法如下:

```
<video width="640" height="360">
<!-- 在 Ogg theora 格式、Quicktime 格式与 MP4 格式之间选择自己支持的播放格式。 -->
<source src="demo/sample.ogv" type="video/ogg; codecs='theora, vorbis'"/>
<source src="demo/sample.mov" type="video/quicktime"/>
</video>
```

source 元素具有以下几个属性:

- src 属性是指播放媒体的 URL 地址;
- type 属性表示媒体类型,其属性值为播放文件的 MIME 类型,该属性中的 codecs 参数表示所使用的媒体的编码格式。
- 因为各浏览器对各种媒体类型及编码格式的支持情况都各不相同,所以使用 source 元素来指定多种媒体类型是非常有必要的。
- IE 9:支持 H.264 和 VP8 视频编码格式;支持 MP3 和 WAV 音频编码格式。

- Firefox 4 及以上、Opera 10 及以上：支持 Ogg Theora 和 VP8 视频编码格式；支持 Ogg vorbis 和 WAV 音频格式。
- Chrome 6 及以上：支持 H.264、VP8 和 Ogg Theora 视频编码格式；支持 Ogg vorbis 和 MP3 音频编码格式。

6.2　多媒体元素基本属性

video 元素与 audio 元素所具有的属性大致相同，所以我们接下来看一下这两个元素都具有哪些属性。

- src 属性和 autoplay 属性

src 属性用于指定媒体数据的 URL 地址。

autoplay 属性用于指定媒体是否在页面加载后自动播放，使用方法如下：

```
<video src="sample.mov" autoplay="autoplay"></video>
```

- perload 属性

该属性用于指定视频或音频数据是否预加载。如果使用预加载，则浏览器会预先将视频或音频数据进行缓冲，这样可以加快播放速度，因为播放时数据已经预先缓冲完毕。perload 属性有 3 个可选值，分别是 none、metadata 和 auto，其默认值为 auto。

> none 值表示不进行预加载；
> metadata 表示只预加载媒体的元数据（媒体字节数、第一帧、播放列表、持续时间等）。
> auto 表示预加载全部视频或音频。

该属性的使用方法如下。

```
<video src="sample.mov" preload="auto"></video>
```

- poster（video 元素独有属性）和 loop 属性

当视频不可用时，可以使用该元素向用户展示一幅替代用的图片。当视频不可用时，最好使用 poster 属性，以免展示视频的区域中出现一片空白。该属性的使用方法如下：

```
<video src="sample.mov" psoter="cannotuse.jpg"></video>
```

loop 属性用于指定是否循环播放视频或音频，其使用方法如下：

```
<video src="sample.mov" autoplay="autoplay" loop="loop"></video>
```

- controls 属性、wdith 属性和 height 属性（后两个为 video 元素独有属性）

controls 属性指定是否为视频或音频添加浏览器自带的播放用的控制条。控制条中包括播放、暂停等按钮。其使用方法如下：

```
<video src="sample.mov" controls="controls"></video>
```

图 6-1 所示为 Firefox 3.5 浏览器自带的播放视频时用的控制条的外观。

图 6-1　Firefox 3.5 浏览器自带的播放视频时用的控制条

　　　　　开发者也可以在脚本中自定义控制条，而不使用浏览器默认的。

width 属性与 height 属性用于指定视频的宽度与高度（以像素为单位），使用方法如下：

```
<video src="sample.mov" width="500" height="500"></video>
```

- error 属性

在读取、使用媒体数据的过程中，正常情况下该属性值为 null，但是任何时候只要出现错误，该属性将返回一个 MediaError 对象，该对象的 code 属性返回对应的错误状态码，其可能的值包括：

> MEDIA_ERR_ABORTED（数值 1）：媒体数据的下载过程由于用户的操作原因而被终止。

> MEDIA_ERR_NETWORK（数值 2）：确认媒体资源可用，但是在下载时出现网络错误，媒体数据的下载过程被终止。

> MEDIA_ERR_DECODE（数值 3）：确认媒体资源可用，但是解码时发生错误。

> MEDIA_ERR_SRC_NOT_SUPPORTED（数值 4）：媒体资源不可用，媒体格式不被支持。

error 属性为只读属性。

读取错误状态的代码如下：

```
<video id="videoElement" src="mingri.mov">
<script>
var video=document.getElementById("video Element");
video.addEventListener("error",function(){
{
    var error=video.error;
    switch (error.code)
      {
        case 1:
            alert("视频的下载过程被中止。");
            break;
        case 2:
            alert("网络发生故障，视频的下载过程被中止。");
            break;
        case 3:
            alert("解码失败。");
            break;
        case 4:
            alert("不支持播放的视频格式。");
            break;
        default:
            alert("发生未知错误。");
      }
},false);
</script>
```

- networkState 属性

该属性在媒体数据加载过程中读取当前网络的状态，其值包括：

- NETWORK_EMPTY（数值 0）：元素处于初始状态。
- NETWORK_IDLE（数值 1）：浏览器已选择好用什么编码格式来播放媒体，但尚未建立网络连接。
- NETWORK_LOADING（数值 2）：媒体数据加载中。
- NETWORK_NO_SOURCE（数值 3）：没有支持的编码格式，不执行加载。

networkState 属性为只读属性，读取网络状态的实例代码如下：

```
<script>
var video = document.getElementById("video");
video.addEventListener("progress", function(e)
{
    var networkStateDisplay=document.getElementById("networkState");
    if(video.networkState==2)
    {
        networkStateDisplay.innerHTML="加载中...["+e.loaded+"/"+e.total+"byte]";
    }
    else if(video.networkState==3)
    {
        networkStateDisplay.innerHTML="加载失败";
    }
},false);
</script>
```

● currentSrc 属性、buffered 属性

可以用 currentSrc 属性来读取播放中的媒体数据的 URL 地址，该属性为只读属性。

buffered 属性返回一个实现 TimeRanges 接口的对象，以确认浏览器是否已缓存媒体数据。TimeRanges 对象表示一段时间范围，在大多数情况下，该对象表示的时间范围是一个单一的以"0"开始的范围，但是如果浏览器发出 Range Rquest 请求，这时 TimeRanges 对象表示的时间范围是多个时间范围。

TimeRanges 对象具有一个 length 属性，表示有多少个时间范围，多数情况下存在时间范围时，该值为 1；不存在时间范围时，该值为 0。该对象有两个方法：start(index)和 end(index)，多数情况下将 index 设置为 0 就可以了。当用 element.buffered 语句来实现 TimeRanges 接口时，start(0)表示当前缓存区内从媒体数据的什么时间开始进行缓存，end(0)表示当前缓存区内的结束时间。buffered 属性为只读属性。

● readyState 属性

该属性返回媒体当前播放位置的就绪状态，其值包括：

➢ HAVE_NOTHING（数值 0）：没有获取到媒体的任何信息，当前播放位置没有可播放数据。

➢ HAVE_METADATA（数值 1）：已经获取到了足够的媒体数据，但是当前播放位置没有有效的媒体数据（也就是说，获取到的媒体数据无效，不能播放）。

➢ HAVE_CURRENT_DATA（数值 2）：当前播放位置已经有数据可以播放，但没有获取到可以让播放器前进的数据。当媒体为视频时，意思是当前帧的数据已获得，但还没有获取到下一帧的数据，或者当前帧已经是播放的最后一帧。

➢ HAVE_FUTURE_DATA（数值 3）：当前播放位置已经有数据可以播放，而且也获取到了可以让播放器前进的数据。当媒体为视频时，意思是当前帧的数据已获取，而且也获取到了下一帧的数据，当前帧是播放的最后一帧时，readyState 属性不可能为 HAVE_FUTURE_DATA。

➢ HAVE_ENOUGH_DATA（数值 4）：当前播放位置已经有数据可以播放，同时也获取到了可以让播放器前进的数据，而且浏览器确认媒体数据以某一种速度进行加载，可以保证有足够的后续数据进行播放。

readyState 属性为只读属性。

● seeking 属性和 seekable 属性

seeking 属性返回一个布尔值，表示浏览器是否正在请求某一特定播放位置的数据，true 表示浏览器正在请求数据，false 表示浏览器已停止请求。

seekable 属性返回一个 TimeRanges 对象，该对象表示请求到的数据的时间范围。当媒体为视频时，开始时间为请求到视频数据第一帧的时间，结束时间为请求到视频数据最后一帧的时间。

这两个属性均为只读属性。

- currentTime 属性、startTime 属性和 duration 属性

currentTime 属性用于读取媒体的当前播放位置，也可以通过修改 currentTime 属性来修改当前播放位置。如果修改的位置上没有可用的媒体数据时，将抛出 INVALID_STATE_ERR 异常；如果修改的位置超出了浏览器在一次请求中可以请求的数据范围，将抛出 INDEX_SIZE_ERR 异常。

startTime 属性用来读取媒体播放的开始时间，通常为"0"。

duration 属性用来读取媒体文件总的播放时间。

- played 属性、paused 属性和 ended 属性

played 属性返回一个 TimeRanges 对象，从该对象中可以读取媒体文件的已播放部分的时间段。开始时间为已播放部分的开始时间，结束时间为已播放部分的结束时间。

paused 属性返回一个布尔值，表示是否暂停播放，true 表示媒体暂停播放，false 表示媒体正在播放。

ended 属性返回一个布尔值，表示是否播放完毕，true 表示媒体播放完毕，false 表示还没有播放完毕。

三者均为只读属性。

- defaultPlaybackRate 属性和 playbackRate 属性

defaultPlaybackRate 属性用来读取或修改媒体默认的播放速率。

playbackRate 属性用于读取或修改媒体当前的播放速率。

- volume 属性和 muted 属性

volume 属性用于读取或修改媒体的播放音量，范围为 0 到 1，0 为静音，1 为最大音量。

muted 属性用于读取或修改媒体的静音状态，该值为布尔值，true 表示处于静音状态，false 表示处于非静音状态。

6.3　多媒体元素常用方法

6.3.1　媒体播放时的方法

- 使用 media.play()播放视频，并将 media.paused 的值强行设为 false。
- 使用 media.pause()暂停视频，并将 media.paused 的值强行设为 ture。
- 使用 media.load()重新载入视频，并将 media.playbackRate 的值强行设为 media.default PlaybackRate 的值，且强行将 media.error 的值设为 null。

【例 6-1】　下面来看一个媒体播放的示例。在本例中通过 video 元素加载一段视频文件，为了展示视频播放时所应用的方法，在控制视频的播放时，并没有应用浏览器自带的控制条来控制视频的播放，而是通过添加"播放"与"暂停"按钮来控制视频文件的播放与暂停。

实例代码如下。

实例位置：光盘\MR\源码\第 6 章\6-1

```html
<html>
<head>
<meta charset="UTF-8"></meta>
<title>媒体播放示例</title>
<script>
var video;                                    //声明变量
function init()
{
    video = document.getElementById("video1");
    video.addEventListener("ended", function()    //监听视频播放结束事件
    {
      alert("播放结束。");
    }, true);
}
function play()
{

    video.play();                             // 播放视频
}
function pause()
{

    video.pause();                            //暂停播放
}
</script>
</head>
<body onload="init()">
  <!—可以添加 controls 属性来显示浏览器自带的播放用的控制条。-->
  <video id="video1"  src="2.ogv" >
  </video><br/>
  <button onclick="play()">播放</button>
  <button onclick="pause()">暂停</button>
</body>
</html>
```

本例的运行效果如图 6-2 所示。

图 6-2　媒体播放实例

6.3.2　canPlayType(type)方法

使用 canPlayType(type)方法测试浏览器是否支持指定的媒介类型，该方法的定义如下。

```
var support=videoElement.canPlayType(type);
```

videoElement 表示页面上的 video 元素或 audio 元素。该方法使用一个参数 type，该参数的指定方法与 source 元素的 type 参数的指定方法相同，都用播放文件的 MIME 类型来指定，可以在指定的字符串中加上表示媒体编码格式的 codes 参数。

该方法返回 3 个可能值（均为浏览器判断的结果）。

- 空字符串：浏览器不支持此种媒体类型；
- maybe：浏览器可能支持此种媒体类型；
- probably：浏览器确定支持此种媒体类型。

6.4　多媒体元素重要事件

6.4.1　事件处理方式

在利用 video 元素或 audio 元素读取或播放媒体数据的时候，会触发一系列的事件，如果 JavaScript 脚本来捕捉这些事件，就可以对这些事件进行处理了。对于这些事件的捕捉及其处理，可以按两种方式来进行。

一种是监听的方式：addEventListener("事件名",处理函数,处理方式)方法来对事件的发生进行监听，该方法的定义如下。

```
videoElement.addEventListener(type,listener,useCapture);
```

videoElement 表示页面上的 video 元素或 audio 元素。type 为事件名称，listener 表示绑定的函数。useCapture 是一个布尔值，表示该事件的响应顺序，该值如果为 true，则浏览器采用 Capture 响应方式；如果为 false，浏览器采用 bubbing 响应方式，一般采用 false，默认情况下也为 false。

另一种是直接赋值的方式。事件处理方式为 JavaScript 脚本中常见的获取事件句柄的方式，如下例所示。

```
<video id="video1" src="mrsoft.mov" onplay="begin_playing()"></video>
function begin_playing()
{
    (省略)
};
```

6.4.2　事件介绍

接下来，我们将介绍一下浏览器在请求媒体数据、下载媒体数据、播放媒体数据一直到播放结束这一系列过程中，到底会触发哪些事件。

- loadstart 事件：浏览器开始请求媒介。
- progress 事件：浏览器正在获取媒介。
- suspend 事件：浏览器非主动获取媒介数据，但没有加载完整个媒介资源。
- abort 事件：浏览器在完全加载前中止获取媒介数据，但是并不是由错误引起的。
- error 事件：获取媒介数据出错。
- emptied 事件：媒介元素的网络状态突然变为未初始化，可能引起的原因有两个：
  - ➢ 载入媒体过程中突然发生一个致命错误；
  - ➢ 在浏览器正在选择支持的播放格式时，又调用了 load 方法重新载入媒体。
- stalled 事件：浏览器获取媒介数据异常。
- play 事件：即将开始播放，当执行了 play 方法时触发，或数据下载后元素被设为 autoplay（自动播放）属性。
- pause 事件：暂停播放，当执行了 pause 方法时触发。
- loadedmetadata 事件：浏览器获取完媒介资源的时长和字节。
- loadeddata 事件：浏览器已加载当前播放位置的媒介数据。
- waiting 事件：播放由于下一帧无效（例如未加载）而已停止（但浏览器确认下一帧会马

上有效）。

- playing 事件：已经开始播放。
- canplay 事件：浏览器能够开始媒介播放，但估计以当前速率播放不能直接将媒介播放完（播放期间需要缓冲）。
- canplaythrough 事件：浏览器估计以当前速率播放可以直接播放完整个媒介资源（期间不需要缓冲）。
- seeking 事件：浏览器正在请求数据（seeking 属性值为 true）。
- seeked 事件：浏览器停止请求数据（seeking 属性值为 false）。
- timeupdate 事件：当前播放位置（currentTime 属性）改变，可能是播放过程中的自然改变，也可能是被人为地改变，或由于播放不能连续而发生的跳变。
- ended 事件：播放由于媒介结束而停止。
- ratechange 事件：默认播放速率（defaultPlaybackRate 属性）改变或播放速率（playbackRate 属性）改变。
- durationchange 事件：媒介时长（duration 属性）改变。
- volumechange 事件：音量（volume 属性）改变或静音（muted 属性）。

6.4.3　事件示例

【例 6-2】　本节中，将通过一个实例来讲解一下多媒体元素事件的用法，在本例中将在页面中显示要播放的多媒体文件，同时显示多媒体文件的总时间，当单击"播放"按钮时，将显示当前播放的时间。多媒体文件的总时间与当前时间将以（时：分：秒）的形式显示。

实例位置：光盘\MR\源码\第 6 章\6-2

本例实现的步骤如下。

（1）通过 video 元素添加多媒体文件，代码如下。

```
<video >
    <source src="2.ogv" type="video/ogg" />
</video>
```

（2）在页面中放置一个一行三列的表格，在三个单元格中放置三个 div 标签，分别用于放置"播放/暂停"按钮、媒体的总时间、当前播放时间。主要的实现代码如下。

```
<div class="videochrome paused">
    <div class="controls">
    <div class="scrub">
     <table width="150" border="0" cellpadding="0" cellspacing="0">
        <tr>
            <td width="50" scope="row"><button class="play" title="play">播 放
</button></td>
            <td width="50" align="center"><div class="duration">0:00</div></td>
            <td width="50" align="center"><div class="loaded"><div class="buffer"><div
class="playhead"><span>0:00</span></div></div></div></td>
        </tr>
      </table>
    </div>
   </div>
  </div>
```

在 div 标签中应用了 class，而不是 id，主要是因为 class 用于元素组（类似的元素或者可以理解为某一类元素）；而 id 用于标识单独的唯一的元素。

（3）通过 querySelector 方法获取 div 标签中 class 的值，并赋给变量。其主要的实现代码如下。

```
//通过 querySelector 方法获取标签的值并赋给变量
    wrapper = document.querySelector('.videochrome'),
    buffer = document.querySelector('.videochrome .controls .buffer'),
    playhead = buffer.querySelector('.playhead'),
    play = wrapper.querySelector('.play'),
    duration = wrapper.querySelector('.duration'),
    currentTime = playhead.querySelector('span');
```

querySelector 方法用来获取一个元素，querySelector 将返回匹配到的第一个元素，如果没有匹配的元素则返回 Null。与 querySelector 方法相关的还有一个 querySelectorAll ，该方法返回一个包含匹配到的元素的数组，如果没有匹配的元素则返回的数组为空。

（4）使用 video 元素的 addEventListener 方法对 loadeddata 事件进行监听，同时绑定 canplay 函数，在这个函数中调用 initControls 函数，在该函数中用分秒来显示当前播放时间。同时当调用 play 方法时触发 onclick 事件，在这个事件中对播放的进度进行判断，当播放完成后，当前播放为 0，否则通过三位运算符执行播放或者是暂停。其实现的代码如下。

```
video.addEventListener('loadeddata', canplay, false); //使用事件监听准备播放
function canplay() {                                    //调用 canplay 函数初始化媒体
  initControls();
}
function initControls() {
  duration.innerHTML = asTime(video.duration);          //将播放时间以分和秒的形式输出
  play.onclick = function () {
    if (video.ended) {                                  //如果媒体播放结束，播放时间从 0 开始
      video.currentTime = 0;
    }
    video[video.paused ? 'play' : 'pause']();           //通过三元运算执行播放和暂停
  };
}
```

（5）由于 currentTime 和 duration 的时间值，默认的单位是秒，而本例中输出的媒体文件的总时间和当前播放时间是以分和秒的形式输出，这就需要通过转化才能实现。具体的实现方法是：首先，通过 asTime 函数获取到时间，利用 Math.round 对获取的时间进行取整。然后，将取整后的时间除以 60 转化成分，然后再将分转化成时，最后，对转化时、分后剩余的秒数进行判断，对剩余秒数的位数进行判断，当位数小于 2 时，将以 0 补位。其具体的实现代码如下。

```
function asTime(t) {
  t = Math.round(t);            //通过 Math.round 函数对获取到的时间取整
  var s = t % 60;               //转化为分
  var m = ~~(t / 60);
  return m + ':' + two(s);      //以分：秒的形式输出时间
}
function two(s) {
  s += "";
  if (s.length < 2) s = "0" + s;  //对秒数的位数进行判断，位数小于 2 时以 0 补位
  return s;
}
```

（6）使用 video 元素的 addEventListener 方法对 play、pause、ended 等事件进行监听，同时绑定 playEvent、pausedEvent 函数，在这两个函数中，实现输出播放/暂停按钮的转化。其实现代码如下。

```
video.addEventListener('play', playEvent, false);     //使用事件播放
video.addEventListener('pause', pausedEvent, false);//播放暂停
video.addEventListener('ended', function () {         //播放结束后停止播放
  this.pause();    //显示暂停播放
}, false);
function playEvent() {
  play.innerHTML = '暂停';
}
function pausedEvent() {
  play.innerHTML = '播放';
}
```

（7）使用 video 元素的 addEventListener 方法对 durationchange、timeupdate 等事件进行监听，同时绑定 updateSeekable、updatePlayhead 函数，在这两个函数中，输出媒体文件的总时间长度以及当前播放时间。实现代码如下。

```
video.addEventListener('durationchange', updateSeekable, false); //播放的时长被改变
video.addEventListener('timeupdate', updatePlayhead, false); //使用事件监听方式捕捉事件
function updateSeekable() {
  duration.innerHTML = asTime(video.duration);              //媒体文件的总播放时间
}
function updatePlayhead() {
  currentTime.innerHTML = asTime(video.currentTime);        //媒体的当前播放时间
}
```

本例的运行结果如图 6-3 所示。

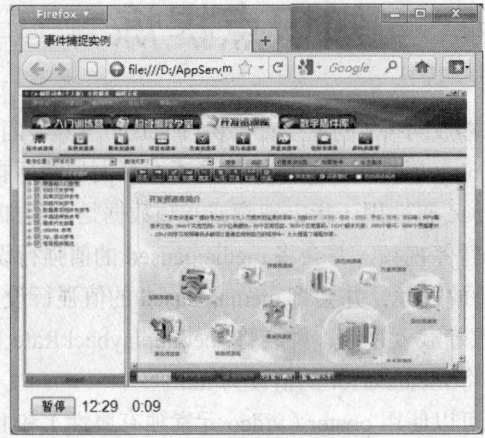

图 6-3　事件捕捉实例

6.5　综合实例——在 HTML 文档中播放音频

HTML 中的 audio 元素可以支持多种音频格式，包括 Ogg、MP3、AAC 和 WAV 等，不同浏览器支持的音频格式也不尽相同。例如，IE 9.0 支持 MP3 和 ACC；Firefox 3.6+支持 Ogg 和 WAV；

Chrome 10+支持 Ogg、MP3、AAC 和 WAV；Opera 11+支持 Ogg 和 WAV。本实例尝试编写一个 HTML 的页面，要求实现在 HTML 页面中播放音频的功能，需要兼容 Firefox、Chrome、IE 9.0 和 Opera 浏览器，效果如图 6-4 和图 6-5 所示。

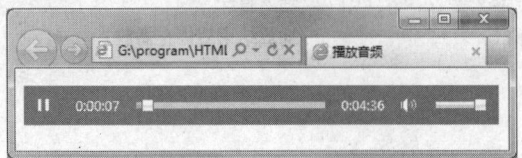
图 6-4 在 IE 9.0 中播放 MP3 视频

图 6-5 在 Firefox 中播放 OGG 视频

HTML 中的 audio 元素用来实现音频播放，不过不同的浏览器支持的音频格式不同，所以在实现本实例时，需要指定多个音频文件格式来兼容不同的浏览器。本实例的关键代码如下：

```
<!doctype html>
<html>
<meta charset=utf-8>
<title>播放音频</title>
<head>
</head>
<body>
<audio  autoplay controls>您的浏览器不支持&lt;audio&gt;标记!
    <source src="chimes.ogg" type="audio/ogg">
    <source src="chimes.mp3" type="audio/mpeg">
</audio>
</body>
</html>
```

知识点提炼

（1）video 元素专门用来播放网络上的视频或电影，而 audio 元素专门用来播放网络上的音频数据。

（2）多媒体元素的 autoplay 属性用于指定媒体是否在页面加载后自动播放。

（3）多媒体元素的 perload 属性用于指定视频或音频数据是否预加载。

（4）使用 media.pause()暂停视频，并会将 media.paused 的值强行设为 ture。

（5）使用 media.play()播放视频，并会将 media.paused 的值强行设为 false。

（6）使用 media.load()重新载入视频，并会将 media.playbackRate 的值强行设为 media.default PlaybackRate 的值，且强行将 media.error 的值设为 null。

（7）当视频不可用时，可以使用 poster（video 元素独有属性）和 loop 属性向用户展示一幅替代用的图片。

习　　题

1. 什么属性用于指定视频或音频数据是否预加载？
2. 什么属性用来读取媒体播放的开始时间？

3. 什么属性用于指定是否为视频或音频添加浏览器自带的播放用的控制条?

实验：在 HTML 文档中播放视频

实验目的

（1）熟悉 HTML 文档的基本结构。
（2）掌握在 HTML 文档中使用 video 元素播放多种视频格式。

实验内容

实现在 HTML 文档中播放视频功能，需要兼容 Firefox、Chrome、IE 9 和 Opera 浏览器。

实验步骤

创建一个名称为 index.html 的文件，并且在该文件中添加以下用于播放视频的代码：

```
<!doctype html>
<html>
<meta charset=utf-8>
<head>
</head>
<body>
<video autoplay controls >
 <source src="mingrisoft.mp4" type='video/mp4; codecs="avc1.42E01E, mp4a.40.2"' />
 <source src="mingrisoft.ogv" type='video/ogg; codecs="theora, vorbis"' />
</video>
</body>
</html>
```

在 IE 9.0 浏览器中打开 index.html 文件，将显示如图 6-6 所示的页面播放 MP4 视频。在火狐浏览器中打开 index.html 文件，将显示如图 6-7 所示的页面播放 OGV 视频。

图 6-6　在 IE 9.0 中播放 MP4 视频

图 6-7　在 Firefox 中播放 OGV 视频

第7章
HTML 高级应用

本章要点：

- 本地数据库的基本概念以及使用 openDatabase 方法创建与打开数据库
- 使用 transaction 方法进行事务的处理
- 使用 transaction 方法与 executeSql 方法来实现数据在本地数据库中的增加、删除、查询、修改
- applicationCache 对象的使用
- 浏览器与服务器的交互过程
- 在应用程序中创建一个后台线程
- 在主线程中嵌套子线程的方法
- 主线程与子线程、子线程与子线程之间的数据传递
- 跨文档消息传输

使用 Web Workers 来实现 Web 平台上的多线程处理功能。通过 Web Workers 可以创建一个不会影响前台处理的后台线程，并且在这个后台线程中创建多个子线程。通过 Web Workers，你可以将耗时较长的处理交给后台线程去运行，从而解决了 HTML 之前因为某个处理耗时过长而跳出一个提醒用户脚本运行时间过长的警告栏，导致用户不得不结束这个处理的尴尬状况。

7.1 WebSQL 数据库基础

7.1.1 打开与创建数据库

通过初次打开一个数据库，就会创建数据库。在任何时间，在该域上只能拥有指定数据库的一个版本，因此如果创建的版本是 1.0，那么应用程序在没有特定地改变数据库的版本时，将无法打开 1.1。

打开和创建数据库必须使用 openDatabase 方法来创建一个访问数据库的对象。该方法的定义如下所示。

```
var db=openDatabase( 'db', '1.0' , 'first database',2*1024*1024);
```

该方法使用 4 个参数，第 1 个参数为数据库名，第 2 个参数为版本号，第 3 个参数为数据库的描述，第 4 个参数为数据库的大小。该方法返回创建后的数据库访问对象，如果该数据库不存在，则创建该数据库。

为了确保应用程序有效，并且检测对 Web SQL 数据库 API 的支持，还应该测试浏览器对数据库的支持，测试代码如下所示。

```
var db;
if(window.openDatabase){
    db = openDatabase('mydb', '1.0' , 'My first database',2*1024*1024);
}
```

7.1.2　执行事务

实际访问数据库的时候，还需要使用 transaction 方法，用来执行事务处理。使用事务处理，可以防止在对数据库进行访问及执行有关操作的时候受到外界的打扰。因为在 Web 上，同时会有许多人都在对页面进行访问。如果在访问数据库的过程中，正在操作的数据被别的用户给修改掉的话，会引起很多意想不到的后果。因此，可以使用"事务"来达到在操作完成之前，阻止别的用户访问数据库的目的。

transaction 方法的定义如下所示。

```
db.transaction(function(tx)){
    tx.executeSql('CREATE TABLE tweets(id,date,tweet)');
});
```

transaction 方法使用一个回调函数作为参数。在这个函数中，执行访问数据库的语句。

要创建数据表（以及数据库上的任何其他事务），必须启动一个数据库"事务"，并且在回调中创建该表。事务回调接受一个参数，其中包含了事务对象，这就是允许运行 SQL 语句并且运行 executeSql 方法（在下面的例子中，就是 tx）的内容。通过使用从 openDatabase 返回的数据库对象来完成，调用事务的方法如下所示。

```
var db;
if(window.openDatabase){
    db = openDatabase('mydb', '1.0' , 'My first database',2*1024*1024);
    db.transaction(function(tx)){
    tx.executeSql('CREATE TABLE tweets(id,date,tweet)');
    });
}
```

7.1.3　插入数据

接下来，我们来看一下在 transaction 的回调函数内，到底是怎样访问数据库的。这里使用了作为参数传递给回调函数的 transaction 对象的 executeSql 方法。

executeSql 方法的完整定义如下所示。

```
transaction.executeSql(sqlquery,[],dataHandler,errorHandler);
```

该方法使用 4 个参数，第 1 个参数为需要执行的 SQL 语句。

第 2 个参数为 SQL 语句中所有使用到的参数的数组。在 executeSql 方法中，将 SQL 语句中所要使用到的参数先用"？"代替，然后依次将这些参数组成数组放在第 2 个参数中，如下所示。

```
transaction.executeSql("UPDATE user set age=? where name=?;",[age,name]);
```

第 3 个参数为执行 sql 语句成功时调用的回调函数。该回调函数的传递方法如下所示。

```
function dataHandler(transaction,results){//执行 SQL 语句成功时的处理};
```

该回调函数使用两个参数，第 1 个参数为 transaction 对象，第 2 个参数为执行查询操作时返回的查询到的结果数据集对象。

第 4 个参数为执行 SQL 语句出错时调用的回调函数。该回调函数的传递方法如下所示。

```
function errorHandler(transaction,errmsg){//执行 SQL 语句出错时的处理};
```

该回调函数使用两个参数，第 1 个参数为 transaction 对象，第 2 个参数为执行发生错误时的错误信息文字。

下面我们来看一下，当执行查询操作时，如何从查询到的结果数据集中，依次把数据取出到页面上来，最简单的方法是使用 for 语句循环。结果数据集对象有一个 rows 属性，其中保存了查询到的每条记录，记录的条数可以用 rows.length 来获取。可以用 for 循环，用 row[index]或 rows.Item([index])的形式来依次取出每条数据。在 JavaScript 脚本中，一般采用 row[index]的形式。这里需要注意的是在 Google Chrome5 浏览器中，不支持 rows.Item([index])的形式。

7.1.4 数据管理

【例 7-1】 在本节中，我们以用户登录界面作为实例，来看一下具体如何对本地数据库进行简单操作。在页面中输入用户名和密码，单击"登录"按钮，登录成功后，用户名、密码以及登录时间将显示在页面上，单击"注销"按钮，将清除已经登录的用户名、密码以及登录时间。

实例位置：光盘\MR\源码\第 7 章\7-1

本例的运行效果如图 7-1 所示。

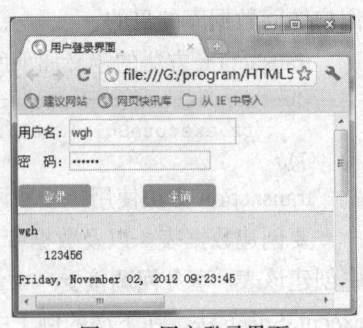

图 7-1 用户登录界面

 本例要用最新版本的 Chrome 浏览器运行，否则用户登录的时间不能正常显示。

本例主要的实现过程如下所示。

（1）首先，来看一下这个实例的界面。界面中存在一个输入用户名的文本框、一个输入密码的密码框以及两个按钮，分别是"登录"按钮和"注销"按钮。分别为"登录"按钮设置 id 为 save；"注销"按钮设置 id 为 clear。实现代码如下所示。

```
<form action="#" method="get" accept-charset="utf-8">
<p class="form_item">
用户名:<input type="text" name="" value="" id="name" required/>
</p>
<p class="form_item">
密码:<input type="password" name="" value="" id="msg" required></textarea>
</p>
<p class="form_item">
<input type="submit" id="save" value="登录"/>
<input type="submit" id="clear" value="注销"/>
</p>
<hr>
</form>
```

（2）打开数据库，代码如下所示。

```
var db = openDatabase('myData','1.0','test database',1024*1024);
```

db 变量代表使用 openDatabase 方法创建的数据库访问对象。在这个实例中，创建了 MyData 这个数据库并对其进行访问。

（3）创建数据表，代码如下所示。

```
db.transaction(function(tx){
        tx.executeSql('CREATE TABLE IF NOT EXISTS MsgData(name TEXT,msg TEXT,time
INTEGER)',[]);
```

这条语句的作用是在数据库中创建一个数据表。本例创建了一个带有三个字段的数据表
MsgData：第 1 个字段为 TEXT 类型的 name 字段，第 2 个字段为 TEXT 类型的 msg 字段，第 3
个字段为 INTEGER 类型的 time 字段。需要注意的是，如果已经存在了数据表，重复创建该数据
表时会引发错误，所以前面必须要加上"IF NOT EXISTS"条件判断语句。这样，当想创建的表
在数据库中已经存在时，就不会重复创建了。

（4）根据 id 调用两个按钮，分别为这两个按钮添加 onclick 事件，"注销"按钮是调用 transaction
方法实现数据表中数据的清除，而"登录"按钮是通过调用 saveData() 函数来实现数据的保存。
实现代码如下所示。

```
getE('clear').onclick = function()
{
  db.transaction(function(tx){
    tx.executeSql('DROP TABLE MsgData',[]);
  })
showAllData()
}
 getE('save').onclick = function(){
    saveData();
    return false;
}
```

（5）调用 removeAllData 函数，清除当前显示的数据，以便重新读取数据，代码如下所示。

```
function removeAllData()
{
    for (var i = datalist.children.length-1; i >= 0; i--){
        datalist.removeChild(datalist.children[i]);
    }
}
```

（6）调用 showData 函数，该函数使用一个 row 参数。该参数表示从数据库中读取一行数据，
并将读取后的数据输出到页面中，代码如下所示。

```
function showData(row){
   var dt = document.createElement('dt');
dt.innerHTML = row.name;
var dd = document.createElement('dd');
   dd.innerHTML = row.msg;
var tt = document.createElement('tt');
var t = new Date();
t.setTime(row.time);
    tt.innerHTML =t.toLocaleDateString()+" "+ t.toLocaleTimeString();
   datalist.appendChild(dt);
   datalist.appendChild(dd);
   datalist.appendChild(tt);
}
```

（7）接下来是 showAllData 函数，该函数中使用 transaction 方法，在该方法的回调函数中执
行 executeSql 方法获取全部数据。获取到数据之后，首先调用 removeAllData 函数初始化页面，
将页面中的数据清除后，执行循环，将获取到的所有数据都以 result.rows.item(i)的形式作为参数
传入 showData 函数中进行显示。result.rows 代表了获取到的数据的所有行，而 result.rows.item(i)

则代表了第 i 行中的数据，这些数据都以属性和属性值的形式存放在 result.rows.item(i)对象中，并通过访问属性的方法来获取每个字段的内容。本例中通过 result.rows.item(i).name、result.rows.item(i).lengh、result.rows.item(i).time 这三个属性来获取每行数据的 name 字段、lengh 字段和 time 字段中的内容。实现代码如下所示。

```
function showAllData()
        {
        db.transaction(function(tx)
            {
            tx.executeSql('CREATE TABLE IF NOT EXISTS MsgData(name TEXT,msg TEXT,time
INTEGER)',[]);
            tx.executeSql('SELECT * FROM MsgData',[],function(tx,result){
                removeAllData();
                for(var i=0; i < result.rows.length; i++){
                    showData(result.rows.item(i));
                }
            });
        });
        }
```

（8）接下来是 addData 函数，在这个函数中使用 transaction 方法，在该方法的回调函数中执行 executeSql 方法，将作为参数传入进来的数据保存在数据库中。代码如下所示。

```
function addData(name,msg,time)
        {
        db.transaction(function(tx)
            {
            tx.executeSql('INSERT INTO MsgData VALUES(?,?,?)',[name,msg,time],function (tx,result)
                {
                alert("登录成功");
                },
                function(tx,error)
                {
                alert(error.source + ':' + error.message);
            });
        });
        }
```

（9）最后是 saveData 函数，在该函数中首先调用 addData 函数追加数据，然后调用 showAllData 函数重新显示页面中的全部数据。代码如下所示。

```
function saveData()
        {
        var name =getE('name').value;
        var msg = getE('msg').value;
        var time = new Date().getTime();
        addData(name,msg,time);
        showAllData();
        }
```

7.2 本地缓存的更新及状态检测

7.2.1 updateready 事件

applicationCache 对象代表了本地缓存，可以用它来通知用户本地缓存中已经被更新，也允许用户手动更新本地缓存。只有在清单已经修改时，applicationCache 才会接受一个事件已经被更新。

在前面讲到的浏览器与服务器的交互过程中，一旦浏览器使用清单中的文件完成了缓存的载入，就在 applicationCache 上触发更新事件。你可以使用这个事件来告诉用户，他们正在使用的应用程序已经升级，并且他们应该重新载入浏览器窗口以获得应用程序的最新、最好的版本。这部分代码如下所示。

```
applicationCache.onUpdateReady = function(){
//本地缓存已被更新，通知用户。
alert("本地缓存已被更新，您可以刷新页面来得到本程序的最新版本。");
};
```

另外，你可以通过 applicationCache 的 swapCache 方法来控制如何进行本地缓存的更新及更新的时机。

7.2.2　update 方法

【例 7-2】　下面来看一个完整的使用 swapCache 方法的实例。在该实例中，使用到了 applicationCache 对象的另一个方法 applicationCache.update，该方法的作用是检查服务器上的 manifest 文件是否有更新。在打开画面时设定了 3 秒钟执行一次该方法，检查服务器上的 manifest 文件是否有更新。如果有更新，浏览器会自动下载 manifest 文件中所有请求本地缓存的资源文件，当这些资源文件下载完毕时，会触发 updateReady 事件，询问用户是否立刻刷新页面以使用最新版本的应用程序，如果用户选择立刻刷新，则调用 swapCache 方法手动更新本地缓存，更新完毕后刷新页面。

实例位置：光盘\MR\源码\第 7 章\7-2

其中画面的 HTML 代码如下所示。

```
<!DOCTYPE HTML>
<html manifest="swapCache.manifest">
<head>
<meta charset="UTF-8">
<title> swapCache 方法示例</title>
<script src="script.js"></script>
</head>
<body onload="init()">
<p>swapCache 方法示例</p>
</body>
</html>
```

该 HTML 中嵌入了一个 script.js 脚本文件，在这个脚本中的函数 init 内编写手动检查更新的代码。该脚本文件中的代码如下所示。

```
function init() {
    setInterval(function()
    {
        applicationCache.update();              // 手动检查是否有更新
    }, 3000);
    applicationCache.addEventListener("updateready", function(){
        if(confirm("本地缓存已被更新,需要刷新画面来获取应用程序最新版本，是否刷新? ")){
            applicationCache.swapCache();       //手动更新本地缓存
            location.reload();                  // 重载画面
        }
```

```
    }, true);
}
```

该实例中使用的 swapCache.manifest 文件内容比较简单，代码如下所示。

```
CACHE MANIFEST
#version 7.20
CACHE:
script.js
```

运行本实例后，修改 swapCache.manifest 文件的内容，例如修改其中的版本号为 7.21，将显示如图 7-2 所示的运行结果。

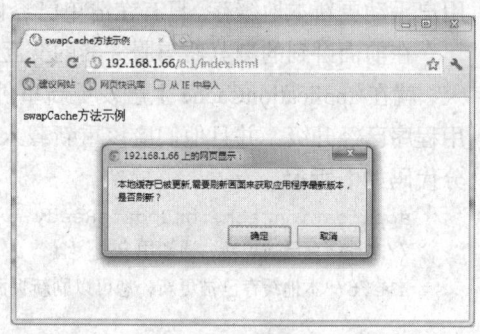

图 7-2　swapCache 方法实例运行效果

7.2.3　swapCache 方法

swapCache 方法用来手动执行本地缓存的更新，它只能在 applicationCache 对象的 updateReady 事件被触发时调用；updateReady 事件只有服务器上的 manifest 文件被更新，并且把 manifest 文件中所要求的资源文件下载到本地后触发。顾名思义，这个事件的含义是"本地缓存准备被更新"。当这个事件被触发后，我们可以用 swapCache 方法来手动进行本地缓存的更新。接下来我们看一下在什么场合应用该方法。

首先，如果本地缓存的容量非常大，本地缓存的更新工作将需要相对较长的时间，而且还会把浏览器给锁住。这时，我们就需要一个提示，告诉用户正在进行本地缓存的更新，该部分代码如下所示。

```
applicationCache.onUpdateReady = function(){
//本地缓存已被更新，通知用户。
alert("正在更新本地缓存");
applicationCache.swapCache();
alert("本地缓存已被更新，您可以刷新页面来得到本程序的最新版本。");
};
```

在上面的代码中，如果不调用 swapCache 方法也能实现更新，但是更新的时间不一样。不调用 swapCache 方法，本地缓存将在下一次打开本页面时被更新；如果调用 swapCache 方法的话，本地缓存将会立刻被更新。因此，你可以使用 confirm 方法让用户自己选择更新的时间——是立刻更新，还是在下次打开画面时再更新。

需要注意的是，尽管使用 swapCache 方法立刻更新了本地缓存，但是并不意味着我们页面上的图像和脚本文件也会被立刻更新，它们都是在重新打开本页面时才会生效。

7.2.4　更新本地缓存时触发的其他事件

我们再通过前面讲过的浏览器与服务器的交互过程来看一下，在这个过程中这些事件是如何被触发的。

首次访问 http://localhost:82/mr/网站：

（1）浏览器：请求访问 http://localhost:82/mr/。

（2）服务器：返回 index.html 网页。

（3）浏览器：发现该网页具有 manifest 属性，触发 checking 事件，检查 manifest 文件是否存在。不存在时触发 error 事件，表示 manifest 文件未找到，同时也不执行步骤（6）开始的交互过程。

（4）浏览器：解析 inde.html 网页，请求页面上所有资源文件。

（5）服务器：返回所有资源文件。

（6）浏览器：处理 manifest 文件，请求 manifest 中所有要求本地缓存的文件，包括 index.html 页面本身，即使刚才已经请求过该文件。如果你要求本地缓存所有文件，这将是一个比较大的重复的请求过程。

（7）服务器：返回所有要求本地缓存的文件。

（8）浏览器：触发 downloading 事件，然后开始下载这些资源。在下载的同时周期性地触发 progress 事件，开发人员可以用编程的手段获取多少文件已被下载，多少文件仍然处于下载队列等信息。

（9）下载结束后触发 cached 事件，表示首次缓存成功，存入所有要求本地缓存的资源文件。

再次访问 http://localhost:82/mr/网站，步骤（1）~步骤（5）同上，在步骤（5）执行完之后，浏览器将核对 manifest 文件是否被更新，若没有被更新则触发 noupdate 事件，步骤（6）开始的交互过程不会被执行。如果被更新了，将继续执行后面的步骤，在步骤（9）中不触发 cached 事件，而是触发 updateReady 事件，这表示下载结束，可以通过刷新页面来使用更新后的本地缓存，或调用 swapCache 方法来立刻使用更新后的本地缓存。

另外，在访问缓存名单时如果返回一个 HTTP404 错误（页面未找到），或者 410 错误（永久消失），则触发 obsolete 事件。

在整个过程中，如果任何与本地缓存有关的处理中发生错误的话，都会触发 error 事件。可能会触发 error 事件的情况分为以下几种。

- 缓存名单返回一个 HTTP 404 错误（页面未找到），或者 410 错误（永久消失）。
- 缓存名单被找到且没有更改，但引用缓存名单的 HTML 页面不能正确下载。
- 缓存名单被找到且被更改，但浏览器不能下载某个缓存名单中列出的资源。
- 开始更新本地缓存时，缓存名单再次被更改。

【例 7-3】　为了说明这个事件流程，在下面的代码中将浏览器与服务器在交互过程中所触发的一系列事件用文字的形式显示在页面上，这个页面中可以看出这些事件发生的先后顺序。其主要代码如下所示。

实例位置：光盘\MR\源码\第 7 章\7-3

```
<!DOCTYPE HTML>
<html manifest="applicationCacheEvent.manifest">
<head>
<meta charset="UTF-8">
<title>applicationCache 事件流程示例</title>
<script>
function drow()
{
    var msg=document.getElementById("mr");
    applicationCache.addEventListener("checking", function() {
        mr.innerHTML+="checking<br/>";
    }, true);
    applicationCache.addEventListener("noupdate", function() {
        mr.innerHTML+="noupdate<br/>";
    }, true);
    applicationCache.addEventListener("downloading", function() {
        mr.innerHTML+="downloading<br/>";
    }, true);
```

```
applicationCache.addEventListener("progress", function() {
    mr.innerHTML+="progress<br/>";
}, true);
applicationCache.addEventListener("updateready", function() {
    mr.innerHTML+="updateready<br/>";
}, true);
applicationCache.addEventListener("cached", function() {
    mr.innerHTML+="cached<br/>";
}, true);
applicationCache.addEventListener("error", function() {
        mr.innerHTML+="error<br/>";
}, true);
}
</script>
</head>
<body onload="drow()">
<h1>applicationCache 事件流程示例</h1>
<p id="mr"></p>
</body>
</html>
```

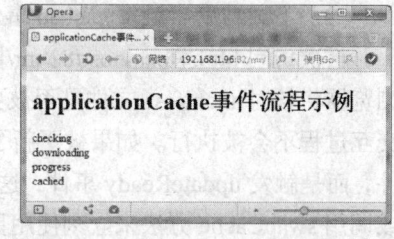

图 7-3   applicationCache 事件流程（首次
打开页面时）

这段代码运行结果分为以下三种情况。

在 Opera 浏览器中首次打开网页时的页面如图 7-3 所示。

在 Opera 浏览器中再次打开网页（且 manifest 文件没有更新时）的页面如图 7-4 所示。

在 Opera 浏览器中再次打开网页（且 manifest 文件已被更新时）的页面如图 7-5 所示。

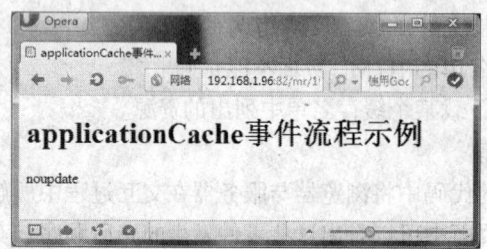

图 7-4   applicationCache 事件流程

（再次打开网页且 manifest 文件没有更新时）

图 7-5   applicationCache 事件流程

（再次打开网页且 manifest 文件已被更新时）

7.3   检测在线状态

为了判断浏览器的在线状态，HTML 提供了两种方法来检测浏览器是否在线，即 naviagtor.online 属性和 online 与 offline 事件。

7.3.1   navigator.onLine 属性

navigator.onLine 属性可返回当前浏览器是否在线的信息。如果返回 true，则表示在线；如果返回 false，则表示离线。当网络状态发生变化时，navigator.onLine 的值也随之变化。开发者可以通过读取它的值获取网络状态。

7.3.2　online 与 offline 事件

如果开发者需要在网络状态发生变化时立刻得到通知，则可以通过 HTML 提供的 online/offline 事件来检测。当浏览器在线/离线状态切换时，body 元素上的 online/offline 事件将会被触发，并随着 document.body、document 和 window 触发。因此，开发者可以通过它们的 online/offline 事件来检测网络状态的变化。

7.3.3　离线数据交互应用开发过程

当使用离线应用程序时，理解浏览器和服务器之间的通信过程很有用。例如一个 http://localhost:82/mr/网站，以 index.html 为主页，该主页使用 index. manifest 文件为 manifest 文件，在该文件中请求本地缓存 index.html、mr.js、mr1.jpg、mr2.jpg 这几个资源文件。首次访问 http://localhost:82/mr/网站时，它们的交互过程如下所示。

（1）浏览器：请求访问 http://localhost:82/mr/。

（2）服务器：返回 index.html 网页。

（3）浏览器：解析 index.html 网页，请求页面中所有资源，包括 HTML 文件、图像文件、CSS 文件、JavaScript 脚本文件以及清单文件。

（4）服务器：返回所有请求的资源。

（5）浏览器:处理清单并请求清单中的所有项，包括 index.html 页面本身，即使刚才已经请求过这些文件。如果你要求本地缓存所有文件，这将是一个比较大的重复的请求过程。

（6）服务器：返回所有要求本地缓存的文件。

（7）浏览器：对本地缓存进行更新，存入包括页面本身在内的所有要求本地缓存的资源文件，并且触发一个事件，通知本地缓存被更新。

现在，浏览器使用清单中列出的文件完全载入了缓存。如果再次打开浏览器访问 http://localhost:82/mr/网站，而且 manifest 文件没有被修改过，它们的交互过程会如下所示。

（1）浏览器：再次请求访问 http://localhost:82/mr/。

（2）浏览器：发现这个页面被本地缓存，于是使用本地缓存中的 index.html 页面。

（3）浏览器：解析 index.html 网页，使用所有本地缓存中的资源文件。

（4）浏览器：向服务器请求 manifest 文件。

（5）服务器返回一个 304 代码，通知浏览器 manifest 没有发生变化。

只要页面上的资源文件被本地缓存过，下次浏览器打开这个页面时，总是先使用本地缓存中的资源，然后请求 manifest 文件。

如果再次打开浏览器时 manifest 文件已经被更新过了，那么浏览器与服务器之间的交互过程如下所示。

（1）浏览器：再次请求访问 http://localhost:82/mr/。

（2）浏览器：发现这个页面被本地缓存，于是使用本地缓存中 index.html 页面。

（3）浏览器：解析 index.html 网页，使用所有本地缓存中的资源文件。

（4）浏览器：向服务器请求 manifest 文件。

（5）服务器：返回更新过的 manifest 文件。

（6）浏览器处理 manifest 文件，发现该文件已被更新，于是请求所有要求进行本地缓存的资源文件，包括 index.html 页面本身。

（7）浏览器返回要求进行本地缓存的资源文件。

（8）浏览器对本地缓存进行更新，存入所有新的资源文件。并且触发一个事件，通过本地缓存被更新。

需要注意的是，即使资源文件被修改过了，任何之前载入的资源都不会变化。例如，图像不会突然改变，旧的 JavaScript 函数不会改变。这就是说，这时更新过后的本地缓存中的内容还不能被使用，只有重新打开这个页面的时候才会使用更新过后的资源文件。另外，如果你不想修改 manifest 文件中对于资源文件的设置，但是你对服务器上请求缓存的资源文件进行了修改，那么你可以通过修改版本号的方式来让浏览器认为 manifest 文件已经被更新过了，以便重新下载修改过的资源文件。

7.4　使用 Web Workers 处理线程

7.4.1　创建和使用 Worker

Web Worker 是用来在 Web 应用程序中实现后台处理的一项技术。使用这个 API，用户可以很容易地创建在后台运行的线程，如果将可能耗费较长时间的处理交给后台去执行，对用户在前台页面中执行的操作就完全没有影响了。

创建后台线程的步骤很简单。只要在 Worker 类的构造器中，将需要在后台线程中执行的脚本文件的 URL 作为参数，然后创建 Worker 对象就可以了，代码如下。

```
var worker = new Worker("worker.js");
```

在后台线程中是不能访问页面或窗口对象的。如果在后台线程的脚本文件中使用到 window 对象或 document 对象，则会引起错误的发生。

另外，可以通过发送和接收消息来与后台线程互相传递数据。通过对 Worker 对象的 onmessage 事件句柄的获取可以在后台线程之中接收消息，使用方法如下。

```
worker. onmessage=function(event)
{
// 处理接收的消息。
}, false;
```

使用 Worker 对象的 postMessage()方法来对后台线程发送消息，发送的消息是文本数据，但也可以是任何 JavaScript 对象（需要通过 JSON 对象的 stringify()方法将其转换成文本数据）。Worker 对象的 postMessage()使用方法如下。

```
worker.postMessage(message);
```

另外，同样可以通过获取 Worker 对象的 onmessage 事件句柄及 Worker 对象的 postMessage()方法在后台线程内部进行消息的接收和发送。

Web Worker 简单的操作流程图如图 7-6 所示。

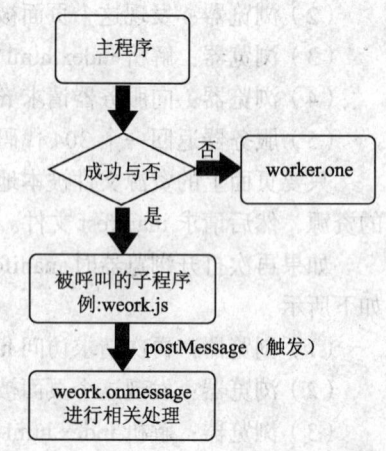

图 7-6　Web Worker 简单的操作流程图

7.4.2　单层嵌套

【例 7-4】　下面通过一个实例来演示单层嵌套的使用，在该实例中随机生成了一个整数的数组，并把生成随机数组的工作也放到后台线程中，然后使用一个子线程在随机数组中挑选可以被5 整除的数字。最后，在一个表格中输出可以被 5 整除的数字，并且把输出既能被 5 整除也能被 2整除的数字的单元格在表格中进行描红处理。同时本实例中对于数组的传递以及挑选结果的传递均采用 JSON 对象来进行转换，以验证是否能在线程之间进行 JavaScript 对象的传递工作。

实例位置：光盘\MR\源码\第 7 章\7-4

本实例的具体实现步骤如下。

（1）在 HTML 页面中将符合要求的数字以表格的形式进行输出，具体代码如下。

```html
<!DOCTYPE html>
<head>
<meta charset="UTF-8">
<script type="text/javascript">
var worker = new Worker("script.js");
worker.postMessage("");
worker.onmessage = function(event) {                 // 从线程中取得计算结果
    if(event.data!="")
    {
        var j;                                        //行号
        var k;                                        //列号
        var tr;
        var td;
        var intArray=event.data.split(";");
        var table=document.getElementById("table");
        for(var i=0;i<intArray.length;i++)
        {
            j=parseInt(i/10,0);
            k=i%10;
            if(k==0)                                  //该行不存在
            {
                tr=document.createElement("tr");      //添加行
                tr.id="tr"+j;
                    tr.style.backgroundColor="orange";
                    table.appendChild(tr);
            }
            else                                      //该行已存在
            {
                tr=document.getElementById("tr"+j);
            }
                td=document.createElement("td");      //添加列
            tr.appendChild(td);
            td.innerHTML=intArray[j*10+k];            //设置该列内容
          if((intArray[j*10+k])%2==0){               //如果所选的整数既能被 5 整除也能被 2 整除
                td.style.backgroundColor="red";       //输出该整数的列背景色为红色
            }
            td.style.color="black ";                  //设置该列字体颜色
            td.width="30";                            //设置列宽
        }
    }
};
</script>
</head>
<body>
```

```
<h1>从随机生成的数字中抽取 5 的倍数并显示示例</h1>
<table id="table">
</table>
</body>
```

（2）然后介绍本实例的后台线程的主线程代码部分，在主线程中随机生成 100 个整数构成的数组，然后把这个数组提交到子线程，在子线程中把可以被 5 整除的数字挑选出来，然后送回主线程，主线程再把挑选结果送回页面进行显示。其 script.js 实现代码如下。

```
onmessage=function(event){
    var intArray=new Array(100);                        //随机数组
        for(var i=0;i<100;i++)                          //生成 100 个随机数
        intArray[i]=parseInt(Math.random()*100);
    var worker;
    worker=new Worker("worker.js");                     //创建子线程
    worker.postMessage(JSON.stringify(intArray));       //把随机数组提交给子线程进行挑选工作
    worker.onmessage = function(event) {
        postMessage(event.data);                        //把挑选结果返回主页面
    }
}
```

（3）最后介绍本实例中子线程部分的代码，子线程在接收到的随机数组中挑选能被 5 整除的数字，然后拼接成字符串并返回。其主要的 worker.js 实现代码如下。

```
onmessage = function(event) {
    var intArray= JSON.parse(event.data);               //还原整数数组
    var returnStr;
    returnStr="";
    for(var i=0;i<intArray.length;i++)
    {
        if(parseInt(intArray[i])%5==0)                  //能否被 5 整除
        {
            if(returnStr!="")
                returnStr+=";";
            returnStr+=intArray[i];  //将能被 5 整除
的数字拼接成字符串
        }
    }
        postMessage(returnStr);  //返回拼接字符串
        close();                 //关闭子线程
}
```

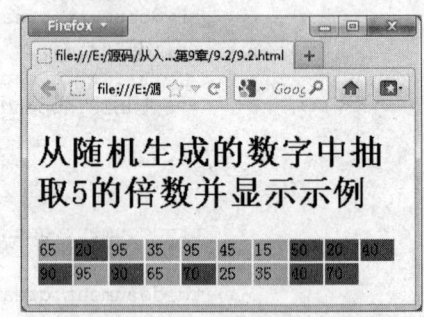

图 7-7 使用线程的单层嵌套的实例

本例运行的效果如图 7-7 所示。

7.4.3 在多个子线程中进行数据的交互

本节将介绍当主线程使用到多个子线程时，多个子线程之间如何实现数据的交互。要实现子线程与子线程之间的数据交互，大致需要以下几个步骤：

- 首先创建发送数据的子线程。
- 执行子线程中的任务，然后把要传递的数据发送给主线程。
- 在主线程接收到子线程传回来的消息时，创建接收数据的子线程，然后把发送数据的子线程中返回的消息传递给接收数据的子线程。
- 执行接收数据子线程中的代码。

7.5 综合实例——应用本地数据库创建留言本

HTML 中内置了一个可以通过 SQL 语言来访问的本地数据库。本实例将应用本地数据库创建一个留言本，效果如图 7-8 所示。输入留言人和留言内容后单击"保存留言"按钮将留言信息保存到本地数据库中，并在下方显示留言列表，单击"清除全部留言"按钮可以删除全部的留言信息。

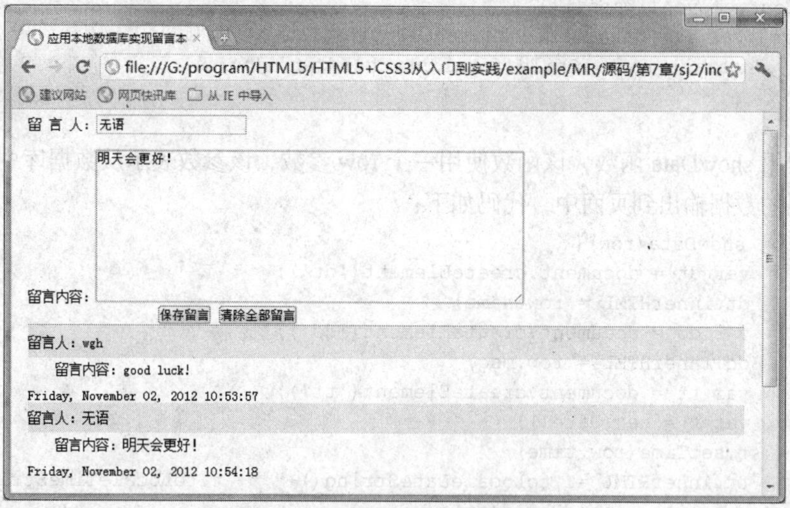

图 7-8 应用本地数据库创建留言本

在实现本实例时，大致需要经过以下几个步骤。

（1）编写显示页面用的 HTML 代码，主要包括"留言人"文本框、"留言内容"编辑框以及"保存留言"和"清除全部留言"按钮，并且将"保存留言"按钮的 id 属性值设置为 save，将"清除全部留言"按钮的 id 属性值设置为 clear。关键代码如下。

实现代码如下所示。

```
<form action="#" method="get">
留 言 人：<input type="text" id="name"><br><br>
留言内容：<textarea id="msg" cols="60" rows="10"></textarea><br>
<input type="submit" id="save" value="保存留言"/>
<input type="submit" id="clear" value="清除全部留言"/>
</form>
```

（2）打开数据库 myData，关键代码如下：

```
var db = openDatabase('myData','1.0','test database',1024*1024);
```

（3）创建数据表 tb_msg，关键代码如下：

```
db.transaction(function(tx){
    tx.executeSql('CREATE TABLE IF NOT EXISTS tb_msg(name TEXT,msg TEXT,time
INTEGER)',[]);
```

（4）分别为"保存留言"按钮和"清除全部留言"按钮添加 onclick 事件，清除全部留言按钮是调用 transaction 方法实现数据表中数据的清除，而"保存留言"按钮是调用 saveData() 函数来实现数据的保存。关键代码如下：

```
getE('clear').onclick = function(){
    db.transaction(function(tx){
```

```
            tx.executeSql('DROP TABLE tb_msg',[]);
        })
        showAllData()
    }
    getE('save').onclick = function(){
        saveData();
        return false;
    }
```

（5）调用 removeAllData 函数，清除当前显示的数据，以便重新读取数据，代码如下：

```
function removeAllData(){
    for (var i = datalist.children.length-1; i >= 0; i--){
        datalist.removeChild(datalist.children[i]);
    }
}
```

（6）调用 showData 函数，该函数使用一个 row 参数，该参数表示从数据库中读取一行数据，并将读取到的数据输出到页面中，代码如下：

```
function showData(row){
        var dt = document.createElement('dt');
        dt.innerHTML = row.name;
        var dd = document.createElement('dd');
        dd.innerHTML = row.msg;
        var tt = document.createElement('tt');
        var t = new Date();
        t.setTime(row.time);
        tt.innerHTML =t.toLocaleDateString()+" "+ t.toLocaleTimeString();
        datalist.appendChild(dt);
        datalist.appendChild(dd);
        datalist.appendChild(tt);
}
```

（7）编写 showAllData()函数，该函数中使用 transaction 方法，在该方法的回调函数中执行 executeSql 方法获取全部数据并显示。关键代码如下：

```
function showAllData(){
    db.transaction(function(tx){
        tx.executeSql('CREATE TABLE IF NOT EXISTS tb_msg(name TEXT,msg TEXT,time INTEGER)',[]);
        tx.executeSql('SELECT * FROM tb_msg',[],function(tx,result){
            removeAllData();
            for(var i=0; i < result.rows.length; i++){
                showData(result.rows.item(i));
            }
        });
    });
}
```

（8）编写 addData()函数，在该函数中使用 transaction 方法的回调函数中执行 executeSql 方法，将作为参数传入进来的数据保存在数据库中。代码如下：

```
function addData(name,msg,time){
    db.transaction(function(tx){
        tx.executeSql('INSERT INTO tb_msg VALUES(?,?,?)',[name,msg,time],function(tx,result){
            alert("留言信息已成功保存! ");
        },
        function(tx,error){
            alert(error.source + ':' + error.message);
        });
```

```
    });
}
```

（9）编写 saveData()函数，在该函数中首先调用 addData 函数追加数据，然后调用 showAllData 函数重新显示页面中的全部数据。代码如下：

```
function saveData(){
    var name ="留言人: "+getE('name').value;
    var msg = "留言内容: "+getE('msg').value;
    var time =new Date().getTime();
    addData(name,msg,time);
    showAllData();
}
```

知识点提炼

（1）applicationCache 对象代表本地缓存，可以用它来通知用户本地缓存已经被更新，也允许用户手动更新本地缓存。

（2）swapCache 方法用来手动执行本地缓存的更新，它只能在 applicationCache 对象的 updateReady 事件被触发时调用；updateReady 事件只有在服务器上的 manifest 文件被更新，并且把 manifest 文件中所要求的资源文件下载到本地后触发。

（3）如果开发者需要在网络状态发生变化时立刻得到通知，则可以通过 HTML 提供的 online/offline 事件来检测。

（4）如果任何与本地缓存有关的处理中发生错误的话，都会触发 error 事件。

（5）Web Worker 是用来在 Web 应用程序中实现后台处理的一项技术。

（6）使用 window 对象的 postMessage(message)方法可以向创建线程的源窗口发送消息。

（7）使用 window 对象的 onmessage 事件获取接收消息的事件句柄。

习　　题

1. 在后台线程的脚本文件中使用到什么对象会引起错误的发生？
2. 通过对 worker 对象的什么事件句柄的获取可以在后台线程之中接收消息？
3. 为了判断浏览器的在线状态，HTML 提供了哪两种方法来检测是否在线？
4. 要实现子线程与子线程之间的数据交互，大致需要哪几个步骤？

实验：通过传递 JSON 对象输出用户信息

实验目的

（1）了解 JSON 数据的格式。
（2）掌握 Web Workers 线程的使用方法。

实验内容

通过在后台线程中传递 JSON 对象，将 JSON 对象中存储的用户信息显示到前台页面中。

实验步骤

（1）定义一个 JavaScript 脚本文件，用于存储用户信息，并通过 postMessage 方法传递 JSON 对象，关键代码如下：

```
var json = {
    姓名: "明日科技",
    性别: "男",
    邮箱: "mingrisoft@mingrisoft.com"
};
self.onmessage = function(event) {
    self.postMessage(json);
    close();
}
```

（2）在 index.html 页面中，通过线程获取 JSON 对象中存储的用户信息，并在页面加载时显示出来。具体代码如下：

```
<html>
<head>
<meta charset="utf-8" />
<title>通过传递 JSON 对象输出用户信息</title>
<script type="text/javascript" language="jscript" />
function $$(id) {
    return document.getElementById(id);
}
var worker = new Worker("jscript.js");
//自定义页面加载时调用的函数
function pageload() {
    worker.addEventListener('message',
    function(event) {
        var strHTML = "";
        var ev = event.data;
        for (var i in ev) {
            strHTML +="<span>"+ i + " :";
            strHTML +="<b> " + ev[i] + " </b></span><br>";
        }
        $$("info").style.display = "block";
        $$("info").innerHTML = strHTML;
    },
    false);
    worker.postMessage("");
}
</script>
</head>
<body onLoad="pageload();">
 <fieldset>
   <legend>通过传递 JSON 对象输出用户信息</legend>
   <p id="info"></p>
 </fieldset>
</body>
</html>
```

在火狐浏览器中打开 index.html 文件，将显示如图 7-9 所示的运行结果。

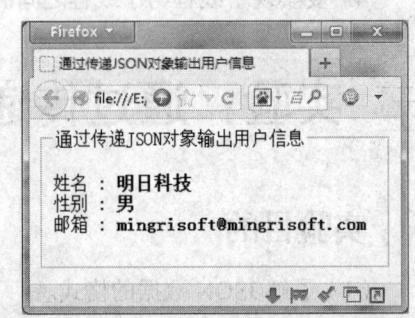

图 7-9　通过传递 JSON 对象输出用户信息

第 8 章
CSS 概述

本章要点：

- 什么是 CSS
- CSS 的发展史
- CSS 模块化
- CSS 新特性
- 主流浏览器对 CSS 的支持
- CSS 的实际应用

从 2010 年开始，HTML 与 CSS 就一直是互联网技术中最受关注的两个话题。CSS 是早在几年前就问世的下一代样式表语言，至今还没有完成所有规范化草案的制订。虽然最终的、完整的、规范权威的 CSS 标准还没有尘埃落定，但是各主流浏览器已经开始支持其中的绝大部分特性。如果想成为前卫的高级网页设计师，那么就应该从现在开始积极学习和实践。

8.1 CSS 发展概述

20 世纪 90 年代初，HTML 语言诞生，各种形式的样式表也开始出现。各种不同的浏览器结合自身的显示特性，开发了不同的样式语言，以便于读者自己调整网页的显示效果。注意，此时的样式语言仅供读者使用，而非供设计师使用。

下面从总体上看一下 CSS 的发展历史。

- CSS1

1996 年 12 月，CSS1（Cascading Style Sheets，level 1）正式推出。在这个版本中，已经包含了 font 的相关属性、颜色与背景的相关属性、文字的相关属性、box 的相关属性等。

- CSS2

1998 年 5 月，CSS2（Cascading Style Sheets，level 2）正式推出。在这个版本中开始使用样式表结构。

- CSS2.1

2004 年 2 月，CSS2.1（Cascading Style Sheets，level 2 revision 1）正式推出。它在 CSS2 的基础上略微做了改动，删除了许多诸如 text-shadow 等不被浏览器所支持的属性。

现在所使用的 CSS 基本上是在 1998 年推出的 CSS2 的基础上发展而来的。10 年前在 Internet 刚开始普及的时候，就能够使用样式表来对网页进行视觉效果的统一编辑，确实是一件可喜的事情。但是在这 10 年间 CSS 可以说基本上没有什么很大的变化，一直到 2010 年终于推出了一个全新的版本——CSS3。

8.2　CSS 模块化简介

CSS1 主要定义了网页的基本属性，如字体、颜色、空白边等。CSS2 在此基础上添加了一些高级功能，如浮动和定位；以及一些高级的选择器，如子选择器、相邻选择器和通用选择器等。

CSS 遵循模块化开发，这将有助于理清模块化规范之间的不同关系，缩减完整文件的大小。以前的规范是一个完整的模块，实在是太庞大，而且比较复杂，所以新的 CSS 版本规范将其分为了多个模块。

CSS 模块化能够帮助我们，根据需要决定哪些 CSS 功能被支持。此外，该规范的模块化特性使得每个独立的模块能根据需要进行更新，从而便于整体规范的及时修订，这样更容易开发出新的技术特性。

在 CSS 中，并没有采用总体结构，而是采用了分工协作的模块化结构，这些模块如表 8-1 所示。

表 8-1　　　　　　　　　　　　　　CSS 中的模块

模　块　名　称	功　能　描　述
basic box model	定义各种与盒相关的样式
Line	定义各种与直线相关的样式
Lists	定义各种与列表相关的样式
Hyperlink Presentation	定义各种与超链接相关的样式。譬如锚的显示方式、激活时的视觉效果等
Presentation Levels	定义页面中元素的不同的样式级别
Speech	定义各种与语音相关的样式。譬如音量、音速、说话间歇时间等属性
Background and border	定义各种与背景和边框相关的样式
Text	定义各种与文字相关的样式
Color	定义各种与颜色相关的样式
Font	定义各种与字体相关的样式
Paged Media	定义各种页眉、页脚、页数等页面元数据的样式
Cascading and inheritance	定义怎样对属性进行赋值
Value and Units	将页面上各种各样的值与单位进行统一定义，以供其他模块使用
Image Values	定义对 image 元素的赋值方式
2 D Transforms	在页面中实现二维空间上的变形效果
3 D Transforms	在页面中实现三维空间上的变形效果
Transitions	在页面中实现平滑过渡的视觉效果
Animations	在页面中实现动画
CSSOM View	查看管理页面或页面的视觉效果，处理元素的位置信息
Syntax	定义 CSS 样式表的基本结构、样式表中的一些语法细节、浏览器对于样式表的分析规则

续表

模 块 名 称	功 能 描 述
Generated and Replaced Content	定义怎样在元素中插入内容
Marquee	定义当一些元素的内容太大，超出了指定的元素尺寸时，是否以及怎样显示溢出部分
Ruby	定义页面中 ruby 元素（用于显示拼音文字）的样式
Writing Modes	定义页面中文本数据的布局方式
Basic User Interface	定义在屏幕、纸张上进行输出时页面的渲染方式
Namespaces	定义使用命名空间时的语法
Media Queries	根据媒体类型来实现不同的样式
'Reader' Media Type	定义用于屏幕阅读器之类的阅读程序时的样式
Multi-column Layout	在页面中使用多栏布局方式
Template Layout	在页面中使用特殊布局方式
Flexible Box Layout	创建自适应浏览器窗口的流动布局或自适应字体大小的弹性布局
Grid Position	在页面中使用网格布局方式
Generated Content for Paged Media	在页面中使用印刷时使用的布局方式

8.3　主流浏览器对 CSS 的支持

　　CSS 给我们带来了众多全新的设计体验，但是并不是所有浏览器都完全支持它。各主流浏览器都定义了自己的私有属性，以便让用户体验 CSS 的新特性。

　　这种"各自为政"的方法固然可以避免不同浏览器在解析相同属性时出现冲突，但是它也给设计师带来了诸多不便，因为不仅需要使用更多的 CSS 样式代码，而且还非常容易导致同一个页面在不同的浏览器之间表现不一致。

　　当然，网页不需要在所有浏览器中看起来都严格一致，有时候在某个浏览器中使用私有属性来实现特定的效果是可行的。

　　Webkit 类型的浏览器（如 Safari、Chrome）的私有属性是以-webkit-为前缀的，Gecko 类型的浏览器（如 Firefox）的私有属性是以-moz-为前缀的，Konqueror 类型的浏览器的私有属性是以-khtml-为前缀的，Opera 浏览器的私有属性是以-o-为前缀的，而 Internet Explorer 浏览器的私有属性是以-ms-为前缀的（目前只有 IE 8+支持-ms-前缀）。在 Windows 系统下，各主流浏览器对 CSS 各模块的支持情况如表 8-2 所示。

表 8-2　　　　　　　　各主流浏览器主流版本对 CSS 模块的支持情况

模 块	Chrome 4	Safari 4	Firefox 3.6	Opera 10.5	IE 9.0
RGBA	✓	✓	✓	✓	✓
HSLA	✓	✓	✓	✓	✓
Multiple Backgrounds	✓	✓	✓	✓	✓
Border Image	✓	✓	✓	✓	✗

续表

模　块	Chrome 4	Safari 4	Firefox 3.6	Opera 10.5	IE 9.0
Border Radius	✓	✓	✓	✓	✓
Box Shadow	✓	✓	✓	✓	✓
Opacity	✓	✓	✓	✓	✓
CSS Animations	✓	✓	✗	✗	✗
CSS Columns	✓	✓	✓	✗	✗
CSS Gradients	✓	✓	✓	✗	✗
CSS Reflections	✓	✓	✗	✗	✗
CSS Transforms	✓	✓	✓	✓	✗
CSS Transforms 3D	✓	✓	✗	✗	✗
CSS Transitions	✓	✓	✓	✓	✗
CSS FontFace	✓	✓	✓	✓	✓

8.4　一个简单的 CSS 示例

下面将通过一个简单的 CSS 示例来了解一下 CSS 的新特性。

【例 8-1】 使用 CSS 样式为 div 区域设置阴影效果，效果如图 8-1 所示。

本例主要的实现代码如下所示。

实例位置：盘\MR\源码\第 8 章\8-1

图 8-1　使用 CSS 样式为 div 设置阴影效果

```html
<!DOCTYPE html>
<html>
<head>
<meta charset="utf-8">
<title>为 div 设置阴影效果</title>
<style type="text/css">
#text{
    margin-top:20px;
    font-size:18px;                    /*设置文字大小*/
    box-shadow:5px 5px 5px 5px #999;   /*设置阴影*/
    padding:10px;                      /*设置内边距*/
    width:90%;                         /*设置宽度*/
}
</style>
</head>
<body>
<div id="text">
明日科技开发资源库
</div>
</body>
</html>
```

8.5　综合实例——用 CSS 控制登录页面样式

为了整个项目页面的规范性，通常会将项目的页面都应用一种样式。本实例将实现应用 CSS 样式控制登录页面样式的功能。运行程序，效果如图 8-2 所示。

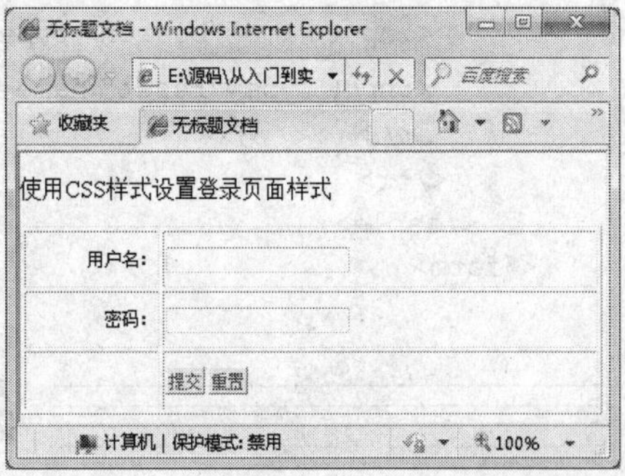

（1）在页面中定义 CSS 样式，实现控制页面中表格文字的样式，并定义按钮显示样式等，代码如下：

图 8-2　应用 CSS 控制登录页面显示样式

```
<style>
    td {                    /*定义表格列中文字样式*/
        font-size: 9pt;
        color: #000000;
    }
    .btn_grey {   /*定义控制按钮的类型选择器*/
    font-family: "宋体";   font-size: 9pt;color: #333333;
    background-color: #eeeeee;cursor: hand;padding:1px;height:19px;
    border-top: 1px solid #FFFFFF;border-right:1px solid #666666;
    border-bottom: 1px solid #666666;border-left: 1px solid #FFFFFF;
    }
    input{                        /*标签选择器*/
        font-family: "宋体";
        font-size: 9pt;
        color: #3F9
        border: 1px solid #999999;
    }
    body {                        /*标签选择器*/
    margin-left: 0px;
    margin-top: 0px;
    margin-right: 0px;
    margin-bottom: 0px;
    }
</style>
```

（2）在登录页面中定义表单元素，此时页面中定义的标记选择器自动为页面元素添加样式。代码如下：

```
<form id="form1" name="form1" method="post" action="">
    <p>使用 CSS 样式设置登录页面样式</p>                <%--定义页头信息--%>
    <table width="413" height="129" border="1">
      <tr>
        <td width="91" align="right">用户名: </td>
        <td width="306"><div align="left">
          <label for="textfield2"></label>
          <input type="text" name="textfield" id="textfield2" />
        </div></td>
      </tr>
      <tr>
        <td><div align="right">密码: </div></td>
        <td><div align="left">
          <label for="textfield3"></label>
```

```
        <input type="text" name="textfield2" id="textfield3" />
      </div></td>
    </tr>
    <tr>
      <td><div align="right">  </div></td>
      <td><div align="left">
      <input name="button" type="submit"  id="button" class="btn_grey" value="提交" />
      <input type="reset" name="button2" id="button2" class="btn_grey" value="重置" />
      </div></td>
    </tr>
  </table>
</form>
```

知识点提炼

（1）CSS1 主要定义了网页的基本属性，如字体、颜色、空白边等。CSS2 在此基础上添加了一些高级功能，如浮动和定位；以及一些高级的选择器，如子选择器、相邻选择器和通用选择器等。Border-radius 属性可以实现不使用背景图片也能给 HTML 元素添加圆角。

（2）Border-image 属性允许在元素的边框上设定图片，这使得原本单调的边框样式变得丰富起来。Webkit 类型的浏览器（如 Safari、Chrome）的私有属性是以-webkit-为前缀的，Gecko 类型的浏览器（如 Firefox）的私有属性是以-moz-为前缀的，Konqueror 类型的浏览器的私有属性是以-khtml-为前缀的，Opera 浏览器的私有属性是以-o-为前缀的，而 Internet Explorer 浏览器的私有属性是以-ms-为前缀的（目前只有 IE 8+支持-ms-前缀）。

（3）box-shadow 属性可以为 HTML 元素添加阴影而不需要使用额外的标签或背景图片。

（4）CSS 中加入了 Media Queries 模块，该模块中允许添加媒体查询（media query）表达式，用以指定媒体类型，然后根据媒体类型来选择应该使用的样式。

习　题

1. 简述 CSS 的发展史。
2. 列举支持 CSS 的 5 种常用浏览器。

实验：使用 CSS 样式添加图像边框

实验目的

（1）熟悉 CSS 样式的基本使用方法。
（2）掌握 CSS 中设置图像边框，以及边框宽度和图像拉伸方式的方法。

实验内容

应用 CSS 样式为页面上的 div 区域添加一个漂亮的图像边框，这样可以使这个区域看上去更加美观。

实验步骤

（1）创建一个名称为 index.html 的 HTML 文件，并且在该文件中添加一个 div 元素，关键代码如下：

```
<div id="image-boarder">
在撒满星星的天空迎着风飞舞<br />
凭着一颗永不哭泣勇敢的心<br />
这是同样的感觉<br />
这是颤抖的感觉<br />
</div>
```

（2）编写 CSS 样式，为步骤（1）中添加的 div 元素设置指定的图像文件边框，以及边框的宽度与图像拉伸方式。关键代码如下：

```
<style type="text/css">
#image-boarder{
    width:300px;                                    /*设置宽度*/
    height:90px;                                    /*设置高度*/
    padding-top:14px;                               /*设置顶距/*/
    padding-left:14px;                              /*设置左边距*/
    border-image:url(test.png) 10/10px stretch stretch;   /*设置图片边框*/
}
</style>
```

在火狐浏览器中打开 index.html 文件，将显示如图 8-3 所示的效果。

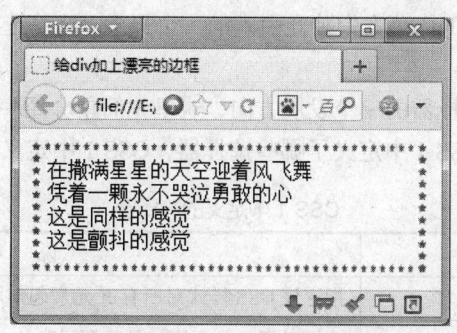

图 8-3　给 div 区域加上漂亮的边框

第9章
CSS 中的选择器

本章要点：

- 什么是选择器
- 选择器能实现什么效果
- 属性选择器的使用
- 伪类选择器的使用
- 伪元素选择器的使用
- 通用兄弟元素选择器的使用

本章针对 CSS 中使用的各种选择器进行详细介绍。通过选择器的使用，读者不再需要在设置边界样式时使用多余的以及没有任何语义的 class 属性，而可以直接将样式与元素绑定起来，从而节省在网站或 Web 应用程序完成之后又要修改样式所需花费的大量时间。

9.1　选择器概述

选择器是 W3C 在 CSS 工作草案中独立引入的一个概念，这些选择器基本上能够满足 Web 设计师常规的设计需求。

为了便于初学者了解选择器的一个发展方向，这里先简单介绍一下 CSS 1 以及 CSS 2 中的选择器。下面先来看一下在 CSS 1 中定义了哪些选择器，CSS 1 中定义的选择器如表 9-1 所示。

表 9-1　　　　　　　　　　　　　　　　CSS 1 中定义的选择器

选择器	类　　型	说　　明
E{...}	类型选择器	指定该 CSS 样式对所有 E 元素起作用
E#myid	ID 选择器	选择匹配 E 的元素，且匹配元素的 id 属性值等于 myid。注意，E 选择符可以省略，表示选择指定 id 属性值等于 myid 的任意类型的元素
E.warning	类选择器	选择匹配 E 的元素，且匹配元素的 class 属性值等于 warning。注意，E 选择符可以省略，表示选择指定 class 属性值等于 warning 的任意类型的任意多个元素
E F	包含选择器	选择匹配 F 的元素，且该元素被包含在匹配 E 的元素内。注意，E 和 F 不仅仅是指类型选择器，可以是任意合法的选择符组合
E:link	链接伪类选择器	选择匹配 E 的元素，且匹配元素被定义了超链接并未被访问。例如，a:link 选择器能够匹配已定义 URL 的 a 元素

选择器	类　　型	说　　明
E:visited	链接伪类选择器	选择匹配 E 的元素，且匹配元素被定义了超链接并已被访问。例如，a:visited 选择器能够匹配已被访问的 a 元素
E:active	用户操作伪类选择器	选择匹配 E 的元素，且匹配元素被激活
E:hover	用户操作伪类选择器	选择匹配 E 的元素，且匹配元素正被鼠标经过
E:focus	用户操作伪类选择器	选择匹配 E 的元素，且匹配元素获取了焦点
E::first-line	伪元素选择器	选择匹配 E 的元素内的第一行文本
E::first-letter	伪元素选择器	选择匹配 E 的元素内的第一个字符

CSS 1 中的选择器的功能是非常弱的，覆盖范围也非常有限。例如，上表中最后 3 个选择器在 CSS 2 中已经被重新定义，目前要做的是规范和增强这些选择器的功能。升级到 CSS 2 后，选择器类型和功能都获得了极大的扩充和增强，以便 Web 设计师在复杂结构中能自由渲染页面。CSS 2 中定义的选择器如表 9-2 所示。

表 9-2　　　　　　　　　　　　　　　　CSS 2 中定义的选择器

选择器	类　　型	说　　明
*	通配选择器	选择文档中所有的元素
E[foo]	属性选择器	选择匹配 E 的元素，且该元素定义了 foo 属性，注意，E 选择符可以省略，表示选择定义了 foo 属性的任意类型的元素
E[foo="bar"]	属性选择器	选择匹配 E 的元素，且该元素将 foo 属性值定义为了"bar"，注意 E 选择符可以省略，用法与上一个选择器类似
E[foo|="en"]	属性选择器	选择匹配 E 的元素，且该元素定义了 foo 属性，foo 属性值是一个用连字符（﹣）分割的列表，值开头的字符为"en"，注意 E 选择符可以省略，用法与上一个选择器类似
E:first-child	结构伪类选择器	选择匹配 E 的元素，且该元素为父元素的第一个子元素
E:lang(fr)	:lang()伪类选择器	选择匹配 E 的元素，且该元素显示内容的语言类型为 fr
E::before	伪元素选择器	在匹配 E 的元素前面插入内容
E::after	伪元素选择器	在匹配 E 的元素后面插入内容
E > F	子包含选择器	选择匹配 F 的元素，且该元素为所匹配 E 的元素的子元素，注意 E 和 F 不仅仅是指类型选择器，可以是任意合法的选择符组合
E + F	相邻兄弟选择器	选择匹配 F 的元素，且该元素位于所匹配 E 的元素后面相邻的位置，注意，E 和 F 不仅仅是指类型选择器，可以使任意合法的选择符组合

9.2　属性选择器

9.2.1　属性选择器是什么

在 HTML 中，通过各种各样的属性，可以给元素增加很多附加信息。例如，通过 height 属性，可以指定 div 元素的宽度；通过 id 属性，可以将不同的 div 元素进行区分，并且通过 JavaScript

来控制这个 div 元素的内容和状态。

下面具体来看一个示例，在该示例中，在一个 HTML 页面中具有很多 div，每个 div 之间用 id 属性进行区分，示例代码如下。

```
<div id="mr1">编程图书</div>
<div id="mr1-1">PHP 编程</div>
<div id="mr1-2">Java 编程</div>
<div id="mr2">当代文学</div>
<div id="mr2-1">盗墓笔记</div>
<div id="mr2-2">明朝那些事</div>
```

接下来，再来看一下 CSS 中对 div 元素使用样式的方法，如果要将 id 为"mr1"的这个 div 元素的背景色设定为红色。下面先追加样式，代码如下。

```
<style type="text/css">
.divRed{background:red}
</style>
```

然后指定 id 为"mr1"的这个 div 元素的 class 属性，代码如下。

```
<div id="mr1" class="divRed">编程图书</div>
```

接下来，再来看一下在 CSS 中如何使用属性选择器来实现同样的处理。

在使用属性选择器时，需要声明属性与属性值，声明方法如下。

```
[att=val]
```

其中 att 代表属性，val 代表属性值。例如，这里要将 id 为"mr1"的这个 div 元素的背景色设定为红色，那么只要加入下面所示的代码即可。

```
<style type="text/css">
[id=mr1]{
    background-color:red;
    }
</style>
```

【例 9-1】 下面来看一下追加了以上属性选择器之后，该实例的全部代码。

实例位置：光盘\MR\源码\第 9 章\9-1

```
<html xmlns="http://www.w3.org/1999/xhtml">
<head>
<meta http-equiv="Content-Type" content="text/html; charset=utf-8" />
<title>无标题文档</title>
<style type="text/css">
[id=mr1]{
    background-color:red;
    }
</style>
</head>
<body>
<div id="mr1" class="divRed">编程图书</div>
<div id="jlmr1-1">PHP 编程</div>
<div id="jlmr1-2">Java 编程</div>
<div id="mr2">当代文学</div>
<div id="jlmr2-1">盗墓笔记 </div>
<div id="jlmr2-2">明朝那些事
</div>
</body>
</html>
```

该实例的运行效果如图 9-1 所示。

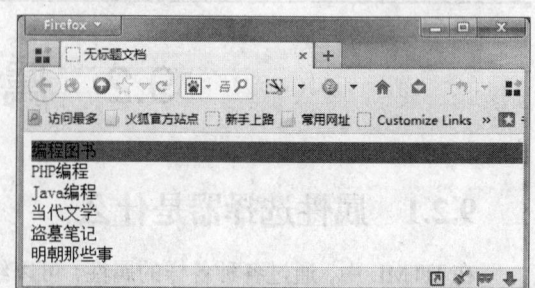

图 9-1 使用 CSS 2 的属性选择器的示例

9.2.2　灵活运用属性选择器

　　当我们查看新浪爱问或者是百度文库的下载资料列表时，就会发现在页面中提供的下载列表都是按类型显示的，这种按类型显示文档的方式省去了访问者的不少麻烦，这是一种体验非常好的设计细节，但是实际上，要想实现这样的一个技术细节并不难，只要使用属性选择器就可以轻松实现。

　　【例 9-2】　在本节中我们就通过一个实例讲解一下这一技术的实现。该实例的设计思路：使用属性选择器匹配 a 元素中 href 属性值的最后几个字符。由于下载文档的类型不同，文件的扩展名也会不同，根据扩展名不同，分别为不同文件类型的超链接添加不同的图标即可。其主要的实现代码如下。

　　实例位置：光盘\MR\源码\第 9 章\9-2

```
<html xmlns="http://www.w3.org/1999/xhtml">
<head>
<meta http-equiv="Content-Type" content="text/html; charset=gb2312" />
<title>超级链接类型标识图标</title>
<style type="text/css">
p { margin:4px; }
a[href^="http:"] {
 background: url(images/window.gif) no-repeat left center;
 padding-left: 18px;
}
a[href$="pdf"] {
 background: url(images/icon_pdf.gif) no-repeat left center;
 padding-left: 18px;
}
a[href$="xls"] {
 background: url(images/icon_xls.gif) no-repeat left center;
 padding-left: 18px;
}
a[href$="ppt"] {
 background: url(images/icon_ppt.gif) no-repeat left center;
 padding-left: 18px;
}
a[href$="rar"] {
 background: url(images/icon_rar.gif) no-repeat left center;
 padding-left: 18px;
}
a[href$="gif"] {
 background: url(images/icon_img.gif) no-repeat left center;
 padding-left: 18px;
}
a[href$="jpg"] {
 background: url(images/icon_img.gif) no-repeat left center;
 padding-left: 18px;
}
a[href$="png"] {
 background: url(images/icon_img.gif) no-repeat left center;
 padding-left: 18px;
}
a[href$="txt"] {
 background: url(images/icon_txt.gif) no-repeat left center;
 padding-left: 18px;
}
</style>
```

```
</head>
<body>
<h1>超级链接类型标识图标</h1>
<p><a href="http://www.baidu.com/name.pdf">PDF 文件</a> </p>
<p><a href="http://www.baidu.com/name.ppt">PPT 文件</a> </p>
<p><a href="http://www.baidu.com/name.xls">XLS 文件</a> </p>
<p><a href="http://www.baidu.com/name.rar">RAR 文件</a> </p>
<p><a href="http://www.baidu.com/name.gif">GIF 文件</a> </p>
<p><a href="http://www.baidu.com/name.jpg">JPG 文件</a> </p>
<p><a href="http://www.baidu.com/name.png">PNG 文件</a> </p>
<p><a href="http://www.baidu.com/name.txt">TXT 文件</a> </p>
</body>
</html>
```

本例的运行结果如图 9-2 所示。

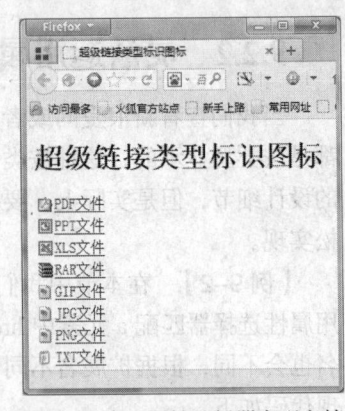

图 9-2　应用属性选择器实现文档
按类型显示

9.3　伪类选择器及伪元素

9.3.1　伪类选择器

了解 CSS 的程序员都知道，在 CSS 中可以使用类选择器把相同的元素定义成不同的样式，例如针对一个 p 元素，可以做如下定义。

```
p.right{text-align:right}
p.center{text-align:right}
```

然后在页面上对 p 元素使用 class 属性，来把定义好的样式指定给具体的 p 元素，代码如下。

```
<p class="right">文字</p>
<p class="center">文字</p>
```

在 CSS 中，除了上面所述的类选择器之外，还有一种伪类选择器，这种伪类选择器与类选择器的区别是，类选择器可以随便起名，例如上面的 "p.right" 与 "p.center"，也可以命名成 "p.class1" 与 "p.class2"，然后在页面上使用 "class=" class1 """ 与 "class=" class 2"""，但是伪类选择器是 CSS 中已经定义好的选择器，不能随便起名。在 CSS 中最常用的伪类选择器是使用在 a（锚）元素上的几种选择器，它们的使用方法如下。

```
a:link{color:#009; text-decoration:none}
a:visited{color:#000066; text-decoration:none}
a:hover{color:#0099FF; text-decoration:underline}
a:active{color:#0000CC; text-decoration:underline}
```

9.3.2　伪元素选择器

伪元素选择器并不是针对真正的元素使用的选择器，而是只能针对 CSS 已经定义好的伪元素使用的选择器，它的使用方法如下。

选择器:伪元素{属性: 值}

伪元素选择器也可以与类配合使用，使用方法如下。

选择器 类名:伪元素{属性:值}

在 CSS 中提供的伪元素选择器有 4 个，分别如下：

- first-letter：该选择器对应的 CSS 样式对指定对象内的第一个字符起作用。
- first-line：该选择器对应的 CSS 样式对指定对象内的第一行内容起作用。
- before：该选择器与内容相关的属性结合使用，用于在指定对象内部的前端插入内容。
- after：该选择器与内容相关的属性结合使用，用于在指定对象内部的尾端添加内容。

下面先看 first-letter 伪元素选择器的用法。first-letter 选择器仅对块元素（如<div.../>、<p.../>、<section.../>等元素）起作用，如果想对内联元素（如<span...>等元素）使用该属性，必须先设定对象的 height、width 属性，或者设定 position 属性为 absolute，或者设定 display 属性为 block。也就是说如果内联对象要使用该伪对象，必须先将其设置为块级对象。通过该选择器配合 font-size 和 float 属性可制作首字下沉效果。

【例 9-3】 下面是一个使用 first-letter 选择器的用法实例。

实例位置：光盘\MR\源码\第 9 章\9-3

```
<style>
    h1{
        font-size:16px;
    }
    p{
        width:200px;
        padding:5px 10px;
        border:1px solid #ddd;
        font:14px/1.5 simsun,serif,sans-serif;
    }
    p:first-letter {
        float:left;
        font-size:40px;
        font-weight:bold;
        line-height:1;
    }
</style>
</head>
<body>
<h1>杂志常用的首字下沉效果</h1>
<p>今天，之所以区别于昨天，恰恰是因为昨天的感受，依然在我心中。</p>
</body>
</html>
```

在浏览器中浏览该页面，将看到如图 9-3 所示的效果。

first-line 选择器同样仅对块元素（如<div.../>、<p.../>、<section.../>等元素）起作用，如果想对内联元素（如<span...>等元素）使用该属性，必须先设定对象的 height、width 属性，或者设定 position 属性为 absolute，或者设定 display 属性为 block，也就是说如果内联对象要使用该伪对象，必须先将其设置为块级对象。

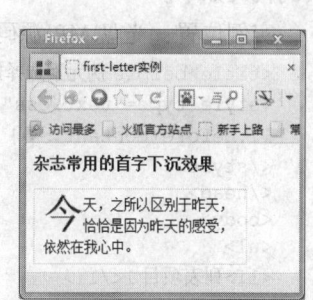

图 9-3　first-letter 选择器运行效果

如果没有通过 width 属性为 HTML 元素设置宽度，该元素的宽度可能随浏览器窗口的大小发生改变，这样第一行内容的长度可能会变化。

【例 9-4】 下面是一个使用 first-line 选择器的实例。

实例位置：光盘\MR\源码\第 9 章\9-4

```
<style>
    h1{
```

```
        font-size:16px;
     }
     p{
        width:200px;
        padding:5px 10px;
        border:1px solid #ddd;
        font:14px/1.5 simsun,serif,sans-serif;


     }
     p:first-line {
        color:#090;
        font-size:24px
     }
</style>
</head>
<body>
<h1>第一行文字的颜色与其他不同</h1>
<p>去年今日此门中，人面桃花相印红</p>
</body>
```

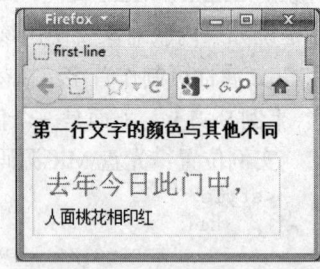

图 9-4 first-line 选择器运行效果

在浏览器中浏览该页面，将看到如图 9-4 所示的效果。

before 伪元素选择器用于在某个元素之前插入一些内容，使用方法如下。

```
//可以插入一段文字
<元素>: before
{
    content: 插入文字
}
//也可以插入其他内容
<元素>: before
{
    content: url(test.MP4)
}
```

【例 9-5】 下面是一个使用 before 伪元素选择器的实例，在该实例中有一个 ul 列表，该列表中有几个 li 列表项目，使用 before 伪元素选择器在每个列表项目的文字的开头插入 "●" 字符。实例代码如下。

实例位置：光盘\MR\源码\第 9 章\9-5

```
<title>before 伪元素选择器使用示例</title>
<style type="text/css">
li:before{content: ●}
</style>
</head>
<body>
<ul>
<li>列表项目 1</li>
<li>列表项目 2</li>
<li>列表项目 3</li>
<li>列表项目 4</li>
<li>列表项目 5</li>
</li>
</ul>
</body>
</html>
```

图 9-5 before 选择器运行效果

在火狐浏览器中浏览该页面，将看到如图 9-5 所示的效果。

after 伪元素选择器用于在某个元素之后插入一些内容，使用方法如下。

```
<元素>: after
{
    content: 插入文字
}
//也可以插入其他内容
<元素>: after
{
    content: url(test.MP4)
}
```

【例 9-6】　下面是一个使用 after 伪元素选择器的实例，在该实例中有一个 ul 列表，这个列表的内容为某个网站上播放音乐类型的清单。该列表中有几个列表项目，每个列表项目中存放了对于某类音乐的超链接，使用 after 伪元素选择器在每个超链接的后面加入"（点击类型获取更多好听的音乐）"的文字，并且将文字颜色设为红色。实例代码如下。

实例位置：光盘\MR\源码\第 9 章\9-6

```
<style type="text/css">
li:after{
    content: "（点击类型获取更多好听的音乐）";
    font-size:12px;
    color:red;
}
</style>
</head>
<body>
<h1>都市聆听</h1>
<ul>
<li><a href="movie1.mp3">民歌</a></li>
<li><a href="movie2.mp3">流行</a></li>
<li><a href="movie3.mp3">歌剧</a></li>
</ul>
</body>
</html>
```

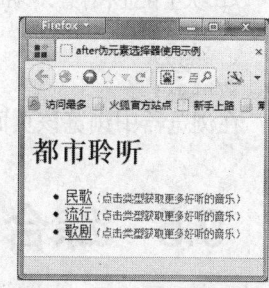

图 9-6　after 选择器运行效果

在浏览器中浏览该页面，将看到如图 9-6 所示的效果。

9.4　通用兄弟元素选择器

通用兄弟元素选择器（E~F）用来指定位于同一个父元素之中的某个元素之后的所有其他某个种类的兄弟元素所使用的样式，它的使用方法如下。

```
<子元素> ~<子元素之后的同级兄弟元素>{
//指定样式
}
```

这里的同级是指子元素和兄弟元素的父元素是同一个元素。

【例 9-7】　下面看一个通用兄弟元素选择器的使用实例，该实例中对所有 div 元素之后的、与 div 元素同级的 p 元素指定其背景色为绿色，但是对 div 元素内部的 p 元素的背景色不做指定。

其实现的代码如下。

实例位置：光盘\MR\源码\第 9 章\9-7

```html
<html xmlns="http://www.w3.org/1999/xhtml">
<head>
<meta http-equiv="Content-Type" content="text/html; charset=gb2312" />
<style type="text/css">
div ~ p {background-color:#00FF00;}
</style>
<title>通用兄弟元素选择器 E ~ F</title>
</head>
<body>
<div style="width:733px; border: 1px solid #666; padding:5px;">
<div>
    <p>弃我去者，昨日之日不可留</p>
    <p>乱我心者，今日之日多烦忧</p>
</div>
<hr />
<p>长风万里送秋雁，对此可以酣高楼</p>
<p>蓬莱文章建安骨，中间小谢又清发</p>
<hr />
<p>俱怀逸兴壮思飞，欲上青天览明月</p>
<hr />
<div>抽刀断水水更流，举杯消愁愁更愁</div>
<hr />
<p>人生在世不称意，明朝散发弄扁舟</p>
</div>
</body>
</html>
```

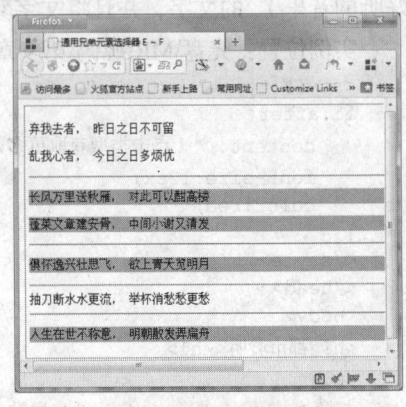

在浏览器中浏览该页面，将看到如图 9-7 所示的效果。　图 9-7　通用兄弟元素选择器的使用实例

9.5　综合实例——随机改变页面的背景色

现在很多应用程序都可以随机更换皮肤，例如 QQ 聊天工具、迅雷下载工具等。可以说随机改变"皮肤"已经成为了一种时尚。为了让读者能体会到编程的乐趣，这里通过 JavaScript 脚本来控制 CSS 样式来实现一个简单的随机改变页面背景色的实例，当鼠标点击页面中的任何位置时，就可以随机改变页面的背景色，本例的运行效果如图 9-8 所示。

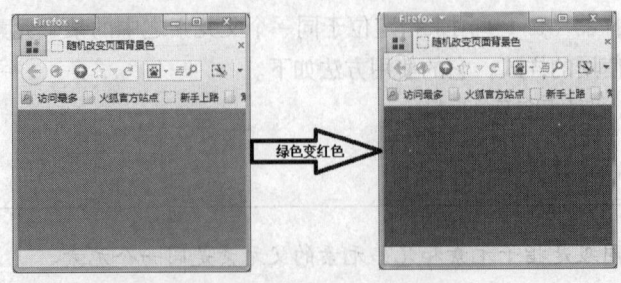

图 9-8　随机改变页面的背景色

改变页面的背景色是非常简单的事情，只要生成一个随机的 6 位数，并将该值赋给 body 元素的 backgroundColor CSS 属性即可。本实例的关键代码如下：

```
<script type="text/javascript">
    function changeBg()
    {
        // 将背景色的值定义成空字符串
        var bgColor="";
        // 循环 6 次，生成一个随机的六位数
        for (var i = 0 ; i < 6 ; i++)
        {
            bgColor += "" + Math.round(Math.random() * 9);
        }
        // 将随机生成的背景颜色值赋给页面的背景色
        document.body.style.backgroundColor="#" + bgColor;
    }
    // 为页面的单击事件的绑定事件处理函数
    document.onclick = changeBg;
</script>
```

知识点提炼

（1）选择器是 W3C 在 CSS 工作草案中独立引入的一个概念，这些选择器基本上能够满足 Web 设计师常规的设计需求。

（2）在 HTML 中，通过各种各样的属性可以给元素增加很多附加信息。

（3）伪类选择器是 CSS 中已经定义好的选择器，不能随便起名。

（4）伪元素选择器并不是针对真正的元素使用的选择器，而是只能针对 CSS 中已经定义好的伪元素使用的选择器。

（5）通用兄弟元素选择器（E~F）用来指定位于同一个父元素之中的某个元素之后的所有其他某个种类的兄弟元素所使用的样式。

习　　题

1. CSS 中的常用选择器有哪几类？
2. 简单描述属性选择器的作用。
3. 如何在程序中使用伪类选择器？
4. 通用兄弟元素选择器在实际开发中如何使用？

实验：设计隔行换色的表格

实验目的

（1）熟悉 CSS 样式的基本使用方法。

（2）掌握伪类选择器的使用方法。

实验内容

应用 CSS 实现隔行换色的表格。

实验步骤

（1）创建一个名称为 index.html 文件，在该文件中添加一个用于显示图书信息的表格，关键代码如下：

```
<table >
    <tr>
        <th width="7%">编号</th>
        <th width="21%">书名</th>
        <th width="8%">作者</th>
        <th width="7%">定价</th>
        <th width="13%">出版社</th>
        <th width="12%">书号</th>
        <th width="7%">页数</th>
        <th width="11%">上架时间</th>
        <th width="14%">适合人群</th>
    </tr>
    <tr>
        <td>1</td>
        <td>PHP 从入门到精通第二版 </td>
        <td>潘凯华</td>
        <td>69.8</td>
        <td>清华大学出版社</td>
        <td>9787302227472</td>
        <td>560</td>
        <td>2010 年 7 月</td>
        <td>初学者</td>
    </tr>
        ……  <!–此处省略了其他表格行的代码-->
</table>
```

（2）编写 CSS 代码，使用 E:nth-child(n)选择器快速为偶数行或奇数行定义分色背景，实现隔行换色的表格，具体代码如下：

```
<style type="text/css">
h1 { font-size:16px; }
table {
    width:100%;
    font-size:12px;
    table-layout:fixed;
    empty-cells:show;
    border-collapse: collapse;
    margin:0 auto;
    border:1px solid #cad9ea;
    color:#666;
}
```

```
th {
    background-image: url(th_bg.png);
    background-repeat:repeat-x;
    height:30px;
    overflow:hidden;
     font-size:14px

}
td { height:20px; }
td, th {
    border:1px solid #cad9ea;
    padding:0 1em 0;
}
tr:nth-child(even) {
 background-color: #FCF;
}
</style>
```

在 IE 9 浏览器中打开 index.html 文件，将显示如图 9-9 所示的隔行换色的表格。

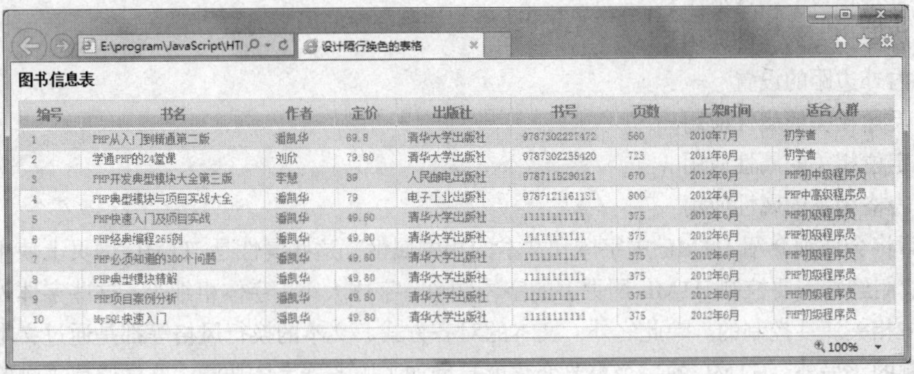

图 9-9　隔行换色的表格

第10章
CSS 常用属性

本章要点：

- text-shadow 属性的使用
- 文本相关的属性应用
- 背景相关的属性应用
- 边框相关的属性应用
- 内外边距的设置
- 尺寸相关的属性应用
- 定位相关的属性应用
- 表格相关的属性应用

本章将会详细介绍 HTML 中字体和文本的相关属性，这些属性是 HTML 网页上使用最多的属性，我们经常需要控制 HTML 网页上的字体颜色、字体大小、字体粗细等，这些字体外观都是通过字体相关属性控制的。除此之外，文本的对齐方式、文本的换行风格等都是通过文本相关属性来控制的。另外，HTML 的一个重要变化就是增加了服务器字体功能，这样避免了浏览者浏览网页时因为字体缺失导致网页效果变差的问题。通过 HTML 的服务器字体功能，可以控制浏览器使用服务器包含的字体，这样可以保证即使浏览者的机器上没有安装相关字体，浏览时也可呈现统一的界面。

10.1 text–shadow 属性

10.1.1 text–shadow 属性的使用方法

字体相关属性中提供了一个 text-shadow 属性，该属性的值如下：

- Color：指定颜色。
- Length：由浮点数字和单位标识符组成的长度值，可为负值，指定阴影的水平延伸距离。
- Length：由浮点数字和单位标识符组成的长度值，可为负值，指定阴影的垂直延伸距离。
- Opacity：由浮点数字和单位标识符组成的长度值，不可为负值，指定模糊效果的作用距离。如果仅仅需要模糊效果，将前两个 length 全部设定为 0。

【例 10–1】 下面的一个实例展示了设置阴影的几个参数的意义。

实例位置：光盘\MR\源码\第 10 章\10-1

```
<title> 阴影 </title>
    <style type="text/css">
        span{
            display: block;
            padding: 8px;
            font-size:xx-large;
        }
    </style>
</head>
<body>
text-shadow:red 5px 5px 2px:
<span style="text-shadow:red 5px 5px 2px">明日科技 MR</span>
text-shadow:5px 5px 2px（省略阴影颜色）:
<span style="text-shadow:5px 5px 2px;color:blue;">明日科技 MR</span>
text-shadow:-5px -5px 2px gray（向左上角投影）:
<span style="text-shadow:-5px -5px 2px gray">明日科技 MR</span>
text-shadow:-5px 5px 2px gray（向左下角投影）:
<span style="text-shadow:-5px 5px 2px gray">明日科技 MR</span>
text-shadow:5px -5px 2px gray（向右上角投影）:
<span style="text-shadow:5px -5px 2px gray">明日科
技 MR</span>
text-shadow:5px 5px 2px gray（向右下角投影）:
<span style="text-shadow:5px 5px 2px gray">明日科技
MR</span>
text-shadow:15px 15px 2px gray（向右下角投影、更大偏移
距）:
<span style="text-shadow:15px 15px 2px gray">明日科
技 MR</span>
text-shadow:5px 5px 10px gray（模糊半径增加，模糊程度
加深）:
<span style="text-shadow:5px 5px 10px gray">明日科
技 MR</span>
</body>
```

图 10-1　为文字设置阴影

从上面代码可以看出，通过改变横向与纵向的距离，来控制阴影向哪个方向投影以及投影的偏移距离。在浏览器中浏览该页面，可以看到如图 10-1 所示的效果。

10.1.2　指定多个阴影

可以使用 text-shadow 属性来给文字指定多个阴影，并且针对每个阴影使用不同的颜色。指定多个阴影时使用逗号将多个阴影进行分割。到目前为止，只有 Firefox 浏览器、Chrome 浏览器及 Opera 浏览器对这个功能提供支持。

【例 10-2】　下面来看一个指定多个阴影的实例，在该实例中为文字依次指定了红色、蓝色及绿色阴影，同时也为这些阴影指定了适当的位置，其实现代码如下。

实例位置：光盘\MR\源码\第 10 章\10-2

```
<!DOCTYPE html >
<html>
<head>
    <meta http-equiv="Content-Type" content="text/html; charset=utf-8" />
    <title>指定多个阴影</title>
    <style type="text/css">
```

```
        div{
            text-shadow:10px 10px #FF0000,
                        40px 35px #0066FF,
                        70px 60px #00FF33;
            color: navy;
            font-size:50px;
            font-weight:bold;
            font-family:宋体;
        }
    </style>
</head>
<body>
<div>保持好心情</div>
</body>
</html>
```

在浏览器中浏览该页面，可以看到如图 10-2 所示的效果。

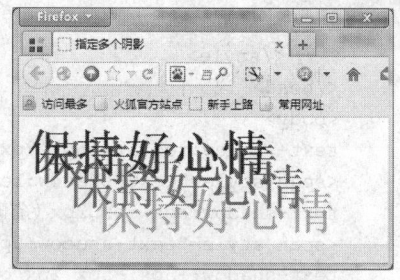

图 10-2 指定多个阴影

10.2 文本相关属性

文本相关属性用于控制整个段或整个<div.../>元素的显示效果，包括文字的缩进、段落内文字的对齐等显示方式。本节将对文本相关的属性进行介绍。

10.2.1 文本自动换行：word–break

当 HTML 元素不足以显示它里面的所有文本时，浏览器会自动换行显示它里面的所有文本。浏览器默认换行规则是，对于西方文字来说，浏览器只会在半角空格或连字符的地方进行换行，不会在单词中间换行；对于中文来说，浏览器可以在任何一个中文字符后换行。

有些时候，我们希望让浏览器可以在西方文字的单词中间换行，此时可借助于 word-break 属性。如果把 word-break 属性设值为 break-all，即可让浏览器在单词中间换行。

【例 10–3】 下面一个实例演示了 word-break 属性的功能。程序代码如下所示。

实例位置：光盘\MR\源码\第 10 章\10-3

```
<!DOCTYPE html>
<html>
<head>
    <meta http-equiv="Content-Type" content="text/html; charset=GBK" />
    <title>文本相关属性设置</title>
    <style type="text/css">
    /* 为 div 元素增加边框 */
    div{
        border:1px solid #000000;
        height: 60px;
        width: 200px;
    }
    </style>
</head>
<body>
<!-- 不允许在单词中换行 -->
word-break:keep-all <div style="word-break:keep-all">
```

```
Behind every successful man there is a lot unsuccessful yeas. </div>
<!-- 指定允许在单词中换行 -->
word-break:break-all <div style="word-break:break-all">
Behind every successful man there is a lot unsuccessful
yeas. </div>
</body>
</html>
```

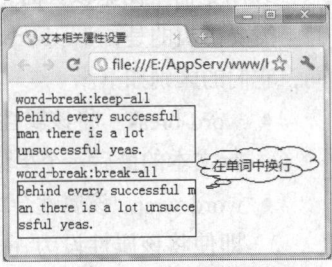

上面代码中第二个<div.../>元素设置了 word-break: break-all，这意味着允许该<div.../>里的内容在单词中换行。使用浏览器浏览该页面，将看到如图 10-3 所示的效果。

图 10-3 在单词中换行

 到目前为止，Firefox 和 Opera 两个浏览器都不支持 word-break 属性，而 Internet Explorer、Safari、Chrome 都支持该属性。

10.2.2 长单词和 URL 地址换行

对于西方文字来说，浏览器在半角空格或连字符的地方进行换行。因此，浏览器不能给较长的单词自动换行。当浏览器窗口比较窄的时候，文字会超出浏览器的窗口，浏览器下部出现滚动条，让用户通过拖动滚动条的方法来查看没有在当前窗口显示的文字。

但是，这种比较长的单词出现的机会不是很多，而大多数超出当前浏览器窗口的情况出现在显示比较长的 URL 地址的时候。因为在 URL 地址中没有半角空格，所以当 URL 地址中没有连字符的时候，浏览器在显示时是将其视为一个比较长的单词来进行显示的。

在 HTML 中，使用 word-wrap 属性来实现长单词与 URL 地址的自动换行。该属性可以使用的属性值为 normal 与 break-word 两个。使用 normal 属性值时浏览器保持默认处理，只在半角空格或连字符的地方进行换行。使用 break-word 时浏览器可在长单词或 URL 地址内部进行换行。

【例 10-4】 下面的实例演示了 word-wrap 属性的功能，其代码如下。

实例位置：光盘\MR\源码\第 10 章\10-4

```
<!DOCTYPE html>
<html>
<head>
    <meta http-equiv="Content-Type" content="text/html; charset=GBK" />
    <title>文本相关属性设置</title>
    <style type="text/css">
    /* 为div元素增加边框 */
    div{
        border:1px solid #000000;
        height: 55px;
        width:140px;
    }
    </style>
</head>
<body>
<!-- 允许在长单词、URL 地址中间换行 -->
word-wrap:normal <div style="word-wrap:normal;">
Our domain is http://www.mingribook.com</div>
<!-- 允许在长单词、URL 地址中间换行 -->
word-wrap:break-word <div style="word-wrap:break-word;">
Our domain is http://www.mingribook.com</div>
</body>
</html>
```

在浏览器中浏览该页面，可以看到如图 10-4 所示的效果。

需要指出的是，word-break 与 word-wrap 属性的作用并不相同，它们的区别如下。

- word-break：将该属性设为 break-all，可以让组件内每一行文本的最后一个单词自动换行。
- word-wrap：该属性会尽量让长单词、URL 地址不要换行。即使将该属性设为 break-word，浏览器也会尽量让长单词、URL 地址单独占用一行，只有当一行文本都不足以显示这个长单词、URL 地址时，浏览器才会在长单词、URL 地址的中间换行。

图 10-4 在 URL 地址中换行

10.3 背景相关属性

10.3.1 设置背景颜色

通过 CSS 设置页面背景颜色十分简单，只要设置 background-color 属性即可实现。background-color 属性是一个可继承的属性。其语法格式如下：

```
background-color:颜色值
```

HTML 语言使用十六进制的 RGB 颜色值对颜色进行控制，即颜色可以通过英文名称或者十六进制来表现。如标准的红色，可以用 Red 作为名称来表现，也可以用#FF0000 作为十六进制来表现，或者使用"#"号后面加 3 个字符表示颜色。

例如，要设置背景颜色为橙色，可以使用下面的代码。

```
background-color:#F90;
```

在设计网页时，能够使用的预设颜色命名总共有 140 种，常用的有 16 种：Black、Olive、Teal、Red、Blue、Maroon、Navy、Gray、Lime、Fuchsia、White、Green、Purple、Silver、Yellow 和 Aqua。

【例 10-5】 在页面中添加文字、图片，并设置背景颜色为黄色，关键代码如下：

实例位置：光盘\MR\源码\第 10 章\10-5

```html
<style>
    body{
        background-color: #FF0;                    /*定义页面背景色*/
    }
    p{
        font-size:16px;                            /*定义文字样式*/
        padding-left:10px;
        padding-top:8px;
        line-hright:120%;
    }
    span{                                          /*定义标题文字样式*/
        font-size:80px;
        float:left;
        padding-right:5px;
        padding-left:10px;
```

```
            padding-top:8px;
        }
    </style>
    </head>
    <body>
        <img src="images/new.jpg" style="float:right;" />          <!--在页面中添加图片-->
    <span>福</span>                                              <!--定义文字标题-->
        <p>对中国人来说，春节是最重要的传统节日。每逢春节，家家户户都要贴上鲜红的福字。聚福、纳福、惜福、
    享福，一生幸福！……在新的一年里滚滚而来，心想事成，万事如意。</p>
    </body>
```

在页面中合理地搭配背景颜色和文字，可以使页面更加美观生动，本实例的运行结果如图 10-5 所示。

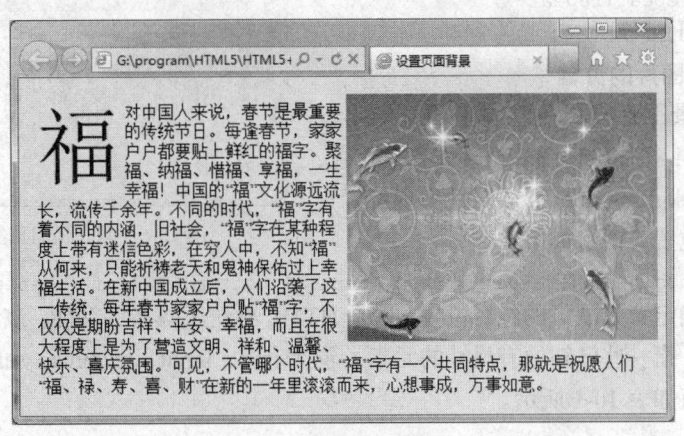

图 10-5　设置页面背景色

10.3.2　设置背景图片

设置页面背景图片也是 CSS 中一项十分重要的内容。在 CSS 中使用 background-image 属性设置背景图片，语法如下：

```
background-image:none | url(url)
```

- none：无背景图。
- url(url)：使用绝对或相对地址指定背景图像。不仅可以输入本地图像文件的路径和文件名称，也可以用 URL 的形式输入其他网站位置的图像名称。

页面中可以用 JPG 或者 GIF 图片作为背景图，这与向网页中插入图片不同，背景图像放在网页的最底层，文字和图片等都位于其上。

例如，使用 background-image 属性设置页面背景图像为 bg.gif 图片的代码如下：

```
body{background-image:url(bg.gif)}
```

1. 设置背景图片的重复方式

在默认的情况下，使用 background-image 属性设置的背景图片将平铺整个页面，如果图片的尺寸小于整个页面，将自动重复，直到铺满整个页面。不过，在 CSS 样式中提供了设置图片重复方式的属性 background-repeat，通过该属性可以让图片沿某一方向重复，也可以让图片不重复。

background-repeat 属性的语法格式如下：

```
background-repeat: repeat | repeat-x | repeat-y | no-repeat
```

- repeat：默认值，在 X 轴和 Y 轴均重复；

- repeat-x：在 X 轴上重复，即背景图片在横向上平铺；
- repeat-y：在 Y 轴上重复，即背景图片在纵向上平铺；
- no-repeat：图片不重复，即背景图片不平铺。

background-repeat 属性除了以上 4 个参数外，在 HTML 中还包括 round 和 space 两个参数，其中 round 用于指定背景图像自动缩放直到适应且填充满整个容器；space 用于指定背景图像以相同的间距平铺且填充满整个容器或某个方向。

【例 10-6】　为页面设置只在横向重复的背景图片，关键代码如下：

实例位置：光盘\MR\源码\第 10 章\10-6

```
background-image:url(android.png);
background-repeat:repeat-x;
```

运行结果如图 10-6 所示。

2. 设置背景图片的位置

图 10-6　只在横向重复的背景图片

页面中的背景图片默认是从左上角开始出现的，在实际制作中，往往希望图片出现在指定位置，在 CSS 中通过 background-position 属性实现设置页面中图片背景的位置。语法如下：

```
background-position: [value] | [top| center| bottom] | [left| center| right]
```

该属性可以确定背景图像的绝对位置，这是 HTML 标记不具备的功能。该属性只能用于块级元素和替换元素（指一些已知原有尺寸的元素，包括 img、input、textarea、select 和 object）。背景图像位置属性值如表 10-1 所示。

表 10-1　　　　　　　　　　background-position 属性的属性值

属　　性	说　　明
value	以百分比形式（x% y%）或者绝对单位形式（x y）设定背景图像的位置
top	背景图像垂直居顶
center	背景图像垂直居中
bottom	背景图像垂直居底
left	背景图像水平居左
center	背景图像水平居中
right	背景图像水平居右

【例 10-7】　为页面设置不重复的背景图片，并设置让其位于页面的右下角，关键代码如下：

实例位置：光盘\MR\源码\第 10 章\10-7

```
<style>
html{
    height:100%;                        /*设置页面的高度*/
    background-image:url(mr.jpg);       /*设置背景图片*/
    background-repeat:no-repeat;        /*设置背景图片的重复方式为不重复*/
    background-position:right bottom;   /*设置背景图片的位置*/
}
</style>
```

运行结果如图 10-7 所示。

CSS 中不仅可以设置图片的右下显示，还可以给背景图片的位置定义具体的百分比，实现精确定位。例如：

```
background-position:40% 60%;
```

这样设置完后，页面中图片位置在水平方向上处于 40% 的位置，在竖直方向上位于 60% 的位置。如果改变浏览器窗口的大小，此时背景图片的位置也会相应调整，但始终位于水平方向上 40% 和垂直方向上 60% 的位置。例如，将实例 10-7 修改为采用这种定位方式，运行结果将如图 10-8 所示。

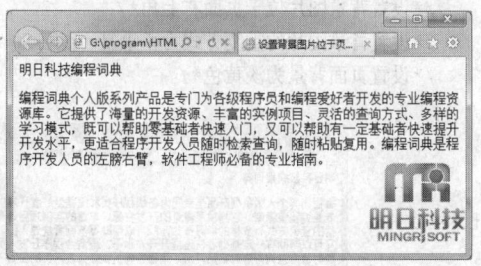

图 10-7　设置背景图片位于页面的右下角　　　　图 10-8　通过百分比定义背景图片的位置

除了采用百分比设置图片位置外，还可以直接通过具体的数值来实现图片定位。例如：

```
background-position:320px 60px;
```

使用这种绝对定位的方式，图片不能随着浏览器窗口的大小而改变位置。

3. 固定背景图片

在默认的情况下，页面中设置的背景图片会随着滚动条的滚动而移动。对于一些大幅背景图片，通常不希望其跟随滚动条移动，这时，可以使用 background-attachment 属性进行设置，如果将该属性的属性值设置为 fixed，则图片将不跟随滚动条移动。

【例 10-8】　设置 <body> 标记的背景内容，代码如下：

实例位置：光盘\MR\源码\第 10 章\10-8

```
<style>
body{
        background-image: url(background.jpg);  /*设置背景图片*/
        background-repeat: no-repeat;                 /*设置背景图片的重复方式为不重复*/
        background-attachment:fixed;
}
</style>
```

本实例的运行结果如图 10-9 所示。

4. 背景综合属性

CSS 中提供了 background 属性，为页面背景的设置提供了综合属性。语法格式为：

```
background : background-color ||background-image ||background-repeat ||background-
attachment ||background- position
```

使用这种语法，可以将多个属性集中在一个语句中，这样不仅可以节省大量代码，而且加快了网络下载页面的速度。

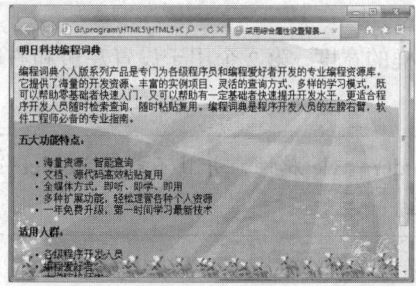
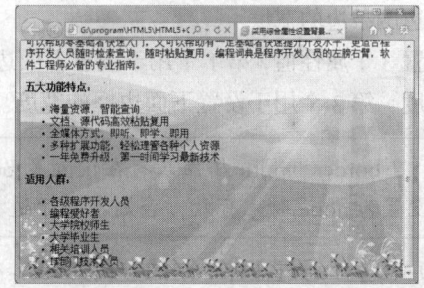

图 10-9　固定页面背景

【例 10-9】 设置<html>标记的背景内容，代码如下：

实例位置：光盘\MR\源码\第 10 章\10-9

```
html {
    background-image: url(android.png);        /*设置背景图片*/
    background-position: top right;            /*设置背景图片位于页面右上角*/
    background-repeat: no-repeat;              /*设置背景图片的重复方式为不重复*/
    background-color: #FFC;                     /*设置页面背景为淡黄色*/
}
```

使用背景综合属性，代码可以写成：

```
html{
    background: url(android.png) top right #FFC
no-repeat;
}
```

本实例的运行结果如图 10-10 所示。

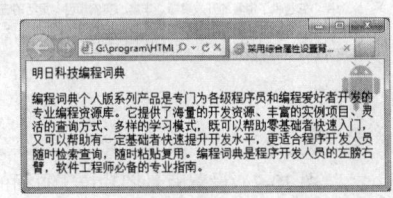

图 10-10　通过背景的综合属性设置页面背景

10.4　边框相关属性

在进行页面设计时，经常需要为某些元素设置边框。例如，为图片、表格、<div>标记等添加边框。本节将对 CSS 中边框相关的属性进行详细介绍。

10.4.1　设置边框的线宽

设置边框的线宽也就是设置边框的粗细，可以使用 border-width 属性进行设置。在设置边框的线宽时可以将 4 条边设置为相同的宽度，也可以设置为不同的宽度。border-width 属性的语法格式如下：

```
border-width:medium / thin / thick / length ;
```

- medium：用于表示默认宽度；
- thin：用于表示小于默认宽度的细框线；
- thick：用于表示大于默认宽度的粗框线；
- length：用于通过像素值指定边框的宽度。

border-width 属性可以通过以下几种方式设置边框的宽度：

- 提供 4 个属性值，分别用于按照上、右、下、左的顺序设置 4 条边的宽度。
- 只设置一个属性值，用于设置全部 4 条边的宽度。
- 提供两个属性值，这时第 1 个用于设置上面和下面两条边的宽度，第 2 个用于设置左边和右边两条边的宽度。
- 设置 3 个属性值，第 1 个用于设置上面边框的宽度，第 2 个用于设置左边和右边两条边的宽度，第 3 个用于设置下面边框的宽度。

　　　　border-width 属性只有在设置了 border-style 属性，并且不能将 border-style 属性值设置为 none 时才有效，否则不显示边框。

【例 10-10】 通过 4 种不同的方式为<div>标记设置边框宽度，具体代码如下：

实例位置：光盘\MR\源码\第 10 章\10-10

```
<!doctype html>
<html>
<head>
<meta charset="utf-8">
<title>设置不同的边框宽度</title>
<style type="text/css">
div{
     border:solid;                      /*设置边框的样式为直线*/
     width:34px;                        /*设置<div>的宽度*/
     height:34px;                       /*设置<div>的高度*/
     float:left;                        /*设置浮动在左侧*/
     margin:6px;                        /*设置外边距*/
}
#a{
     border-width:thin;                 /*设置全部边框都为小于默认宽度的细框线*/
}
#b{
     /*设置上边框为细框线，左、右边框为粗框线，下边框为默认宽度的框线*/
     border-width:thin medium thick;
}
#c{
     /*设置上边框的宽度为 1px，右边框的宽度为 2px，下边框的宽度为 3px，左边框的宽度为 4px*/
     border-width:1px 2px 3px 4px;
}
#d{
     border-width:thin thick ;          /*设置上、下边框为细框线，左、右边框为粗框线*/
}
</style>
</head>
<body>
<div id="a"></div>
<div id="b"></div>
<div id="c"></div>
<div id="d"></div>
</body>
</html>
```

运行本实例，在火狐浏览器中将显示如图 10-11 所示的运行结果。

图 10-11　设置不同的边框宽度

CSS 样式中还提供了 border-top-width、border-right-width、border-bottom-width 和 border-left-width 4 个属性用于单独指定某一个边框的宽度。

10.4.2　设置边框的样式

设置边框的样式使用 border-style 属性来实现，可以将 4 条边设置为相同的样式，也可以设置为不同的样式。border-style 属性的语法格式如下：

border-style:none / hidden / dotted / dashed / solid / double / groove / ridge / inset / outset;

该属性的属性值如表 10-2 所示。

表 10-2　　　　　　　　　　　　　border-style 属性的属性值

可选值	描　　述	可选值	描　　述
none	无边框	dashed	虚线
hidden	隐藏边框，IE 不支持	solid	实线边框

续表

可选值	描　述	可选值	描　述
dotted	点划线	double	双线边框，两条单线与其间隔的和等于指定的 border-width 值
groove	3D 凹槽	ridge	脊状边框
inset	3D 凹边	outset	3D 凸边

border-style 属性可以通过以下几种方式设置边框的样式：

- 提供 4 个属性值，分别用于按照上、右、下、左的顺序设置 4 条边的样式。
- 只设置一个属性值，用于设置全部 4 条边的样式。
- 提供两个属性值，这时第 1 个用于设置上面和下面两条边的样式，第 2 个用于设置左边和右边两条边的样式。
- 设置 3 个属性值，第 1 个用于设置上面边框的样式，第 2 个用于设置左边和右边两条边的样式，第 3 个用于设置下面边框的样式。

　　如果没有指定该属性值，或者将该属性值设置为 none，那么 border-width 和 border-color 属性将无效。

【例 10-11】 通过 4 种不同的方式为<div>标记设置边框样式，具体代码如下：

实例位置：光盘\MR\源码\第 10 章\10-11

```
<!doctype html>
<html>
<head>
<meta charset="utf-8">
<title>设置不同的边框样式</title>
<style type="text/css">
div{
    border:3px;              /*设置边框的宽度为 3 像素*/
    width:34px;              /*设置<div>的宽度*/
    height:34px;             /*设置<div>的高度*/
    float:left;              /*设置浮动在左侧*/
    margin:6px;              /*设置外边距*/
}
#a{
    background-color:#FFE7E8;
    border-style:outset ;            /*设置全部边框都为 3D 凸边*/
}
#b{
    background-color:#F2FFFD;
    border-style:dotted solid dashed;/*设置上边框为点划线，左、右边框为实线，下边框为虚线*/
}
#c{
    background-color:#FFF8EB;
    /*设置上边框为点划线，右边框为双实线，下边框为虚线，左边框为实线*/
    border-style:dotted double dashed solid;
}
#d{
    background-color:#F3EAFC;
    border-style:double solid ;     /*设置上、下边框为双实线，左、右边框为实线*/
}
```

```
</style>
</head>
<body style="background-color:#FFCCFF">
<div id="a"></div>
<div id="b"></div>
<div id="c"></div>
<div id="d"></div>
</body>
</html>
```

运行本实例，在火狐浏览器中将显示如图 10-12 所示的运行
结果。

图 10-12　设置不同的边框样式

CSS 样式中还提供了 border-top-style、border-right-style、border-bottom-style 和 border-left-style4 个属性用于单独指定某一个边框的样式。

10.4.3　设置边框的颜色

设置边框的颜色需要使用 border-color 属性来实现。可以将 4 条边设置为相同的颜色，也可以设置为不同的颜色。border-color 属性的语法格式如下：

`border-color:属性值;`

该属性的属性值为颜色名称或是表示颜色的 RGB 值，建议使用#rrrggggbbb、#rgb、rgb()等表示的 RGB 值。例如，红色可以用 red 表示，也可以用#FF0000、#f00 或 rgb(255,0,0)表示。

border-color 属性可以通过以下几种方式设置边框的颜色：

- 提供四个属性值，分别用于按照上、右、下、左的顺序设置 4 条边的颜色。
- 只设置一个属性值，用于设置全部 4 条边的颜色。
- 提供两个属性值，这时第 1 个用于设置上面和下面两条边的颜色，第 2 个用于设置左边和右边两条边的颜色。
- 设置 3 个属性值，第 1 个用于设置上面边框的颜色，第 2 个用于设置左边和右边两条边的颜色，第 3 个用于设置下面边框的颜色。

border-color 属性只有在设置了 border-style 属性，但不能将 border-style 属性值设置为 none，并且不能将 border-width 属性值设置为 0 像素时才有效，否则不显示边框。

【例 10-12】　通过 4 种不同的方式为<div>标记设置边框颜色，具体代码如下：

实例位置：光盘\MR\源码\第 10 章\10-12

```
<!doctype html>
<html>
<head>
<meta charset="utf-8">
<title>设置不同的边框颜色</title>
<style type="text/css">
div{
    border:solid 3px;              /*设置边框的宽度为 3 像素的直线*/
    width:34px;                    /*设置<div>的宽度*/
    height:34px;                   /*设置<div>的高度*/
    float:left;                    /*设置浮动在左侧*/
    margin:6px;                    /*设置外边距*/
}
#a{
```

```
        border-color:#00FF00;                    /*设置全部边框都为绿色*/
    }
    #b{
        /*设置上边框为黑色、右边框为红色、下边框为绿色、左边框为黄色*/
        border-color:#000000 #FF2200 #00FF00 #FFFF00;
    }
    #c{
        border-color:#00FF00 #FF0000;            /*设置上、下边框为绿色，左右边框为红色*/
    }
    #d{
    border-color:#000000 #FF2200 #FFFF00;/*设置上边框为黑色，左右边框为红色，下边框为黄色*/
    }
</style>
</head>
<body>
<div id="a"></div>
<div id="b"></div>
<div id="c"></div>
<div id="d"></div>
</body>
</html>
```

运行本实例，在火狐浏览器中将显示如图 10-13 所示的运行
结果。

图 10-13　设置不同的边框颜色

　　　　CSS 样式中还提供了 border-top-color、border-right-color、border-bottom-color
和 border-left-color 4 个属性用于单独指定某一个边框的颜色。

10.5　内外边距的相关属性

　　在 CSS 中提供设置对象的内边距和外边距的一些属性，通过这些属性，我们可以设置对象与
对象之间的距离，也可以设置对象与内容之间的距离。下面将分别介绍这些属性。

10.5.1　设置内边距

　　内边距也就是对象的内容与对象边框之间的距离，它可以通过 padding 属性进行设置。该属
性可指定 1 至 4 个属性值，各属性值以空格分隔。padding 属性的语法格式如下：

```
padding : length;
```

　　length：百分比或是长度数值。百分数是基于父对象的宽度。

　　padding 属性可以通过以下几种方式设置对象的内边距：

　　提供 4 个属性值，分别用于按照上、右、下、左的顺序依次指定内边距。

- 只设置一个属性值，用于设置全部的内边距。
- 提供两个属性值，这时第 1 个用于设置上、下方向内边距，第 2 个用于设置左、右方向的
  内边距。
- 设置 3 个属性值，第 1 个用于设置上方的内边距，第 2 个用于设置左、右方向的内边距，
  第 3 个用于设置下方的内边距。

　　【例 10-13】　应用 padding 属性设置<tb>标记的全部内边距均为 5px，具体代码如下：

实例位置：光盘\MR\源码\第 10 章\10-13

```html
<html>
<head>
<title>padding 属性</title>
<meta http-equiv="Content-Type" content="text/html; charset=utf-8" />
<style>
td{
    padding:5px;  /*设置单元格的内边距全部为 5 像素*/
}
</style>
</head>
<body>
<table  width="98%"  border="0"  align="center"  cellpadding="0"  cellspacing="1"
bgcolor="#3F873B">
    <tr bgcolor="#D9EE9F" align="center">
      <td width="12%">字条编号</td>
      <td width="14%">祝福对象</td>
      <td width="11%">祝福者</td>
      <td width="35%">字条内容</td>
      <td width="21%">发送时间</td>
    </tr>
    <tr bgcolor="#E8F3D1">
      <td align="center">1</td>
      <td align="center"> 琦琦</td>
      <td align="center">wgh</td>
      <td> 愿你健康、快乐的成长！</td>
      <td align="center">2011-4-2 15:30 </td>
    </tr>
</table>
</body>
</html>
```

在 IE 浏览器的运行结果如图 10-14 所示。

图 10-14　为<tb>标记设置内边距

　　　　　CSS 样式中还提供了 padding–top、padding–right、padding–bottom 和 padding–left 4
个属性用于单独指定某一个方向的内边距。

10.5.2　设置外边距

外边距也就是对象与对象之间的距离，它可以通过 margin 属性进行设置。该属性可指定 1 至
4 个属性值，各属性值以空格分隔。margin 属性的语法格式如下：

```
margin : auto | length;
```

- auto：表示默认的外边距。
- length：百分比或是长度数值。

margin 属性可以通过以下几种方式设置对象的外边距：

- 提供 4 个属性值，分别用于按照上、右、下、左的顺序依次指定外边距。
- 只设置一个属性值，用于设置全部的外边距。
- 提供两个属性值，这时第 1 个用于设置上、下方向外边距，第 2 个用于设置左、右方向的
  外边距。
- 设置 3 个属性值，第 1 个用于设置上方的外边距，第 2 个用于设置左、右方向的外边距，
  第 3 个用于设置下方的外边距。

【例 10-14】 应用 margin 属性设置<img>标记的外边距为 0px，设置图片的上、下外边距为 5px，左右外边距为 10px，具体代码如下：

实例位置：光盘\MR\源码\第 10 章\10-14

```
<!DOCTYPE HTML>
<html>
<head>
<title>margin 属性</title>
<meta charset="utf-8" />
<style>
img{
    float:left;                  /*设置浮动在左边*/
    margin:5px 10px;             /*设置上下外边距为 5px、左右外边距为 10px*/
}
</style>
</head>
<body style="margin:0px">
<img    src="images/flower4.jpg"    width="133"
height="97" border="1">     编
程词典系列软件是为各类爱好编程者和各级程序开发人员提供的集
学、查、用为一体的数字化编程软件。主要内容有技术资源库、实例
资源库、项目资源库、视频资源库、源码资源库、方案资源库、界面
资源库、实用工具集等，真正意义上实现了轻松学习，快速开发。
</body>
</html>
```

在 IE 浏览器的运行结果如图 10-15 所示。

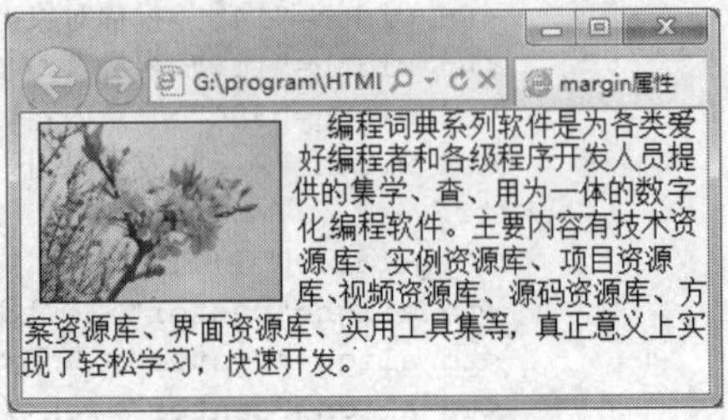

图 10-15　为图片设置外边距

 CSS 样式中还提供了 margin-top、margin-right、margin-bottom 和 margin-left 4 个属性用于单独指定某一个方向的外边距。

10.6　尺寸相关属性

与尺寸相关的属性主要包括用于设置对象宽度（包括最大宽度、宽度和最小宽度）和高度（包括最大高度、高度和最小高度）的属性，以及 box-sizing 属性、resize 属性，下面分别进行介绍。

10.6.1　设置对象的宽度

在 CSS 规范中提供了 3 个用于设置对象宽度的属性，分别是 width、max-width 和 min-width，下面分别进行介绍。

1. 设置对象宽度的属性——width

width 属性用于指定对象的宽度。它的语法格式如下：

```
width:auto | length |percentage;
```

- auto：表示无特定的宽度，对象的宽度将会自动调整；
- length：用于通过具体的数值来指定对象的宽度；
- percentage：用于通过百分比来指定对象的宽度。

2. 设置对象最大宽度的属性——max-width

max-width 属性用于设置对象的最大宽度，如果此属性值小于 min-width 属性的值，将会使用

min-width 属性的值作为自己的值。max-width 属性的语法格式如下：

```
max-width:none | length |percentage;
```

- none：表示无最大宽度限制；
- length：用于通过具体的数值来指定对象的最大宽度；
- percentage：用于通过百分比来指定对象的最大宽度。

3. 设置对象最小宽度的属性——min--width

min-width 属性用于设置对象的最小宽度，如果此属性值大于 max-width 属性的值，max-width 将会使用该属性的值作为自己的值。min-width 属性的语法格式如下：

```
min-width:length |percentage;
```

- length：用于通过具体的数值来指定对象的最小宽度；
- percentage：用于通过百分比来指定对象的最小宽度。

【例 10-15】　创建一个 index.html 文件，在该文件中添加两个<div>标记，一个用于设置页面背景(将其 width 属性设置为 600px)，另一个用于显示字条信息(将其 width 属性设置为 240px)，具体代码如下：

实例位置：光盘\MR\源码\第 10 章\10-15

```
<!DOCTYPE html>
<html>
<head>
<title>width 属性</title>
<meta charset="utf-8" />
<style>
.preview{
    background:url(images/style0.gif) no-repeat;/*设置背景图片，并且不重复*/
    position:absolute;                           /*设置为绝对布局*/
    top:12px;                                    /*设置顶边距*/
    left: 15px;                                  /*设置左边距*/
    width:240px;                                 /*设置宽度*/
    height:210px;                                /*设置高度*/
}
#wall{
    background-image:url(images/bg_main.jpg);
    width:600px;                    /*设置宽度*/
    height:300px;
}
</style>
</head>
<body style="margin:0px;">
<div id="wall"></div>
<div class="preview"></div>
</body>
</html>
```

在 Firefox 浏览器中将显示如图 10-16 所示的运行结果。

图 10-16　设置对象的宽度

10.6.2　设置对象的高度

在 CSS 规范中提供了 3 个用于设置对象高度的属性，分别是 height、max-height 和 min-height，下面分别进行介绍。

1. 设置对象高度的属性——height

height 属性用于指定对象的高度。它的语法格式如下：

```
height:auto | length |percentage;
```

- auto：表示无特定的高度，对象的高度将会自动调整；
- length：用于通过具体的数值来指定对象的高度；
- percentage：用于通过百分比来指定对象的高度。

2. 设置对象最大高度的属性——max-height

max-height 属性用于设置对象的最大高度，如果此属性值小于 min-height 属性的值，将会被使用 min-height 属性的值作为自己的值。max-height 属性的语法格式如下：

```
max-height:none | length |percentage;
```

- none：表示无最大高度限制；
- length：用于通过具体的数值来指定对象的最大高度；
- percentage：用于通过百分比来指定对象的最大高度。

如果既不设置 height 属性，也不设置 max-height 属性，那么这个<div>高度将正好适应其内容。

3. 设置对象最小高度的属性——min-height

min-height 属性用于设置对象的最小高度，如果此属性值大于 max-height 属性的值，max-height 将会使用该属性的值作为自己的值。min-height 属性的语法格式如下：

```
min-height:length |percentage;
```

- length：用于通过具体的数值来指定对象的最小高度；
- percentage：用于通过百分比来指定对象的最小高度。

【例 10-16】 创建一个 index.html 文件，在该文件中添加一个<div>标记，在该<div>标记中插入一张图片，并设置这个<div>标记的 max-height 属性值为 300px，具体代码如下：

实例位置：光盘\MR\源码\第 10 章\10-16

```
<!DOCTYPE html>
<html>
<head>
<title>max-height 属性</title>
<meta charset="utf-8" />
<style>
#wall{
    background-image:url(images/bg_main.jpg);
    max-height:180px;        /*设置最大高度*/
    width:300px;
    padding:10px;
}
</style>
</head>
<body style="margin:0px;">
<div id="wall"><img src="images/style0.gif">
</div>
</body>
</html>
```

这时，当<div>标记中的内容高度大于 max-height 属性时，背景将不再跟随内容一起增加，如图 10-17 所示。

图 10-17　设置了最大高度的效果

10.7　定位相关属性

在 CSS 中提供了一些用于设置对象位置的属性。通过这些属性可指定对象的定位方式、层叠顺序，以及与其父对象顶部、底部、左侧和右侧的距离。下面将分别介绍这些属性。

10.7.1　设置定位方式

在 CSS 中提供了用于设置定位方式的属性——position。position 属性的语法格式如下：

```
position : static / absolute / fixed / relative;
```

- static：无特殊定位，对象遵循 HTML 定位规则。使用该属性值时，top、right、bottom 和 left 等属性设置无效；
- absolute：绝对定位，使用 top、right、bottom 和 left 等属性指定绝对位置。使用该属性值可以让对象漂浮于页面之上；
- fixed：绝对定位，且对象位置固定，不随滚动条移动而改变位置。Firefox 浏览器支持该属性值；
- relative：相对定位，遵循 HTML 定位规则，并由 top、right、bottom 和 left 等属性决定位置。

【例 10-17】　创建一个 index.html 文件，在该文件中添加两个<div>标记，一个用于设置页面背景，另一个用于显示字条信息。为了让字条信息浮动于背景之上，需要将第 2 个<div>标记设置为绝对布局 absolute，并且设置其左边距和顶边距，具体代码如下：

实例位置：光盘\MR\源码\第 10 章\10-17

```
<!DOCTYPE HTML>
<html>
<head>
<title>position 属性</title>
<meta charset="utf-8" />
<style>
.preview{
    background:url(images/style0.gif) no-repeat;     /*设置背景图片，并且不重复*/
    position:absolute;              /*设置为绝对布局*/
    top:22px;                       /*设置顶边距*/
    left: 25px;                     /*设置左边距*/
    width:240px;                    /*设置宽度*/
    height:210px;                   /*设置高度*/
}
</style>
</head>
<body style="margin:0px;">
<div style="background-image:url(images/bg_main.jpg);
width: 300px;height:300px;">
</div>
<div class="preview"></div>
</body>
</html>
```

在 Firefox 浏览器的运行结果如图 10-18 所示。

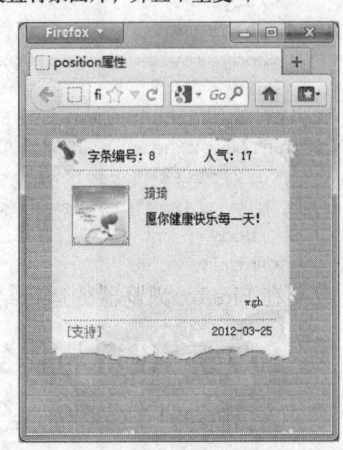
图 10-18　设置对象采用绝对定位

10.7.2　设置层叠顺序

在 CSS 样式中，提供了 z-index 属性用于指定对象的层叠次序。通过指定对象的层叠顺序可以实现让某个对象浮于其他对象之上。在使用该属性时，必须定义 position 属性值为 absolute、relative 或 fixed。z-index 属性的语法格式如下：

```
z-index : auto / number;
```

- auto：遵从其父对象的定位；
- number：无单位的整数，可为负数。数值最大者叠在最上层。

【例 10-18】　创建一个 index.html 文件，在该文件中添加 3 个<div>标记，一个用于设置页面背景，另外两个用于显示字条信息，并且让这两个字条层重叠着浮动于背景之上，具体代码如下：

实例位置：光盘\MR\源码\第 10 章\10-18

```
<html>
<head>
<title>z-index 属性</title>
<meta http-equiv="Content-Type" content="text/html; charset=utf-8" />
<style>
.preview1{
    background:url(images/style0.gif) no-repeat;      /*设置背景图片，并且不重复*/
    position:absolute;       /*设置为绝对布局*/
    top:47px;                /*设置顶距*/
    left: 24px;              /*设置左边距*/
    width:240px;             /*设置宽度*/
    height:210px;            /*设置高度*/
    z-index:2;               /*设置层叠次序为2*/
}
.preview2{
    background:url(images/style1.gif) no-repeat;      /*设置背景图片，并且不重复*/
    position:absolute;       /*设置为绝对布局*/
    top:11px;                /*设置顶边距*/
    left: 103px;             /*设置左边距*/
    width:240px;             /*设置宽度*/
    height:210px;            /*设置高度*/
    z-index:1;               /*设置层叠次序为1*/
}
</style>
</head>
<body style="margin:0px;">
<div
style="background-image:url(images/bg_main.jpg)
;width:400px;height:300px;"></div>
<div class="preview1"></div>
<div class="preview2"></div>
</body>
</html>
```

在 Firefox 浏览器的运行结果如图 10-19 所示。

图 10-19　使用 z-index 属性设置对象的层叠顺序

10.7.3　设置与其父对象的上、下、左、右边的距离

当我们将对象的定位方式设置为 absolute、relative 或 fixed 时，就需要设置其与父对象的距离。为此，CSS 提供了设置对象与其最近一个定位的父对象的距离的一些属性，下面分别介绍这些属性。

1．设置与其父对象顶部的距离属性——top

top 属性用于指定当前对象与其最近一个定位的父对象顶边的距离，top 属性只有当 position 属性设置为 absolute、relative 或 fixed 时才有效。top 属性的语法格式如下：

```
top: <length> | <percentage> | auto
```

- \<length\>：表示用长度值来定义距离顶部的偏移量，可以为负值；
- \<percentage\>：表示用百分比来定义距离顶部的偏移量，可以为负值；
- auto：无特殊定位，根据 HTML 定位规则在文档流中分配。

2．设置与其父对象底部的距离属性——bottom

bottom 属性用于指定当前对象与其最近一个定位的父对象底边的距离。只有当 position 属性设置为 absolute、relative 或 fixed 时才有效。bottom 属性的语法格式如下：

```
bottom: <length> | <percentage> | auto
```

- \<length\>：表示用长度值来定义距离底边的偏移量，可以为负值；
- \<percentage\>：表示用百分比来定义距离底边的偏移量，可以为负值；
- auto：无特殊定位，根据 HTML 定位规则在文档流中分配。

3．设置与其父对象左边的距离属性——left

left 属性用于指定当前对象与其最近一个定位的父对象左边的距离。left 属性只有当 position 属性设置为 absolute、relative 或 fixed 时才有效。left 属性的语法格式如下：

```
bottom: <length> | <percentage> | auto
```

- \<length\>：表示用长度值来定义距离左边的偏移量，可以为负值；
- \<percentage\>：表示用百分比来定义距离左边的偏移量，可以为负值；
- auto：无特殊定位，根据 HTML 定位规则在文档流中分配。

4．设置与其父对象右边的距离属性——right

right 属性用于指定当前对象与其最近一个定位的父对象右边的距离，只有当 position 属性设置为 absolute、relative 或 fixed 时才有效。right 属性的语法格式如下：

```
right: <length> | <percentage> | auto
```

- \<length\>：表示用长度值来定义距离右边的偏移量，可以为负值；
- \<percentage\>：表示用百分比来定义距离右边的偏移量，可以为负值；
- auto：无特殊定位，根据 HTML 定位规则在文档流中分配。

【例 10-19】　创建一个 index.html 文件，在该文件中添加两个\<div\>标记，其中，第 1 个用于设置页面背景，第 2 个用于显示字条信息。为了让字条信息浮动于背景之上，需要将第 3 个\<div\>标记设置为绝对布局，并且设置其右边距为 64 像素，具体代码如下：

实例位置：光盘\MR\源码\第 10 章\10-19

```
<!DOCTYPE html>
<html>
<head>
<title>right 属性</title>
<meta charset="utf-8" />
<style>
.preview{
    background:url(images/style0.gif) no-repeat;    /*设置背景图片，并且不重复*/
    position:absolute;                              /*设置为绝对布局*/
    right: 55px;                                    /*设置右边距*/
    width:240px;                                    /*设置宽度*/
    height:210px;                                   /*设置高度*/
```

```
            top:22px;                                          /*设置顶边距*/
    }
    </style>
    </head>
    <body style="margin:0px;">
    <div style="background-image:url(images/bg_main.jpg);width:470px;height:300px;">
    </div>
    <div class="preview"></div>
    </body>
    </html>
```

在 Firefox 浏览器的运行结果如图 10-20 所示。

图 10-20   使用 right 属性设置对象的右边距

10.8   表格相关属性

表格在进行页面设计时经常被应用，尤其是传统的使用表格进行布局的网站中。虽然在目前比较流行的 DIV+CSS 布局的网站中，表格应用不是那么频繁，但是对于一些列表型的数据，还是会应用表格进行显示的。

表格通常由标题、表头、行和单元格组成。在 HTML 语言中，表格使用<table>标记来定义。不过定义表格时，只使用<table>标记是不够的，还需要定义表格中的行、列、标题等内容。在 HTML 页面中定义表格，需要使用以下几个标记。

● 表格标记<table>

<table>…</table>标记表示整个表格。<table>标记中有很多属性，例如 width 属性用来设置表格的宽度，border 属性用来设置表格的边框，align 属性用来设置表格的对齐方式，bgcolor 属性用来设置表格的背景色等。

● 标题标记<caption>

标题标记以<caption>开头，以</caption>结束，标题标记也有一些属性，例如 align 和 valign 等。

● 表头标记<th>

表头标记以<th>开头，以</th>结束，也可以通过 align、background、colspan、valign 等属性来设置表头。

● 表格行标记<tr>

表格行标记以<tr>开头，以</tr>结束，一组<tr>标记表示表格中的一行。<tr>标记要嵌套在

<table>标记中使用，该标记也具有 align、background 等属性。

● 单元格标记<td>

单元格标记<td>又称为列标记，一个<tr>标记中可以嵌套若干个<td>标记。该标记也具有
align、background、valign 等属性。

例如，在页面中插入一个 3 行 2 列的表格可以使用下面的代码。

```
<table width="300" border="1">
  <tr>
    <td>第 1 行第 1 列</td>
    <td>第 1 行第 2 列</td>
  </tr>
  <tr>
    <td>第 2 行第 1 列</td>
    <td>第 2 行第 2 列</td>
  </tr>
  <tr>
    <td>第 3 行第 1 列</td>
    <td>第 3 行第 2 列</td>
  </tr>
</table>
```

上面的这段代码将在页面中显示如图 10-21 所示的表格。

在页面中插入表格后，通常还需要控制其样式。
虽然前面介绍的背景、边框和边距等属性也可以应用
到表格上，但是为了更好地控制表格的外观，CSS 还
提供了专门用于控制表格外观的一些属性。例如，设

第1行第1列	第1行第2列
第2行第1列	第2行第2列
第3行第1列	第3行第2列

图 10-21　3 行 2 列的表格

置表格边框线显示方式的属性、设置单元格边框间距的属性、设置表格标题位于表格哪边的属性
和表格布局方法的属性等，下面将详细介绍。

10.8.1　设置表格边框线的显示方式

在 CSS 中提供了设置表格边框线的显示方式的属性 border-collapse，该属性可以指定表格的
行和单元格的边是合并还是分开。如果设置为合并，则该表格的全部边框线均为单线。
border-collapse 属性的语法格式如下：

```
border-collapse: separate | collapse;
```

属性值说明：

● separate：表示边框分开，使得单元格的分隔线为双线，如图 10-22 所示；

● collapse：表示相邻边被合并，使得单元格的分隔线为单线，如图 10-23 所示。

单元格1	单元格2	单元格3
单元格4	单元格5	单元格6
单元格7	单元格8	单元格9

图 10-22　设置为 separate 的效果

单元格1	单元格2	单元格3
单元格4	单元格5	单元格6
单元格7	单元格8	单元格9

图 10-23　设置为 collapse 的效果

【例 10-20】　使用 border-collapse 属性，设置显示学生成绩的表格的边框线为单线，关键代
码如下：

实例位置：光盘\MR\源码\第 10 章\10-20

```
<!DOCTYPE html>
<html>
```

```
<head>
<title>单线边框的学生成绩表格</title>
<meta charset="utf-8" />
<style>
table{
    border-collapse:collapse;  /*设置单元格边框的显示方式为单线*/
}
</style>
</head>
<body>
<table width="400" border="1">
  <tr>
    <th>学号</th>
    <th>姓名</th>
    <th>语文</th>
    <th>数学</th>
    <th>英语</th>
  </tr>
  <tr>
    <td>2012001</td>
    <td>琦琦</td>
    <td>96</td>
    <td>97</td>
    <td>90</td>
  </tr>
…… <!--省略了表格的后两行的代码-->
</table>
</body>
</html>
```

运行本实例，在 IE 9 浏览器中将显示如图 10-24 所示的运行结果。

图 10-24　单线边框的学生成绩表格

10.8.2　设置单元格边框间距

在 CSS 中提供了 border-spacing 属性，用于指定表格的单元格边框的间距。border-spacing 属性的语法格式如下：

```
border-spacing: <length>{1,2};
```

属性值说明：

<length>：通过具体的数值来指定单元格边框的间距。可以使用一个数值（横向间距和纵向间距相同），也可以使用两个数值（第一个数值表示横向间距，第二个数值表示纵向间距，如图 10-25 所示）。

图 10-25　设置 border-spacing:5px 15px;的效果

说明

在使用 border-spacing 属性时，需要将 border-collapse 属性值设置为 separate，否则该属性不起作用。

【例 10-21】　使用 border-collapse 属性，设置显示学生成绩的表格的边框线为单线，关键代码如下：

实例位置：光盘\MR\源码\第 10 章\10-21

```
<!DOCTYPE html>
<html>
<head>
```

```
<title>设置单元格边框的间距</title>
<meta charset="utf-8" />
<style>
table{
    border-collapse:separate;  /*设置单元格边框的显示方式为双线，这里不能设置为collapse*/
    border-spacing:7px;        /*设置单元格边框的间距*/
}
</style>
</head>
<body>
<table width="400" border="1">
  <tr>
    <th>学号</th>
    <th>姓名</th>
    <th>语文</th>
    <th>数学</th>
    <th>英语</th>
  </tr>
  <tr>
    <td>2012001</td>
    <td>琦琦</td>
    <td>96</td>
    <td>97</td>
    <td>90</td>
  </tr>
  …… <!--省略了表格的后两行的代码-->
</table>
</body>
</html>
```

运行本实例，在 IE 9 浏览器中将显示如图 10-26
所示的运行结果。

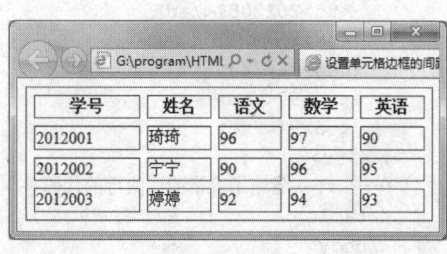

图 10-26　单线边框的学生成绩表格

10.8.3　设置表格标题位于表格的什么位置

在 HTML 页面中，我们可以通过<caption>标记为表格添加标题。默认情况下，添加的表格标
题位于表格的正上方居中的位置。不过 CSS 提供了改变这个表格标题位置的属性 caption-side。通
过该属性可以设置表格标题位于表格的什么位置。caption-side 属性的语法格式如下：

```
caption-side:top | right | bottom | left;
```

属性值说明：
- top：指定表格的标题位于表格的上方；
- right：指定表格的标题位于表格的右侧；
- bottom：指定表格的标题位于表格的下方；
- left：指定表格的标题位于表格的左侧。

　　　　　到目前为止，除了 Firefox 浏览器支持上面的 4 个属性值，其他浏览器都还只支持 top
说明　　和 bottom，而不支持 left 和 right 属性值。

【例 10-22】　使用 caption-side 属性设置表格标题居左显示，关键代码如下：
实例位置：光盘\MR\源码\第 10 章\10-22

```
<!DOCTYPE html>
<html>
```

```
<head>
<title>设置表格标题居左显示</title>
<meta charset="utf-8" />
<style>
table{
    border-collapse:collapse;              /*设置单元格边框的显示方式为单线*/
    caption-side:left;                     /*设置表格标题居左显示*/
}
</style>
</head>
<body>
<table width="400" border="1">
<caption>学生成绩表</caption>
<tbody>
  <tr>
    <th>学号</th>
    <th>姓名</th>
    <th>语文</th>
    <th>数学</th>
    <th>英语</th>
  </tr>
  <tr>
    <td>2012001</td>
    <td>琦琦</td>
    <td>96</td>
    <td>97</td>
    <td>91</td>
  </tr>
……  <!--省略了表格的后两行的代码-->
</table>
</body>
</html>
```

运行本实例，在 Firefox 浏览器中将显示如图
10-27 所示的运行结果。

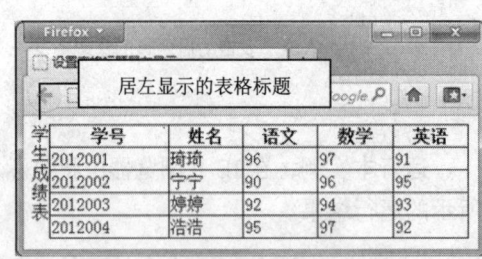

图 10-27　设置表格标题居左显示

10.8.4　设置表格布局的方式

在设计页面时，可以使用自动和固定两种表格布局方式，这可以通过 CSS 提供的 table-layout
属性来指定。table-layout 属性的语法格式如下：

```
table-layout:auto | fixed;
```
属性值说明：

- auto：默认值，基于单元格的内容自动计算各单元格的宽度后显示，采用这种方式速度比
  较慢，但这也是最常见的布局方式；
- fixed：固定布局方式，这种布局方式下，表格的宽度会按照下面的两种方法计算得到。
  - ➢ 如果指定了表格的第一行中每个单元格的宽度，则表格的宽度将等于第一行内所有单元
    格宽度的总和。
  - ➢ 如果指定了表格的宽度，则直接平均分配每列的宽度，忽略单元格内容的实际宽度。

【例 10-23】　使用 table-layout 属性设置表格的布局方式，关键代码如下：

实例位置：光盘\MR\源码\第 10 章\10-23

```
<!DOCTYPE html>
<html>
```

```
<head>
<title>设置表格的布局方式</title>
<meta charset="utf-8" />
<style>
#table1{
    table-layout:fixed;          /*设置采用固定布局方式*/
}
table{
    border-collapse:collapse;  /*设置单元格边框的显示方式为单线*/
    margin:5px;                /*设置外边距*/
    font-size:13px;            /*设置文字大小*/
}
</style>
</head>
<body>
<table width="300" border="1" id="table1">
<caption>采用固定布局的效果</caption>
  <tr>
    <th>编号</th>
    <th>昵称</th>
    <th>邮箱</th>
  </tr>
  <tr>
    <td>2012001</td>
    <td>琦琦</td>
    <td>wgh717@sohu.com</td>
  </tr>
  <tr>
    <td>2012002</td>
    <td>风铃草</td>
    <td>mingrisoft@mingrisoft.com</td>
  </tr>
  <tr>
    <td>2012003</td>
    <td>神之雨露护花仙子</td>
    <td>wgh717@sohu.com</td>
  </tr>
</table>
<table width="300" border="1">
<caption>采用自动布局的效果</caption>
...        <!--此处省略了添加表格行的代码-->
</table>
</body>
</html>
```

运行本实例，在 IE 浏览器中将显示如图 10-28 所示的运行结果。

图 10-28　设置表格的布局方式

10.9　综合实例——设计隔行变色的单线表格

在 CSS 中使用 border-collapse 属性可以实现单线表格，并且通过对偶数行单独设置背景颜色可以实现隔行变色的表格。本练习尝试实现一个隔行变色的单线表格，并且要求鼠标指向行突出显示，效果如图 10-29 所示。

本实例的关键代码参考如下：

```
<style>
table{
    border-collapse:collapse;
                    /*设置单元格边框的显示方式为单线*/
}
.even{
    background-color:#eee;          /*设置偶数行的背景颜色*/
}
tr:hover{
    background-color:#efe;          /*设置鼠标指向行的背景颜色*/
}
</style>
</head>
<body>
<table width="400" border="1">
  <tr>
    <th>学号</th>
    <th>姓名</th>
    <th>语文</th>
    <th>数学</th>
    <th>英语</th>
  </tr>
  <tr class="even">
    …           <!--省略了各单元格的代码-->
  </tr>
  <tr>
    <td>2012002</td>
    …           <!--省略了各单元格的代码-->
  </tr>
  <tr class="even">
    …           <!--省略了各单元格的代码-->
  </tr>
```

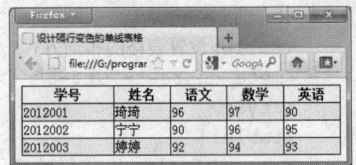

图 10-29　设计隔行变色的单线表格

知识点提炼

（1）在 CSS 中，使用 word-wrap 属性来实现长单词与 URL 地址的自动换行。

（2）background-color 属性可实现设置背景颜色。

（3）在 CSS 中使用 background-image 属性设置背景图片。

（4）内边距也就是对象的内容与对象边框之间的距离，它可以通过 padding 属性进行设置。

（5）外边距也就是对象与对象之间的距离，它可以通过 margin 属性进行设置。

（6）box-sizing 属性用于设置盒模型组成模式；resize 属性用于设置对象的区域是否允许用户缩放。

（7）在 CSS 样式中，提供了 z-index 属性用于指定对象的层叠次序。

（8）在 CSS 中提供了设置表格边框线的显示方式的属性 border-collapse，该属性可以指定表格的行和单元格的边是合并还是分开。

习　　题

1. 在使用 border-spacing 属性时，需要将 border-collapse 属性值设置为什么？否则该属性不起作用。

2. CSS 中与尺寸相关的属性有哪些？

3. 在 CSS 中通过哪个属性可以实现设置页面中图片背景的位置？

4. 设置边框的线宽也就是设置边框的粗细，可以使用什么属性进行设置？

实验：让多个字条层叠显示

实验目的

（1）熟悉 CSS 样式的基本使用方法。

（2）掌握 CSS 样式中提供的 position 和 z-index 属性的基本语法。

实验内容

在页面中放置多个显示字条信息的<div>标记，并让这些<div>层叠显示。

实验步骤

（1）创建一个名称为 index.html 的文件，并且在该文件中添加 3 个使用绝对布局的<div>标记和一个用于显示背景的<div>标记，关键代码如下：

```
<div
style="background-image:url(images/bg_main.jpg);width:400px;height:300px;"></div>
<div class="preview1"></div>
<div class="preview2"></div>
<div class="preview3"></div>
```

（2）编写 CSS 代码，实现设置各个字条的顶边距、左边距、宽度、高度和背景图片，以及它们的层叠顺序（通过 z-index 属性设置），具体代码如下：

```
<style>
.preview1{
    background: url(images/style0.gif) no-repeat;    /*设置背景图片，并且不重复*/
    position: absolute;     /*设置为绝对布局*/
    top: 51px;              /*设置顶边距*/
    left: 11px;             /*设置左边距*/
    width: 240px;           /*设置宽度*/
    height: 210px;          /*设置高度*/
    z-index: 2;             /*设置层叠次序为 2*/
}
.preview2{
```

```
        background: url(images/style1.gif) no-repeat;    /*设置背景图片,并且不重复*/
        position: absolute;      /*设置为绝对布局*/
        top: 5px;                /*设置顶边距*/
        left: 62px;              /*设置左边距*/
        width: 240px;            /*设置宽度*/
        height: 210px;           /*设置高度*/
        z-index: 1;              /*设置层叠次序为1*/
    }
    .preview3{
        background: url(images/style2.gif) no-repeat;    /*设置背景图片,并且不重复*/
        position: absolute;      /*设置为绝对布局*/
        top: 81px;               /*设置顶边距*/
        left: 128px;             /*设置左边距*/
        width: 240px;            /*设置宽度*/
        height: 210px;           /*设置高度*/
        z-index: 3;              /*设置层叠次序为3*/
    }
</style>
```
在火狐浏览器中打开 index.html 文件,将显示如图 10-30 所示的效果。

图 10-30　多个字条的层叠显示效果

第11章
CSS 中的变形与动画

本章要点：

- CSS 中的变形与动画
- CSS 中提供的用于实现过渡效果的 transition 相关属性
- 如何添加关键帧
- 如何应用 animation 相关属性实现 Animation 动画

CSS 中提供了一些用来实现动画效果的属性，通过这些属性可以实现以前通常需要使用 JavaScript 或者 Flash 才能实现的效果。例如，对 HTML 元素进行平移、缩放、旋转、倾斜，以及添加过渡效果等，并且可以将这些变化组合成动画效果来进行展示。本章将对 CSS 中的这些属性进行详细介绍。

11.1 2D 变换

在 CSS 中提供了 transform 和 transform-origin 两个用于实现 2D 变换的属性。其中，transform 属性用于实现平移、缩放、旋转和倾斜等 2D 变换，而 transform-origin 属性则用于设置变换的中心点。下面将分别介绍如何实现平移、缩放、旋转和倾斜等 2D 变换，以及设置变换的中心点。

在进行详细介绍之前，先来了解 transform 属性的基本语法格式。transform 属性的语法格式如下：

```
transfor:none | matrix(<number>,<number>,<number>,<number>,<number>,<number>)? Translate
(<length>[,<length>])?  translateX(<length>)?  translateY(<length>)?  rotate(<angle>)?
scale(<number>[,<number>])? scaleX(<number>)? scaleY(<number>)? skew(<angle>[,<angle>])?
skewX(<angle>) || skewY(<angle>)?
```

从该语法格式中可以看出，transform 属性的属性值由如表 11-1 所示的值及函数组成。

表 11-1   transform 属性的属性值

值/函数	说　明
none	表示无变换
translate(<length>[,<length>])	表示实现 2D 平移。第 1 个参数对应 X 轴，第 2 个参数对应 Y 轴。如果第二个参数未提供，则默认值为 0
translateX(<length>)	表示在 X 轴（水平方向）上实现平移。参数 length 表示移动的距离
translateY(<length>)	表示在 Y 轴（垂直方向）上实现平移。参数 length 表示移动的距离
scaleX(<number>)	表示在 X 轴上进行缩放

续表

值/函数	说　明
scaleY(<number>)	表示在 Y 轴上进行缩放
scale(<number>[,<number>])	表示进行 2D 缩放。第 1 个参数对应 X 轴（水平方向），第 2 个参数对应 Y 轴（垂直方向）。如果第 2 个参数未提供，则默认取第 1 个参数的值
skew(<angle>[,<angle>])	表示进行 2D 倾斜。第一个参数对应 X 轴，第 2 个参数对应 Y 轴。如果第 2 个参数未提供，则默认值为 0
skewX(<angle>)	表示在 X 轴上进行倾斜
skewY(<angle>)	表示在 Y 轴上进行倾斜
rotate(<angle>)	表示进行 2D 旋转。参数<angle>用于指定旋转的角度
matrix(<number>,<number>,<number>,<number>,<number>,<number>)	代表一个基于矩阵变换的函数。它以一个包含六个值(a,b,c,d,e,f)的变换矩阵的形式指定一个 2D 变换，相当于直接应用一个[a b c d e f]变换矩阵。也就是基于 X 轴（水平方向）和 Y 轴（垂直方向）重新定位元素，此属性值的使用涉及数学中的矩阵

说明　transform 属性支持一个或多个变换函数。也就是说，通过 transform 属性可以实现平移、缩放、旋转和倾斜等组合的变换效果。例如，实现平移并旋转效果。不过在为其指定多个属性时不是使用常用的逗号 "," 进行分隔，而是使用空格进行分隔。

11.1.1　应用 transform 属性实现平移

应用 transform 属性的 translate(<length>[,<length>])、translateX(<length>) 和 translateY(<length>) 函数可以实现 2D 平移。其中，translate(<length>[,<length>]) 可以实现在 X 轴和 Y 轴上同时平移，而后面的两个函数则用于单独实现在 X 轴或者在 Y 轴上平移。如果将 translate(<length>[,<length>]) 中的第一个参数设置为 0，那么可以实现 translateY(<length>) 函数的效果；如果将第 2 个参数设置为 0，那么可以实现 translateX(<length>) 函数的效果。

实现平移的这 3 个函数的参数值都是像素值，可以是正值也可以是负值，X 轴为正值时代表向右移动，为负值时代表向左移动；Y 轴为正值时代表向下移动，为负值时代表向上移动。

说明　目前主流浏览器并未支持标准的 transform 属性，所以在实际开发中还需要添加各浏览器厂商的前缀。例如，需要为 Firefox 浏览器添加-moz-前缀；为 IE 浏览器添加-ms-前缀；为 Opera 浏览器添加-o-前缀；为 Chrome 浏览器添加-webkit-前缀。

【例 11-1】　应用 transform 属性的 translate() 函数实现在 X 轴和 Y 轴上同时平移，以及应用 translateX() 函数实现在 X 轴上平移，关键代码如下：

实例位置：光盘\MR\源码\第 11 章\11-1

```
<style>
.preview{
    background:url(images/style0.gif) no-repeat;          /*设置背景图片，并且不重复*/
    position:absolute;                    /*设置为绝对布局*/
    top:0px;                              /*设置顶边距*/
    left: 0px;                            /*设置左边距*/
    width:240px;                          /*设置宽度*/
    height:210px;                         /*设置高度*/
```

```
}
#xy{
    -moz-transform:translate(100px,80px);      /*Firefox 下在 X 和 Y 轴上进行平移*/
    -webkit-transform:translate(100px,80px);   /*Chrome 下在 X 和 Y 轴上进行平移*/
    -o-transform:translate(100px,80px);        /*Opera 下在 X 和 Y 轴上进行平移*/
    -ms-transform:translate(100px,80px);       /*IE 下在 X 和 Y 轴上进行平移*/
}

#x{
    -moz-transform:translateX(300px);          /*Firefox 下在 X 轴上进行平移*/
    -webkit-transform:translateX(300px);       /*Chrome 下在 X 轴上进行平移*/
    -o-transform:translateX(300px);            /*Opera 下在 X 轴上进行平移*/
    -ms-transform:translateX(300px);           /*IE 下在 X 轴上进行平移*/
}

#wall{
    background-image:url(images/bg_main.jpg);
    max-width:600px;                           /*设置最大宽度*/
    height:300px;                              /*设置最大高度*/
}
</style>
</head>
<body style="margin:0px;">
<div id="wall"></div>
<div class="preview" style="background-image:none;border:1px #000000 dashed;"></div>
<div class=" preview" id="xy"></div>
<div class="preview" id="x"></div>
```

在 IE 浏览器中浏览该页面，可以看到如图 11-1 所示的界面。

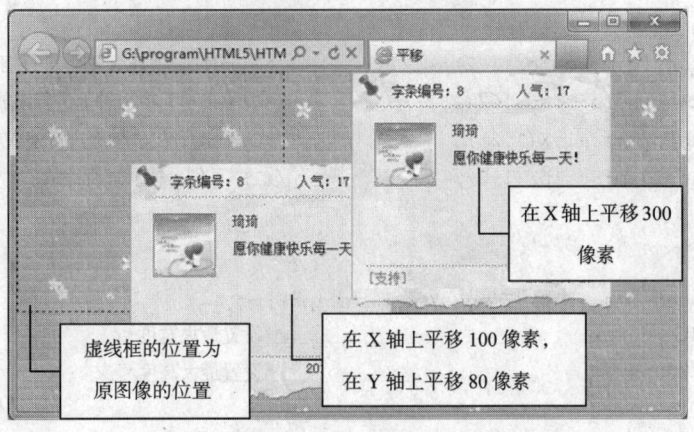

图 11-1　应用 transform 属性平移字条图片

11.1.2　应用 transform 属性实现缩放

应用 transform 属性的 scale(<number>[,<number>])、scaleX(<number>)、scaleY(<number>)函数可以实现缩放。其中，scale(<number>[,<number>])可以实现在 X 轴和 Y 轴上同时缩放，而后面的两个函数则用于单独实现在 X 轴或者在 Y 轴上缩放。当使用 scale(<number>[,<number>])函数

时，如果只指定一个参数，那么在 X 轴和 Y 轴都缩放参数所指定的比例。

实现缩放的这 3 个函数的参数值都是自然数数值（可以为正、负、小数），绝对值大于 1，代表放大；绝对值小于 1，代表缩小。当值为负数时，对象反转。当参数值为 1 时，代表不进行缩放。

 当使用 scaleX(<number>)或 scaleY(<number>)函数时，实现的是非等比例缩放，也就是只能对 X 轴进行缩放或者对 Y 轴进行缩放。

【例 11-2】 应用 transform 属性的 scale()函数实现在 X 轴和 Y 轴上同时缩放不同的比例，以及应用 scaleX()函数实现在 X 轴上缩放，关键代码如下：

实例位置：光盘\MR\源码\第 11 章\11-2

```
<style>
.preview{
    background:url(images/style0.gif) no-repeat;          /*设置背景图片，并且不重复*/
    position:absolute;                          /*设置为绝对布局*/
    top:0px;                                    /*设置顶边距*/
    left: 0px;                                  /*设置左边距*/
    width:240px;                                /*设置宽度*/
    height:210px;                               /*设置高度*/
}
#xy{
    -moz-transform:scale(0.7,0.8);              /*Firefox 下在 X 和 Y 轴上进行缩放*/
    -webkit-transform:scale(0.7,0.8);           /*Chrome 下在 X 和 Y 轴上进行缩放*/
    -o-transform:scale(0.7,0.8);                /*Opera 下在 X 和 Y 轴上进行缩放*/
    -ms-transform:scale(0.7,0.8);               /*IE 下在 X 和 Y 轴上进行缩放*/
}

#x{
    left:300px;
    -moz-transform:scaleX(1.2);                 /*Firefox 下在 X 轴上进行缩放*/
    -webkit-transform:scaleX(1.2);              /*Chrome 下在 X 轴上进行缩放*/
    -o-transform:scaleX(1.2);                   /*Opera 下在 X 轴上进行缩放*/
    -ms-transform:scaleX(1.2);                  /*IE 下在 X 轴上进行缩放*/
}

#wall{
    background-image:url(images/bg_main.jpg);
    max-width:600px;                            /*设置最大宽度*/
    height:300px;                               /*设置最大高度*/
}
</style>
</head>
<body style="margin:0px;">
<div id="wall"></div>
<div class="preview" style="background-image:none;border:1px #000000 dashed;"></div>
<div class=" preview" id="xy"></div>
<div class="preview" id="x"></div>
```

在 IE 浏览器中浏览该页面，可以看到如图 11-2 所示的界面。

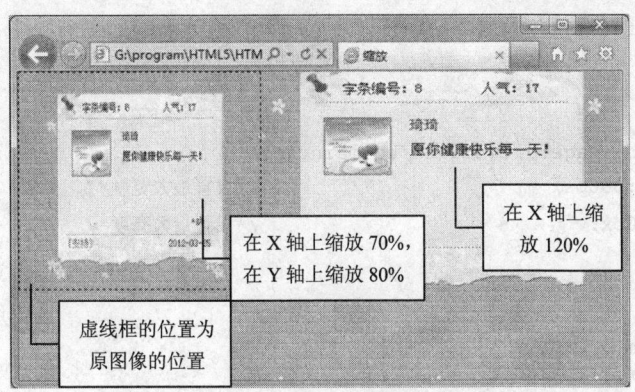

图 11-2　应用 transform 属性缩放字条图片

11.1.3　应用 transform 属性实现倾斜

应用 transform 属性的 skew(<angle>[,<angle>])、skewX(<angle>)、skewY(<angle>)函数可以实现倾斜。其中，skew(<angle>[,<angle>])可以实现在 X 轴和 Y 轴上同时倾斜，而后面的两个函数则用于单独实现在 X 轴或者在 Y 轴上倾斜。如果将 skew(<angle>[,<angle>])中的第 1 个参数设置为 0，那么可以实现 skewY(<angle>)函数的效果；如果将第 2 个参数设置为 0，那么可以实现 skewX(<angle>)函数的效果。

实现倾斜的这 3 个函数的参数值都是度数，单位为 deg（角度），可以为负数。

【例 11-3】　应用 transform 属性的 skew()函数实现在 X 轴上倾斜 3 度,在 Y 轴上倾斜 30 度,以及应用 skewX()函数实现在 X 轴上倾斜 30 度，关键代码如下：

实例位置：光盘\MR\源码\第 11 章\11-3

```
<style>
.preview{
    background:url(images/style0.gif) no-repeat;        /*设置背景图片，并且不重复*/
    position:absolute;                                  /*设置为绝对布局*/
    top:0px;                                             /*设置顶边距*/
    left: 0px;                                           /*设置左边距*/
    width:240px;                                         /*设置宽度*/
    height:210px;                                        /*设置高度*/
}
#xy{
    -moz-transform:skew(3deg,30deg);                     /*Firefox 下在 X 和 Y 轴上进行倾斜*/
    -webkit-transform:skew(3deg,30deg);                  /*Chrome 下在 X 和 Y 轴上进行倾斜*/
    -o-transform:skew(3deg,30deg);                       /*Opera 下在 X 和 Y 轴上进行倾斜*/
    -ms-transform:skew(3deg,30deg);                      /*IE 下在 X 和 Y 轴上进行倾斜*/
}

#x{
    left:300px;
    -moz-transform:skewX(30deg);                         /*Firefox 下在 X 轴上进行倾斜*/
    -webkit-transform:skewX(30deg);                      /*Chrome 下在 X 轴上进行倾斜*/
    -o-transform:skewX(30deg);                           /*Opera 下在 X 轴上进行倾斜*/
```

```
    -ms-transform:skewX(30deg);                    /*IE 下在 X 轴上进行倾斜*/
}

#wall{
    background-image:url(images/bg_main.jpg);
    max-width:600px;                               /*设置最大宽度*/
    height:300px;                                  /*设置最大高度*/
}
</style>
</head>
<body style="margin:0px;">
<div id="wall"></div>
<div class="preview" style="background-image:none;border:1px #000000 dashed;"></div>
<div class=" preview" id="xy"></div>
<div class="preview" id="x"></div>
```

在 IE 浏览器中浏览该页面，可以看到如图 11-3 所示的界面。

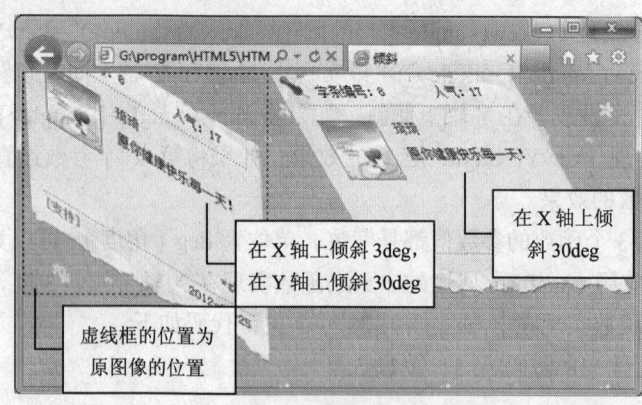

图 11-3　应用 transform 属性倾斜字条图片

11.1.4　应用 transform 属性实现旋转

应用 transform 属性的 rotate(<angle>)函数可以实现 2D 旋转。参数<angle>用于指定旋转的角度，其值可取正或负，正值代表顺时针旋转，负值代表逆时针旋转。在使用该函数以前，可以应用 transform-origin 属性定义变换的中心点。

【例 11-4】　应用 transform 属性的 rotate()函数分别实现顺时针旋转 30 度和逆时针旋转 30 度，关键代码如下：

实例位置：光盘\MR\源码\第 11 章\11-4

```
<style>
.preview{
    background:url(images/style0.gif) no-repeat;          /*设置背景图片，并且不重复*/
    position:absolute;                    /*设置为绝对布局*/
    top:0px;                              /*设置顶边距*/
    left: 0px;                            /*设置左边距*/
    width:240px;                          /*设置宽度*/
    height:210px;                         /*设置高度*/
}
#rotate{
```

```
    -moz-transform:rotate(30deg);            /*Firefox 下顺时针旋转 30 度*/
    -webkit-transform:rotate(30deg);         /*Chrome 下顺时针旋转 30 度*/
    -o-transform:rotate(30deg);              /*Opera 下顺时针旋转 30 度*/
    -ms-transform:rotate(30deg);             /*IE 下顺时针旋转 30 度*/
}

#rotate1{
    left:300px;
    -moz-transform:rotate(-30deg);           /*Firefox 下逆时针旋转 30 度*/
    -webkit-transform:rotate(-30deg);        /*Chrome 下逆时针旋转 30 度*/
    -o-transform:rotate(-30deg);             /*Opera 下逆时针旋转 30 度*/
    -ms-transform:rotate(-30deg);            /*IE 下逆时针旋转 30 度*/
}

#wall{
    background-image:url(images/bg_main.jpg);
    max-width:600px;                         /*设置最大宽度*/
    height:300px;                            /*设置最大高度*/
}
</style>
</head>
<body style="margin:0px;">
<div id="wall"></div>
<div class="preview" style="background-image:none;border:1px #000000 dashed;"></div>
<div class=" preview" id="rotate"></div>
<div class="preview" id="rotate1"></div>
```

在 IE 浏览器中浏览该页面，可以看到如图 11-4 所示的界面。

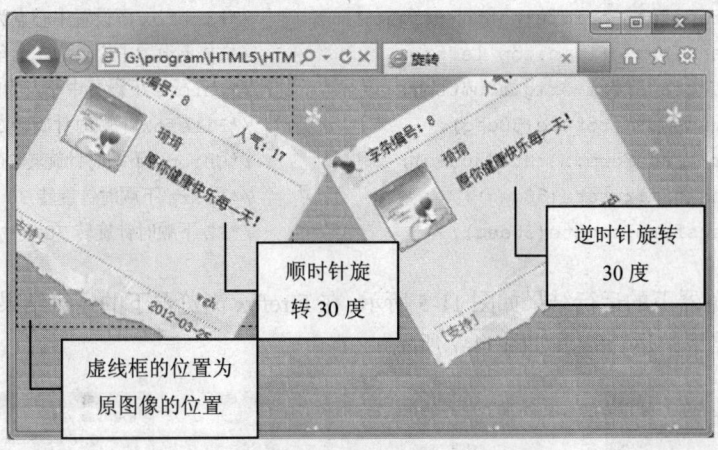

图 11-4　应用 transform 属性旋转字条图片

11.1.5　更改变换的中心点

在 CSS 中，提供了 transform-origin 属性来更改变换的中心点。该属性可以提供两个参数值，也可以提供一个参数值。如果提供两个，第 1 个表示横坐标，第 2 个表示纵坐标；如果只提供一个，该值将表示横坐标，纵坐标将默认为 50%。

目前主流浏览器并未支持标准的 transform-origin 属性，所以在实际开发中还需要添加各浏览器厂商的前缀。例如，需要为 Firefox 浏览器添加-moz-前缀；为 IE 浏览器添加-ms-前缀；为 Opera 浏览器添加-o-前缀；为 Chrome 浏览器添加-webkit-前缀。

transform-origin 属性的语法格式如下：

transform-origin: [<percentage> | <length> | left | center① | right] [<percentage> | <length> | top | center② | bottom]?

属性值说明如表 11-2 所示。

表 11-2   transform-origin 属性的属性值说明

属性值	说　　明
<percentage>	用百分比指定坐标值。可以为负值
<length>	用长度值指定坐标值。可以为负值
left	指定原点的横坐标为 left，居左
center①	指定原点的横坐标为 center，居中
right	指定原点的横坐标为 right，居右
top	指定原点的纵坐标为 top，居顶
center②	指定原点的纵坐标为 center，居中
bottom	指定原点的纵坐标为 bottom，居底

【例 11-5】   在 IE 浏览器下更改变换的中心点为左上角；在 Firefox 浏览器下更改变换的中心点为右下角；在 Chrome 浏览器下更改变换的中心点为底边界的中心点，可以使用下面的代码。

实例位置：光盘\MR\源码\第 11 章\11-5

```
#rotate{
    -moz-transform-origin:bottom right;        /*Firefox 下设置中心点为右下角*/
    -ms-transform-origin:top left;             /*IE 下设置中心点为左上角*/
    -webkit-transform-origin:bottom;           /*Chrome 下设置中心点为底边界的中心点*/
    -moz-transform:rotate(30deg);              /*Firefox 下顺时针旋转 30 度*/
    -webkit-transform:rotate(30deg);           /*Chrome 下顺时针旋转 30 度*/
    -o-transform:rotate(30deg);                /*Opera 下顺时针旋转 30 度*/
    -ms-transform:rotate(30deg);               /*IE 下顺时针旋转 30 度*/
}
```

在 IE 9.0 浏览器下的运行结果如图 11-5 所示；在 Firefox 浏览器下的运行结果如图 11-6 所示；在 Chrome 浏览器下的运行结果如图 11-7 所示。

图 11-5　在 IE 9.0 浏览器下的运行结果　图 11-6　在 Firefox 浏览器下的运行结果　图 11-7　在 Chrome 浏览器下的运行结果

11.2 过渡效果

CSS 提供了用于实现过渡效果的 Transition 属性，该属性可以控制 HTML 元素的某个属性发生改变时经历的时间，并且以平滑渐变的方式发生改变，从而形成动画效果。Transition 属性是一个综合属性，它的语法格式如下：

```
transition: [ transition-property ] || [ transition-duration ] || [ transition-
timing-function ] || [ transition-delay ]
```

Transition 属性的属性值如下：

- [transition-property]：用于指定参与过渡的属性，对应的独立属性为 transition-property；
- [transition-duration]：用于指定过渡持续的时间，对应的独立属性为 transition-duration；
- [transition-timing-function]：用于指定过渡的类型，对应的独立属性为 transition-timing-function；
- [transition-delay]：用于指定延迟过渡的时间，对应的独立属性为 transition-delay。

目前主流浏览器并未支持标准的 transition 属性，所以在实际开发中还需要添加各浏览器厂商的前缀。例如，需要为 Firefox 浏览器添加−moz−前缀；为 IE 浏览器添加−ms−前缀；为 Opera 浏览器添加−o−前缀；为 Chrome 浏览器添加−webkit−前缀。

Transition 属性的每一个属性都有一个与其对应的独立属性，下面将对这些属性分别进行介绍。

11.2.1 指定过渡持续的时间

在 CSS 中使用 transition-duration 属性可以指定过渡持续的时间，该属性的语法格式如下：

```
transition-duration: <time>[ ,<time> ]*
```

属性值说明：

<time>：用于指定过渡持续的时间，默认值为 0，如果存在多个属性值，以逗号 "," 进行分隔。

目前主流浏览器并未支持标准的 transition−duration 属性，所以在实际开发中还需要添加各浏览器厂商的前缀。例如，需要为 Firefox 浏览器添加−moz−前缀；为 IE 浏览器添加−ms−前缀；为 Opera 浏览器添加−o−前缀；为 Chrome 浏览器添加−webkit−前缀。

【例 11-6】 应用 transition-duration 属性实现当鼠标移入时逐渐旋转的动画效果，关键代码如下：

实例位置：光盘\MR\源码\第 11 章\11-6

```
<style>
.preview{
    background:url(images/style0.gif) no-repeat;          /*设置背景图片，并且不重复*/
    position:absolute;                    /*设置为绝对布局*/
    top:10px;                             /*设置顶边距*/
    left: 30px;                           /*设置左边距*/
    width:240px;                          /*设置宽度*/
```

```
        height:210px;                                 /*设置高度*/
    }
    #rotate{
        -moz-transition-duration:1.5s;                /*设置过渡持续的时间*/
        -webkit-transition-duration:1.5s;             /*设置过渡持续的时间*/
        -o-transition-duration:1.5s;                  /*设置过渡持续的时间*/
        -ms-transition-duration:1.5s;                 /*设置过渡持续的时间*/
    }
    #rotate:hover{
        top:50px;
        -moz-transform:rotate(30deg);                 /*Firefox 下顺时针旋转 30 度*/
        -webkit-transform:rotate(30deg);              /*Chrome 下顺时针旋转 30 度*/
        -o-transform:rotate(30deg);                   /*Opera 下顺时针旋转 30 度*/
        -ms-transform:rotate(30deg);                  /*IE 下顺时针旋转 30 度*/
    }

    #wall{
        background-image:url(images/bg_main.jpg);
        max-width:600px;                              /*设置最大宽度*/
        height:310px;                                 /*设置最大高度*/
    }
    </style>
    </head>
    <body style="margin:0px;">
    <div id="wall"></div>
    <div class="preview" style="background-image:none;border:1px #000000 dashed;"></div>
    <div class=" preview" id="rotate"></div>
```

在 Firefox 浏览器中运行本实例,并将鼠标移动到字条上时,将显示逐渐旋转的过渡动画效果,运行结果如图 11-8 所示。将鼠标移出后,字条将逐渐旋转回原来的位置。

图 11-8　在 Firefox 浏览器下的运行结果

11.2.2　指定参与过渡的属性

在 CSS 中使用 transition-property 属性可以指定参与过渡的属性,该属性的语法格式如下:

```
transition-property: all | none | <property>[ ,<property> ]*
```

属性值说明如下:

- all：默认值，表示所有可以进行过渡的 CSS 属性；
- none：表示不指定过渡的 CSS 属性；
- <property>：表示指定要进行过渡的 CSS 属性。可以同时指定多个属性值，以逗号 "," 进行分隔。

　　　目前主流浏览器并未支持标准的 transition-property 属性，所以在实际开发中还需要添加各浏览器厂商的前缀。例如，需要为 Firefox 浏览器添加-moz-前缀；为 IE 浏览器添加-ms-前缀；为 Opera 浏览器添加-o-前缀；为 Chrome 浏览器添加-webkit-前缀。

【例 11-7】　应用 transition-property 属性和 transition-duration 属性实现当鼠标移入时逐渐放大的动画效果，关键代码如下：

实例位置：光盘\MR\源码\第 11 章\11-7

```
<style>
.preview{
    position:absolute;                                    /*设置为绝对布局*/
    top:10px;                                             /*设置顶边距*/
    left: 30px;                                           /*设置左边距*/
    width:240px;                                          /*设置宽度*/
    height:210px;                                         /*设置高度*/
    background:url(images/style0.gif) no-repeat;          /*设置背景图片，并且不重复*/
}
#rotate{
    -moz-transition-property:top,-moz-transform:scale(1.2); /*这里也可以用all*/
    -moz-:.5s;      /*设置过渡持续的时间*/
    -webkit-transition-property:top,-webkit-transform:scale(1.2);/*这里也可以用all*/
    -webkit-transition-duration:.5s;                      /*设置过渡持续的时间*/

    -o-transition-property:top,-o-transform:scale(1.2);   /*这里也可以用all*/
    -o-transition-duration:.5s;                           /*设置过渡持续的时间*/

    -ms-transition-property:top,-ms-transform:scale(1.2); /*这里也可以用all*/
    -ms-transition-duration:.5s;                          /*设置过渡持续的时间*/
}
#rotate:hover{
    top:50px;
    -moz-transform:scale(1.2);                            /*Firefox 下放大120%*/
    -webkit-transform:scale(1.2);                         /*Chrome 下放大120%*/
    -o-transform:scale(1.2);                              /*Opera 下放大120%*/
    -ms-transform:scale(1.2);                             /*IE 下放大120%*/
}
#wall{
    background-image:url(images/bg_main.jpg);
    max-width:600px;                                      /*设置最大宽度*/
    height:300px;                                         /*设置最大高度*/
}
</style>
</head>
<body style="margin:0px;">
<div id="wall"></div>
```

```
<div class="preview" style="background-image:none;border:1px #000000 dashed;"></div>
<div class=" preview" id="rotate"></div>
```

在 Firefox 浏览器中运行本实例,并将鼠标移动到字条上时,将显示逐渐放大的过渡动画效果,运行结果如图 11-9 所示。将鼠标移出后,字条将逐渐恢复为原来的大小。

图 11-9　在 Firefox 浏览器下的运行结果

11.2.3　指定过渡的动画类型

在 CSS 中使用 transition-timing-function 属性可以指定过渡的动画类型,该属性的语法格式如下:

```
transition-timing-function : linear | ease | ease-in | ease-out | ease-in-out |
cubic-bezier(x1,y1,x2,y2)[ ,linear | ease | ease-in | ease-out | ease-in-out |
cubic-bezier(x1,y1,x2,y2) ]*
```

属性值说明如表 11-3 所示。

表 11-3　　　　　　　　　　　　transition-timing-function 属性的属性值说明

属性值	说　　明
linear	线性过渡,也就是匀速过渡。等同于贝塞尔曲线(0.0, 0.0, 1.0, 1.0)
ease	平滑过渡,过渡的速度会逐渐慢下来。等同于贝塞尔曲线(0.25, 0.1, 0.25, 1.0)
ease-in	由慢到快,也就是逐渐加速。等同于贝塞尔曲线(0.42, 0, 1.0, 1.0)
ease-out	由快到慢,也就是逐渐减速。等同于贝塞尔曲线(0, 0, 0.58, 1.0)
ease-in-out	由慢到快再到慢,也就是先加速后减速。等同于贝塞尔曲线(0.42, 0, 0.58, 1.0)
cubic-bezier(x1,y1,x2,y2)	特定的贝塞尔曲线类型,如图 11-10 所示。函数中的 x1, y1 用来确定图 11-10 中的 P1 点的位置, x2, y2 用来确定图 11-10 中的 P2 点的位置,其中,4 个参数值需在[0, 1]区间内,否则无效 图 11-10　贝塞尔曲线示意图

　目前主流浏览器并未支持标准的 transition-timing-function 属性，所以在实际开发中还需要添加各浏览器厂商的前缀。例如，需要为 Firefox 浏览器添加-moz-前缀；为 IE 浏览器添加-ms-前缀；为 Opera 浏览器添加-o-前缀；为 Chrome 浏览器添加-webkit-前缀。

【例 11-8】　实现逐渐加速的旋转动画效果，要求图片旋转 360 度，关键代码如下：

实例位置：光盘\MR\源码\第 11 章\11-8

```
<style>
.preview{
    background:url(images/style0.gif) no-repeat;        /*设置背景图片，并且不重复*/
    position:absolute;                                   /*设置为绝对布局*/
    top:10px;                                            /*设置顶边距*/
    left: 30px;                                          /*设置左边距*/
    width:240px;                                         /*设置宽度*/
    height:210px;                                        /*设置高度*/
}
#rotate{
    -moz-transition-duration:1.5s;                      /*设置过渡持续的时间*/
    -moz-transition-timing-function:ease-in;            /*设置过渡持续的动画类型为由慢到快*/

    -webkit-transition-duration:1.5s;                   /*设置过渡持续的时间*/
    -webkit-transition-timing-function:ease-in;         /*设置过渡持续的动画类型为由慢到快*/

    -o-transition-duration:1.5s;                        /*设置过渡持续的时间*/
    -o-transition-timing-function:ease-in;              /*设置过渡持续的动画类型为由慢到快*/

    -ms-transition-duration:1.5s;                       /*设置过渡持续的时间*/
    -ms-transition-timing-function:ease-in;             /*设置过渡持续的动画类型为由慢到快*/

}
#rotate:hover{
    -moz-transform:rotate(360deg);                      /*Firefox 下顺时针旋转 360 度*/
    -webkit-transform:rotate(90deg);                    /*Chrome 下顺时针旋转 360 度*/
    -o-transform:rotate(90deg);                         /*Opera 下顺时针旋转 360 度*/
    -ms-transform:rotate(90deg);                        /*IE 下顺时针旋转 360 度*/
}
#wall{
    background-image:url(images/bg_main.jpg);
    max-width:600px;                                    /*设置最大宽度*/
    height:310px;                                       /*设置最大高度*/
}
</style>
</head>
<body style="margin:0px;">
<div id="wall"></div>
<div class="preview" style="background-image:none;border:1px #000000 dashed;"></div>
<div class=" preview" id="rotate"></div>
```

在 Firefox 浏览器中运行本实例，并将鼠标移动到字条上时，将显示逐渐加速的旋转动画效果，运行结果如图 11-11 所示。将鼠标移出后，字条将逐渐旋转回原来的位置。

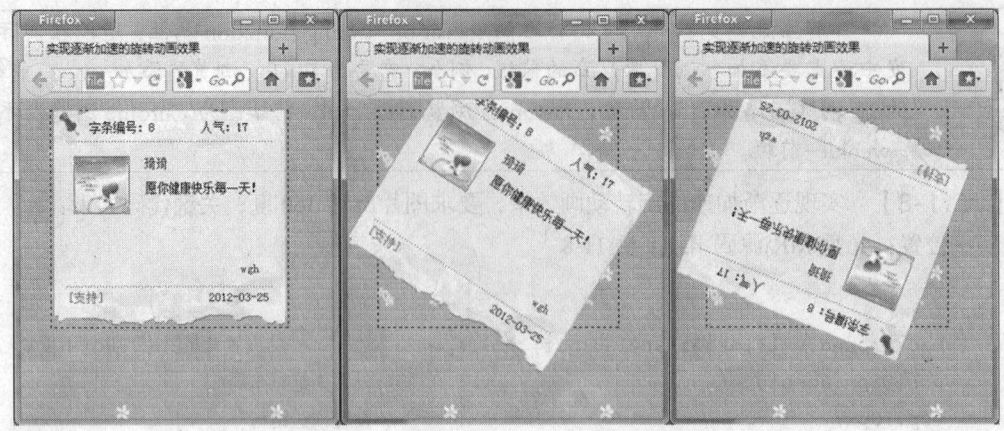

图 11-11　在 Firefox 浏览器下的运行结果

11.2.4　指定过渡的延迟时间

在 CSS 中使用 transition-duration 属性可以指定过渡的延迟时间，也就是延迟多长时间才开始过渡。该属性的语法格式如下：

```
transition-delay: <time>[ ,<time> ]*
```

属性值说明：

<time>：用于指定延迟过渡的时间，默认值为 0，如果存在多个属性值，以逗号","进行分隔。

 目前主流浏览器并未支持标准的 transition-delay 属性，所以在实际开发中还需要添加各浏览器厂商的前缀。例如，需要为 Firefox 浏览器添加-moz-前缀；为 IE 浏览器添加-ms-前缀；为 Opera 浏览器添加-o-前缀；为 Chrome 浏览器添加-webkit-前缀。

【例 11-9】　应用 transition-delay 属性实现当鼠标移入时延迟 0.5 秒开始旋转的动画效果，关键代码如下：

实例位置：光盘\MR\源码\第 11 章\11-9

```
<style>
.preview{
    background:url(images/style0.gif) no-repeat;      /*设置背景图片，并且不重复*/
    position:absolute;                                 /*设置为绝对布局*/
    top:10px;                                          /*设置顶边距*/
    left: 30px;                                        /*设置左边距*/
    width:240px;                                       /*设置宽度*/
    height:210px;                                      /*设置高度*/
}
#rotate{
    -moz-transition-duration:1.5s;                     /*设置过渡持续的时间*/
    -moz-transition-delay:0.5s;                        /*设置延迟过渡的时间*/
    -webkit-transition-duration:1.5s;                  /*设置过渡持续的时间*/
    -webkit-transition-delay:0.5s;                     /*设置延迟过渡的时间*/
    -o-transition-duration:1.5s;                       /*设置过渡持续的时间*/
    -o-transition-delay:0.5s;                          /*设置延迟过渡的时间*/
```

```
        -ms-transition-duration:1.5s;                      /*设置过渡持续的时间*/
        -ms-transition-delay:0.5s;                         /*设置延迟过渡的时间*/
}
#rotate:hover{
        -moz-transform:rotate(360deg);                     /*Firefox 下顺时针旋转 360 度*/
        -webkit-transform:rotate(90deg);                   /*Chrome 下顺时针旋转 360 度*/
        -o-transform:rotate(90deg);                        /*Opera 下顺时针旋转 360 度*/
        -ms-transform:rotate(90deg);                       /*IE 下顺时针旋转 360 度*/
}
#wall{
        background-image:url(images/bg_main.jpg);
        max-width:320px;                                   /*设置最大宽度*/
        height:310px;                                      /*设置最大高度*/
}
</style>
</head>
<body style="margin:0px;">
<div id="wall"></div>
<div class="preview" style="background-image:none;border:1px #000000 dashed;"></div>
<div class=" preview" id="rotate"></div>
```

在 Firefox 浏览器中运行本实例，并将鼠标移动到字条上时，等待 0.5 秒后，开始显示逐渐旋转的过渡动画效果，运行结果如图 11-12 所示，将鼠标移出后，仍然等待 0.5 秒后，逐渐旋转回原来的位置。

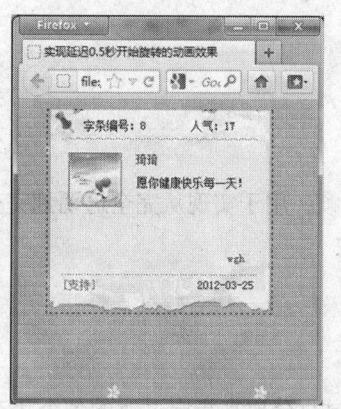

图 11-12　在 Firefox 浏览器下的运行结果

11.3　Animation 动画

在上面的两节中我们介绍了如何实现 2D 变换和过渡效果，通过这两节的内容我们已经可以实现简单的动画效果了，不过 CSS 提供的动画功能不止于此，它还支持更加复杂的动画——Animation 动画。Animation 动画允许开发者定义多个关键帧，而且浏览器会自动计算并插入关键帧之间的虚拟关键帧，从而形成比较流畅的动画效果。在实现 Animation 动画时，首先需要定义关键帧，然后再应用动画相关属性来执行变化。下面将详细介绍。

11.3.1 关键帧

在实现 Animation 动画时，需要先定义关键帧，定义关键帧的语法格式如下：

```
@keyframes name '{' <keyframes-blocks> '}';
```

 目前只有 Firefox、Chrome 和 Safari 浏览器支持与 Animation 动画的相关属性，其他主流浏览器还不支持，但是这 3 个浏览器也并未支持标准的与 Animation 动画的相关属性，需要为 Firefox 浏览器添加-moz-前缀；为 Chrome 和 Safari 浏览器添加-webkit-前缀。

属性值说明：

- name：定义一个动画名称，该动画名称将用来被 animation-name 属性（指定动画名称属性）所使用；
- <keyframes-blocks>：定义动画在不同时间段的样式规则。该属性值包括以下两种形式。
  ➢ 使用关键字 from 和 to 定义关键帧的位置，实现从一个状态过渡到另一个状态，语法格式如下：

```
from{
    属性1:属性值1;
属性2:属性值2;
…
属性n:属性值n;
}
to{
    属性1:属性值1;
属性2:属性值2;
…
属性n:属性值n;
}
```

例如，定义一个名称为 opacityAnim 的关键帧，用于实现从完全透明到完全不透明的动画效果，可以使用下面的代码。

```
@-webkit-keyframes opacityAnim{
    from{opacity:0;}
    to{opacity:1;}
}
```

  ➢ 使用百分比定义关键帧的位置，实现通过百分比来指定过渡的各个状态，语法格式如下：

```
百分比1{
    属性1:属性值1;
属性2:属性值2;
…
属性n:属性值n;
}
…
百分比n{
    属性1:属性值1;
属性2:属性值2;
…
```

属性 n:属性值 n;

}

在指定百分比时，一定要加%，例如，0%、50%和100%等。

例如，定义一个名称为 complexAnim 的关键帧，用于实现将对象从完全透明过渡到完全不透明，再逐渐缩放到 80%，最后再从完全透明过渡到完全不透明的动画效果，可以使用下面的代码。

```
@-webkit-keyframes complexAnim{
    0%{opacity:0;}
    20%{opacity:1;}
    50%{-webkit-transform:scale(0.8);}
    80%{opacity:1;}
    100%{opacity:0;}
}
```

11.3.2　动画属性

要实现 Animation 动画，在定义了关键帧以后，还需要使用动画相关属性来执行关键帧的变化。CSS 为 Animation 动画提供下面的 9 个属性。

- animation：复合属性。用于指定对象所应用的动画特效；
- animation-name：用于指定对象所应用的动画名称；
- animation-duration：用于指定对象动画的持续时间，单位为 s（秒），如 1s、5s 等；
- animation-timing-function：用于指定对象动画的过渡类型，其值与 transition-timing-function 属性值相关，也是如表 11-3 所示的属性值；
- animation-delay：用于指定对象动画延迟的时间，单位为 s（秒），如 1s、5s 等；
- animation-iteration-count：用于指定对象动画的循环次数，infinite 表示无限次循环；
- animation-direction：用于指定对象动画在循环中是否反向运动，值为 normal（默认值）表示正常方向，值为 alternate 表示正常与反向交替；
- animation-play-state：用于指定对象动画的状态，值为 running（默认值）表示运动；值为 paused 表示暂停；
- animation-fill-mode：用于指定对象动画时间之外的状态，值为 none（默认值）表示不设置对象动画之外的状态；值为 forwards 表示设置对象状态为动画结束时的状态；值为 backwards 表示设置对象状态为动画开始时的状态；值为 both 表示设置对象状态为动画结束或开始的状态。

目前只有 Firefox、Chrome 和 Safari 浏览器支持与 Animation 动画的相关属性，其他主流浏览器还不支持，但是这 3 个浏览器也并未支持标准的与 Animation 动画的相关属性，需要为 Firefox 浏览器添加-moz-前缀；为 Chrome 和 Safari 浏览器添加-webkit-前缀。

【例 11-10】 实现让图片从完全透明到完全不透明过渡，再逐渐缩小指定比例后还原，再从完全不透明到完全透明，直到图片消失的 Animation 动画。关键代码如下：

实例位置：光盘\MR\源码\第 11 章\11-10

```
<style>
.preview{
```

```
        background:url(images/style0.gif) no-repeat;           /*设置背景图片，并且不重复*/
        position:absolute;                                  /*设置为绝对布局*/
        top:10px;                                           /*设置顶边距*/
        left: 30px;                                         /*设置左边距*/
        width:240px;                                        /*设置宽度*/
        height:210px;                                       /*设置高度*/
    }
    #change{
        opacity:0;
    }
    /*编写在 Chrome 和 Safari 浏览器中使用的关键帧*/
    @-webkit-keyframes complexAnim{
        0%{opacity:0;}                                      /*完全透明*/
        20%{opacity:1;}                                     /*完全不透明*/
        50%{-webkit-transform:scale(0.8);}                 /*缩放到 80%*/
        80%{opacity:1;}                                     /*完全不透明*/
        100%{opacity:0;}                                    /*完全透明*/
    }
    /*编写在 Firefox 浏览器中使用的关键帧*/
    @-moz-keyframes complexAnim{
        0%{opacity:0;}                                      /*完全透明*/
        20%{opacity:1;}                                     /*完全不透明*/
        50%{-moz-transform:scale(0.8);}                    /*缩放到 80%*/
        80%{opacity:1;}                                     /*完全不透明*/
        100%{opacity:0;}                                    /*完全透明*/
    }
    #change:hover{
        /*实现在 Chrome 和 Safari 浏览器的动画效果*/
        -webkit-animation-name:complexAnim;                /*指定动画名称*/
        -webkit-animation-duration:5s;                     /*指定动画持续的时间*/
        -webkit-animation-iteration-count:infinite; /*指定无限次循环*/
        /*实现在 Firefox 浏览器的动画效果*/
        -moz-animation-name:complexAnim;                   /*指定动画名称*/
        -moz-animation-duration:5s;                        /*指定动画持续的时间*/
        -moz-animation-iteration-count:infinite;           /*指定无限次循环*/
    }
    #wall{
        background-image:url(images/bg_main.jpg);
        max-width:320px;                                   /*设置最大宽度*/
        height:310px;                                      /*设置最大高度*/
    }
</style>
</head>
<body style="margin:0px;">
<div id="wall"></div>
<div class="preview" style="background-image:none;border:1px #000000 dashed;"></div>
<div class=" preview" id="change"></div>
```

在 Firefox 浏览器中运行本实例，并将鼠标移动到虚线框上时，字条图片将逐渐显示，当图片已经完全显示后，图片开始缩小，当缩小到 80%时，再逐渐放大到原图片，最后逐渐消失，运行结果如图 11-13 所示。

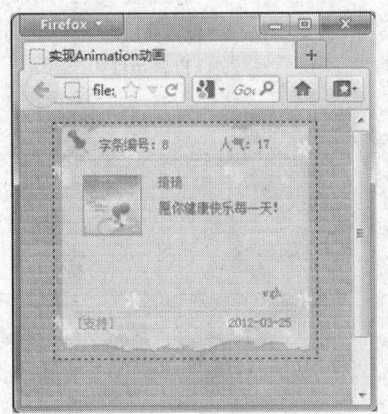

图 11-13　在 Firefox 浏览器下的运行结果

11.4　综合实例——模拟进度条效果

应用关键帧@keyframes 及 Animation 动画的相关属性可以通过动态改变对象的属性值来实现动画效果。本实例将实现一个模拟进度条效果的 Animation 动画，即将鼠标移动到进度条区域的最左侧时，进度条开始走动，直到区域的右边界后停止，效果如图 11-14 所示。

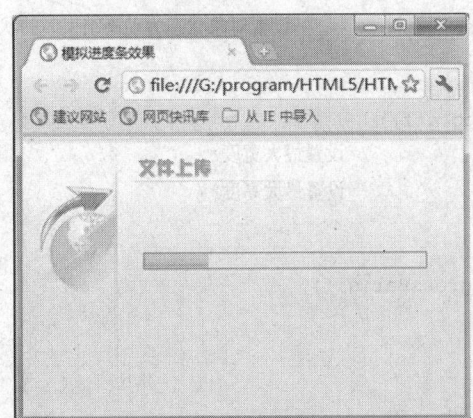

图 11-14　在 Chrome 浏览器中显示的模拟进度条效果

在实现本实例时，首先需要分别定义在 Chrome 和 Safari 浏览器中使用的关键帧，以及在 Firefox 浏览器中使用的关键帧，然后应用 Animation 动画的相关属性根据定义好的关键帧生成动画。关键代码如下：

```
<style>
#prog{
    background: url(images/style0.gif) no-repeat;    /*设置背景图片，并且不重复*/
    position: absolute;                              /*设置为绝对布局*/
```

```
    top: 106px;                                    /*设置顶边距*/
    left: 109px;                                   /*设置左边距*/
    width: 256px;                                  /*设置宽度*/
    height: 13px;                                  /*设置高度*/
    border: double 1px #666666;                    /**设置边框/
}
/*编写在 Chrome 和 Safari 浏览器中使用的关键帧*/
@-webkit-keyframes complexAnim{
    from{width:1px;}
    to{width:256px;}
}
/*编写在 Firefox 浏览器中使用的关键帧*/
@-moz-keyframes complexAnim{
    from{width:1px;}
    to{width:256px;}
}
#bar:hover{
    /*实现在 Chrome 和 Safari 浏览器的动画效果*/
    -webkit-animation-name:complexAnim;            /*指定动画名称*/
    -webkit-animation-duration:5s;                 /*指定动画持续的时间*/
    -webkit-animation-iteration-count:1;           /*指定仅执行 1 次*/
    -webkit-animation-fill-mode:forwards;          /*设置对象状态为动画结束时的状态*/
    /*实现在 Firefox 浏览器的动画效果*/
    -moz-animation-name:complexAnim;               /*指定动画名称*/
    -moz-animation-duration:5s;                    /*指定动画持续的时间*/
    -moz-animation-iteration-count:1;              /*指定仅执行 1 次*/
    -webkit-animation-fill-mode:forwards;          /*设置对象状态为动画结束时的状态*/
}
#bg{
    background-image:url(images/upFile_bg.gif);
    max-width:400px;                               /*设置最大宽度*/
    height:250px;                                  /*设置最大高度*/
}
#bar{
        background-image:url(images/progressBar.gif);
        width:1px;
        height:13px;
}
</style>
</head>
<body style="margin:0px;">
<div id="bg"></div>
<div id="prog"><div id="bar"></div></div>
```

知识点提炼

（1）在 CSS 中提供了 transform 和 transform-origin 两个用于实现 2D 变换的属性。其中，transform

属性用于实现平移、缩放、旋转和倾斜等 2D 变换，而 transform-origin 属性则用于设置变换的中心点。

（2）translate(<length>[,<length>])表示实现 2D 平移。第 1 个参数对应 X 轴，第 2 个参数对应 Y 轴。如果第 2 个参数未提供，则默认值为 0。

（3）translateX(<length>)表示在 X 轴（水平方向）上实现平移。参数 length 表示移动的距离。

（4）scaleX(<number>)表示在 X 轴上进行缩放。

（5）在 CSS 中，提供了 transform-origin 属性来更改变换的中心点。

（6）CSS 提供了用于实现过渡效果的 Transition 属性，该属性可以控制 HTML 元素的某个属性发生改变时经历的时间，并且以平滑渐变的方式发生改变，从而形成动画效果。

（7）Animation 动画允许开发者定义多个关键帧，而且浏览器会自动计算并插入关键帧之间的虚拟关键帧，从而形成比较流畅的动画效果。

习　　题

1. 应用 transform 属性的哪些函数可以实现 2D 平移？
2. 应用 transform 属性的哪个函数可以实现 2D 旋转？
3. 应用 transform 属性的哪个函数可以实现 2D 倾斜？
4. 应用 transform 属性的什么函数可以实现缩放？
5. CSS 为 Animation 动画提供哪 9 个属性？

实验：实现方形变圆形动画效果

实验目的

（1）熟悉 CSS 样式的基本使用方法。

（2）掌握 CSS 提供的 transition-duration 属性的基本语法。

实验内容

实现方形变圆形动画效果，要求在页面中添加 3 个正方形的按钮，当鼠标移动到按钮上时，该按钮逐渐变换为圆形按钮，并且按钮的背景颜色也由淡绿色变为橙色。

实验步骤

（1）创建一个名称为 index.html 的文件，在该文件中添加 3 个<div>元素，分别代表"按钮 1"、"按钮 2"和"按钮 3"，采用列表标记进行布局，关键代码如下：

```
<body style="margin:0px;">
<ul>
    <li><div>按钮 1</div></li>
    <li><div>按钮 2</div></li>
```

```
    <li><div>按钮 3</div></li>
</ul>
```

（2）编写 CSS 样式代码，控制各按钮的样式，并且实现过渡动画效果，具体代码如下：

```
<style>
li div:hover{
    border-radius:80px;                    /*设置圆角半径*/
    background-color:#F90;                 /*改变背景颜色为橙色*/
}
ul{
    list-style:none;                       /*不显示项目符号*/
}
li{
    float:left;                            /*浮动在左侧，用于实现横向排列*/
    margin:10px;                           /*设置外边距*/
}
li div{
    border:1px solid #666;                 /*边框样式*/
    background-color:#CF9;                 /*默认的背景颜色为淡绿色*/
    padding:5px;                           /*设置内边距*/
    width:80px;                            /*设置宽度*/
    height:80px;                           /*设置高度*/
    text-align:center;                     /*设置居中对齐*/
    /*实现过渡动画效果*/
    -moz-transition-duration:1.5s;         /*设置过渡持续的时间*/
    -webkit-transition-duration:1.5s;      /*设置过渡持续的时间*/
    -o-transition-duration:1.5s;           /*设置过渡持续的时间*/
    -ms-transition-duration:1.5s;          /*设置过渡持续的时间*/
}
</style>
```

在火狐浏览器中打开 index.html 文件，将鼠标移动到"按钮 2"上，"按钮 2"将由正方形渐渐变为圆形，如图 11-15 所示。

图 11-15　Firefox 浏览器显示的方形变圆形动画效果

第12章
JavaScript 概述

本章要点:

- 熟悉 JavaScript 的历史及特点
- 熟悉 JavaScript 的成功案例库
- 掌握如何搭建 JavaScript 开发环境库
- 熟悉编程 JavaScript 脚本的两种工具库
- 掌握如何在 HTML 中使用 JavaScript 脚本

在学习 JavaScript 前，应该需要了解什么是 JavaScript，JavaScript 都有哪些特点，JavaScript 的编写工具以及在 HTML 中的使用等，通过了解这些内容来增强对 JavaScript 语言的理解以方便以后更好地深入学习。

12.1 JavaScript 概貌

JavaScript 是 Web 页面中的一种脚本编程语言，也是一种通用的、跨平台的、基于对象和事件驱动并具有安全性的脚本语言。它不需要进行编译，而是直接嵌入在 HTML 页面中，把静态页面转变成支持用户交互并响应相应事件的动态页面。

12.1.1 JavaScript 的历史起源

JavaScript 语言的前身是 LiveScript 语言。由美国 Netscape (网景) 公司的布瑞登.艾克 (Brendan Eich) 为即将在 1995 年发布的 Navigator2.0 浏览器的应用而开发的脚本语言。在与 Sun (太阳) 公司联手及时完成了 LiveScript 语言的开发后，就在 Navigator 2.0 即将正式发布前，Netscape 公司将其改名为 JavaScript，也就是最初的 JavaScript 1.0 版本。虽然当时 JavaScript1.0 版本还有很多缺陷，但拥有着 JavaScript 1.0 版本的 Navigator 2.0 浏览器几乎主宰着浏览器市场。

因为 JavaScript 1.0 如此成功，Netscape 公司在 Navigator 3.0 中发布了 JavaScript 1.1 版本。同时微软开始进军浏览器市场，发布了 Internet Explorer 3.0 并搭载了一个 JavaScript 的类似版本，其注册名称为 JScript，这成为 JavaScript 语言发展过程中的重要一步。

在微软进入浏览器市场后，此时有 3 种不同的 JavaScript 版本同时存在，Navigator 中的 JavaScript、IE 中的 JScript 以及 CEnvi 中的 ScriptEase。与其他编程语言不同的是，JavaScript 并没有一个标准来统一其语法或特性，而这 3 种不同的版本恰恰突出了这个问题。1997 年，JavaScript 1.1 版本作为一个草案提交给欧洲计算机制造商协会 (ECMA)。最终由来自 Netscape、Sun、微软、

Borland 和其他一些对脚本编程感兴趣的公司的程序员组成了 TC39 委员会，该委员会被委派来标准化一个通用、跨平台、中立于厂商的脚本语言的语法和语义。TC39 委员会制定了"ECMAScript 程序语言的规范书"（又称为"ECMA-262 标准"），该标准通过国际标准化组织(ISO)采纳通过，作为各种浏览器生产开发所使用的脚本程序的统一标准。

12.1.2 JavaScript 的主要特点

JavaScript 脚本语言的主要特点如下：

- 解释性

JavaScript 不同于一些编译性的程序语言，例如 C、C++等，它是一种解释性的程序语言，它的源代码不需要经过编译，而直接在浏览器中运行时被解释。

- 基于对象

JavaScript 是一种基于对象的语言。这意味着它能运用自己已经创建的对象。因此，许多功能可以来自于脚本环境中对象的方法与脚本的相互作用。

- 事件驱动

JavaScript 可以直接对用户或客户输入做出响应，无须经过 Web 服务程序。它对用户的响应，是以事件驱动的方式进行的。所谓事件驱动，就是指在主页中执行了某种操作所产生的动作，此动作称为"事件"。比如按下鼠标、移动窗口、选择菜单等都可以视为事件。当事件发生后，可能会引起相应的事件响应。

- 跨平台

JavaScript 依赖于浏览器本身，与操作环境无关，只要能运行浏览器的计算机；并支持 JavaScript 的浏览器就可以正确执行。

- 安全性

JavaScript 是一种安全性语言，它不允许访问本地的硬盘，并不能将数据存入到服务器上，不允许对网络文档进行修改和删除，只能通过浏览器实现信息浏览或动态交互。这样可有效地防止数据的丢失。

12.1.3 JavaScript 成功案例

使用 JavaScript 脚本实现的动态页面，在 Web 上随处可见。下面将介绍几种 JavaScript 常见的应用。

- 验证用户输入的内容

使用 JavaScript 脚本语言可以在客户端对用户输入的数据进行验证。例如在制作用户注册信息页面时，要求用户输入确认密码，以确定用户输入密码是否准确。如果用户在"确认密码"文本框中输入的信息与"密码"文本框中输入的信息不同，将弹出相应的提示信息，如图 12-1 所示。

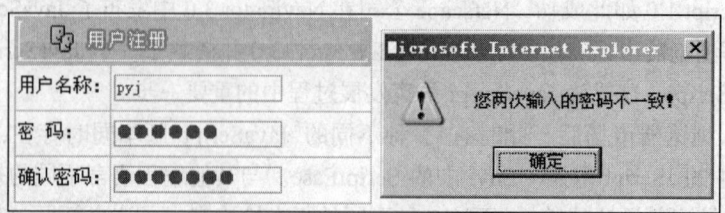

图 12-1 验证两次密码是否一致

● 动画效果

在浏览网页时，经常会看到一些动画效果，使页面显得更加生动。使用 JavaScript 脚本语言也可以实现动画效果，例如在页面中实现下雪的效果，如图 12-2 所示。

● 窗口的应用

在打开网页时经常会看到一些浮动的广告窗口，这些广告窗口是网站最大的盈利手段。我们也可以通过 JavaScript 脚本语言来实现，例如图 12-3 所示的广告窗口。

图 12-2　动画效果

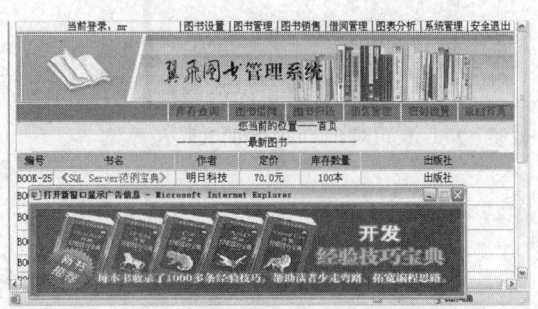

图 12-3　窗口的应用

● 文字特效

使用 JavaScript 脚本语言可以使文字实现多种特效。例如使文字旋转，如图 12-4 所示。

● 中国网络电视台应用的 jQuery 效果

访问中国网络电视台的电视直播页面后，在央视频道栏目中就应用了 jQuery 实现鼠标移入移出效果。将鼠标移动到某个频道上时，该频道内容将添加一个圆角矩形的灰背景，如图 12-5 所示，用于突出显示频道内容，将鼠标移出该频道后，频道内容将恢复为原来的样式。

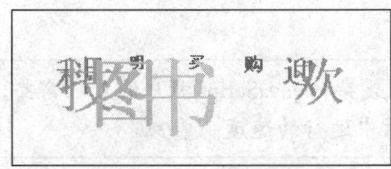

图 12-4　文字特效

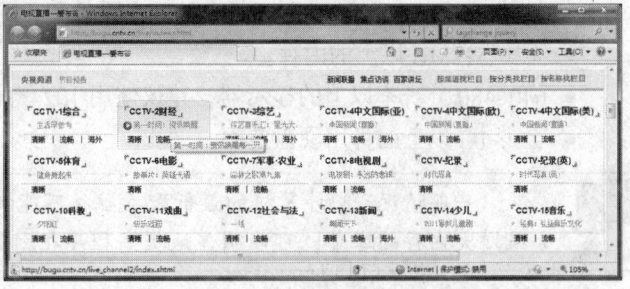

图 12-5　中国网络电视台应用的 jQuery 效果

● 京东网上商城应用的 jQuery 效果

访问京东网上商城的首页时，在右侧有一个为手机和游戏充值的栏目，这里应用了 jQuery 实现的标签页的效果，将鼠标移动到"手机充值"栏目上时，标签页中将显示为手机充值的相关内容，如图 12-6 所示，将鼠标移动到"游戏充值"栏目上时，将显示为游戏充值的相关内容。

● 应用 Ajax 技术实现百度搜索提示

在百度首页的搜索文本框中输入要搜索的关键字时，下方会自动给出相关提示。如果给出的提示有符合要求的内容，可以直接选择，这样可以方便用户。例如，输入"明日科"后，在下面将显示如图 12-7 所示的提示信息。

图 12-6　京东网上商城应用的 jQuery 效果

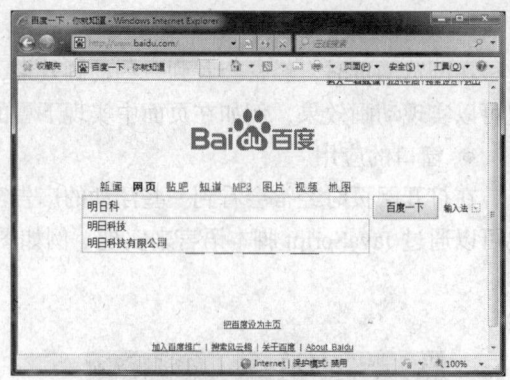

图 12-7　百度搜索提示页面

12.2　搭建 JavaScript 开发环境

JavaScript 本身是一种脚本语言，不是一种工具，实际运行所写的 JavaScript 代码的软件是环境中的解释引擎——Netscape Navigator 或 Microsoft Internet Explorer 浏览器。JavaScript 依赖于浏览器的支持。

12.2.1　硬件要求

在使用 JavaScript 进行程序开发时，要求使用的硬件开发环境如下：

- 首先必须具备运行 Windows 98、Windows XP、Windows Vista、Windows 7 等，Windows 2000 及其 Service Pack 2 或更高版本的基本硬件配置环境。
- 至少 512MB 以上的内存。
- 640*480 分辨率以上的显示器，建议使用 1024*768。
- 至少 1G 以上的可用硬盘空间。

> 一般情况下，计算机的最低配置往往不能满足复杂的 JavaScript 程序的处理需要，如果增大内存的容量，可以明显地提高程序在浏览器中运行的速度。

12.2.2　软件要求

本书介绍的 JavaScript 基本功能适用于大部分浏览器。为了能够更好地利用本书，建议读者的软件安装配置如下：

- Windows XP、Windows 7 操作系统。
- Netscape Navigator 3.0 浏览器或 Internet Explorer 6.0 浏览器以上版本。

12.2.3　浏览器对 JavaScript 的支持

由于各浏览器对 JavaScript 脚本支持的不一致性，因此，在进行 JavaScript 脚本编程时，首先应确定用户使用的浏览器类型，然后根据浏览器类型编写 JavaScript 脚本。下面将介绍 Netscape 的 Navigator 浏览器和 Microsoft 的 Internet Explorer 浏览器。

1．Netscape Navigator（网景浏览器）

Netscape Navigator（网景浏览器）是最早也是最有影响力的网页浏览器之一，Netscape Navigator 浏览器 1.0 版发布于 1994 年 12 月，比微软 IE 1.0 浏览器发布时间还早一个多月，但由于 IE 浏览器和微软的 Windows 操作系统捆绑在一起，因此对 Netscape 网景浏览器的市场发展造成了巨大影响，使得 Netscape 网景浏览器逐渐淡出主流浏览器行列。

下面介绍 Netscape Navigator 浏览器版本的变化及其支持的 JavaScript 的版本，如表 12-1 所示。

表 12-1　　　　　　　Netscape Navigator 浏览器版本及所支持的 JavaScript 版本

浏览器版本	JavaScirpt 版本
Navigator2.0	JavaScript 1.0
Navigator3.0	JavaScript 1.1
Navigator4.0	JavaScript 1.2
Navigator4.5	JavaScript 1.3
Navigator6.0	JavaScript 1.5
Navigator7.0	JavaScript 1.5

2．Microsoft Internet Explorer（微软浏览器）

Internet Explorer，原称 Microsoft Internet Explorer，简称 MSIE（一般称为 Internet Explorer，简称 IE），是微软公司推出的一款网页浏览器。IE 浏览器不是最早的浏览器，但由于 IE 浏览器自推出之日起就是免费的，因此几乎将其他收费浏览器置于死地。从一定程度上说，是微软提供免费的 IE 浏览器后带动了整个互联网的发展。

下面介绍 Internet Explorer 浏览器版本的变化及其所支持的 JavaScript 的版本，如表 12-2 所示。

表 12-2　　　　　　　　IE 浏览器版本及所支持的 JavaScript 版本

浏览器版本	JavaScirpt 版本
Internet Explorer 3	JavaScript 1.1
Internet Explorer 4	JavaScript 1.3
Internet Explorer 5	JavaScript 1.4
Internet Explorer 5.5	JavaScript 1.5
Internet Explorer 6	JavaScript 1.5
Internet Explorer 7	JavaScript 1.5
Internet Explorer 8	JavaScript 1.5
Internet Explorer 9	JavaScript 1.8

12.3　编写 JavaScript 的工具

编写 JavaScript 程序可以使用任何一种文本编辑器，如 Windows 中的记事本、写字板等应用软件。由于 JavaScript 程序可以嵌入 HTML 文件中，因此，读者可以使用任何一种编写 HTML 文件的工具软件，如 Macromedia Dreamweaver 和 Microsoft FrontPage 等。

　　　　本书使用的编写工具为 Macromedia Dreamweaver CS6。

12.3.1 Adobe Dreamweaver

Dreamweaver 是当今流行的网页编辑工具之一，它采用了多种先进技术，提供图形化程序设计窗口，能够快速高效地创建网页，并生成与之相关的程序代码，使网页创作过程简单化，生成的网页也极具表现力。从 Dreamweaver MX 开始，Dreamweaver 开始支持可视化开发，这对于初学者来说确实是一个比较好的选择，因为它是所见即所得的。其特征包括，语法加亮、函数补全、参数提示等。值得一提的是，Dreamweaver 在提供强大的网页编辑功能的同时，还提供了完善的站点管理机制，极大地方便了程序员对网站的管理工作。

Dreamweaver 工具的开发环境如图 12-8 所示。

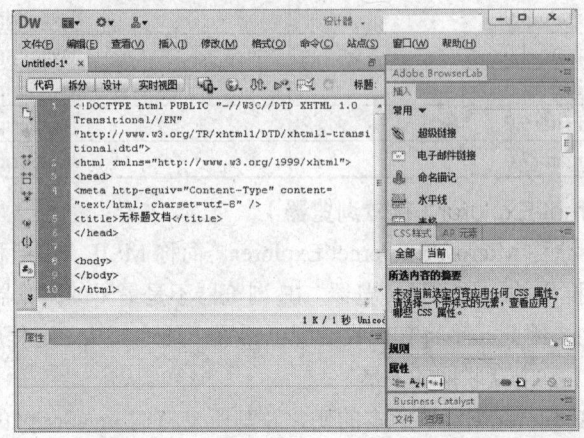

图 12-8 Dreamweaver 工具的开发环境

Dreamweaver 工具的开发环境有 3 种视图形式，分别为"代码"、"拆分"和"设计"。在"代码"视图中可以编辑代码；在"拆分"视图中可以同时编辑"代码"视图和"设计"视图中的内容；在"设计"视图中可以在页面中插入 HTML 元素，进行页面布局和设计；在"代码"视图中可以编写和查看代码。

12.3.2 Microsoft FrontPage

FrontPage 是微软公司开发的一款强大的 Web 制作工具和网络管理向导，它包括 HTML 处理程序、网络管理工具、动画图形创建和编辑工具以及 Web 服务器程序。通过 FrontPage 创建的网站不仅内容丰富而且专业，最值得一提的是，它的操作界面与 Word 的操作界面极为相似，非常容易学习和使用。

FrontPage 工具的开发环境如图 12-9 所示。

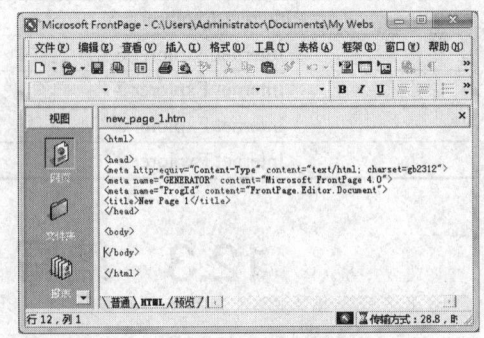

图 12-9 FrontPage 工具的开发环境

12.4 JavaScript 在 HTML 中的使用

通常情况下，在 Web 页面中使用 JavaScript 有以下两种方法，一种是在页面中直接嵌入

JavaScript 代码；另一种是链接外部 JavaScript 文件。下面分别对这两种方法进行介绍。

12.4.1　在页面中直接嵌入 JavaScript

在 HTML 文档中可以使用<script>…</script>标记将 JavaScript 脚本嵌入其中。在 HTML 文档中可以使用多个<script>标记，每个<script>标记中可以包含多个 JavaScript 的代码集合。<script>标记常用的属性及说明如表 12-3 所示。

表 12-3　　　　　　　　　　　　　　<script>标记常用的属性及说明

属性	说明
language	设置所使用的脚本语言及版本
src	设置一个外部脚本文件的路径位置
type	设置所使用的脚本语言，此属性已代替 language 属性
defer	此属性表示当 HTML 文档加载完毕后再执行脚本语言

【例 12-1】　在 HTML 页面中直接嵌入 JavaScript 代码，如图 12-10 所示。
实例位置：光盘\MR\源码\第 12 章\12-1

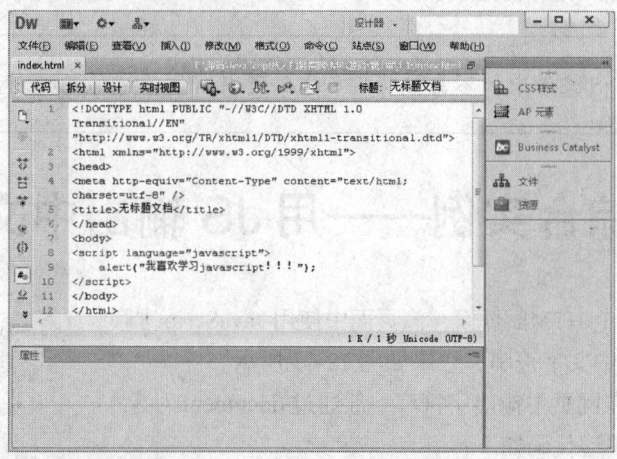

图 12-10　在 HTML 中直接嵌入 JavaScript 代码

　　　　　<script>标记可以放在 Web 页面的<head></head>标记中，也可以放在<body></body>标记中。

12.4.2　链接外部 JavaScript

在 Web 页面中引入 JavaScript 的另一种方法是采用链接外部 JavaScript 文件的形式。如果脚本代码比较复杂或是同一段代码可以被多个页面所使用，则可以将这些脚本代码放置在一个单独的文件中（保存文件的扩展名为.js），然后在需要使用该代码的 Web 页面中链接该 JavaScript 文件即可。

在 Web 页面中链接外部 JavaScript 文件的语法格式如下：

```
<script language="javascript" src="javascript.js"></script>
```

【例 12-2】　调用外部 JavaScript 文件 function.js。首先编写外部的 JavaScript 文件，命名为

function.js。function.js 文件的完整代码如图 12-11 所示。

实例位置：光盘\MR\源码\第 12 章\12-2

然后在 index.html 页面中调用外部 JavaScript 文件 function.js，调用代码如图 12-12 所示。

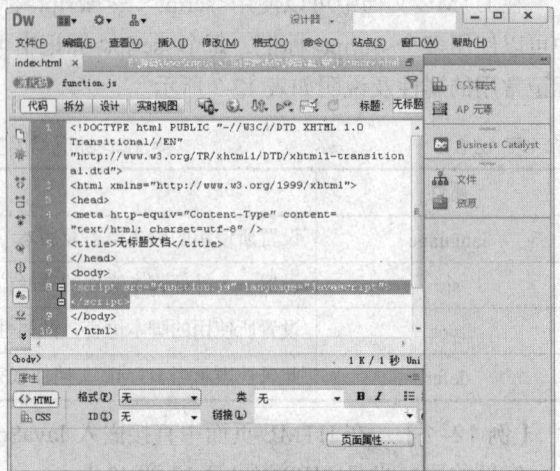

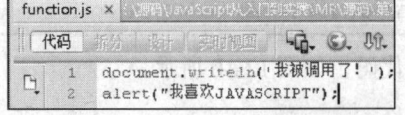

图 12-11　function.js 文件中的完整代码　　　　图 12-12　调用外部 JavaScript 文件

在外部 JS 文件中，不需要将脚本代码用<script>和</script>标记括起来。

12.5　综合实例——用 JS 输出中文字符串

本实例将制作一个 HTML 页面，该页面中使用 JavaScript 脚本输出一个"你好"中文文字符串，效果如图 12-13 所示。

使用 JavaScript 在网页中输出字符串一般通过 document 对象的 write 方法实现，关键代码如下：

图 12-13　使用 JavaScript 输出
"你好"中文字符串

```
<!DOCTYPE html PUBLIC "-//W3C//DTD XHTML 1.0
Transitional//EN" "http://www.w3.org/TR/xhtml1/DTD/xhtml1-
transitional.dtd">
<html xmlns="http://www.w3.org/1999/xhtml">
<head>
<meta http-equiv="Content-Type" content="text/html; charset=utf-8" />
<title>使用 JavaScript 输出"你好"中文字符串</title>
<script type="text/javascript">
document.write("你好");
</script>
</head>
<body>
</body>
</html>
```

知识点提炼

（1）JavaScript 是一种基于对象的语言。

（2）JavaScript 是一种解释性的程序语言，它的源代码不需要经过编译，而直接在浏览器中运行时被解释。

（3）JavaScript 可以直接对用户或客户输入做出响应，无须经过 Web 服务程序。

（4）JavaScript 依赖于浏览器本身，与操作环境无关，只要能运行浏览器的计算机，并支持 JavaScript 的浏览器就可以正确执行。

（5）JavaScript 是一种安全性语言，它不允许访问本地的硬盘，并不能将数据存入到服务器上，不允许对网络文档进行修改和删除，只能通过浏览器实现信息浏览或动态交互。

（6）在 Web 页面中使用 JavaScript 有以下两种方法，一种是在页面中直接嵌入 JavaScript 代码，另一种是链接外部 JavaScript 文件。

（7）在 HTML 文档中可以使用<script>…</script>标记将 JavaScript 脚本嵌入其中。

（8）在 Web 页面中引入 JavaScript 的另一种方法是采用链接外部 JavaScript 文件的形式。

习　　题

1. 简单描述 JavaScript 的特点。
2. 常用的编写 JavaScript 的工具有哪些？
3. 如何在页面中嵌入 JavaScript 脚本？
4. 如何在页面中链接外部 JavaScript 脚本文件？

实验：使用 Dreamweaver 创建 JS 文件

实验目的

（1）熟悉 Dreamweaver 工具。

（2）掌握在 Dreamweaver 中创建 JavaScript 的具体步骤。

实验内容

使用 Dreamweaver 创建一个名称为 test.js 的 JavaScript 文件。

实验步骤

（1）启动 Dreamweaver CS 6，在欢迎视图中，单击 Create New 区域中的 JavaScript 按钮，如图 12-14 所示。

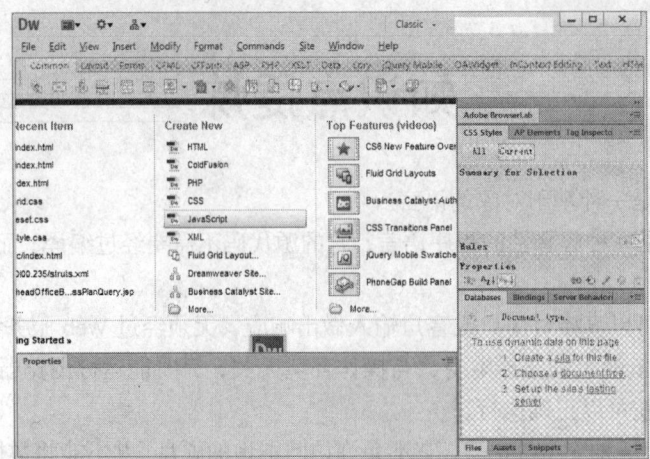

图 12-14　Dreamweaver CS 6 的欢迎视图

（2）Dreamweaver CS 6 将创建并打开一个新的文件，在该文件中默认添加一条注释语句，如图 12-15 所示。

图 12-15　新创建并打开的 JavaScript 文件

（3）按下〈Ctrl+S〉快捷键，将打开 Save As 对话框，在该对话框中指定文件的保存位置和文件名，如图 12-16 所示。

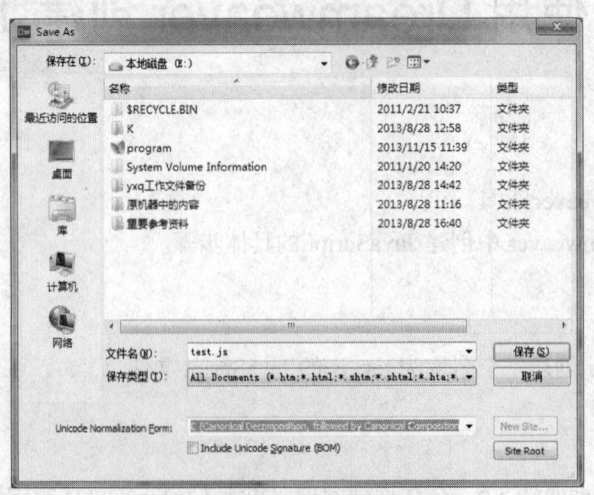

图 12-16　保存新创建的 JavaScript 文件

（4）单击"保存"按钮，即可完成 JavaScript 文件的创建。

第 13 章
JavaScript 语言基础

本章要点：

- 熟悉 JavaScript 程序的基本语法规则
- 掌握 JavaScript 的数据结构
- 掌握 JavaScript 中常用的数据类型
- 掌握 JavaScript 运算符的使用
- 熟悉 JavaScript 中的表达式
- JavaScript 数据类型间的转换
- 熟悉字符串对象的常用方法
- 熟悉什么是数组
- 掌握数组对象 Array 的使用
- 掌握如何添加删除数组元素
- 掌握如何设置数组的排列顺序
- 掌握如何获取数组中的子元素
- 掌握将数组转换为字符串的几种方法

JavaScript 是一种基于对象和事件驱动并具有安全性能的解释型脚本语言，它不但可以用于编写客户端的脚本程序，由 Web 浏览器解释执行，而且还可以编写在服务器端执行的脚本程序，在服务器端处理用户提交的信息并动态地向客户端浏览器返回处理结果。JavaScript 脚本语言与其他语言一样，有其自身的语法、数据类型、运算符、表达式等，本章将对 JavaScript 的基础进行详细讲解。

13.1 JavaScript 语法前奏

13.1.1 执行顺序

JavaScript 程序按照在 HTML 文件中出现的顺序逐行执行。如果需要在整个 HTML 文件中执行（如函数、全局变量等），最好将其放在 HTML 文件的<head>...</head>标记中。某些代码，比如函数体内的代码，不会被立即执行，只有当所在的函数被其他程序调用时，该代码才会被执行。

13.1.2　大小写敏感

JavaScript 对字母大小写是敏感（严格区分字母大小写）的，也就是说，在输入语言的关键字、函数名、变量以及其他标识符时，都必须采用正确的大小写形式。例如，变量 username 与变量 userName 是两个不同的变量，这一点要特别注意，因为同属于与 JavaScript 紧密相关的 HTML 是不区分大小写的，所以很容易混淆。

HTML 并不区分大小写。由于 JavaScript 和 HTML 紧密相连，这一点很容易混淆。许多 JavaScript 对象和属性都与 HTML 标签或属性同名，在 HTML 中，这些名称可以以任意的大小写方式输入而不会引起混乱，但在 JavaScript 中，这些名称通常都是小写的。例如，HTML 中的事件处理器属性 ONCLICK 通常被声明为 onClick 或 OnClick，而在 JavaScript 中只能使用 onclick。

13.1.3　每行结尾的分号可有可无

与 Java 语言不同，JavaScript 并不要求必须以分号（；）作为语句的结束标记。如果语句的结束处没有分号，JavaScript 会自动将该行代码的结尾作为语句的结尾。

例如，下面的两行代码都是正确的：

```
alert("您好！欢迎访问我公司网站！")
alert("您好！欢迎访问我公司网站！");
```

最好的代码编写习惯是在每行代码的结尾处加上分号，这样可以保证每行代码的准确性。

13.2　常用的几种 JavaScript 数据结构

每一种计算机语言都有自己的数据结构，JavaScript 脚本语言的数据结构包括标识符、关键字、常量和变量等。本节将对 JavaScript 脚本语言的数据结构进行详细讲解。

13.2.1　标识符

所谓的标识符（identifier），就是一个名称。在 JavaScript 中，标识符用来命名变量和函数，或者用作 JavaScript 代码中某些循环的标签。在 JavaScript 中，合法的标识符命名规则与 Java 以及其他许多语言的命名规则相同，第一个字符必须是字母、下划线（-）或美元符号（$），其后的字符可以是字母、数字或下划线、美元符号。

数字不允许作为首字符出现，这样 JavaScript 可以轻易地区别开标识符和数字。

例如，下面是合法的标识符：

```
i
my_name
_name
$str
n1
```

标识符不能和 JavaScript 中用于其他目的的关键字同名。

13.2.2　关键字

JavaScript 关键字（Reserved Words）是指在 JavaScript 语言中有特定含义，成为 JavaScript 语法中一部分的那些字。JavaScript 关键字是不能作为变量名和函数名使用的。使用 JavaScript 关键字作为变量名或函数名，会使 JavaScript 在载入过程中出现编译错误。与其他编程语言一样，JavaScript 中也有许多关键字，不能被用做标识符（函数名、变量名等），如表 13-1 所示。

表 13-1　　　　　　　　　　　　　　　JavaScript 的关键字

abstract	continue	finally	instanceof	private	this
boolean	default	float	int	public	throw
break	do	for	interface	return	typeof
byte	double	function	long	short	true
case	else	goto	native	static	var
catch	extends	implements	new	super	void
char	false	import	null	switch	while
class	final	in	package	synchronized	with

13.2.3　最常程序元素之一——常量

当程序运行时，值不能改变的量为常量（Constant）。常量主要用于为程序提供固定和精确的值（包括数值和字符串），比如数字、逻辑值真（true）、逻辑值假（false）等都是常量。声明常量使用 const 来进行声明。

语法：

```
const
        常量名：数据类型=值；
```

常量在程序中定义后便会在计算机中一定的位置存储下来，在该程序没有结束之前，它是不发生变化的。如果在程序中过多地使用常量，会降低程序的可读性和可维护性，当一个常量在程序内被多次引用，可以考虑在程序开始处将它设置为变量，然后再引用，当此值需要修改时，则只需更改其变量的值就可以了，既减少出错的机会，又可以提高工作效率。

13.2.4　最常程序元素之二——变量

变量是指程序中一个已经命名的存储单元，它的主要作用就是为数据操作提供存放信息的容器。对于变量的使用首先必须明确变量的命名规则、变量的声明方法及其变量的作用域。

1. 变量的命名

JavaScript 变量的命名规则如下：

- 必须以字母或下划线开头，中间可以是数字、字母或下划线。
- 变量名不能包含空格或加号、减号等符号。
- 不能使用 JavaScript 中的关键字。
- JavaScript 的变量名是严格区分大小写的。例如，UserName 与 username 代表两个不同的变量。

虽然 JavaScript 的变量可以任意命名，但是在进行编程的时候，最好还是使用便于记忆、且有意义的变量名称，以增加程序的可读性。

2. 变量的声明与赋值

在 JavaScript 中，使用变量前需要先声明变量，所有的 JavaScript 变量都由关键字 var 声明，语法格式如下：

```
var variable;
```

在声明变量的同时也可以对变量进行赋值：

```
var variable=11;
```

声明变量时所遵循的规则如下：

可以使用一个关键字 var 同时声明多个变量，例如：

```
var a,b,c                    //同时声明 a、b 和 c3 个变量
```

可以在声明变量的同时对其赋值，即为初始化，例如：

```
var i=1,j=2,k=3;             //同时声明 i、j 和 k3 个变量，并分别对其进行初始化
```

如果只是声明了变量，并未对其赋值，则其值缺省为 undefined。

var 语句可以用作 for 循环和 for/in 循环的一部分，这样就使循环变量的声明成为循环语法自身的一部分，使用起来比较方便。

也可以使用 var 语句多次声明同一个变量，如果重复声明的变量已经有一个初始值，那么此时的声明就相当于对变量的重新赋值。

当给一个尚未声明的变量赋值时，JavaScript 会自动用该变量名创建一个全局变量。在一个函数内部，通常创建的只是一个仅在函数内部起作用的局部变量，而不是一个全局变量。要创建一个局部变量，不是赋值给一个已经存在的局部变量，而是必须使用 var 语句进行变量声明。

另外，由于 JavaScript 采用弱类型的形式，因此读者可以不必理会变量的数据类型，即可以把任意类型的数据赋值给变量。

例如：声明一些变量，代码如下：

```
var varible=100                         //数值类型
var str="有一条路，走过了总会想起"        //字符串
var bue=true                            //布尔类型
```

在 JavaScript 中，变量可以不先声明，而在使用时，再根据变量的实际作用来确定其所属的数据类型。但是建议在使用变量前就对其声明，因为声明变量的最大好处就是能及时发现代码中的错误。由于 JavaScript 是采用动态编译的，而动态编译是不容易发现代码中的错误的，特别是变量命名方面的错误。

3. 变量的作用域

变量的作用域（scope）是指某变量在程序中的有效范围，也就是程序中定义这个变量的区域。在 JavaScript 中变量根据作用域可以分为两种：全局变量和局部变量。全局变量是定义在所有函数之外，作用于整个脚本代码的变量；局部变量是定义在函数体内，只作用于函数体的变量，函数的参数也是局部性的，只在函数内部起作用。例如，下面的程序代码说明了变量的作用域作用不同的有效范围：

```
<script language="javascript">
    var a;                              //该变量在函数外声明，作用于整个脚本代码
    function send()
```

```
    {
    a="JavaScript"
    var b="语言基础"              //该变量在函数内声明，只作用于该函数体
    alert(a+b);
    }
</script>
```

　　JavaScript 中用 ";" 作为语句结束标记，如果不加也可以正确地执行。用 "//" 作为单行注释标记；用 "/*" 和 "*/" 作为多行注释标记；用 "{" 和 "}" 包装成语句块。"//" 后面的文字为注释部分，在代码执行过程中不起任何作用。

4. 变量的生存期

　　变量的生存期是指变量在计算机中存在的有效时间。从编程的角度来说，可以简单地理解为该变量所赋的值在程序中的有效范围。JavaScript 中变量的生存期有两种：全局变量和局部变量。

　　全局变量在主程序中定义，其有效范围从其定义开始，一直到本程序结束为止。局部变量在程序的函数中定义，其有效范围只有在该函数之中；当函数结束后，局部变量生存期也就结束了。

13.3　数据是如何分类的——数据类型

　　每一种计算机语言都有自己所支持的数据类型。在 JavaScript 脚本语言中采用的是弱类型的方式，即一个数据（变量或常量）不必首先作声明，可在使用或赋值时再确定其数据的类型。当然也可以先声明该数据的类型，即通过在赋值时自动说明其数据类型。在本节中，将详细介绍 JavaScript 脚本中的几种数据类型。

13.3.1　数字型数据

　　数字（number）是最基本的数据类型。在 JavaScript 中，与其他程序设计语言（如 C 和 Java）的不同之处在于，它并不区别整型数值和浮点型数值。在 JavaScript 中，所有的数字都是由浮点型表示的。JavaScript 采用 IEEE754 标准定义的 64 位浮点格式表示数字，这意味着它能表示的最大值是 $\pm 1.7976931348623157 \times 10^{308}$，最小值是 $\pm 5 \times 10^{324}$。

　　当一个数字直接出现在 JavaScript 程序中时，我们称它为数值直接量（numericliteral）。JavaScript 支持数值直接量的形式有几种，下面将对这几种形式进行详细介绍。

　　在任何数值直接量前加负号（ - ）可以构成它的负数。但是负号是一元求反运算符，它不是数值直接量语法的一部分。

1. 整型数据

在 JavaScript 程序中，十进制的整数是一个数字序列。例如：

```
0
7
 -8
1000
```

　　JavaScript 的数字格式允许精确地表示 - 900719925474092（-2^{53}）和 900719925474092（2^{53}）之间的所有整数（包括 - 900719925474092（-2^{53}）和 900719925474092（2^{53}））。但是使用超过这个范围的整数，就会失去尾数的精确性。需要注意的是，JavaScript 中的某些整数运算是对 32

位的整数执行的，它们的范围从 - 2147483648（ - 2^{31}）～ 2147483647（2^{31}-1）。

2. 十六进制和八进制

JavaScript 不但能够处理十进制的整型数据，还能识别十六进制（以 16 为基数）的数据。所谓十六进制数据，是以 "0X" 或 "0x" 开头，其后跟随十六进制数字串的直接量。十六进制的数字可以是 0 到 9 中的某个数字，也可以是 a（A）到 f（F）中的某个字母，它们用来表示 0 到 15 之间（包括 0 和 15）的某个值，下面是十六进制整型数据的例子：

```
0xff      //15*16+15=225（基数为 10）
0xCAFE911
```

尽管 ECMAScripr 标准不支持八进制数据，但是 JavaScript 的某些实现却允许采用八进制（基数为 8）格式的整型数据。八进制数据以数字 0 开头，其后跟随一个数字序列，这个序列中的每个数字都在 0 和 7 之间（包括 0 和 7），例如：

```
0377      //3*64+7*8+7=255（基数为 10）
```

由于某些 JavaScript 实现支持八进制数据，而有些则不支持，所以最好不要使用以 0 开头的整型数据，因为不知道某个 JavaScript 的实现是将其解释为十进制，还是解释为八进制。

3. 浮点型数据

浮点型数据可以具有小数点，它们采用的是传统科学记数法的语法。一个实数值可以被表示为整数部分后加小数点和小数部分。

此外，还可以使用指数法表示浮点型数据，即实数后跟随字母 e 或 E，后面加上正负号，其后再加一个整型指数。这种记数法表示的数值等于前面的实数乘以 10 的指数次幂。

语法：

```
[digits] [.digits] [(E|e[(+|-)])]
```

例如：

```
1.2
.33333333
3.12e11      //3.12×10^11
1.234E - 12  //1.234×10^-12
```

 注意：虽然实数有无穷多个，但是 JavaScript 的浮点格式能够精确表示出来的却是有限的（确切地说是 18437736874454810627 个），这意味着在 JavaScript 中使用实数时，表示出数字通常是真实数字的近似值。不过即使是近似值也足够用了，这并不是一个实际问题。

13.3.2　字符串型

字符串（string）是由 Unicode 字符、数字、标点符号等组成的序列，它是 JavaScript 用来表示文本的数据类型。程序中的字符串型数据是包含在单引号或双引号中的，由单引号定界的字符串中可以含有双引号，由双引号定界的字符串中也可以含有单引号。

例如：

（1）单引号括起来的一个或多个字符，代码如下：

```
'啊'
'活着的人却拥有着一颗沉睡的心'
```

（2）双引号括起来的一个或多个字符，代码如下：

```
"呀"
```

"我想学习 JavaScript"

（3）单引号定界的字符串中可以含有双引号，代码如下：

'name="myname"'

（4）双引号定界的字符串中可以含有单引号，代码如下：

"You can call me 'Tom'!"

【例 13-1】　下面分别定义 4 个字符串，代码如下：

实例位置：光盘\MR\源码\第 13 章\13-1

```
<script language="javascript">
    var string1="I like 'javascript'";        //双引号中包含单引号
    var string2='I like "javascript"';        //单引号中包含双引号
    var string3="I like \"javascript\"";       //双引号中包含双引号
    var string4='I like \'javascript\'';       //单引号中包含单引号
    document.write(string1+"<br>");
    document.write(string2+"<br>");
    document.write(string3+"<br>");
    document.write(string4+"<br>");
</script>
```

执行上面的代码，运行结果如图 13-1 所示。

由上面的实例可以看出，单引号内出现双引号或双引号内出现
单引号时，不需要进行转义。但是，双引号内出现双引号或单引号
内出现单引号，则必须进行转义（转义字符将在"特殊数据类型"
中进行详细讲解）。

图 13-1　定义 4 个字符串并输出

13.3.3　布尔型

数值数据类型和字符串数据类型的值都无穷多，但是布尔数据类型只有两个值，这两个合法
的值分别由直接量"true"和"false"表示，它说明了某个事物是真还是假。

布尔值通常在 JavaScript 程序中用来比较所得的结果。例如：

n==1

这行代码测试了变量 n 的值是否和数值 1 相等。如果相等，比较的结果就是布尔值 true，否
则结果就是 false。

布尔值通常用于 JavaScript 的控制结构。例如，JavaScript 的 if/else 语句就是在布尔值为 true
时执行一个动作，而在布尔值为 false 时执行另一个动作。通常将一个创建布尔值与使用这个比较
的语句结合在一起。例如：

```
if (n==1)
  m=n+1;
else
n=n+1;
```

本段代码检测了 n 是否等于 1，如果相等，就给 m 增加 1，否则给 n 加 1。

有时候可以把两个可能的布尔值看作是"on（true）"和"off（false）"，或者看作是"yes（true）"
和"no（false）"，这样比将它们看作是"true"和"false"更为直观。有时候把它们看作是 1（true）
和 0（false）会更加有用（实际上 JavaScript 确实是这样做的，在必要时会将 true 转换成 1，将 false
转换成 0）。

13.3.4 特殊数据类型

1. 转义字符

以反斜杠开头的不可显示的特殊字符通常称为控制字符，也被称为转义字符。通过转义字符可以在字符串中添加不可显示的特殊字符，或者防止引号匹配混乱的问题。JavaScript 常用的转义字符如表 13-2 所示。

表 13-2　　　　　　　　　　　　JavaScript 常用的转义字符

转义字符	描　述	转义字符	描　述
\b	退格	\v	跳格（Tab，水平）
\n	回车换行	\r	换行
\t	Tab 符号	\\	反斜杠
\f	换页	\OOO	八进制整数，范围 000~777
\'	单引号	\xHH	十六进制整数，范围 00~FF
\"	双引号	\uhhhh	十六进制编码的 Unicode 字符

在 document.writeln();语句中使用转义字符时，只有将其放在格式化文本块中才会起作用，所以脚本必须在<pre>和</pre>的标签内。

例如，下面是应用转义字符使字符串换行的代码。

```
document.writeln("<pre>");
document.writeln("轻松学习\nJavaScript 语言！");
document.writeln("</pre>");
```

运行结果：

```
轻松学习
JavaScript 语言！
```

如果上述代码不使用<pre>和</pre>的标签，则转义字符不起作用，代码如下：

```
document.writeln("快快乐乐\n 平平安安！");
```

运行结果：

```
快快乐乐平平安安!
```

2. 未定义值

未定义类型的变量是 undefined，表示变量还没有赋值（如 var a;），或者赋予一个不存在的属性值（如 var a=String.notProperty;）。

此外，JavaScript 中有一种特殊类型的数字常量 NaN，即"非数字"。当在程序中由于某种原因发生计算错误后，将产生一个没有意义的数字，此时 JavaScript 返回的数字值就是 NaN。

3. 空值（null）

JavaScript 中的关键字 null 是一个特殊的值，它表示为空值，用于定义空的或不存在的引用。如果试图引用一个没有定义的变量，则返回一个 null 值。这里必须要注意的是：null 不等同于空的字符串（""）或 0。

由此可见，null 与 undefined 的区别是，null 表示一个变量被赋予了一个空值，而 undefined 则表示该变量尚未被赋值。

13.4　运　算　符

本节将介绍 JavaScript 的运算符。运算符是完成一系列操作的符号，JavaScript 的运算符按操作数可以分为单目运算符、双目运算符和多目运算符 3 种；按运算符类型可以分为算术运算符、比较运算符、赋值运算符、逻辑运算符和条件运算符 5 种。

13.4.1　算术运算符

算术运算符用于在程序中进行加、减、乘、除等运算。在 JavaScript 中常用的算术运算符如表 13-3 所示。

表 13-3　　　　　　　　　　　　　　　　JavaScript 中的算术运算符

运　算　符	描　　　述	示　　　例
+	加运算符	4+6　//返回值为 10
-	减运算符	7-2　//返回值为 5
*	乘运算符	7*3　//返回值为 21
/	除运算符	12/3　//返回值为 4
%	求模运算符	7%4　//返回值为 3
++	自增运算符。该运算符有两种情况：i++（在使用 i 之后，使 i 的值加 1）；++i（在使用 i 之前，先使 i 的值加 1）	i=1; j=i++　//j 的值为 1，i 的值为 2 i=1; j=++i　//j 的值为 2，i 的值为 2
--	自减运算符。该运算符有两种情况：i--（在使用 i 之后，使 i 的值减 1）；--i（在使用 i 之前，先使 i 的值减 1）	i=6; j=i--　//j 的值为 6，i 的值为 5 i=6; j=--i　//j 的值为 5，i 的值为 5

【例 13-2】　　通过 JavaScript 在页面中定义变量，再通过算术运算符计算变量的运行结果。
实例位置：光盘\MR\源码\第 13 章\13-2

```
<title>运用 JavaScript 运算符</title>
<script type="text/javascript">
    var num1=120,num2 = 25;                          //定义两个变量
    document.write("120+25=" + (num1+num2)+"<br>");  //计算两个变量的和
    document.write("120-25="+(num1-num2)+"<br>");    //计算两个变量的差
    document.write("120*25="+(num1*num2)+"<br>");    //计算两个变量的积
    document.write("120/25="+(num1/num2)+"<br>");    //计算两个变量的商
    document.write("(120++)="+(num1++)+"<br>");      //自增运算
    document.write("++120="+(++num1)+"<br>");
</script>
```

本实例运行结果如图 13-2 所示。

13.4.2　比较运算符

比较运算符的基本操作过程是：首先对操作数进行比较，这个操作数可以是数字也可以是字符串，然后返回一个布尔值 true 或 false。在 JavaScript 中常用

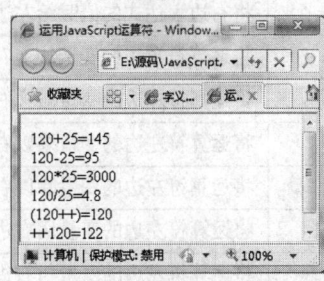

图 13-2　在页面中计算两个变量的算术运算结果

的比较运算符如表 13-4 所示。

表 13-4   JavaScript 中的比较运算符

运　算　符	描　　　述	示　　　例
<	小于	1<6　//返回值为 true
>	大于	7>10　//返回值为 false
<=	小于等于	10<=10　//返回值为 true
>=	大于等于	3>=6　//返回值为 false
==	等于。只根据表面值进行判断，不涉及数据类型	"17"==17　//返回值为 true
===	绝对等于。根据表面值和数据类型同时进行判断	"17"===17　/返回值为 false
!=	不等于。只根据表面值进行判断，不涉及数据类型	"17"!=17　//返回值为 false
!==	不绝对等于。根据表面值和数据类型同时进行判断	"17"!==17　//返回值为 true

【例 13-3】　应用比较运算符实现两个数值之间的大小比较。

实例位置：光盘\MR\源码\第 13 章\13-3

```
<script>
    var age = 25;                                    //定义变量
    document.write("age 变量的值为: "+age+"<br>");    //输出变量值
    document.write("age>=20: "+(age>=20)+"<br>");    //实现变量值比较
    document.write("age<20: "+(age<20)+"<br>");
    document.write("age!=20: "+(age!=20)+"<br>");
    document.write("age>20: "+(age>20)+"<br>");
</script>
```

运行本实例，结果如图 13-3 所示。

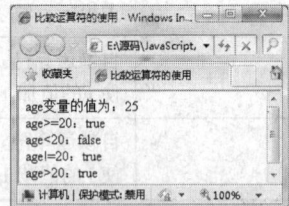

图 13-3　比较运算符的使用

13.4.3　赋值运算符

JavaScript 中的赋值运算可以分为简单赋值运算和复合赋值运算。简单赋值运算是将赋值运算符（=）右边表达式的值保存到左边的变量中；而复合赋值运算混合了其他操作（算术运算操作、位操作等）和赋值操作。例如：

```
sum+=i;              //等同于 sum=sum+i;
```

JavaScript 中的赋值运算符如表 13-5 所示。

表 13-5   JavaScript 中的赋值运算符

运　算　符	描　　　述	示　　　例
=	将右边表达式的值赋给左边的变量	userName="mr"
+=	将运算符左边的变量加上右边表达式的值赋给左边的变量	a+=b　//相当于 a=a+b
-=	将运算符左边的变量减去右边表达式的值赋给左边的变量	a-=b　//相当于 a=a-b
*=	将运算符左边的变量乘以右边表达式的值赋给左边的变量	a*=b　//相当于 a=a*b
/=	将运算符左边的变量除以右边表达式的值赋给左边的变量	a/=b　//相当于 a=a/b
%=	将运算符左边的变量用右边表达式的值求模，并将结果赋给左边的变量	a%=b　//相当于 a=a%b
&=	将运算符左边的变量与右边表达式的值进行逻辑与运算，并将结果赋给左边的变量	a&=b　//相当于 a=a&b

续表

运 算 符	描　述	示　例
|=	将运算符左边的变量与右边表达式的值进行逻辑或运算,并将结果赋给左边的变量	a|=b　//相当于 a=a|b
^=	将运算符左边的变量与右边表达式的值进行异或运算,并将结果赋给左边的变量	a^=b　//相当于 a=a^b

13.4.4　字符串运算符

字符串运算符是用于两个字符型数据之间的运算符,除了比较运算符外,还可以是+和+=运算符。其中,+运算符用于连接两个字符串,而+=运算符则连接两个字符串,并将结果赋给第一个字符串。表 13-6 给出了 JavaScript 中的字符串运算符。

表 13-6　　　　　　　　　　　　　JavaScript 中的字符串运算符

运 算 符	描　述	示　例
+	连接两个字符串	"mr"+"book"
+=	连接两个字符串并将结果赋给第一个字符串	var name = "mr" name += "book"

【例 13-4】　在网页中弹出一个提示对话框,显示进行字符串运算后变量的值,代码如下:
实例位置:光盘\MR\源码\第 13 章\13-4

```
var a="One "+"world ";    //将两个字符串连接后的值赋值给变量 a
a+="One Dream"            //连接两个字符串,并将结果赋给第一个
字符串
alert(a);
```

运行代码,结果如图 13-4 所示。

图 13-4　字符串相连

13.4.5　布尔运算符

在 JavaScript 中增加了几个布尔逻辑运算符,JavaScript 支持的常用布尔运算符如表 13-7 所示。

表 13-7　　　　　　　　　　　　　布尔运算符

布尔运算符	描　述
!	取反
&=	与之后再赋值
&	逻辑与
|=	或之后赋值
|	逻辑或
^=	异或之后赋值
^	逻辑异或
?:	三目运算符
||	或运算符
==	等于运算符
!=	不等于运算符

13.4.6　条件运算符

条件运算符是 JavaScript 支持的一种特殊的三目运算符，其语法格式如下：

操作数?结果 1:结果 2

如果"操作数"的值为 true，则整个表达式的结果为"结果 1"，否则为"结果 2"。

例如，定义两个变量，值都为 10，然后判断两个变量是否相等，如果相等则返回"正确"，否则返回"错误"，代码如下：

```
<script language="javascript">
var a=10;
var b=10;
alert(a==b)?正确:失败;
</script>
```

13.4.7　其他运算符

1. 位操作运算符

位运算符分为两种，一种是普通位运算符；另一种是位移运算符。在进行运算前，都先将操作数转换为 32 位的二进制整数，然后再进行相关运算，最后的输出结果将以十进制表示。位操作运算符对数值的位进行操作，如向左或向右移位等。JavaScript 中常用的位操作运算符如表 13-8 所示。

表 13-8　　　　　　　　　　　位操作运算符

位操作运算符	描　述
&	与运算符
|	或运算符
^	异或运算符
~	非运算符
<<	左移
>>	带符号右移
>>>	填 0 右移

2. typeof 运算符

typeof 运算符返回它的操作数当前所容纳的数据类型，这对于判断一个变量是否已被定义特别有用。

【例 13-5】　本实例应用 typeof 运算符返回当前所容纳的数据类型，代码如下：

实例位置：光盘\MR\源码\第 13 章\13-5

```
<script language="javascript">
    var a=3;
    var b="name";
    var c=null;
    alert("a 的类型为"+(typeof a)+"\nb 的类型为"+(typeof
b)+"\nc 的类型为"+(typeof c));
</script>
```

执行上面的代码，运行结果如图 13-5 所示。

图 13-5　使用 typeof 运算符获取数据类型

说明

> typeof 运算符把类型信息当作字符串返回。typeof 返回值有 6 种可能："number"、
> "string"、"boolean"、"object"、"function"和"undefined"。

3. new 运算符

通过 new 运算符来创建一个新对象。

语法:

```
new constructor[(arguments)]
```

● constructor：必选项。对象的构造函数。如果构造函数没有参数，则可以省略圆括号。

● arguments：可选项。任意传递给新对象构造函数的参数。

例如，应用 new 运算符来创建新对象，代码如下：

```
Object1 = new Object;
Array2 = new Array();
Date3 = new Date("August 8 2008");
```

13.4.8 运算符优先级

JavaScript 运算符都有明确的优先级与结合性。优先级较高的运算符将先于优先级较低的运算符进行运算，结合性则是指具有同等优先级的运算符将按照怎样的顺序进行运算。结合性有向左结合和向右结合，例如表达式 "a+b+c"，向左结合也就是先计算 "a+b"，即 "(a+b)+c"；而向右结合也就是先计算 "b+c"，即 "a+(b+c)"。JavaScript 运算符的优先级顺序及其结合性如表 13-9 所示。

表 13-9　　　　　　　　JavaScript 运算符的优先级与结合性

优　先　级	结　合　性	运　　算　　符
最高	向左	.、[ ]、()
	向右	++、--、-、!、delete、new、typeof、void
	向左	*、/、%
	向左	+、-
	向左	<<、>>、>>>
	向左	<、<=、>、>=、in、instanceof
	向左	==、!=、===、!===
由高到低依次排列	向左	&
	向左	^
	向左	|
	向左	&&
	向左	||
	向右	?:
	向右	=
	向右	*=、/=、%=、+=、-=、<<=、>>=、>>>=、&=、^=、|=
最低	向左	,

【例 13-6】　本实例演示如何使用()来改变运算的优先级。表达式 "a=1+2*3" 的结果为 7，因为乘法的优先级比加法的优先级高，将被优先运行。通过括号 "()" 运算符的优先级改变之后，

括号内的表达式将被优先执行，所以表达式"b=(1+2)*3"的结果为 9。代码如下：

实例位置：光盘\MR\源码\第 13 章\13-6

```
<script language="javascript">
<!--
    var a=1+2*3;              //按自动优先级计算
    var b=(1+2)*3;            //使用()改变运算优先级
    alert("a="+a+"\nb="+b);   //分行输出结果
-->
</script>
```

运行结果如图 13-6 所示。

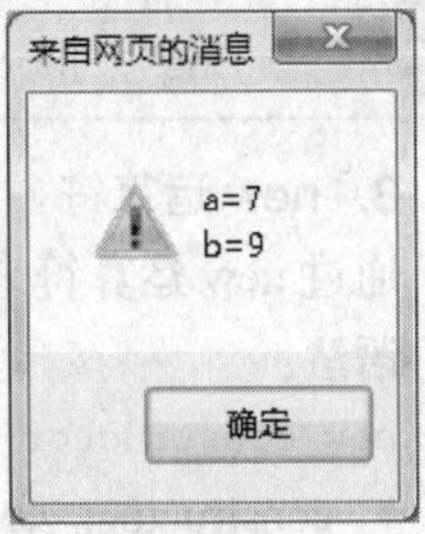

图 13-6　运算符的优先级使用

13.5　JavaScript 流程控制语句

13.5.1　最简单的赋值语句

赋值语句是 JavaScript 程序中最常用的语句。在程序中往往需要大量的变量来存储程序中用到的数据，所以用来对变量进行赋值的赋值语句也会在程序中大量出现。赋值语句的语法格式如下：

变量名=表达式；

当使用关键字 var 声明变量时，可以同时使用赋值语句对声明的变量进行赋值。

例如，声明一些变量，并分别给这些变量赋值，代码如下：

```
var varible=50
var varible="明日科技 编程词典！"
var bue=true
```

13.5.2　条件控制语句

所谓条件控制语句就是对语句中不同条件的值进行判断，进而根据不同的条件执行不同的语句。条件控制语句主要包括两类：一类是 if 判断语句，另一类是 switch 多分支语句。下面对这两种类型的条件控制语句进行详细的讲解。

1　if 语句

if 条件判断语句是最基本、最常用的流程控制语句，可以根据条件表达式的值执行相应的处理。if 语句的语法格式如下：

```
if(expression){
    statement 1
}else{
    statement 2
}
```

- expression：必选项，用于指定条件表达式，可以使用逻辑运算符。
- statement 1：用于指定要执行的语句序列。当 expression 的值为 true 时，执行该语句序列。
- statement 2：用于指定要执行的语句序列。当 expression 的值为 false 时，执行该语句序列。

if...else 条件判断语句的执行流程如图 13-7 所示。

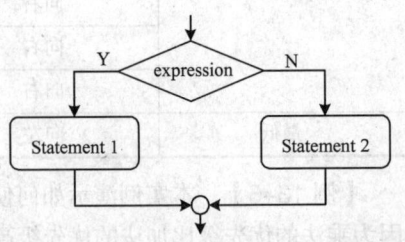

图 13-7　if...else 条件判断语句的执行流程

说明 上述 if 语句是典型的二路分支结构。其中 else 部分可以省略，而且 statement1 为单一语句时，其两边的大括号也可以省略。

2. if…else 语句

if…else 语句是 if 语句的标准形式，在 if 语句简单形式的基础之上增加一个 else 从句，当 expression 的值是 false 时则执行 else 从句中的内容。

语法：

```
if(expression){
    statement1
}else{
    statement2
}
```

3. if…elseif 语句

if 语句是一种使用很灵活的语句，除了可以使用 if…else 语句的形式，还可以使用 if … else if 语句的形式。if…else if 语句的语法格式如下：

```
if (expression 1){
    statement 1
}else if(expression 2){
    statement 2
}
...
else if(expression n){
    statement n
}else{
    statement n+1
}
```

if…else if 语句的执行流程如图 13-8 所示。

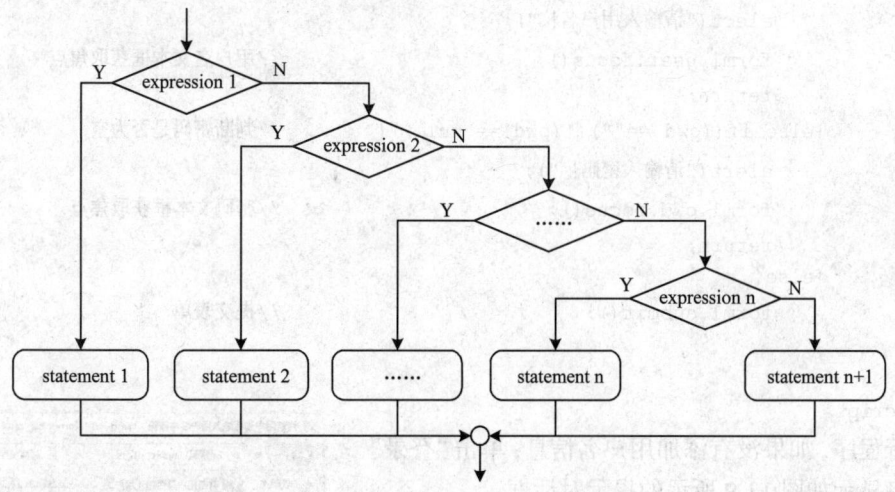

图 13-8 if…else if 语句的执行流程

【例 13–7】 判断用户是否输入用户名与密码。

实例位置：光盘\MR\源码\第 13 章\13-7

（1）在页面中添加用户登录表单及表单元素。具体代码如下：

```
<form name="form1" method="post" action="">
    <table width="221" border="1" cellspacing="0" cellpadding="0" bordercolor=
```

```
"#FFFFFF" bordercolordark="#CCCCCC" bordercolorlight="#FFFFFF">
        <tr>
          <td height="30" colspan="2" bgcolor="#eeeeee">·用户登录</td>
        </tr>
        <tr>
          <td width="59" height="30">用户名: </td>
          <td width="162"><input name="user" type="text" id="user"></td>
        </tr>
        <tr>
          <td height="30">密  码: </td>
          <td><input name="pwd" type="text" id="pwd"></td>
        </tr>
        <tr>
          <td height="30" colspan="2" align="center"><input name="Button" type="button"
class="btn_grey" value="登录" onClick="check()">
             
          <input name="Submit2" type="reset" class="btn_grey" value="重置"></td>
        </tr>
    </table>
  </form>
```

（2）编写自定义的 JavaScript 函数 check()，用于通过 if 语句验证登录信息是否为空。check()
函数的具体代码如下：

```
<script language="javascript">
    function check(){
        var name = form1.user.value;              //获取用户添加的用户名信息
        var pwd = form1.pwd.value;                 //获取用户添加的密码信息
        if((name=="") || (name ==null)){           //判断用户名是否为空
            alert("请输入用户名! ");
            form1.user.focus();                    //用户名文本框获取焦点
            return;
        }else if((pwd =="")||(pwd == null)){       //判断密码是否为空
            alert("请输入密码! ");
            form1.pwd.focus();                     //密码文本框获取焦点
            return;
        }else{
            form1.submit();                        //提交表单
        }
    }
</script>
```

运行程序，如果没有添加用户名信息，单击"登录"
按钮，将显示如图 13-9 所示的提示对话框。

4. switch 语句

switch 是典型的多路分支语句，其作用与嵌套使用
if 语句基本相同，但 switch 语句比 if 语句更具有可读性，
而且 switch 语句允许在找不到一个匹配条件的情况下执
行默认的一组语句。switch 语句的语法格式如下：

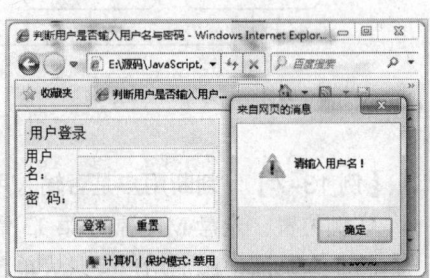

图 13-9　弹出提示框

```
switch (expression){
    case judgement 1:
        statement 1;
        break;
    case judgement 2:
        statement 2;
        break;
...
    case judgement n:
        statement n;
        break;
    default:
        statement n+1;
        break;
}
```

- expression：任意的表达式或变量。
- judgement：任意的常数表达式。当 expression 的值与某个 judgement 的值相等时，就执行此 case 后的 statement 语句；如果 expression 的值与所有的 judgement 的值都不相等，则执行 default 后面的 statement 语句。
- break：用于结束 switch 语句，从而使 JavaScript 只执行匹配的分支。如果没有了 break 语句，则该 switch 语句的所有分支都将被执行，switch 语句也就失去了使用的意义。

switch 语句的执行流程如图 13-10 所示。

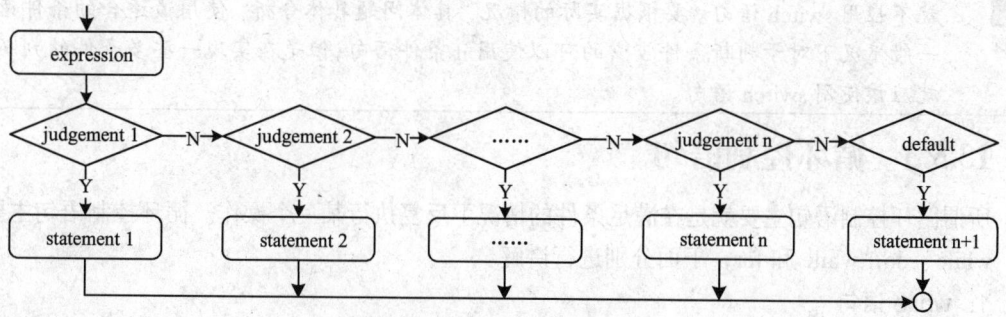

图 13-10　switch 语句的执行流程

【例 13–8】　应用 switch 判断当前是星期几，代码如下：

实例位置：光盘\MR\源码\第 13 章\13-8

```
<script language="javascript">
var now=new Date();                //获取系统日期
var day=now.getDay();              //获取星期
var week;
switch (day){
    case 1:
     week="星期一";
     break;
case 2:
     week="星期二";
     break;
```

```
case 3:
    week="星期三";
    break;
case 4:
    week="星期四";
    break;
case 5:
    week="星期五";
    break;
case 6:
    week="星期六";
    break;
default:
    week="星期日";
    break;
}
document.write("今天是"+week);  //输出中文的星期
</script>
```

运行本例, 会将当前是星期几在页面中显示, 运行结果如
图 13-11 所示。

图 13-11　显示当前是星期几

说明

在程序开发的过程中, 使用 if 语句还是使用 switch 语句可以根据实际情况而定, 尽量做到物尽其用, 不要因为 switch 语句的效率高就一味地使用, 也不要因为 if 语句常用就不应用 switch 语句。要根据实际的情况, 具体问题具体分析, 使用最适合的条件语句。一般情况下对于判断条件较少的可以使用 if 条件语句,但是在实现一些多条件的判断中, 就应该使用 switch 语句。

13.5.3　循环控制语句

所谓循环控制语句主要就是在满足条件的情况下反复执行某一个操作。循环控制语句主要包括: while、do…while 和 for, 下面分别进行讲解。

1. while 语句

与 for 语句一样, while 语句也可以实现循环操纵。while 循环语句也称为前测试循环语句, 它是利用一个条件来控制是否要继续重复执行这个语句。while 循环语句与 for 循环语句相比, 无论是语法还是执行的流程, 都较为简明易懂。while 循环语句的语法格式如下:

```
while(expression){
    statement
}
```

- expression: 一个包含比较运算符的条件表达式, 用来指定循环条件。
- statement: 用来指定循环体, 在循环条件的结果为 true 时, 重复执行。

说明

while 循环语句之所以命名为前测试循环, 是因为它要先判断此循环的条件是否成立, 然后才进行重复执行的操作。也就是说, while 循环语句执行的过程是先判断条件表达式, 如果条件表达式的值为 true, 则执行循环体, 并且在循环体执行完毕后, 进入下一次循环, 否则退出循环。

while 循环语句的执行流程如图 13-12 所示。

说明

在使用 while 语句时，也一定要保证循环可以正常结束，即必须保证条件表达式的值存在为 false 的情况，否则将形成死循环。例如，下面的循环语句就会造成死循环，原因是 i 永远都小于 100。

```
var i=1;
while(i<=100){
    alert(i);                    //输出 i 的值
}
```

while 循环语句经常用于循环执行的次数不确定的情况下。

【例 13-9】 通过 while 循环语句实现在页面中列举出累加和不大于 10 的所有自然数，代码如下：

实例位置：光盘\MR\源码\第 13 章\13-9

```
<script language="javascript">
    var i=1;                         //由于是计算自然数，所以 i 的初始值设置为 1
    var sum=i;
    var result="";
    document.write("累加和不大于 10 的所有自然数为: <br>");
    while(sum<10){
        sum=sum+i;                   //累加 i 的值
        document.write(i+'<br>');    //输出符合条件的自然数
        i++;                         //该语句一定不要少
    }
</script>
```

运行本实例，结果如图 13-13 所示。

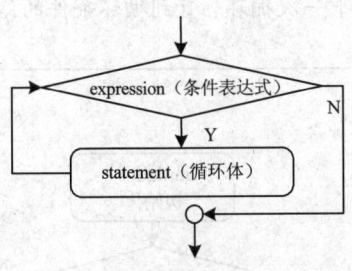

图 13-12 while 循环语句的执行流程

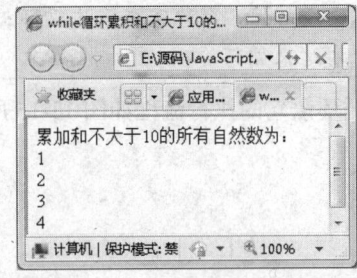

图 13-13 while 循环累积和不大于 10 的自然数

2. do…while 语句

do…while 循环语句也称为后测试循环语句,它也是利用一个条件来控制是否要继续重复执行这个语句。与 while 循环所不同的是，它先执行一次循环语句，然后再去判断是否继续执行。do…while 循环语句的语法格式如下：

```
do{
    statement
} while(expression);
```

* statement：用来指定循环体，循环开始时首先被执行一次，然后在循环条件的结果为 true 时，重复执行。
* expression：一个包含比较运算符的条件表达式，用来指定循环条件。

do…while 循环语句执行的过程是：先执行一次循环体，然后再判断条件表达式，如果条件表达式的值为 true，则继续执行，否则退出循环。也就是说，do…while 循环语句中的循环体至少被执行一次。

do…while 循环语句的执行流程如图 13-14 所示。

do…while 循环语句同 while 循环语句类似，也常用于循环执行的次数不确定的情况。

do…while 语句结尾处的 while 语句括号后面有一个分号";"，在书写的过程中一定不能遗漏，否则 JavaScript 会认为循环语句是一个空语句，后面大括号{}中的代码一次也不会执行，并且程序会陷入死循环。

3. for 循环

for 循环语句也称为计次循环语句，一般用于循环次数已知的情况，在 JavaScript 中应用比较广泛。for 循环语句的语法格式如下：

```
for(initialize;test;increment){
    statement
}
```

- initialize：初始化语句，用来对循环变量进行初始化赋值。
- test：循环条件，一个包含比较运算符的表达式，用来限定循环变量的边限。如果循环变量超过了该边限，则停止该循环语句的执行。
- increment：用来指定循环变量的步幅。
- statement：用来指定循环体，在循环条件的结果为 true 时，重复执行。

for 循环语句执行的过程是：先执行初始化语句，然后判断循环条件，如果循环条件的结果为 true，则执行一次循环体，否则直接退出循环，最后执行迭代语句，改变循环变量的值，至此完成一次循环；接下来将进行下一次循环，直到循环条件的结果为 false，才结束循环。

for 循环语句的执行流程如图 13-15 所示。

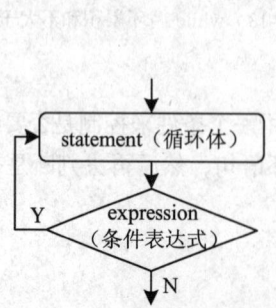

图 13-14　do…while 循环语句的执行过程

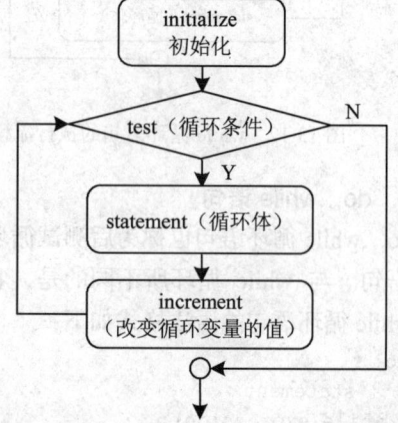

图 13-15　for 循环语句的执行流程

为使读者更好地了解 for 语句的使用，下面通过一个具体的实例来介绍 for 语句的使用方法。

【例 13-10】　计算 100 以内所有奇数的和，代码如下：

实例位置：光盘\MR\源码\第 13 章\13-10

```
<script language="javascript">
var sum=0;
for(i=1;i<100;i+=2){
    sum=sum+i;                    //计算 100 以内各奇数之和
}
alert("100 以内所有奇数的和为："+sum);        //输出计算结果
</script>
```

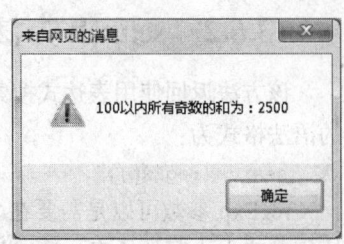

运行程序，将会弹出提示框，显示运算结果，如图 13-16 所示。

图 13-16　计算 100 以内奇数和

说明

在使用 for 语句时，一定要保证循环可以正常结束，也就是必须保证循环条件的结果存在为 false 的情况，否则循环体将无休止地执行下去，从而形成死循环。例如，下面的循环语句就会造成死循环，原因是 i 永远大于等于 1。

```
for(i=1;i>=1;i++){
    alert(i);
}
```

13.6　字符串处理技术

13.6.1　match 方法

这个方法的作用与 RegExp 对象的 exec 方法类似，使用正则表达式模式对字符串进行搜索，并返回一个包含搜索结果的数组。该方法的语法格式为：

```
match(rgExp)
```

如果没有为正则表达式设置全局标志（g），match 方法产生的结果与没有设置全局标志（g）的 exec 方法的结果完全相同。

如果设置了全局标志（g），match 方法返回的数组中包含所有完整的匹配结果，元素 0~n 依次是每个完整的匹配结果。

传递给 match 方法的参数是一个 RegExp 类型的对象实例，即用表达式作为 match 方法的参数去搜索字符串；而传递给 exec 方法的参数是一个 String 类型的对象实例，即用表达式对象去搜索作为 exec 方法参数的字符串。

例如：在 "Hello world!" 字符串中检索不同的子串，代码如下：

```
<script type="text/javascript">
var str="Hello world!"
document.write(str.match("world") + "<br />")        //查找匹配的字符串
document.write(str.match("Word") + "<br />")         //查找匹配的字符串
document.write(str.match("worlld") + "<br />")       //查找匹配的字符串
document.write(str.match("world!"))                  //查找匹配的字符串
</script>
```

输出结果为：

```
world
null
null
world!
```

13.6.2 search 方法

该方法返回使用表达式搜索时，第一个匹配的字符串在整个被搜索字符串中的位置，该方法的语法格式为：

```
search(regExp);
```

regExp 参数可以是需要在 stringObject 中检索的子串，也可以是需要检索的 RegExp 对象。要执行忽略大小写的检索，请追加标志 i。

例如：在本例中，在字符串中检索"W3School"子串，代码如下：

```
<script type="text/javascript">
var str="Visit W3School!"
document.write(str.search(/W3School/))
</script>
```

输出结果为：6。

13.6.3 replace 方法

replace()方法用于在字符串中用一些字符替换另一些字符，或替换一个与正则表达式匹配的子串。该方法的语法格式为：

```
stringObject.replace(regexp/substr,replacement)
```

该方法使用表达式模式对字符串执行搜索，并将搜索到的内容用指定的字符串替换，返回一个字符串对象，包含了替换后的内容。replace 方法执行后，将更新 RegExp 对象中的有关静态属性以反映匹配情况。该方法需要两个参数，其含义分别如下：

- RegExp：搜索时要使用的表达式对象。如果是字符串，不按正则表达式的方式进行模糊搜索，而进行精确搜索。
- ReplaceText：用于替换搜索到的内容的字符串，其中可以使用一些特殊的字符组合来表示匹配变量。其中，$&是整个表达式模式在被搜索字符串中所匹配的字符串，$是表达式模式在被搜索字符串中所匹配的字符串左边的所有内容，$$则是普通意义的"$"字符。

例如：将字符串中的"Microsoft"替换为"W3School"，代码如下：

```
<script type="text/javascript">
var str="Visit Microsoft!"
document.write(str.replace(/Microsoft/, "W3School"))
</script>
```

输出结果为：Visit W3School!。

13.6.4 split 方法

split()方法用于把一个字符串分割成字符串数组。该方法的语法格式如下：

```
split([separator[,limit]])
```

该方法返回按照某种分割标志符将一个字符串拆分为若干个子字符串时所产生的子字符串数组。separator 是分割标志符参数，可以是多个字符或一个正则表达式，并不作为返回到数组元素的一部分，参数 limit 限制返回元素的个数。

在本例中，按照不同的方式来分割字符串，代码如下：

```
<script type="text/javascript">
var str="How are you doing today?"
document.write(str.split(" ") + "<br />")
```

```
document.write(str.split("") + "<br />")
document.write(str.split(" ",3))
</script>
```

输出结果为：

```
How,are,you,doing,today?
H,o,w, ,a,r,e, ,y,o,u, ,d,o,i,n,g, ,t,o,d,a,y,?
How,are,you
```

13.7　JavaScript 中的数组对象

13.7.1　Array 对象概述

在 JavaScript 中，数组使用 Array 对象表示。

1. 创建 Array 对象

可以用静态的 Array 对象创建一个数组对象，以记录不同类型的数据。

语法：

```
arrayObj = new Array()
arrayObj = new Array([size])
arrayObj = new Array([element0[, element1[, ...[, elementN]]]])
```

- **arrayObj**：必选项。要赋值为 Array 对象的变量名。
- **size**：可选项。设置数组的大小。由于数组的下标是从零开始，创建元素的下标将从 0 到 size-1。
- **elementN**：可选项。存入数组中的元素。使用该语法时必须有一个以上元素。

例如，创建一个可存入 3 个元素的 Array 对象，并向该对象中存入数据。代码如下：

```
arrayObj = new Array(3)
arrayObj[0]= "a";
arrayObj[1]= "b";
arrayObj[2]= "c";
```

例如，创建 Array 对象的同时，向该对象中存入数组元素。代码如下：

```
arrayObj = new Array(1,2,3,"a","b")
```

　　　用第 1 个语法创建 Array 对象时，元素的个数是不确定的，用户可以在赋值时任意定义；第 2 个语法指定数组的长度，在对数组赋值时，元素个数不能超过其指定的长度；第 3 个语法是在定义时对数组对象进行赋值，其长度为数组元素的个数。

2. Array 对象的常用属性

在 Array 对象中有 3 个属性，分别是 length、constructor 和 prototype。下面分别对这 3 个属性进行详细介绍。

（1）length 属性

该属性用于返回数组的长度。

语法：

```
array.length
```

例如，获取已创建的数组的长度。代码如下：

```
var arr=new Array(1,2,3,4,5,6,7,8);
document.write(arr.length);
```

运行结果：8。

例如，增加已有数组的长度。代码如下：

```
var arr=new Array(1,2,3,4,5,6,7,8);
arr[arr.length]=arr.length+1;
document.write(arr.length);
```

运行结果：9。

当用 new Array()创建数组时，并不对其进行赋值，length 属性的返回值为 0。

（2）prototype 属性

该属性的语法与 String 对象的 prototype 属性相同，下面以示例的形式对该属性的应用进行说明。

【例 13-11】 本实例是利用 prototype 属性自定义一个方法，用于显示数组中的全部数据，代码如下：

实例位置：光盘\MR\源码\第 13 章\13-11

```
<script language="javascript">
<!--
Array.prototype.outAll=function(ar)
{
    for(var i=0;i<this.length;i++)
    {
        document.write(this[i]);
        document.write(ar);
    }
    document.write("<br>");
}
var arr=new Array(1,2,3,4,5,6,7,8);
arr.outAll("");
//-->
</script>
```

运行结果如图 13-17 所示。

图 13-17　利用自定义方法显示数组中的全部数据

3．Array 对象的常用方法

Array 对象中的方法如表 13-10 所示。

表 13-10　　　　　　　　　　　　　　Array 对象的方法

方　　法	说　　明
concat()	连接两个或更多的数组，并返回结果
pop()	删除并返回数组的最后一个元素
push()	向数组的末尾添加一个或多个元素，并返回新的长度。
shift()	删除并返回数组的第一个元素
splice()	删除元素，并向数组添加新元素
unshift()	向数组的开头添加一个或多个元素，并返回新的长度
reverse()	颠倒数组中元素的顺序
sort()	对数组的元素进行排序
slice()	从某个已有的数组返回选定的元素

续表

方　　法	说　　明
toSource()	代表对象的源代码
toString()	把数组转换为字符串，并返回结果
toLocaleString()	把数组转换为本地数组，并返回结果
join()	把数组的所有元素放入一个字符串。元素通过指定的分隔符进行分隔
valueOf()	返回数组对象的原始值

13.7.2　常见的几种数组操作

1. 数组的添加和删除

数组的添加和删除可以使用 concat()、pop()、push()、shift()、splice()和 unshift()方法实现，下面分别进行讲解。

● 添加数组元素

例如，在数组的尾部添加数组元素。代码如下：

```
var arr=new Array(1,2,3,4,5,6,7,8);
document.write(arr.concat(9,10));
```

例如，在数组的尾部添加其他数组。代码如下：

```
var arr1=new Array('a','b','c');
var arr2=new Array('d','e','f');
document.write(arr1.concat(arr2));
```

● 删除数组元素

【例 13-12】　删除数组中的最后一个元素。

实例位置：光盘\MR\源码\第 13 章\13-12

```
var arr=new Array(1,2,3,4);
document.write('原数组:'+arr+'<br>');
document.write('添加元素后的数组长度:'+arr.push(5,6,7)+'<br>');
document.write('新数组:'+arr);
```

运行结果如图 13-18 所示。

2. 设置数组的排列顺序

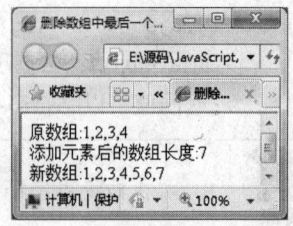

图 13-18　删除数组中最后一个元素

将数组中的元素按照指定的顺序进行排列可以通过 reverse()和 sort()方法实现。

【例 13-13】　将数组中的元素顺序颠倒后显示。

实例位置：光盘\MR\源码\第 13 章\13-13

```
var arr=new Array(1,2,3,4);
document.write('原数组:'+arr+'<br\>');
arr.reverse();
document.write('颠倒后的数组:'+arr);
```

运行本实例，结果如图 13-19 所示。

3. 获取数组中的某段数组元素

获取数组中的某段数组元素主要用 slice()方法实现。

【例 13-14】　获取数组中某段数组元素。

实例位置：光盘\MR\源码\第 13 章\13-14

```
<script language="javascript">
<!--
var arr=new Array("a","b","c","d","e","f");
document.write("原数组:"+arr+"<br>");
document.write("获取数组中第 3 个元素后的所有元素信息:"+arr.slice(2)+"<br>");
document.write("获取数组中第 2 个到第 5 个的元素信息"+arr.slice(1,5)+"<br>");
document.write("获取数组中倒数第 2 个元素后的所有信息"+arr.slice(-2));
//-->
</script>
```

运行程序，会将原数组以及截取数组中元素后的数据输出，运行结果如图 13-20 所示。

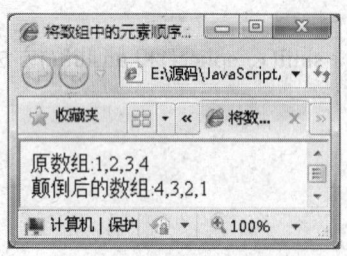

图 13-19　将数组颠倒输出

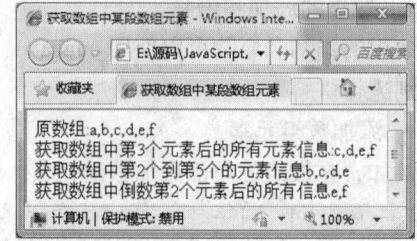

图 13-20　获取数组中某段数组元素

4. 将数组转换成字符串

将数组转换成字符串主要通过 toString()、toLocaleString()和 join()方法实现。

● toString()方法

该方法可把数组转换为字符串，并返回结果。

语法：

```
arrayObject.toString()
```

> arrayObject：必选项。数组名称。
> 返回值：以字符串显示 arrayObject。返回值与没有参数的 join()方法返回的字符串相同。

在转换成字符串后，数组中的各元素以逗号分隔。

例如，将数组转换成字符串。代码如下：

```
var arr=new Array("a","b","c","d","e","f");
document.write(arr.toString());
```

● toLocaleString()方法

该方法将数组转换成本地字符串。

语法：

```
arrayObject.toLocaleString()
```

> arrayObject：必选项，数组名称。
> 返回值：本地字符串。

toLocaleString 方法首先调用每个数组元素的 toLocaleString()方法，然后使用特定的分隔符把生成的字符串连接起来，形成一个字符串。

例如，将数组转换成用“,”号分隔的字符串。代码如下：

```
var arr=new Array("a","b","c","d","e","f");
document.write(arr.toLocaleString());
```

- join()方法

该方法将数组中的所有元素放入一个字符串中。

语法：

```
arrayObject.join(separator)
```

- separator：可选项。指定要使用的分隔符。如果省略该参数，则使用逗号作为分隔符。
- 返回值：返回一个字符串。该字符串是把 arrayObject 的每个元素转换为字符串，然后把这些字符串连接起来，在两个元素之间插入 separator 字符串而生成的。

例如，以指定的分隔符将数组中的元素转换成字符串。代码如下：

```
var arr=new Array("a","b","c","d","e","f");
document.write(arr.join("#"));
```

13.8 综合实例——使用数组存储商品信息

本实例将实现使用数组存储商品信息并输出的功能，运行程序，将显示如图 13-21 所示的运行结果。

实例本实例的关键是如何定义数组，并输出数组元素，这里主要使用 Array 对象创建数组，并使用 for 循环遍历输出数组中的所有元素。关键代码如下：

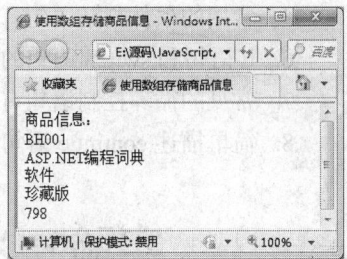

图 13-21 使用数组存储商品信息

```
<script language = "javascript">
    var info;
    info = new Array(5);
    info[0] = "BH001";
    info[1] = "ASP.NET 编程词典";
    info[2] = "软件";
    info[3] = "珍藏版";
    info[4] = "798";
    document.write("商品信息：</br>");
    for(var i=0;i<info.length;i++){
        document.write(info[i]+"</br>");
    }
</script>
```

知识点提炼

（1）JavaScript 对字母大小写是敏感（严格区分字母大小写）的。

（2）JavaScript 关键字（Reserved Words）是指在 JavaScript 语言中有特定含义，成为 JavaScript 语法中一部分的那些字。

（3）变量是指程序中一个已经命名的存储单元，它的主要作用就是为数据操作提供存放信息的容器。

（4）在 JavaScript 中，使用变量前需要先声明变量，所有的 JavaScript 变量都由关键字 var 声明。

（5）字符串（string）是由 Unicode 字符、数字、标点符号等组成的序列，它是 JavaScript 用来表示文本的数据类型。

（6）在 JavaScript 中，数组使用 Array 对象表示。

（7）数组的添加和删除可以使用 concat()、pop()、push()、shift()、splice()和 unshift()方法实现。

（8）将数组中的元素按照指定的顺序进行排列可以通过 reverse()和 sort()方法实现。

（9）将数组转换成字符串主要通过 toString()、toLocaleString()和 join()方法实现。

习　题

1. JavaScript 区分大小写吗？
2. 如何在 JavaScript 中定义常量？
3. JavaScript 中的数字型数据主要有哪几种数据类型？
4. 描述 JavaScript 中常见的运算符，并举例说明它们的用处。
5. 常用的条件判断语句有哪几种？
6. if 语句和 switch 语句的区别。
7. 常见的循环控制语句有哪几种？
8. 简单描述 continue 语句和 break 语句的区别。

实验：将数字格式化为指定长度

实验目的

（1）熟悉 JavaScript 的基本语法。
（2）掌握 JavaScript 的流程控制语句的基本应用。

实验内容

编写一个将数字字符串格式化为指定长度的函数。

实验步骤

（1）编写将数字字符串格式化为指定长度的 JavaScript 自定义函数 formatNO()，该函数有两个参数分别是 str（要格式化的数字）和 len（格式化后数字的长度），返回值为格式化后的数字。代码如下：

```
<script language="javascript">
function formatNO(str,len){
    var strLen=str.length;
    for(i=0;i<len-strLen;i++){
        str="0"+str;
```

```
    }
    return str;
}
</script>
```

（2）编写 JavaScript 自定义函数 deal()，用于在验证用户输入信息后，调用 formatNO()函数将指定数字格式化为指定长度。具体代码如下：

```
<script language="javascript">
function deal(){
if(form1.str.value=="")
{alert("请输入要格式化的数字! ");form1.str.focus();return false;}
if(isNaN(form1.str.value)){
  alert("您输入的数字不正确!");form1.str.focus();return false;
}
if(form1.le.value=="")
{alert("请输入格式化后的长度! ");form1.le.focus();return false;}
if(isNaN(form1.le.value)){
  alert("您输入的格式化的长度不正确!");form1.le.focus();return false;
}
form1.lastStr.value=formatNO(form1.str.value,form1.le.value);
}
</script>
```

（3）在页面的合适位置添加"转换"按钮，在该按钮的 onClick 事件中调用 deal()函数将指定的数字格式化为指定长度，代码如下：

```
<input name="Submit" type="button" class="btn_grey" onClick="deal();" value="转换">
```

运行程序，在"请输入要转换的长数字"文本框中输入要转换的数字后，单击"提交"按钮，将会在转换结果中显示分位显示之后的数字，如图 13-22 所示。

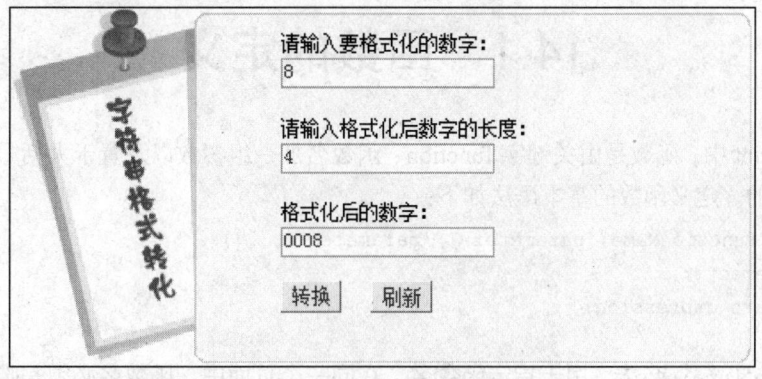

图 13-22　将数字格式化为指定长度

第 14 章
函数及其使用

本章要点：

- 熟悉如何定义函数
- 掌握函数的多种调用方法
- 掌握函数参数的使用方法
- 掌握如何使用函数的返回值
- 熟悉 Function 构造函数与函数直接量的区别
- 熟悉 JavaScript 中内置函数的使用
- 掌握嵌套函数和递归函数的使用

函数实质上就是可以作为一个逻辑单元对待的一组 JavaScript 代码。使用函数可以使代码更为简洁，提高重用性。在 JavaScript 中，大约 95%的代码都是包含在函数中的。由此可见，函数在 JavaScript 中是非常重要的。

14.1　函数的定义

在 JavaScript 中，函数是由关键字 function、函数名加一组参数以及置于大括号中需要执行的一段代码定义的。定义函数的基本语法如下：

```
function functionName([parameter 1, parameter 2,……]){
    statements;
    [return expression;]
}
```

- functionName：必选，用于指定函数名。在同一个页面中，函数名必须是唯一的，并且区分大小写。
- parameter：可选，用于指定参数列表。当使用多个参数时，参数间使用逗号进行分隔。一个函数最多可以有 255 个参数。
- statements：必选，是函数体，用于实现函数功能的语句。
- expression：可选，用于返回函数值。expression 为任意的表达式、变量或常量。

例如，定义一个用于计算商品金额的函数 account()，该函数有两个参数，用于指定单价和数量，返回值为计算后的金额。具体代码如下：

```
function account(price,number){
    var sum=price*number;                    //计算金额
```

```
        return sum;                              //返回计算后的金额
    }
```

14.2　函数的调用

函数定义后并不会自动执行，要执行一个函数需要在特定的位置调用函数，调用函数需要创建调用语句，调用语句包含函数名称、参数具体值。

14.2.1　函数的简单调用

函数的定义语句通常被放在 HTML 文件的<head>段中，而函数的调用语句通常被放在<body>段中，如果在函数定义之前调用函数，执行将会出错。

函数的定义及调用语法如下：

```
<html>
<head>
<script type="text/javascript">
function functionName(parameters){               //定义函数
    some statements;
}
</script>
</head>
<body>
    functionName(parameters);                     //调用函数
</body>
</html>
```

- functionName：函数的名称。
- parameters：参数名称。

> 函数的参数分为形式参数和实际参数，其中形式参数为函数赋予的参数，它代表函数的位置和类型，系统并不为形参分配相应的存储空间。调用函数时传递给函数的参数称为实际参数，实参通常在调用函数之前已经被分配了内存，并且赋予了实际的数据，在函数的执行过程中，实际参数参与了函数的运行。

【例 14-1】　本实例主要用于演示如何调用函数，代码如下：

实例位置：光盘\MR\源码\第 14 章\14-1

```
<html>
<head>
<meta http-equiv="Content-Type" content="text/html; charset=UTF-8">
<title>函数的简单应用</title>
<script type="text/javascript">
function print(statement1,statement2,statement3){
    alert(statement1+statement2+statement3);          //在页面中弹出对话框
}
</script>
</head>
<body>
<script type="text/javascript">
    print("第一个 JavaScript 函数程序 ","作者:","wsy");       //在页面中调用 print（）函数
```

```
</script>
</body>
</html>
```

运行结果如图 14-1 所示。

调用函数的语句将字符串 "第一个 JavaScript 函数程序"、"作者" 和 "wsy"，分别赋予变量 statement1、statement2 和 statement3。

图 14-1　函数的应用

14.2.2　在事件响应中调用函数

当用户单击某个按钮或某个复选框时都将触发事件，通过编写程序对事件做出反应的行为称为响应事件，在 JavaScript 语言中，将函数与事件相关联就完成了响应事件的过程。比如当用户单击某个按钮时执行相应的函数，可以使用如下代码实现。

```
<script language="javascript">
function test(){                                    //定义函数
    alert("test");
}
</script>
</head>
<body>
<form action="" method="post" name="form1">
<input type="button" value="提交" onClick="test();"> //在按钮事件触发时调用自定义函数
</form>
</body>
```

在上述代码中可以看出，首先定义一个名为 test() 的函数，函数体比较简单，使用 alert() 语句返回一个字符串，最后在按钮 onClick 事件中调用 test() 函数。当用户单击提交按钮后将弹出相应对话框。

14.2.3　通过链接调用函数

函数除了可以在响应事件中被调用之外，还可以在链接中被调用。在 <a> 标签中的 href 标记中使用 "javascript:关键字" 格式来调用函数，当用户单击这个链接时，相关函数将被执行，下面的代码实现了通过链接调用函数。

```
<script language="javascript">
function test(){                                    //定义函数
    alert("我喜欢 JavaScript");
}
</script>
</head>
<body>
<a href="javascript:test();">test</a>              //在链接中调用自定义函数
</body>
```

14.2.4　函数参数的使用

在 JavaScript 中定义函数的完整格式如下：

```
function 自定义函数名（形参 1，形参 2，……）
{
    函数体
}
</script>
```

定义函数时，在函数名后面的圆括号内可以指定一个或多个参数（参数之间用逗号","分隔）。指定参数的作用在于，当调用函数时，可以为被调用的函数传递一个或多个值。

我们把定义函数时指定的参数称为形式参数，简称形参；而把调用函数时实际传递的值称为实际参数，简称实参。

如果定义的函数有参数，那么调用该函数的语法格式如下：

函数名（实参 1，实参 2，……）

通常，在定义函数时使用了多少个形参，在函数调用时也必须给出多少个实参（这里需要注意的是，实参之间也必须用逗号","分隔）。

14.2.5　使用函数的返回值

有时需要在函数中返回一个数值在其他函数中使用，为了能够返回给变量一个值，可以在函数中添加 return 语句，将需要返回的值赋予到变量，最后将此变量返回。

语法：

```
<script type="text/javascript">
function functionName(parameters){
    var results=somestaments;
    return results;
}
</script>
```

- results：函数中的局部变量。
- return：函数中返回变量的关键字。

返回值在调用函数时不是必须定义的。

【例 14-2】　本实例主要用于调用自定义函数计算 3 个参数的平均值，代码如下：

实例位置：光盘\MR\源码\第 14 章\14-2

```
<html>
<head>
<meta http-equiv="Content-Type" content="text/html; charset=UTF-8">
<title>函数的返回值</title>
<script type="text/javascript">
function setValue(num1,num2,num3){
    var avg=(num1+num2+num3)/3;              //取 3 个参数的平均值
    return avg;                              //返回 avg 变量
}
function getValue(num1,num2,num3){
    document.writeln("参数分别为："+num1+"、"+num2+"、"+num3+"。");
    var value=setValue(num1,num2,num3);      //调用 setValue()函数
    document.write("取参数平均值，运行结果为："+value);   //在屏幕打印此函数的返回值
}
</script>
</head>
<body>
<script type="text/javascript">
    getValue(60,59,60);          //调用 getValue()函数
</script>
</body>
</html>
```

运行结果如图 14-2 所示。

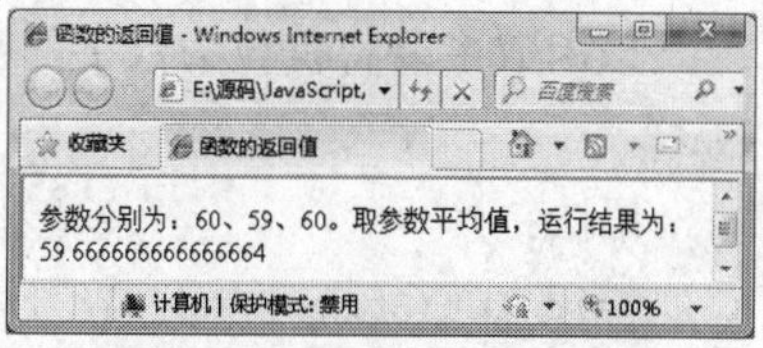

图 14-2　函数返回值的应用

14.3　几种特殊的函数

14.3.1　Function 构造函数与函数直接量

除了使用基本的 function 语句之外，还可使用另外两种方式来定义函数，即使用构造函数 Function()和使用函数直接量。这两者之间存在很重要的差别。

首先，构造函数 Function()允许在运行时动态创建和编译 JavaScript 代码，而函数直接量却是程序结构的一个静态部分，就像函数语句一样。

其次，每次调用构造函数 Function()时都会解析函数体，并且创建一个新的函数对象。如果对构造函数的调用出现在一个循环中，或者出现在一个经常被调用的函数中，这种方法的效率将非常低。而函数直接量不论出现在循环体还是出现在嵌套函数中，既不会在每次调用时都被重新编译，也不会在每次遇到时都创建一个新的函数对象。

最后，使用 Function()创建的函数使用的不是静态作用域，相反地，该函数总是被当作顶级函数来编译。

14.3.2　JavaScript 中的内置函数

在使用 JavaScript 语言时，除了可以自定义函数之外，还可以使用 JavaScript 的内置函数，这些内置函数是由 JavaScript 语言自身提供的函数。

JavaScript 中的内置函数如表 14-1 所示。

表 14-1　　　　　　　　　　　　JavaScript 中的内置函数

函　　数	说　　明
eval()	求字符串中表达式的值
isFinite()	判断一个数值是否为无穷大
inNaN()	判断一个数值是否为 NaN
parseInt()	将字符型转化为整型
parseFloat()	将字符型转化为浮点型
encodeURI()	将字符串转化为有效的 URL
encodeURIComponent()	将字符串转化为有效的 URL 组件
decodeURI()	对 encodeURL()编码的文本进行解码
DecodeURIComponent()	对 encodeURIComponent()编码的文本进行解码

下面将对一些常用的内置函数做详细介绍。

（1）parseInt()函数

该函数主要将首位为数字的字符串转化成数字，如果字符串不是以数字开头，那么将返回 NaN。

语法：

```
parseInt(StringNum,[n])
```

● StringNum：需要转换为整型的字符串。

● n：提供在 2 ~ 36 之间的数字表示所保存数字的进制数。这个参数在函数中不是必须的。

（2）parseFloat()函数

该函数主要将首位为数字的字符串转化成浮点型数字，如果字符串不是以数字开头，那么将返回 NaN。

语法：

```
parseFloat(StringNum)
```

参数 StringNum 表示需要转换为浮点型的字符串。

（3）isNaN()函数

该函数主要用于检验某个值是否为 NaN。

语法：

```
isNaN(Num)
```

参数 Num 表示需要验证的数字。

> 如果参数 Num 为 NaN，函数返回值为 true；如果参数 Num 不是 NaN，函数返回值为 false。

（4）isFinite()函数

该函数主要用于检验某个表达式是否为无穷大。

语法：

```
isFinite(Num)
```

参数 Num 表示需要验证的数字。

（5）encodeURI()函数

该函数主要用于返回一个 URI 字符串编码后的结果。

语法：

```
encodeURI(url)
```

参数 url 表示需要转化为网络资源地址的字符串。

> URI 与 URL 都可以表示网络资源地址，URI 比 URL 表示范围更加广泛，但在一般情况下，URI 与 URL 可以是等同的。encodeURI()函数只对字符串中有意义的字符进行转义。例如将字符串中的空格转化为 "%20"。

（6）decodeURI()函数

该函数主要用于将已编码为 URI 的字符串解码成最初的字符串并返回。

语法：

```
decodeURI(url)
```

参数 url 表示需要解码的网络资源地址。

> decodeURI 函数可以将使用 encodeURI()转码的网络资源地址转化为字符串并返回，也就是说 decodeURI()函数是 encodeURI()函数的逆向操作。

【例 14-3】　本实例主要演示上述内置函数的使用，代码如下：

实例位置：光盘\MR\源码\第 14 章\14-4

```
<script type="text/javascript">
/*
```

```
parseInt()函数
*/
var num1="123abc".
var num2="abc123"
document.write("（1）使用 parseInt()函数:<br>");
document.write("123abc 转化结果为:"+parseInt(num1)+"<br>");
document.write("abc123 转化结果为:"+parseInt(num2)+"<br><br>");
/*
parseFloat()函数
*/
var num3="123.456789abc"
document.write("（2）使用 parseFloat()函数：<br>");
document.write("123.456789abc 转化结果为:"+parseFloat(num3)+"<br><br>");
/*
isNaN()函数
*/
document.write("（3）使用 isNaN()函数：<br>");
document.write("123.456789abc 转化后是否为 NaN:"+isNaN(parseFloat(num3))+"<br>");
document.write("abc123 转化结果后是否为 NaN:"+isNaN(parseInt(num2))+"<br><br>");
/*
.isFinite()函数
*/
document.write("（4）使用 isFinite()函数<br>");
document.write("1 除以 0 的结果是否为无穷大："+isFinite(1/0)+"<br><br>");
/*
encodeURI()函数
*/
document.write("（5）使用 encodeURI()函数<br>");
document.write("转化为网络资源地址为："+encodeURI
("http://127.0.0.1/save.html?name=测试")+"<br><br>");
/*
decodeURI()函数
*/
document.write("（6）使用 decodeURI()函数<br>");
document.write("转化网络资源地址的字符串为：
"+decodeURI(encodeURI("http://127.0.0.1
/save.html?name=测试"))+"<br><br>");
</script>
```

运行结果如图 14-3 所示。

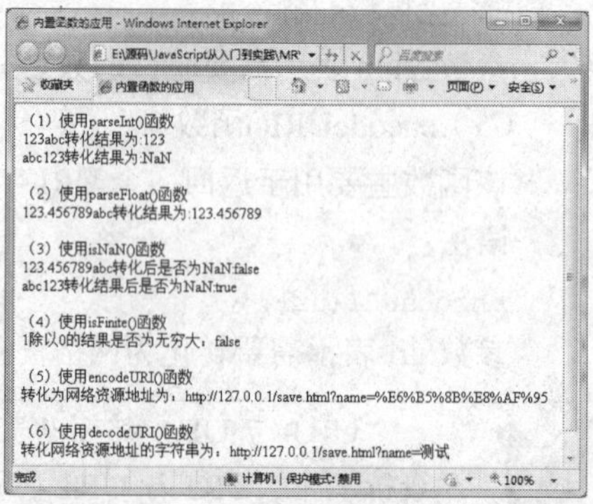

图 14-3　内置函数的应用

14.3.3　嵌套函数的使用

所谓嵌套函数即在函数内部再定义一个函数，这样定义的优点在于可以使内部函数轻松获得外部函数的参数以及函数的全局变量等。

语法：

```
<script type="text/javascript">
var outter=10;
function functionName(parameters1,parameters2){        //定义外部函数
    function InnerFunction(){                           //定义内部函数
        somestatements;
    }
}
</script>
```

- functionName：外部函数名称。

● InnerFunction：嵌套函数名称。

【例 14-4 】　本实例主要实现在嵌套函数中取全局变量以及外部函数参数的和。代码如下：
实例位置：光盘\MR\源码\第 14 章\14-5

```html
<html>
<head>
<meta http-equiv="Content-Type" content="text/html; charset=UTF-8">
<title>嵌套函数的应用</title>
<script type="text/javascript">
var outter=10;                                    //定义全局变量
function add(number1,number2){                     //定义外部函数
    function innerAdd(){                            //定义内部函数
        alert("参数的加和为: "+(number1+number2+outter)); //取参数的和
    }
    return innerAdd();                             //调用内部函数
}
</script>
</head>
<body>
<script type="text/javascript">
add(10,10);                                        //调用外部函数
</script>
</body>
</html>
```

运行结果如图 14-4 所示。

内部函数 innerAdd()获取了外部函数的参数 number1、number2 以及全局变量 outter 的值，然后在内部类中将这 3 个变量相加，并返回这 3 个变量的和。最后在外部函数中调用了内部函数。

可以看到嵌套函数在 JavaScript 语言中非常强大，但使用嵌套函数时要当心，因为它会使程序可读性降低。

图 14-4　嵌套函数的应用

14.3.4　递归函数的使用

所谓递归函数就是函数在自身的函数体内调用自身，使用递归函数时一定要当心，处理不当将会使程序进入死循环，递归函数只在特定的情况下使用，比如处理阶乘问题。

语法：

```html
<script type="text/javascript">
var outter=10;
function functionName(parameters1){
    functionName(parameters2);
}
</script>
```

参数 functionName 表示递归函数名称。

【例 14-5 】　本实例主要使用递归函数取得 10!的值，其中 10!=10*9!，而 9!=9*8!，以此类推，最后 1!=1。这样的数学公式在 JavaScript 程序中可以很容易使用函数进行描述，可以使用 f(n) 表示 n!的值。当 $1<n<10$ 时，f(n)=n*f(n-1)；当 $n<=1$ 时，f(n)=1。代码如下：
实例位置：光盘\MR\源码\第 14 章\14-6

```html
<html>
<head>
<meta http-equiv="Content-Type" content="text/html; charset=UTF-8">
```

```
<title>递归函数的应用</title>
<script type="text/javascript">
function f(num){                                    //定义递归函数
    if(num<=1){                                     //如果 num<=1
        return 1;                                   //返回 1
    }
    else{
        return f(num-1)*num;                        //调用递归函数
    }
}
</script>
</head>
<body>
<script type="text/javascript">
alert("10!的结果为: "+f(10));                       //调用函数
</script>
</body>
</html>
```

本实例运行结果如图 14-5 所示。

在定义递归函数时需要两个必要条件:

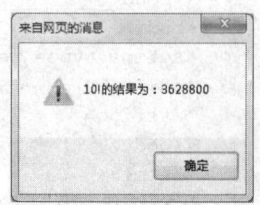

- 包括一个结束递归的条件,如例 14-6 中的 if(num<=1)语句,如果满足条件则执行 return 1 语句,不再递归。
- 包括一个递归调用语句,如例 14-6 中的 return f(num-1)*num 语句,用于实现调用递归函数。

图 14-5　递归函数的应用

14.4　综合实例——显示系统时间

在网页中实时显示当前时间,不但可以给网页增色,还可以方便浏览者掌握当前时间,因此很多网页都加入了实时显示系统时间的功能。为了提高网站的开发速度,可以将实时显示系统时间的代码封装在一个单独的函数中,在需要时调用即可。例如,在明日科技在线论坛网站中就使用了该函数,运行程序,在页面导航条的下方将实时显示系统时间,如图 14-6 所示。

(1)应用 JavaScript 编写实时显示系统时间的函数 clockon(),该函数只有一个参数 bgclock,用于指定显示转换后日期的<div>标记的名称,无返回值,代码如下:

```
<script language="javascript">
function clockon(bgclock){
    var now=new Date();
    var year=now.getYear();
    var month=now.getMonth();
    var date=now.getDate();
    var day=ow.getDay();
    var hour=now.getHours();
    var minu=now.getMinutes();
    var sec=now.getSeconds();
    var week;
    month=month+1;
    if(month<10) month="0"+month;
    if(date<10) date="0"+date;
    if(hour<10) hour="0"+hour;
    if(minu<10) minu="0"+minu;
```

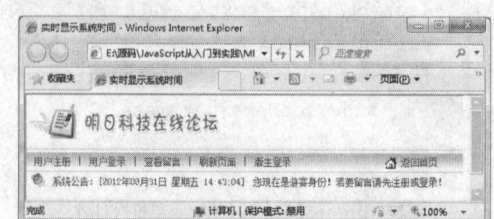

图 14-6　通过自定义函数实时显示系统时间

```
    if(sec<10) sec="0"+sec;
    var arr_week=new Array("星期日","星期一","星期二","星期三","星期四","星期五","星期六");
    week=arr_week[day];
    var time="";
    time=year+"年"+month+"月"+date+"日 "+week+" "+hour+":"+minu+":"+sec;
    if(document.all){
        bgclock.innerHTML="系统公告: ["+time+"]"
    }
    var timer=setTimeout("clockon(bgclock)",200);
}
</script>
```

（2）在要实时显示系统时间的页面的<body>标记的 onLoad 事件中，调用刚刚编写的 clockon()
函数，并在该页面中适当的位置加入<div>标记，命名为 bgclock，关键代码如下：

```
<body onLoad="clockon(bgclock)">
<div id="bgclock" class="word_Green"></div>
```

知识点提炼

（1）在 JavaScript 中，函数是由关键字 function、函数名加一组参数以及置于大括号中需要执
行的一段代码定义的。

（2）函数定义后并不会自动执行，要执行一个函数需要在特定的位置调用函数，调用函数需
要创建调用语句，调用语句包含函数名称、参数具体值。

（3）有时需要在函数中返回一个数值在其他函数中使用，为了能够返回给变量一个值，可以
在函数中添加 return 语句，将需要返回的值赋予到变量，最后将此变量返回。

（4）在使用 JavaScript 语言时，除了可以自定义函数之外，还可以使用 JavaScript 的内置函数，
这些内置函数是由 JavaScript 语言自身提供的函数。

习　　题

1. 如何定义并调用函数？
2. 如何通过链接调用函数？
3. 如何在程序中使用函数的返回值？
4. 常用的函数种类有哪些？它们各自有什么用处？

实验：将长数字分位显示

实验目的

（1）熟悉 JavaScript 的基本语法。
（2）掌握如何编写 JavaScript 的自定义函数，以及如何调用编写好的自定义函数。

实验内容

编写了一个自定义函数，用来将输入的数字字符格式化为分位显示的字符串。

实验步骤

（1）编写把一个长数字分位显示的函数 convert，该函数只有一个参数 num，用于传递需要转换的数字字符串，返回值为转换后的字符串。代码如下：

```javascript
<script language="javascript">
function convert(num){
    var result=0;
    var dec="";
    if (isNaN(num)){
      result=0;
    }else{
      if (num.length<4){
          result=num;
      }else{
          pos=num.indexOf(".",1);
          if (pos>0){
            dec=num.substr(pos);                    //小数部分的字符串，包括小数点
            res=num.substr(0,pos);
          }else{
            res=num;
          }
          var tempResult="";
          for(i=res.length;i>0;i-=3){               //将整数部分分位显示
            if(i-3>0){
            tempResult=","+res.substr(i-3,3)+tempResult;
            }else{
                tempResult=res.substr(0,i)+tempResult;
            }
          }
          result=tempResult+dec;
      }
    }
    return result;
}
</script>
```

（2）编写 JavaScript 自定义函数 deal()，用于将转换后的字符串输出到页面的指定位置，代码如下：

```javascript
<script language="javascript">
function deal(){
    result.innerHTML=" 转换结果: "+convert(form1.number.value);
}
</script>
```

（3）在页面添加一个<div>标记，将其命名为"result"，用于显示转换后的字符串。代码如下：

```html
<div id="result">转换结果: </div>
```

（4）在页面的合适位置添加"转换"按钮，在该按钮的 onClick 事件中调用 deal()函数将长数字分位显示，代码如下：

```html
<input            name="Submit"            type="button"
class="go-wenbenkuang" value="转换" onClick= "deal()">
```

运行程序，在"请输入要转换的长数字"文本框中输入要转换的数字后，单击"提交"按钮，将会在转换结果中显示分位显示之后的数字，如图 14-7 所示。

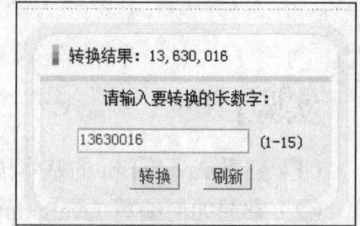

图 14-7 将长数字分位显示

第 15 章
JavaScript 对象编程

本章要点：

- 熟悉 Window 对象的属性及方法
- 熟悉各种对话框的使用
- 掌握窗口的打开与关闭技术
- 掌握通过 Window 对象控制窗口
- 熟悉 Window 窗口对象的常用事件
- 掌握 IE 浏览器常见的几种窗口模块的创建
- 熟悉文档对象的基本概念
- 掌握文档对象常用的属性、方法和事件
- 掌握使用文档对象实现的几种常见功能
- 掌握如何在 JavaScript 中访问表单及表单域
- 熟悉表单验证方法
- 了解 DOM 的基本概念
- 熟悉 DOM 与 XML 的关系
- 掌握 DOM 节点的操作

JavaScript 是基于对象(object-based)的语言，本章将对 JavaScript 中常见的几种对象进行详细讲解，包括 Window 窗口对象、Document 文档对象、JavaScript 与表单操作和 DOM 对象等。

15.1　Window 窗口对象

15.1.1　Window 对象

Window 对象代表的是打开的浏览器窗口，通过 Window 对象可以控制窗口的大小和位置、由窗口弹出的对话框、打开窗口与关闭窗口，还可以控制窗口上是否显示地址栏、工具栏和状态栏等栏目。对于窗口中的内容，Window 对象可以控制是否重载网页、返回上一个文档或前进到下一个文档。

在框架方面，Window 对象可以处理框架与框架之间的关系，并通过这种关系在一个框架处理另一个框架中的文档。Window 对象还是所有其他对象的顶级对象，通过对 Window 对象的子对象进行操作，可以实现更多的运态效果。Window 对象作为对象的一种，也有着其自己的方法和属性。

1. Window 对象的属性

顶层 Window 对象是所有其他子对象的父对象，它出现在每一个页面上，并且可以在单个 JavaScript 应用程序中被多次使用。

为了便于读者的学习，本节将 Window 对象中的属性以表格的形式进行详细说明。Window 对象的属性以及说明如表 15-1 所示。

表 15-1　　　　　　　　　　　　　　　Window 对象的属性

属　　性	描　　述
document	对话框中显示的当前文档
frames	表示当前对话框中所有 frame 对象的集合
location	指定当前文档的 URL
name	对话框的名字
status	状态栏中的当前信息
defaultstatus	状态栏中的默认信息
top	表示最顶层的浏览器对话框
parent	表示包含当前对话框的父对话框
opener	表示打开当前对话框的父对话框
closed	表示当前对话框是否关闭的逻辑值
self	表示当前对话框
screen	表示用户屏幕，提供屏幕尺寸、颜色深度等信息
navigator	表示浏览器对象，用于获得与浏览器相关的信息

2. Window 对象的方法

除了属性之外，Window 对象还拥有很多方法。Window 对象的方法以及说明如表 15-2 所示。

表 15-2　　　　　　　　　　　　　　　Window 对象的方法

方　　法	描　　述
alert()	弹出一个警告对话框
confirm()	在确认对话框中显示指定的字符串
prompt()	弹出一个提示对话框
open()	打开新浏览器对话框并且显示由 URL 或名字引用的文档，并设置创建对话框的属性
close()	关闭被引用的对话框
focus()	将被引用的对话框放在所有打开对话框的前面
blur()	将被引用的对话框放在所有打开对话框的后面
scrollTo(x,y)	把对话框滚动到指定的坐标
scrollBy(offsetx,offsety)	按照指定的位移量滚动对话框
setTimeout(timer)	在指定的毫秒数过后，对传递的表达式求值
setInterval(interval)	指定周期性执行代码
moveTo(x,y)	将对话框移动到指定坐标处

续表

方　　法	描　　述
moveBy(offsetx,offsety)	将对话框移动指定的位移量
resizeTo(x,y)	设置对话框的大小
resizeBy(offsetx,offsety)	按照指定的位移量设置对话框的大小
print()	相当于浏览器工具栏中的"打印"按钮
navigate(URL)	使用对话框显示 URL 指定的页面
status()	状态条，位于对话框下部的信息条
Defaultstatus()	状态条，位于对话框默认位置的信息条

3. Window 对象的使用

Window 对象可以直接调用其方法和属性，例如：

```
window.属性名
window.方法名（参数列表）
```

Window 是不需要使用 new 运算符来创建的对象。因此，在使用 Window 对象时，只要直接使用"window"来引用 Window 对象即可，代码如下：

```
window.alert（"字符串"）;
window.document.write（"字符串"）;
```

在实际运用中，JavaSctipt 允许使用一个字符串来给窗口命名，也可以使用一些关键字来代替某些特定的窗口。例如，使用"self"代表当前窗口，"parent"代表父级窗口等。对于这种情况，可以用这些字符串来代表"window"，代码如下：

```
parent.属性名
parent.方法名（参数列表）
```

15.1.2　对话框（Dialog）

对话框是响应用户某种需求而弹出的小窗口，本节将介绍几种常用的对话框：警告对话框、询问回答对话框及提示对话框。

1. 警告（Alert）

在页面显示时弹出警告对话框主要是在<body>标签中调用 window 对象的 alert()方法实现的，下面对该方法进行详细说明。

利用 window 对象的 alert()方法可以弹出一个警告框，并且在警告框内可以显示提示字符串文本。

语法：

```
window.alert(str)
```

参数 str 表示要在警告对话框中显示的提示字符串。

用户可以单击警告对话框中的"确定"按钮来关闭该警告对话框。不同浏览器的警告对话框样式可能会有些不同。

【例 15-1】　在浏览器打开时，弹出警告对话框。代码如下：

实例位置：光盘\MR\源码\第 15 章\15-1

```
<html>
<head>
<title>警告对话框的应用</title>
<meta http-equiv="Content-Type" content="text/html; charset=gb2312">
```

```
</head>
<body onLoad="al()">
<script language="javascript">
function al(){
    window.alert("弹出警告对话框!");
}
</script>
</body>
</html>
```

运行结果如图 15-1 所示。

警告对话框是由当前运行的页面弹出的,在对该对话框进行处理之前,不能对当前页面进行操作,并且其后面的代码也不会被执行。只有将警告对话框进行处理后(如单击"确定"按钮或者关闭对话框),才可以对当前页面进行操作,后面的代码也才能继续执行。

也可以利用 alert()方法对代码进行调试。当弄不清楚某段代码执行到哪里,或者不知道当前变量的取值情况,便可以利用该方法显示有用的调试信息。

2. 弹出询问回答对话框

window 对象的 confirm()方法用于弹出一个询问回答为是或否问题的对话框。该对话框中包含有两个按钮(在中文操作系统中显示为"确定"和"取消",在英文操作系统中显示为"OK"和"Cancel"),当用户单击"确定"按钮,返回值为 true;单击"取消"按钮,返回值为 false。

语法:

```
window. confirm(question)
```

- window:Window 对象。
- question:要在对话框中显示的纯文本。通常,应该表达程序想要让用户回答的问题。
- 返回值:如果用户单击"确定"按钮,返回值为 true;如果用户单击"取消"按钮,返回值为 false。

【例 15-2】 本例主要实现在页面中弹出"确定要关闭浏览器窗口"对话框,代码如下:
实例位置:光盘\MR\源码\第 15 章\15-2

```
<script language="javascript">
    var bool = window.confirm("确定要关闭浏览器窗口吗? ");
    if(bool == true){                    //如果用户单击了"确定"按钮
        window.close();                  //关闭窗口
    }
</script>
```

运行结果如图 15-2 所示。

图 15-1 警告对话框的应用

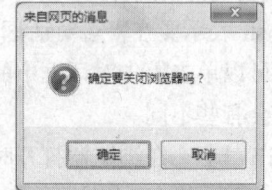

图 15-2 询问对话框

3. 提示(Prompts)

利用 window 对象的 Prompt()方法可以在浏览器窗口中弹出一个提示框。与警告框和确认框不同，在提示框中有一个输入框。当显示输入框时，在输入框内显示提示字符串，在输入文本框显示缺省文本，并等待用户输入。当用户在该输入框中输入文字后，并单击"确定"按钮时，返回用户输入的字符串；当单击"取消"按钮时，返回 null 值。

语法：

```
window.prompt(str1, str2)
```

- str1：为可选项。表示字符串(String)，指定在对话框内要被显示的信息。如果忽略此参数，将不显示任何信息。
- str2：为可选项。表示字符串(String)，指定对话框内输入框（input）的值（value）。如果忽略此参数，将被设置为 undefined。

【例 15-3】 当浏览器打开时，在文本框中输入数据并单击"显示对话框"按钮，会弹出一个提示对话框，输入数据后，单击"确定"按钮后，返回相应的数据。代码如下：

实例位置：光盘\MR\源码\第 15 章\15-3

```
<script>
function rdl_doClick(){
var oMessage=document.all("oMessage");
oMessage.value=window.prompt(oMessage.value,"返回的信息");
}
</script>
<input id=oMessage type=text size=40 value="请在此输入信息">
<br><br>
<input type=button value=" 显示对话框 " onclick="rdl_doClick();">
```

运行结果如图 15-3 和图 15-4 所示。

图 15-3 弹出提示对话框

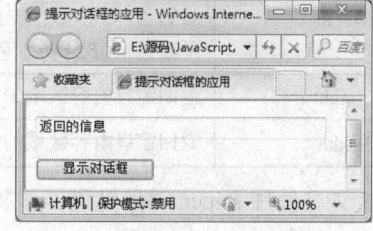

图 15-4 单击"确定"按钮后返回信息

15.1.3 窗口对象常用操作

1. 移动窗口

下面介绍几种移动窗口的方法。

（1）moveTo()方法

利用 moveTo()方法可以将窗口移动到指定坐标(x,y)处。

语法：

```
window.moveTo(x,y)
```

- x：窗口左上角的 x 坐标。
- y：窗口左上角的 y 坐标。

例如，将窗口移动到指定到坐标（300,300）处，代码如下：

```
window.moveTo(300,300)
```

 moveTo()方法是 Navigator 和 IE 都支持的方法，它不属于 W3C 标准的 DOM。

（2）resizeTo()方法

利用 resizeTo()方法可以将当前窗口改变成(x,y)大小，x、y 分别为宽度和高度。

语法：

```
window.resizeTo(x,y)
```

● x：窗口的水平宽度。

● y：窗口的垂直宽度。

例如，将当前窗口改变成(300,200)大小，代码如下：

```
window.resizeTo(300,200)
```

（3）screen 对象

screen 对象是 JavaScript 中的屏幕对象，反映了当前用户的屏幕设置。该对象的常用属性如表 15-3 所示。

表 15-3   screen 对象的常用属性

属　　性	说　　明
width	用户整个屏幕的水平尺寸，以像素为单位
height	用户整个屏幕的垂直尺寸，以像素为单位
pixelDepth	显示器的每个像素的位数
colorDepth	返回当前颜色设置所用的位数，1 代表黑白；8 代表 256 色；16 代表增强色；24/32 代表真彩色。8 位颜色支持 256 种颜色，16 位颜色（通常叫做"增强色"）支持大概 64000 种颜色，而 24 位颜色（通常叫做"真彩色"）支持大概 1600 万种颜色
availHeight	返回窗口内容区域的垂直尺寸，以像素为单位
availWidth	返回窗口内容区域的水平尺寸，以像素为单位

例如，使用 screen 对象设置屏幕属性，代码如下：

```
window.screen.width                          //屏幕宽度
window.screen.height                         //屏幕高度
window.screen.colorDepth                     //屏幕色深
window.screen.availWidth                      //可用宽度
window.screen.availHeight                     //可用高度(除去任务栏的高度)
```

【例 15-4】　本实例是在窗口打开时，将窗口放在屏幕的左上角，并将窗口从左到右以随机的角度进行移动，当窗口的外边框碰到屏幕四边时，窗口将进行反弹。代码如下：

实例位置：光盘\MR\源码\第 15 章\15-4

```
<script language="JavaScript">
window.resizeTo(300,300)                      //指定将窗口改变后的大小
window.moveTo(0,0)                            //将窗口移动到指定坐标处
inter=setInterval("go()", 1);
var aa=0
var bb=0
var a=0
var b=0
```

```
function go()
{
    try{
    if (aa==0)
    a=a+2;
    if (a>screen.availWidth-300)
    aa=1;
    if (aa==1)
    a=a-2;
    if (a==0)
    aa=0;
    if (bb==0)
    b=b+2;
    if (b>screen.availHeight-300)
    bb=1;
    if (bb==1)
    b=b-2;
    if (b==0)
    bb=0;
    window.moveTo(a,b);
    }
    catch(e){}
}
</script>
```

运行结果如图 15-5 和图 15-6 所示。

图 15-5　窗口移动前的效果　　　　　图 15-6　窗口移动后的效果

2．改变窗口大小

利用 window 对象的 resizeBy()方法可以实现将当前窗口改变指定的大小(x,y)，当 x、y 的值大于 0 时为扩大，小于 0 时为缩小。

语法：

```
window.resizeBy(x,y)
```

- x：放大或缩小的水平宽度。
- y：放大或缩小的垂直宽度。

【例 15-5】　本实例在打开 index.htm 文件后，在该页面中单击"单击此链接打开一个自动改变大小的窗口"超链接，在屏幕的左上角将会弹出一个"改变窗口大小"的窗口，并动态改变窗口的宽度和高度，直到与屏幕大小相同为止。

实例位置：光盘\MR\源码\第 15 章\15-5

（1）编写用于实现打开窗口特殊效果的 JavaScript 代码。自定义函数 go1()，用于打开指定的窗口，并设置其位置和大小。代码如下：

```
<script language=JavaScript>
var winheight,winsize,x;
function go1(){
    winheight=100;
    winsize=100;
    x=5;
    win2=window.open("melody.htm","","scrollbars='no'");
    win2.moveTo(0,0);
    win2.resizeTo(100,100);
    go2();
}
```

（2）自定义函数 go2()，用于动态改变窗口的大小，代码如下：

```
function go2()
{
    if (winheight>=screen.availHeight-3)
        x=0
    win2.resizeBy(5,x)
    winheight+=5
    winsize+=5
    if (winsize>=screen.width-5){
        winheight=100
        winsize=100
        x=5
        return
    }
    setTimeout("go2()",50)
}
</script>
```

运行结果如图 15-7 和图 15-8 所示。

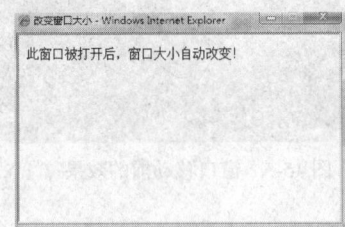

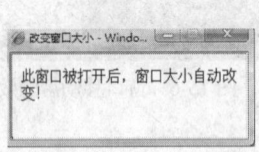

图 15-7　改变窗口大小　　　　　　　　　图 15-8　改变窗口大小

　　在本实例中，首先利用 window 对象的 open 方法来打开一个已有的窗口，然后利用 screen 对象的 availHeight 属性来获取屏幕可工作区域的高度，再利用 moveTo() 和 resizeTo() 方法来指定窗口的位置及大小，并利用 resizeBy() 方法使窗口逐渐变大，直到窗口大小与屏幕的工作区大小相同。

3. 窗口滚动

利用 window 对象的 scroll() 方法可以指定窗口的当前位置，从而实现窗口滚动效果。

语法：

```
scroll(x,y);
```

● x：屏幕的横向坐标。

- y：屏幕的纵向坐标。

window 对象中有 3 种方法可以用来滚动窗口中的文档，这 3 种方法的使用如下：

```
window.scroll(x,y)
window.scrollTo(x,y)
window.scrollBy(x,y)
```

以上 3 种方法的具体解释如下：

- scroll()：该方法可以将窗口中显示的文档滚动到指定的绝对位置。滚动的位置由参数 x 和 y 决定，其中 x 为要滚动的横向坐标，y 为要滚动的纵向坐标。两个坐标都是相对文档的左上角而言的，即文档的左上角坐标为（0,0）。
- scrollTo()：该方法的作用与 scroll() 方法完全相同。scroll() 方法是 JavaScript 1.1 中所规定的，而 scrollTo() 方法是 JavaScript 1.2 中所规定的。建议使用 scrollTo() 方法。
- scrollBy：该方法可以将文档滚动到指定的相对位置上，参数 x 和 y 是相对当前文档位置的坐标。如果参数 x 的值为正数，则向右滚动文档；如果参数 x 值为负数，则向左滚动文档。与此类似，如果参数 y 的值为正数，则向下滚动文档；如果参数 y 的值为负数，则向上滚动文档。

【例 15-6】　本实例是在打开页面时，当页面出现纵向滚动条时，页面中的内容将从上向下进行滚动，当滚动到页面最底端时停止。代码如下：

实例位置：光盘\MR\源码\第 15 章\15-6

```
<script language="JavaScript">
var position = 0;
function scroller(){
   if (true){
   position++;
   scroll(0,position);
   clearTimeout(timer);
   var timer = setTimeout("scroller()",10);
   }
}
scroller();
</script>
```

运行结果如图 15-9 所示。

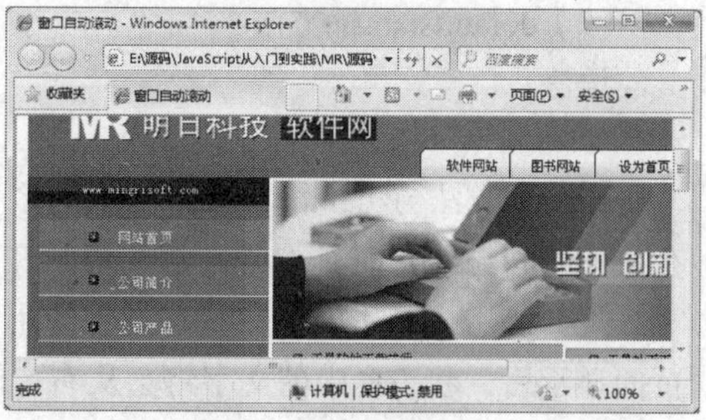

4．访问窗口历史

利用 history 对象实现访问窗口历史，history 对象是一个只读的 URL 字符串数组，该对象主要用来存储一个最近所访问网页的 URL 地址的列表。

图 15-9　窗口自动滚动

语法：

```
[window.]history.property|method([parameters])
```

history 对象的常用属性以及说明如表 15-4 所示。

表 15-4　　　　　　　　　　history 对象的常用属性

属　　性	描　　述
length	历史列表的长度，用于判断列表中的入口数目
current	当前文档的 URL
next	历史列表的下一个 URL
previous	历史列表的前一个 URL

history 对象的常用方法以及说明如表 15-5 所示。

表 15-5 　　　　　　　　　　　　　history 对象的常用方法

方 法	描 述
back()	退回前一页
forward()	重新进入下一页
go()	进入指定的网页

例如，利用 history 对象中的 back()方法和 forward()方法来引导用户在页面中跳转，代码如下：

```
<a href="javascript:window.history.forward();">forward</a>
<a href="javascript:window.history.back ();">back</a>
```

还可以使用 history.go()方法指定要访问的历史记录。若参数为正数，则向前移动；若参数为负数，则向后移动。例如：

```
<a href="javascript:window.history.go(-1);">向后退一次</a>
<a href="javascript:window.history.back (2);">向后前进两次/a>
```

使用 history.length 属性能够访问 history 数组的长度，可以很容易地转移到列表的末尾。例如：

```
<a href="javascript:window.history.go(window.historylength-1);">末尾</a>
```

5. 控制窗口状态栏

下面介绍几种控制窗口状态栏的方法。

（1）status()方法

改变状态栏中的文字可以通过 window 对象的 status()方法实现。status()方法主要功能是设置或给出浏览器窗口中状态栏的当前显示信息。

语法：

```
window.status=str
```

（2）defaultstatus()方法

语法：

```
window.defaultstatus=str
```

status()方法与 defaultstatus()方法的区别在于信息显示时间的长短。Defaultstatus()方法的值会在任何时间显示，而 status()方法的值只在某个事件发生的瞬间显示。

【例 15-7】 本实例在状态栏中使用 JavaScript 编写一个文字从右向左依次弹出的效果，当页面显示后，状态栏中的文字将会从右边向左边一个一个地弹出，等文字在状态栏中全部输出完毕后，程序将会清空状态栏中的文字。然后重复执行文字从右向左依次弹出的操作。代码如下：

实例位置：光盘\MR\源码\第 15 章\15-7

```
<script language="JavaScript">
var message = " 欢迎来到明日科技主页，请您提出宝贵意见! "          //状态栏信息
var position = 150                                              //位置
var delay   = 10                                               //弹出文字的间隔时间
var statusobj = new statusMessageObject()
function statusMessageObject(p,d)
{
    this.msg = message;
    this.out = " ";
    this.pos = position;
    this.delay = delay;
    this.i = 0;
```

```
        this.reset = clearMessage;
}
function clearMessage()                                    //清空信息
{
        this.pos = POSITION;
}
function brush()
{
        for (statusobj.i = 0; statusobj.i < statusobj.pos; statusobj.i++)
        {
        statusobj.out += " ";
        }
        if (statusobj.pos >= 0)
            statusobj.out += statusobj.msg;
        else
            statusobj.out =
statusobj.msg.substring(-statusobj.pos,statusobj.msg.length);
            window.status = statusobj.out;
            statusobj.out = " ";
            statusobj.pos--;
        if (statusobj.pos < -(statusobj.msg.length))
        {
        statusobj.reset();
        }
        setTimeout ('brush()',statusobj.delay);
   }
function outtext(space,position)
{
        var msg = statusobj.msg;
        var out = "";
        for (var i=0; i<position; i++)
        {
            out += msg.charAt(i);
        }
        for (i=1;i<space;i++)
        {
            out += " ";
        }
        out += msg.charAt(position);
        window.status = out;
        if (space <= 1)
        {
            position++;
            if (msg.charAt(position) == ' '){
            position++; }
            space = 100-position;
        }
        else if (space > 3)
        {
            space *= .75;
        }
        else
        {
            space--;
        }
```

```
if (position != msg.length)
{
var cmd = "outtext(" + space + "," + position + ")";
scrollID = window.setTimeout(cmd,statusobj.delay);
}
else
{
window.status="";
space=0;
position=0;
cmd = "outtext(" + space + "," + position + ")";
scrollID=window.setTimeout(cmd,statusobj.delay);
return false
}
return true
}
outtext(100,0);
</script>
```

运行结果如图 15-10 所示。

图 15-10　状态栏的文字设置

15.2　Document 文档对象

15.2.1　文档对象概述

文档对象(document)代表浏览器窗口中的文档,该对象是 window 对象的子对象,由于 window 对象是 DOM 对象模型中的默认对象, 因此 window 对象中的方法和子对象不需要使用 window 来引用。通过 document 对象可以访问 HTML 文档中包含的任何 HTML 标记并可以动态地改变 HTML 标记中的内容。例如表单、图像、表格和超链接等。该对象在 JavaScript1.0 版本中就已经存在,在随后的版本中又增加了几个属性和方法。document 对象层次结构如图 15-11 所示。

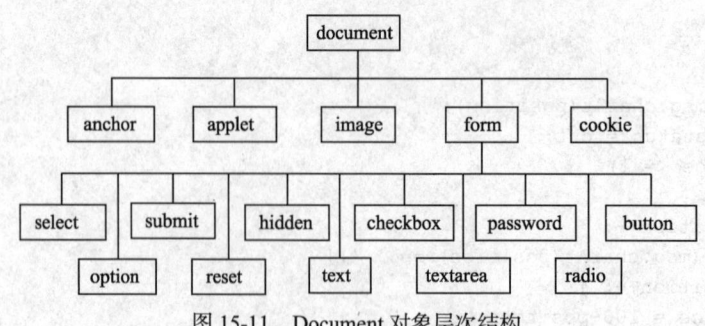

图 15-11　Document 对象层次结构

15.2.2　文档对象的常用属性、方法与事件

本节将详细介绍文档对象（Document 对象）常用的属性、方法和事件。

1. Document 对象的常用属性

Document 对象常用的属性及说明如表 15-6 所示。

表 15-6　　　　　　　　　　　　　　　　Document 对象属性及说明

属　性	说　明
alinkColor	链接文字的颜色，对应于\<body\>标记中的 alink 属性
all[]	存储 HTML 标记的一个数组(该属性本身也是一个对象)
anchors[]	存储锚点的一个数组(该属性本身也是一个对象)
bgColor	文档的背景颜色，对应于\<body\>标记中的 bgcolor 属性
cookie	表示 cookie 的值
fgColor	文档的文本颜色(不包含超链接的文字)对应于\<body\>标记中的 text 属性值
forms[]	存储窗体对象的一个数组(该属性本身也是一个对象)
fileCreatedDate	创建文档的日期
fileModifiedDate	文档最后修改的日期
fileSize	当前文件的大小
lastModified	文档最后修改的时间
images[]	存储图像对象的一个数组(该属性本身也是一个对象)
linkColor	未被访问的链接文字的颜色，对应于\<body\>标记中的 link 属性
links[]	存储 link 对象的一个数组(该属性本身也是一个对象)
vlinkColor	表示已访问的链接文字的颜色，对应于\<body\>标记的 vlink 属性
title	当前文档标题对象
body	当前文档主体对象
readyState	获取某个对象的当前状态
URL	获取或设置 URL

2. Document 对象的常用方法

Document 对象的常用方法和说明如表 15-7 所示。

表 15-7　　　　　　　　　　　　　　　　Document 对象方法及说明

方　法	说　明
close	文档的输出流
open	打开一个文档输出流并接收 write 和 writeln 方法创建的页面内容
write	向文档中写入 HTML 或 JavaScript 语句
writeln	向文档中写入 HTML 或 JavaScript 语句，并以换行符结束
createElement	创建一个 HTML 标记
getElementById	获取指定 id 的 HTML 标记

3. Document 对象的常用事件

多数浏览器内部对象都拥有很多事件，下面将以表格的形式给出常用的事件及何时触发这些事件。JavaScript 的常用事件如表 15-8 所示。

表 15-8 　　　　　　　　　　　　　　　　　JavaScript 的常用事件

事　件	何时触发
onabort	对象载入被中断时触发
onblur	元素或窗口本身失去焦点时触发
onchange	改变<select>元素中的选项或其他表单元素失去焦点，并且在其获取焦点后内容发生过改变时触发
onclick	单击鼠标左键时触发。当光标的焦点在按钮上，并按下回车键时，也会触发该事件
ondblclick	双击鼠标左键时触发
onerror	出现错误时触发
onfocus	任何元素或窗口本身获得焦点时触发
onkeydown	键盘上的按键（包括 Shift 键或 Alt 键）被按下时触发，如果一直按着某键，则会不断触发。当返回 false 时，取消默认动作
onkeypress	键盘上的按键被按下，并产生一个字符时发生。也就是说，当按下 Shift 键或 Alt 键时不触发。如果一直按下某键时，会不断触发。当返回 false 时，取消默认认动作
onkeyup	释放键盘上的按键时触发
onload	页面完全载入后，在 Window 对象上触发；所有框架都载入后，在框架集上触发；<img>标记指定的图像完全载入后，在其上触发；或<object>标记指定的对象完全载入后，在其上触发
onmousedown	单击任何一个鼠标按键时触发
onmousemove	鼠标在某个元素上移动时持续触发
onmouseout	将鼠标从指定的元素上移开时触发
onmouseover	鼠标移到某个元素上时触发
onmouseup	释放任意一个鼠标按键时触发
onreset	单击重置按钮时，在<form>上触发
onresize	窗口或框架的大小发生改变时触发
onscroll	在任何带滚动条的元素或窗口上滚动时触发
onselect	选中文本时触发
onsubmit	单击提交按钮时，在<form>上触发
onunload	页面完全卸载后，在 Window 对象上触发；或者所有框架都卸载后，在框架集上触发

15.2.3　Document 对象的应用

本节主要通过使用 Document 对象的属性和方法来演示一些常用的实例，例如链接文字颜色设置、获取并设置 URL 等实例，本章将对 Document 对象常用的应用进行详细介绍。

1．链接文字颜色设置
链接文字颜色设置通过使用 alinkColor 属性、linkColor 属性和 vlinkColor 属性来实现。

（1）alinkColor 属性
该属性用来获取或设置当链接获得焦点时显示的颜色。

语法：

```
[color=]document.alinkcolor[=setColor]
```
- setColor：设置颜色的名称或颜色的 RGB 值，setColor 是可选项。
- color：字符串变量，用来获取颜色值，color 是可选项。

（2）linkColor 属性

该属性用来获取或设置页面中未单击的链接的颜色。

语法：

```
[color=]document.linkColor[=setColor]
```

- setColor：设置颜色的名称或颜色的 RGB 值，setColor 是可选项。
- color：字符串变量，用来获取颜色值，color 是可选项。

（3）vlinkColor 属性

该属性用来获取或设置页面中单击过的链接的颜色。

语法：

```
[color=]document.vlinkColor[=setColor]
```

- setColor：设置颜色的名称或颜色的 RGB 值，setColor 是可选项。
- color：字符串变量，用来获取颜色值，color 是可选项。

【例 15-8】　本示例分别设置了超链接 3 个状态的文字颜色。代码如下。

实例位置：光盘\MR\源码\第 15 章\15-8

```
<body>
<font size="10pt" face="隶书"><a id="a1" href="www.mingrisoft.com">JavaScript 论坛</a></font>
<script language="JavaScript">
document.vlinkColor ="#00CCFF";
document.linkColor="green";
document.alinkColor="000000";
</script>
</body>
```

当未单击超链接时，超链接字体的颜色为绿色，如图 15-12 所示；当单击超链接时，超链接字体的颜色为黑色，如图 15-13 所示；当单击过超链接时，超链接的字体颜色为淡蓝色，如图 15-14 所示。

图 15-12　未单击链接时为绿色

图 15-13　单击链接时为黑色

图 15-14　已单击链接时为淡蓝色

2. 文档前景色和背景色设置

文档前景色和背景色的设置可以使用 gbColor 属性和 fgColor 属性来实现。

（1）bgColor 属性

该属性用来获取或设置页面的背景颜色。

语法：

```
[color=]document.bgColor[=setColor]
```

- setColor：设置颜色的名称或颜色的 RGB 值，setColor 是可选项。
- color：字符串变量，用来获取颜色值，color 是可选项。

（2）fgColor 属性

该属性用来获取或设置页面的前景颜色，即为页面中文字的颜色。

语法：

```
[color=]document.fgColor[=setColor]
```

- setColor：设置颜色的名称或颜色的 RGB 值，setColor 是可选项。
- color：字符串变量，用来获取颜色值，color 是可选项。

【例 15-9】 本示例每间隔一秒都将改变文档的前景色和背景色。代码如下。

实例位置：光盘\MR\源码\第 15 章\15-9

```
<body>
背景自动变色
<script language="javascript">
var Arraycolor=new Array("#00FF66","#FFFF99","#99CCFF","#FFCCFF","#FFCC99","#00FFFF",
"#FFFF00","#FFCC00","#FF00FF");
var n=0;
function turncolors(){
    n++;
    if (n==(Arraycolor.length-1)) n=0;
    document.bgColor = Arraycolor[n];              //设置页面的背景颜色
    document.fgColor=Arraycolor[n-1];              //设置页面的文字颜色
    setTimeout("turncolors()",1000);
}
turncolors();
</script>
</body>
```

当运行示例时文档的前景色和背景色如图 15-15 所示，在间隔一秒后文档的前景色和背景色将会自动改变为如图 15-16 所示的颜色。

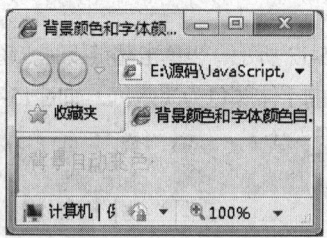

图 15-15　自动变色前

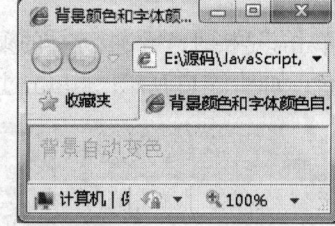

图 15-16　自动变色后

3. 获取并设置 URL

获取并设置 URL 主要可以使用 URL 属性来实现，该属性是用来获取或设置当前文档的 URL。

语法：

```
[url=]document.URL[=setUrl]
```

- url：字符串表达式，用来存储当前文档的 URL。url 是可选项。
- setUrl：字符串变量，用来设置当前文档的 URL。setUrl 是可选项。

【例 15-10】 本示例在页面中显示了当前文档的 URL，并可以通过文本框来输入需要跳转页面的 URL，单击"跳转"按钮将跳转到新的页面。代码如下：

实例位置：光盘\MR\源码\第 15 章\15-10

```
<body>
  <script language="javascript">
    <!--
        document.write("<b>当前页面的 URL: </b>"+document.URL);
        function setURL(t)
```

```
                {
                    document.URL=t;
                    var u=document.URL;
                    return u;
                }
        -->
    </script>
    <p>
    输入要跳转的页面 URL：
    <input name="titleName"  type="text"><input name="Input" value="跳转" onClick=
"setURL(titleName.value)" type="button">
    </p>
</p>
</body>
```

运行结果如图 15-17 所示。

4．在文档中输出数据

在文档中输出数据可以使用 write 方法和 writeln 方法来实现。

（1）write 方法

该方法用来向 HTML 文档中输出数据，其数据包括字符串、数字和 HTML 标记等。

语法：

```
document.write(text);
```

参数 text 表示在 HTML 文档中输出的内容。

（2）writeln 方法

该方法与 write 方法作用相同，唯一的区别在于 writeln 方法在所输出的内容后，添加了一个
回车换行符。但回车换行符只有在 HTML 文档中<pre></pre>标记（此标记把文档中的空格、回车、
换行等表现出来）内才能被识别。

语法：

```
document.writeln(text);
```

参数 text 表示在 HTML 文档中输出的内容。

【例 15-11】　本示例使用 write 方法和 writeln 方法在页面中输出了几段文字。代码如下。

实例位置：光盘\MR\源码\第 15 章\15-11

```
<body>
<script language="javascript">
    <!--
        document.write("使用 write 方法输出的第一段内容！");
        document.write("使用 write 方法输出的第二段内容<hr color='#003366'>");
        document.writeln("使用 writeln 方法输出的第一段内容！");
        document.writeln("使用 writeln 方法输出的第二段内容<hr color='#003366'>");
    -->
</script>
<pre>
<script language="javascript">
    <!--
        document.writeln("在 pre 标记内使用 writeln 方法输出的第一段内容！");
        document.writeln("在 pre 标记内使用 writeln 方法输出的第二段内容");
    -->
```

```
</script>
</pre>
</body>
```
运行效果如图 15-18 所示。

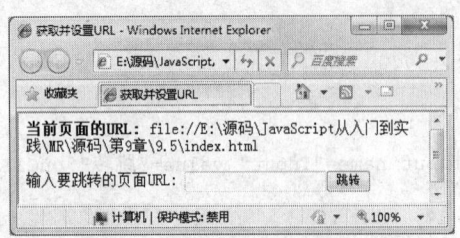
图 15-17 显示当前页面的 URL

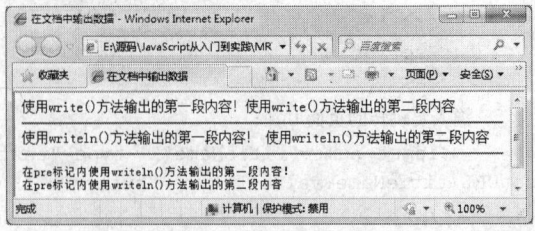
图 15-18 在文档中输出数据

5. 获取文本框并修改其内容

获取文本框并修改其内容可以使用 getElementById()方法来实现。getElementById()方法可以通过指定的 id 来获取 HTML 标记，并将其返回。

语法：

```
sElement=document.getElementById(id)
```

- sElement：用来接收该方法返回的一个对象。
- id：用来设置需要获取 HTML 标记的 id 值。

【例 15-12】 本示例在页面加载后的文本框中将会显示"初始文本内容"，当单击按钮后将会改变文本框中的内容。代码如下。

实例位置：光盘\MR\源码\第 15 章\15-12

```
<body>
<script language="javascript">
    <!--
        function c1()
        {
            var t=document.getElementById("txt");
            t.value="修改文本内容"
        }
    -->
</script>
<input type="text" id="txt" value="初始文本内容"/>
<input type="button" value="更改文本内容" name="btn" onclick="c1();" />
</body>
```

运行结果如图 15-19 和图 15-20 所示。

图 15-19 显示按钮和文本框

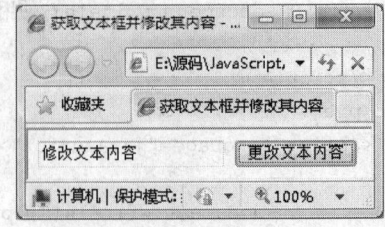
图 15-20 获取并修改文本内容

15.3　JavaScript 与表单操作

15.3.1　在 JavaScript 中访问表单

在扫描检测与操作表单域之前，首先应当确定要访问的表单，JavaScript 中主要有 3 种访问表单的方式，分别如下：

- 通过 document.forms[] 按编号访问。
- 通过 document.forms[] 按名称访问。按照正规元素检索机制（例如，使用 document. formname）。
- 在支持 DOM 的浏览器中，使用 document.getElementById()。

例如，对于下面定义的表单：

```
<form name="form1" method="post" action="">
  驱动器名称：
  <input type="text" name="text1">
    
  <input type="button" name="Button1" value="驱动器类型" onclick="dtype(document.
form1.text1)">
  </form>
```

可以使用 window.document.forms[0]、window.document.forms['form1']或者 window.document.form1 等方式来访问该表单。

15.3.2　在 JavaScript 中访问表单域

每个表单都包含一个表单的聚集，例如，要访问下面的表单域：

```
<form name="form1" method="post" action="">
  驱动器名称：
  <input type="text" name="text1">
    
  <input type="button" name="Button1" value="驱动器类型" onclick="dtype (document.
form1.text1)">
  </form>
```

可以通过 elements[] 进行访问。因此，对于前面定义的表单，可以使用 window.document. forms.elements[0]引用第一个域。还可以使用名称访问表单域，window.document.forms.text1 或者 window.document.forms.elements["text1"]访问第一个域。

15.3.3　表单的验证

验证表单中输入的内容是否符合要求是 JavaScript 最常用的功能之一。在提交表单前进行表单验证，可以节约服务器的处理周期，为用户节省等待的时间。

表单验证通常发生在内容输入结束，表单提交之前。表单的 onsubmit 事件处理器中有一组函数负责验证。如果输入中包含非法数据，处理器会返回 false，显示一条信息，同时取消提交。如果输入的内容合法，则返回 true，提交正常进行。本节将介绍一些表单验证常用的技术。

1. 验证表单内容是否为空

【例 15-13】 下面制作一个简单的用户登录界面，并且验证用户名和密码不能为空，如果为空则给出提示。运行结果如图 15-21 所示。

实例位置：光盘\MR\源码\第 15 章\15-13

具体步骤如下：

（1）首先，设计登录页面，效果如图 15-21 所示。

（2）通过 JavaScript 脚本判断用户和密码是否为空，具体代码如下：

```
<script language="javascript">
function checkit(){                    //自定义函数
    if(form1.name.value==""){          //判断用户名是否为空
            alert("请输入用户名!");
            form1.name.select();
            return FALSE;
        }
    if(form1.pwd.value==""){           //判断密码是否为空
            alert("请输入密码!");
            form1.pwd.select();
            return FALSE ;
        }
            return TRUE;
}
</script>
```

（3）通过"登录"按钮的 onclick 事件调用自定义函数 checkit()，代码如下：

```
<input type="image" name="imageField" onclick="return checkit();" src="images/dl_
06.gif" />                             //登录按钮事件
<input type="image" name="imageField2" onclick="form.reset(); return FALSE;"
src="images/dl_07.gif" />              //取消事件
```

2. 验证表单中的 Email 地址是否正确

【例 15-14】 本例通过 JavaScript 脚本和正则表达式来验证 Email 地址格式，运行结果如图 15-22 所示。

实例位置：光盘\MR\源码\第 15 章\15-14

验证 Email 地址的正则表达式如下：

```
/\w+([-+.']\w+)*@\w+([-.]\w+)*\.\w+([-.]\w+)*/
```

具体步骤如下：

（1）使用 JavaScript 编写一个用于检测 Email 地址是否正确的函数 checkemail()，该函数只有一个参数 Email，用于获取输入的 Eamil 地址，返回值为 TRUE 或 FALSE。代码如下：

```
<script language="javascript">
function checkemail(email){
    var str=email;
     //在 JavaScript 中，正则表达式只能使用"/"开头和结束，不能使用双引号
    var Expression=/\w+([-+.']\w+)*@\w+([-.]\w+)*\.\w+([-.]\w+)*/;
    var objExp=new RegExp(Expression);
    if(objExp.test(str)==TRUE){
        return TRUE;
    }else{
        return FALSE;
    }
}
</script>
```

图 15-21　提示请输入用户名　　　　　　　　图 15-22　验证 Email 地址格式

（2）调用 checkemail()函数判断 Email 地址是否正确，并显示相应的提示信息。关键代码如下：

```javascript
<script language="javascript">
function check(form1){
    if(form1.email.value==""){
        alert("请输入 Email 地址!");form1.email.focus();return;
    }
    if(!checkemail(form1.email.value)){
        alert("您输入的 Email 地址不正确!");form1.email.focus();return;
    }
    form1.submit();
}
</script>
```

15.4　DOM 对象

15.4.1　DOM 概述

DOM 是 Document Object Model（文档对象模型）的缩写，它是由 W3C(World Wide Web 委员会)定义的。下面分别介绍各个单词的含义。

- Document（文档）

创建一个网页并将该网页添加到 Web 中，DOM 就会根据这个网页创建一个文档对象。如果没有 document（文档），DOM 也就无从谈起。

- Object（对象）

对象是一种独立的数据集合。例如文档对象，即是文档中元素与内容的数据集合。与某个特定对象相关联的变量被称为这个对象的属性，可以通过某个特定对象去调用的函数被称为这个对象的方法。

- Model（模型）

模型代表将文档对象表示为树状模型。在这个树状模型中，网页中的各个元素与内容表现为一个个相互连接的节点。

DOM 是与浏览器或平台的接口，使其可以访问页面中的其他标准组件。DOM 解决了 JavaScript 与 Jscript 之间的冲突，给开发者定义了一个标准的方法，使他们来访问站点中的数据、脚本和表现层对象。

1. DOM 分层

文档对象模型采用的分层结构为树形结构，以树节点的方式表示文档中的各种内容。先以一个简单的 HTML 文档说明一下。代码如下：

```
<html >
<head>
<title>标题内容</title>
</head>
<body>
<h3>3 号标题</h3>
<b>加粗内容</b>
</body>
</html>
```

以上文档可以使用图 15-23 对 DOM 的层次结构进行说明。

通过图 15-23 可以看出，在文档对象模型中，每一个对象都可以称为一个节点(Node)，下面将介绍一下几种节点的概念。

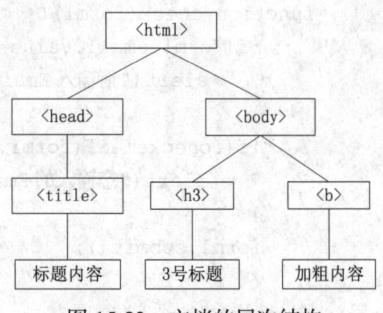

图 15-23　文档的层次结构

- 根节点

在最顶层的<html>节点，称为根节点。

- 父节点

一个节点之上的节点是该节点的父节点(parent)。例如，<html>就是<head>和<body>的父节点，<head>就是<title>的父节点。

- 子节点

位于一个节点之下的节点就是该节点的子节点。例如，<head>和<body>就是<html>的子节点，<title>就是<head>的子节点。

- 兄弟节点

如果多个节点在同一个层次，并拥有着相同的父节点，这几个节点就是兄弟节点(sibling)。例如，<head>和<body>就是兄弟节点，<h3>和<b>就是兄弟节点。

- 后代

一个节点的子节点的集合可以称为该节点的后代(descendant)。例如，<head>和<body>就是<html>的后代，<h3>和<b>就是<body>的后代。

- 叶子节点

在树形结构最底部的节点称为叶子节点。例如，"标题内容"、"3 号标题"和"加粗内容"都是叶子节点。

在了解节点后，下面将介绍文档模型中节点的三种类型。

- 元素节点：在 HTML 中，<body>、<p>、<a>等一系列标记是这个文档的元素节点。元素节点组成了文档模型的语义逻辑结构。
- 文本节点：包含在元素节点中的内容部分，如<p>标签中的文本等。一般情况下，不为空的文本节点都是可见并呈现于浏览器中的。
- 属性节点：元素节点的属性，如<a>标签的 href 属性与 title 属性等。一般情况下，大部分属性节点都隐藏在浏览器背后，并且是不可见的。属性节点总是被包含于元素节点当中。

2. DOM 级别

W3C 在 1998 年 10 月标准了 DOM 第一级，它不仅定义了基本的接口，其中包含了所有 HTML 接口。在 2000 年 11 月标准化了 DOM 第二级，在第二级中不但对核心的接口升级，还定义了使用文档事件和 Css 样式表的标准的 API。Netscape 的 Navigator6.0 浏览器和 Microsoft 的 Internet Explorer 5.0 浏览器，都支持了 W3C 的 DOM 第一级的标准。目前，Netscape、Firefox（FF 火狐浏览器）等浏览器已经支持 DOM 第二级的标准，但 Internet Explorer（IE）还不完全支持 DOM 第二级的标准。

15.4.2　DOM 对象节点属性

在 DOM 中通过使用节点属性可以对各节点进行查询，查询出各节点的名称、类型、节点值、子节点和兄弟节点等。DOM 常用的节点属性如表 15-9 所示。

表 15-9　　　　　　　　　　　　　DOM 常用的节点属性

属　　性	说　　明
nodeName	节点的名称
nodeValue	节点的值，通常只应用于文本节点
nodeType	节点的类型
parentNode	返回当前节点的父节点
childNodes	子节点列表
firstChild	返回当前节点的第一个子节点
lastChild	返回当前节点的最后一个子节点
previousSibling	返回当前节点的前一个兄弟节点
nextSibling	返回当前节点的后一个兄弟节点
attributes	元素的属性列表

1. 访问指定节点

使用 getElementById 方法来访问指定 id 的节点，并用 nodeName 属性、nodeType 属性和 nodeValue 属性来显示出该节点的名称、节点类型和节点的值。

【例 15-15】　本示例在页面弹出的提示框中，显示了指定节点的名称、节点的类型和节点的值。代码如下：

实例位置：光盘\MR\源码\第 15 章\15-15

```
<head>
<title>访问指定节点</title>
</head>
<body id="b1">
<h3 >三号标题</h3>
<b>加粗内容</b>
<script language="javascript">
    <!--
        var by=document.getElementById("b1");              //访问 id 为 "b1" 的节点
        var str;
        str="节点名称:"+by.nodeName+"\n";                   //获取节点名称
        str+="节点类型:"+by.nodeType+"\n";                  //获取节点类型
```

```
            str+="节点值:"+by.nodeValue+"\n";                    //获取节点值
            alert(str);                                          //弹出显示对话框
        -->
    </script>
</body>
```

程序运行结果如图 15-24 所示。

2. 遍历文档树

遍历文档树通过使用 parentNode 属性、firstChild 属性、lastChild 属性、previousSibling 属性和 nextSibling 属性来实现。

图 15-24　显示指定节点名称、类型和值

【**例 15-16**】　本实例在页面中，通过相应的按钮可以查找到文档的各个节点的名称、类型和节点值。代码如下：

实例位置：光盘\MR\源码\第 15 章\15-16

```html
<head>
<title>遍历文档树</title>
</head>
<body >
<h3 id="h1">三号标题</h3>
<b>加粗内容</b>
<form name="frm" action="#" method="get">
节点名称: <input type="text" id="na" /><br />
节点类型: <input type="text" id="ty" /><br />
节点的值: <input type="text" id="va" /><br />
<input type="button" value="父节点" onclick="txt=nodeS(txt,'parent');" />
<input type="button" value="第一个子节点" onclick="txt=nodeS(txt,'firstChild');"/>
<input type="button" value="最后一个子节点" onclick="txt=nodeS(txt,'lastChild');" /><br>
<input  name="button"  type="button"  onclick="txt=nodeS(txt,'previousSibling');"
value="前一个兄弟节点" />
<input type="button" value="最后一个兄弟节点" onclick="txt=nodeS(txt,'nextSibling');" />
<input  type="button"  value=" 返 回 根 节 点 "  onclick="txt=document.documentElement;
txtUpdate(txt);" />
</form>
<script language="javascript">
    <!--
        function txtUpdate(txt)
        {
            window.document.frm.na.value=txt.nodeName;          //获取节点名称
            window.document.frm.ty.value=txt.nodeType;          //获取节点类型
            window.document.frm.va.value=txt.nodeValue;         //获取节点的值
        }
        function nodeS(txt,nodeName)            //判断当用户单击不同的按钮显示相应的节点信息
        {
            switch(nodeName)
            {
                case "previousSibling":
                    if(txt.previousSibling)
                    {
                        txt=txt.previousSibling;
                    }else
                    alert("无兄弟节点");
                    break;
```

```
            case "nextSibling":
                if(txt.nextSibling)
                {
                    txt=txt.nextSibling;
                }else
                alert("无兄弟节点");
                break;
            case "parent":
                if(txt.parentNode)
                {
                    txt=txt.parentNode;
                }else
                alert("无父节点");
                break;
            case "firstChild":
                if(txt.hasChildNodes())
                {
                    txt=txt.firstChild;
                }else
                alert("无子节点");
                break;
            case "lastChild":
                if(txt.hasChildNodes())
                {
                    txt=txt.lastChild;
                }else
                alert("无子节点")
                break;
        }
        txtUpdate(txt);
        return txt;
    }
    var txt=document.documentElement;
    txtUpdate(txt);
    function ar()
    {
        var n=document.documentElement;
        alert(n.length);
    }
-->
</script>
</body>
```

运行结果如图 15-25 和图 15-26 所示。

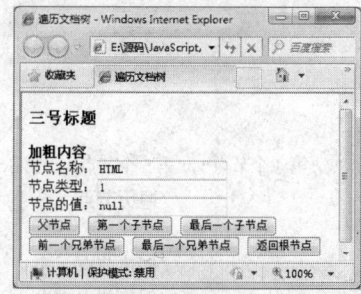

图 15-25 当前文档的根节点

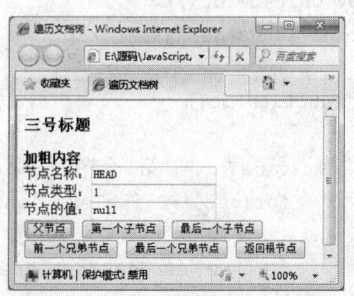

图 15-26 当前文档的第一个子节点

15.4.3 节点的几种操作

1. 节点的创建

● 创建新节点

创建新的节点先通过使用文档对象中的 createElement()方法和 createTextNode()方法，生成一个新元素，并生成文本节点。最后通过使用 appendChild()方法将创建的新节点添加到当前节点的末尾处。

appendChild()方法将新的子节点添加到当前节点的末尾。语法如下：

```
obj.appendChild(newChild)
```

参数 newChild 表示新的子节点。

【例 15-17】 本示例在页面回载后自动显示"创建新节点"文本内容，并通过使用\<b>标记将该文本加粗。代码如下：

实例位置：光盘\MR\源码\第 15 章\15-17

```
<body onload="createChild()" >
<script language="javascript">
    <!--
        function createChild()
        {
            var b=document.createElement("b");              //创建新生成的节点元素
            var txt=document.createTextNode("创建新节点！");  //创建节点文本
            //将新节点 b 添加到页面上
            b.appendChild(txt);
            document.body.appendChild(b);
        }
    -->
</script>
</body>
```

运行结果如图 15-27 所示。

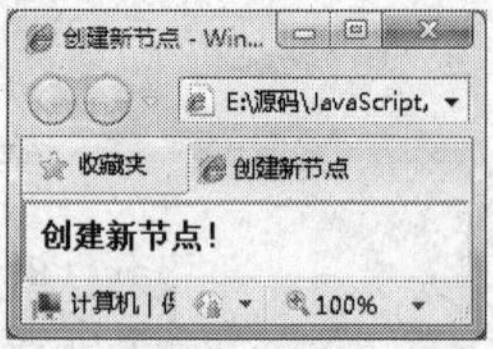

● 创建多个节点

图 15-27 创建新节点

创建多个节点通过使用循环语句，利用 createElement()方法和 createTextNode()方法生成新元素并生成文本节点。最后通过使用 appendChild()方法将创建的新节点添加到页面上。

【例 15-18】 本示例在页面加载后，自动创建多个\<p>节点，并在每个节点中显示不同的文本内容。代码如下：

实例位置：光盘\MR\源码\第 15 章\15-18

```
<body onload="dc()">
<script language="javascript">
<!--
    function dc()
    {
        var aText=["第1个节点","第2个节点","第3个节点","第4个节点","第5个节点","第6个节点"];
        for(var i=0;i<aText.length;i++)                      //遍历节点
        {
            var ce=document.createElement("p");             //创建节点元素
            var cText=document.createTextNode(aText[i]);     //创建节点文本
            //将新节点添加到页面上
```

```
            ce.appendChild(cText);
            document.body.appendChild(ce);
        }
    }
-->
</script>
</body>
```

运行结果如图 15-28 所示。

在上面的示例中，使用循环语句通过使用 appendChild()方法，将节点添加到页面中。由于 appendChild()方法在每一次添加新的节点时都会刷新页面，这会使浏览器显得十分缓慢。这里可以通过使用 createDocumentFragment()

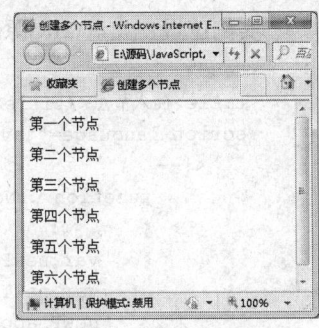

图 15-28　创建多个节点

方法来解决这个问题。createDocumentFragment()方法用来创建文件碎片节点。

【例 15-19】　本示例用 createDocumentFragment()方法以只刷新一次页面的形式在页面中动态添加多个<b>节点，并在每个节点中显示不同的文本内容。代码如下：

实例位置：光盘\MR\源码\第 15 章\15-19

```
<body onload="dc()">
<script language="javascript">
<!--
    function dc()
    {
        var aText=["第1个节点","第2个节点","第3个节点","第4个节点","第5个节点","第6个节点"];
        var cdf=document.createDocumentFragment();          //创建文件碎片节点
        for(var i=0;i<aText.length;i++)                     //遍历节点
        {
            var ce=document.createElement("b");
            var cb=document.createElement("br");
            var cText=document.createTextNode(aText[i]);
            ce.appendChild(cText);
            cdf.appendChild(ce);
            cdf.appendChild(cb);
        }
        document.body.appendChild(cdf);
    }
-->
</script>
</body>
```

运行结果如图 15-29 所示。

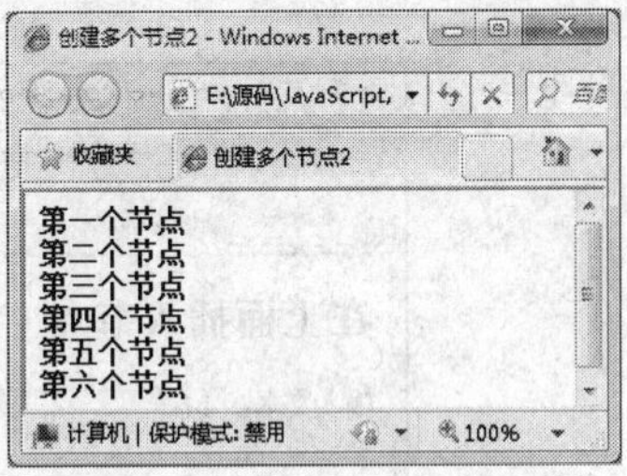

图 15-29　创建多个节点

2. 节点的插入和追加

插入节点通过使用 insertBefore 方法来实现。insertBefore()方法将新的子节点添加到当前节点的末尾。

语法：

```
obj.insertBefore(new,ref)
```

● new：表示新的子节点。

● ref：指定一个节点，在这个节点前插入新的节点。

【例 15-20】　本示例在页面的文本框中输入需要插入的文本，然后通过单击"前插入"按钮将文本插入到页面中。代码如下：

实例位置：光盘\MR\源码\第 15 章\15-20

```
<head>
<title>插入节点</title>
<script language="javascript">
    <!--
        function crNode(str)                              //创建节点
        {
            var newP=document.createElement("p");
            var newTxt=document.createTextNode(str);
            newP.appendChild(newTxt);
            return newP;
        }
        function insetNode(nodeId,str)                    //插入节点
        {
            var node=document.getElementById(nodeId);
            var newNode=crNode(str);
            if(node.parentNode)                           //判断是否拥有父节点
            node.parentNode.insertBefore(newNode,node);
        }
    -->
</script>
</head>
<body>
    <h2 id="h">在上面插入节点</h2>
    <form id="frm" name="frm">
    输入文本: <input type="text" name="txt" />
    <input  type="button"  value=" 前 插 入 "  onclick="insetNode('h',document.frm.
txt.value);" />
    </form>
</body>
```

运行结果如图 15-30 和图 15-31 所示。

图 15-30　插入节点前

图 15-31　插入节点后

3. 节点的复制

复制节点可以使用 cloneNode()方法来实现。cloneNode()方法用来复制节点。

语法：

```
obj. cloneNode(deep)
```

参数 deep 是一个 Boolean 值，表示是否为深度复制。深度复制是将当前节点的所有子节点全部复制，当值为 true 时表示深度复制；当值为 false 时表示简单复制，简单复制只复制当前节点，不复制其子节点。

【例 15-21】　本实例主要实现复制节点的功能。

实例位置：光盘\MR\源码\第 15 章\15-21

本实例在页面中显示了一个下拉列表框和两个按钮如图 15-32 所示，当单击"复制"按钮时只复制了一个新的下拉列表框，并未复制其选项，如图 15-33 所示。当单击"深度复制"按钮时将会复制一个新的下拉列表框并包含其选项，如图 15-34 所示。

图 15-32　复制节点前

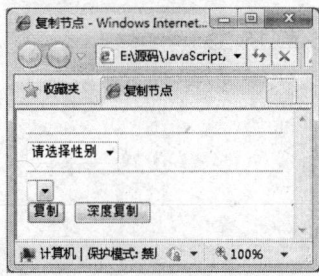

图 15-33　普通复制后

图 15-34　深度复制后

程序代码如下：

```html
<head>
<title>复制节点</title>
<script language="javascript">
    <!--
        function AddRow(bl)
        {
            var sel=document.getElementById("sexType"); //访问节点
            var newSelect=sel.cloneNode(bl);             //复制节点
            var b=document.createElement("br");          //创建节点元素
            di.appendChild(newSelect);                   //将新节点添加到当前节点的未尾
            di.appendChild(b);
        }
    -->
</script>
</head>
<body>
<form>
    <hr>
    <select name="sexType" id="sexType">
    <option value="%">请选择性别</option>
    <option value="0">男</option>
    <option value="1">女</option>
    </select>
    <hr>
<div id="di"></div>
 <input type="button" value="复制" onClick="AddRow(false)"/>
 <input type="button" value="深度复制" onClick="AddRow(true)"/>
</form>
</body>
```

4. 节点的删除与替换

● 删除节点

删除节点通过使用 removeChild()方法来实现。removeChild()方法用来删除一个子节点。
语法：

```
obj. removeChild(oldChild)
```

参数 oldChild 表示需要删除的节点。

【例 15-22】 本实例将通过 DOM 对象的 removeChild()方法，动态删除页面中所选中的文本。代码如下：

实例位置：光盘\MR\源码\第 15 章\15-22

```
<head>
<title>删除节点</title>
<script language="javascript">
    <!--
        function delNode()
        {
            var deleteN=document.getElementById('di');      //访问节点
            if(deleteN.hasChildNodes())                     //判断是否有子节点
            {
                deleteN.removeChild(deleteN.lastChild);     //删除节点
            }
        }
    -->
</script>
</head>
<body>
<h1>删除节点</h1>
    <div id="di">
        <p>第 1 行文本</p>
        <p>第 2 行文本</p>
        <p>第 3 行文本</p>
    </div>
<form>
    <input type="button" value="删除" onclick="delNode();" />
</form>
</body>
```

运行结果如图 15-35 和图 15-36 所示。

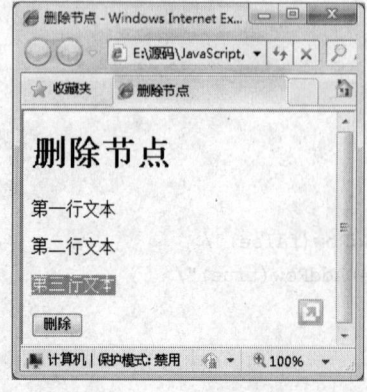

图 15-35　删除节点前

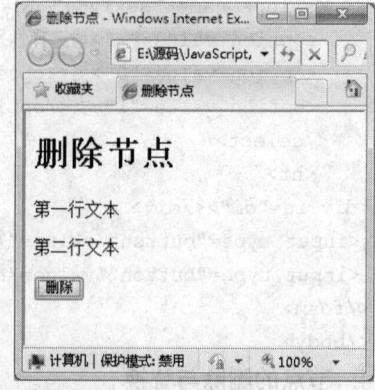

图 15-36　删除节点后

● 替换节点

替换节点可以使用 replaceChild()方法来实现。replaceChild()方法用来将旧的节点替换成新的节点。

语法：

```
obj. replaceChild(new,old)
```

➢ new：替换后的新节点。

➢ old：需要被替换的旧节点。

【例 15-23】 本实例主要实现节点的替换功能。

实例位置：光盘\MR\源码\第 15 章\15-23

本实例在页面中输入替换后的标记和文本，如图 15-37 所示，单击"替换"按钮将原来的文本和标记替换成为新的文本和标记，如图 15-38 所示。

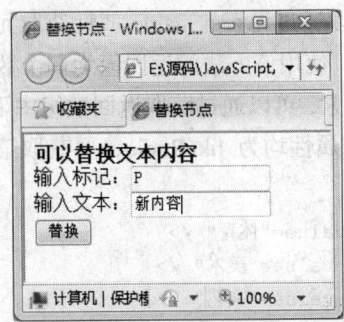

图 15-37 替换节点前

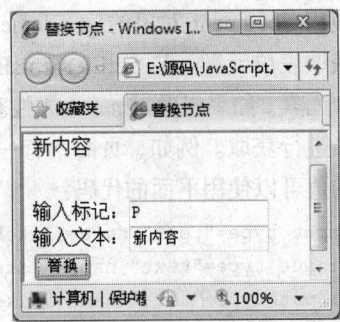

图 15-38 替换节点后

程序代码如下：

```
<head>
<title>替换节点</title>
<script language="javascript">
    <!--
        function repN(str,bj)
        {
            var rep=document.getElementById('b1');          //访问节点
            if(rep)
            {
                var newNode=document.createElement(bj);      //创建节点元素
                newNode.id="b1";
                var newText=document.createTextNode(str);    //创建文本节点
                newNode.appendChild(newText);                //将新节点添加到当前节点的末尾
                rep.parentNode.replaceChild(newNode,rep);    //替换节点
            }
        }
    -->
</script>
</head>
<body>
<b id="b1">可以替换文本内容</b>
<br />
输入标记: <input id="bj" type="text" size="15" /><br />
输入文本: <input id="txt" type="text" size="15" /><br />
<input type="button" value="替换" onclick="repN(txt.value,bj.value)" />
</body>
```

说明

虽然元素属性可以修改，但元素不能直接修改。如果要进行修改，应当改变节点本身。

15.4.4 获取文档中的指定元素

虽然通过遍历文档树中全部节点的方法可以找到文档中指定的元素，但是这种方法比较麻烦，下面我们介绍两种直接搜索文档中指定元素的方法。

1. 通过元素的 ID 属性获取元素

使用 document 对象的 getElementsById()方法可以通过元素的 ID 属性获取元素。例如，获取文档中 id 属性为 userId 的节点的代码如下：

```
document.getElementById("userId");
```

2. 通过元素的 name 属性获取元素

使用 document 对象的 getElementsByName()方法可以通过元素的 name 属性获取元素，通常用于获取表单元素。与 getElementsById()方法不同的是，使用该方法的返回值为一个数组，而不是一个元素。如果想通过 name 属性获取页面中唯一的元素，可以通过获取返回数组中下标值为 0 的元素进行获取。例如，页面中有一组单选按钮，name 属性均为 likeRadio，要获取第一个单选按钮的值可以使用下面的代码：

```
input type="text" name="likeRadio" id="radio" value="体育" />
<input type="text" name="likeRadio" id="radio" value="美术" />
<input type="text" name="likeRadio" id="radio" value="文艺" />
<script language="javascript">
    alert(document.getElementsByName("likeRadio")[0].value);
</script>
```

【例 15-24】 本实例使用 getElementById()方法实现在页面的指定位置显示当前日期。步骤如下：

实例位置：光盘\MR\源码\第 15 章\15-24

（1）编写一个 HTML 文件，在该文件的<body>标记中添加一个 id 为 clock 的<div>标记，用于显示当前日期，关键代码如下：

```
<div id="clock">正在获取时间</div>
```

（2）编写自定义的 JavaScript 函数，用于获取当前日期，并显示到 id 为 clock 的<div>标记中，具体代码如下：

```
function clockon(){
    var now=new Date();                                    //获取日期对象
    var year=now.getYear();                                //获取年
    var month=now.getMonth();                              //获取月
    var date=now.getDate();                                //获取日
    var day=now.getDay();                                  //获取星期
    var week;
    month=month+1;
    var arr_week=new Array("星期日","星期一","星期二","星期三","星期四","星期五","星期六");
    week=arr_week[day];                                    //获取中文星期
    time=year+"年"+month+"月"+date+"日 "+week;              //组合当前日期
    var textTime=document.createTextNode(time);            //创建文本节点
    document.getElementById("clock").appendChild(textTime); //显示系统日期
}
```

（3）编写 JavaScript 代码，在页面载入后，调用 clockon()
方法，具体代码如下：

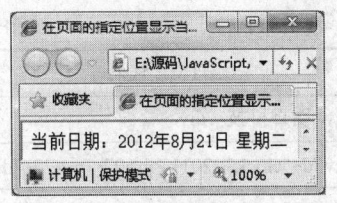

```
window.onload=clockon;
```

运行本实例，将显示如图 15-39 所示的效果。

15.4.5 与 DHTML 相对应的 DOM

图 15-39 在页面的指定位置显示当前日期

我们知道通过 DOM 技术可以获取网页对象。本节我们将介绍另外一种获取网页对象的方法，那就是通过 DHTML 对象模型的方法。使用这种方法可以不必了解文档对象模型的具体层次结构，而直接得到网页中所需的对象。通过 innerHTML、innerText、outerHTML 和 outerText 属性可以很方便地读取和修改 HTML 元素内容。

说明

innerHTML 属性被多数浏览器所支持，而 innerText、outerHTML 和 outerText 属性只有 IE 浏览器才支持。

1. innerHTML 和 innerText 属性

innerHTML 属性声明了元素含有的 HTML 文本，不包括元素本身的开始标记和结束标记。设置该属性可以用于为指定的 HTML 文本替换元素的内容。

例如，通过 innerHTML 属性修改 `<div>` 标记的内容的代码如下：

```
<body>
<div id="clock"></div>
<script language="javascript">
    document.getElementById("clock").innerHTML="2011-<b>07</b>-22";
</script>
</body>
```

innerText 属性与 innerHTML 属性的功能类似，但是该属性只能声明元素包含的文本内容，即使指定的是 HTML 文本，它也会认为是普通文本，而原样输出。

使用 innerHTML 属性和 innerText 属性还可以获取元素的内容。如果元素只包含文本，那么 innerHTML 和 innerText 属性的返回值相同。如果元素既包含文本，又包含其他元素，那么这两个属性的返回值不同，如表 15-10 所示。

表 15-10   innerHTML 属性和 innerText 属性返回值的区别

HTML 代码	innerHTML 属性	innerText 属性
`<div>明日科技</div>`	"明日科技"	"明日科技"
`<div><b>明日科技</b></div>`	"`<B>`明日科技`</B>`"	"明日科技"
`<div><font color="red"></font></div>`	"`<FONT color=red></FONT>`"	""

2. outerHTML 和 outerText 属性

outerHTML 和 outerText 属性与 innerHTML 和 innerText 属性类似，只是 outerHTML 和 outerText 属性替换的是整个目标节点，也就是这两个属性还会对元素本身进行修改。

下面以列表的形式给出对于特定代码通过 outerHTML 和 outerText 属性获取的返回值，如表 15-11 所示。

表 15-11   outerHTML 属性和 outerText 属性返回值的区别

HTML 代码	outerHTML 属性	outerText 属性
<div>明日科技</div>	<DIV>明日科技</DIV>	"明日科技"
<div id="clock">2011-<b>07</b>-22</div>	<DIV id=clock>2011-<B>07</B>-22</DIV>	"2011-07-22"
<div id="clock"><font color="red"></font></div>	<DIV id=clock><FONT color=red></FONT></DIV>	""

注意

在使用 outerHTML 和 outerText 属性后，原来的元素（如<div>标记）将被替换成指定的内容，这时当使用 document.getElementById()方法查找原来的元素（如<div>标记）时，将发现原来的元素（如<div>标记）已经不存在了。

【例 15-25】 在网页的合适位置显示分时问候。

实例位置：光盘\MR\源码\第 15 章\15-25

（1）在页面的适当位置添加两个<div>标记，这两个标记的 id 属性为分别为 time 和 greet，代码如下：

```
<div id="time">显示当前时间</div>
<div id="greet">显示问候语</div>
```

（2）编写自定义函数 ShowTime()，用于在 id 为 time 的<div>标记中显示当前时间，在 id 为 greet 的<div>标记中显示问候语。ShowTime()函数的具体代码如下：

```
<script language="javascript">
function ShowTime(){
    var strgreet = "";
    var datetime = new Date();                      //获取当前时间
    var hour = datetime.getHours();                 //获取小时
    var minu = datetime.getMinutes();               //获取分钟
    var seco = datetime.getSeconds();               //获取秒钟
    strtime =hour+":"+minu+":"+seco+" ";            //组合当前时间
    if(hour >= 0  && hour < 8){                      //判断是否为早上
        strgreet ="早上好";
    }
    if(hour >= 8  && hour < 11){                     //判断是否为上午
        strgreet ="上午好";
    }
    if(hour >= 11  && hour < 13){                    //判断是否为中午
        strgreet = "中午好";
    }
    if(hour >= 13  && hour < 17){                    //判断是否为下午
        strgreet ="下午好";
    }
    if(hour >= 17  && hour < 24){                    //判断是否为晚上
        strgreet ="晚上好";
    }
    window.setTimeout("ShowTime()",1000);           //每隔 1 秒重新获取一次时间
    document.getElementById("time").innerHTML="现在是: <b>"+strtime+"</b>";
    document.getElementById("greet").innerText="<b>"+strgreet+"</b>";
}
</script>
```

（3）在页面的载入事件中调用 ShowTime() 函数，显示当前时间和问候语，具体代码如下：

```
window.onload=ShowTime;                    //在页面载入后调用 ShowTime() 函数
```

运行本实例，将显示如图 15-40 所示的运行结果。

从图 15-40 中，可以看出当前的时间（15:44:17）和问候语（下午好）虽然都使用了 `<b>` 标记括起来，但是由于问候语使用的是 innerText 属性设置的，所以 `<b>` 标记将被作为普通文本输出，而不能实现其本来的效果（文字加粗显示）。从本实例中，可以清楚地看到 innerHTML 属性和 innerText 属性的区别。

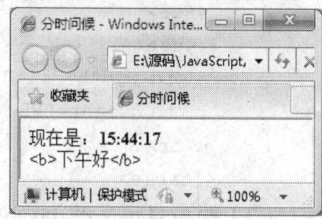

图 15-40　分时问候

15.5　综合实例——通过 JS 操作 XML 实现分页

本实例主要应用 JavaScript 实现 XML 文档分页显示。运行结果如图 15-41 所示，在页面中将显示第一篇从 XML 文档中获取的评论，单击"下一篇"超链接，即可查看下一篇评论，单击"上一篇"超链接，即可查看上一篇评论。

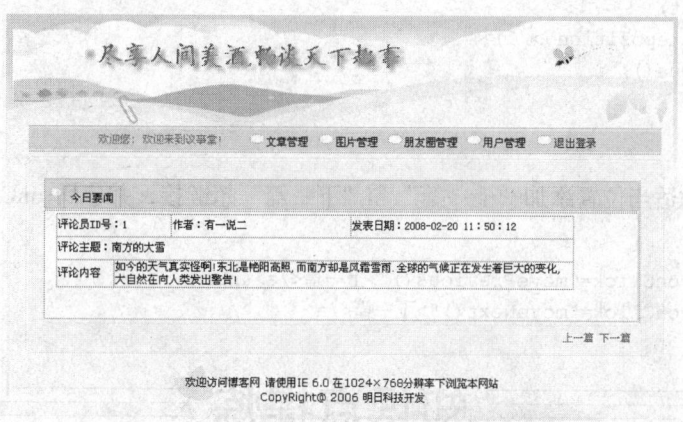

图 15-41　通过 JavaScript 操作 XML 实现分页

本实例主要通过 XML 数据岛的 recordset 对象的 absoluteposition 属性、recordcount 属性、movenext 方法和 moveprevious 方法实现数据的分页导航功能。具体步骤如下：

（1）首先使用一个 XML 数据岛（id=d）载入 index.xml 文档，然后使用 `<span>` 标记的 datasrc 属性与 id 为 d 的 XML 数据岛进行绑定，再使用 `<span>` 标记的 datafld 属性与 XML 文档对应的 XML 元素进行绑定，关键代码如下：

```
<xml id="d" src="index.xml" async="false"></xml>
    <table  width="90%"  border="1"  cellpadding="0"  cellspacing="0"  bordercolor=
"#FFFFFF"
    bordercolordark="#FFFFFF" bordercolorlight="#999999">
    <tr>
     <td height="25" colspan="2">评论员 ID 号：<span datasrc="#d" datafld="id">
</span></td>
      <td width="35%">作者：<span datasrc="#d" datafld="author"></span></td>
      <td width="43%">发表日期：<span datasrc="#d" datafld="datetime"></span></td>
    </tr>
```

```
    <tr>
      <td height="25" colspan="4">评论主题:<span datasrc="#d" datafld="topic"></span></td>
    </tr>
      <tr>
      <td width="11%" height="25">评论内容</td>
      <td height="25" colspan="3"><span datasrc="#d" datafld="content"></span></td>
    </tr>
    </table>
```

（2）编写自定义的 JavaScript 函数 moveNext()，用于向后移动一条记录，代码如下：

```
<script type="text/javascript">
function moveNext(){
x=d.recordset;
if (x.absoluteposition < x.recordcount){
x.movenext();
    }
}
```

（3）编写自定义的 JavaScript 函数 movePrevious()，用于向前移动一条记录，代码如下：

```
function movePrevious(){
x=d.recordset;
if (x.absoluteposition > 1){
x.moveprevious();
    }
}
</script>
```

（4）在页面的适当位置添加"上一篇"和"下一篇"超链接，并应用 onClick 事件调用相应方法，代码如下：

```
<a href="#" onClick="movePrevious()">上一篇</a> 
<a href="#" onClick="moveNext()">下一篇</a>
```

知识点提炼

（1）Window 对象代表的是打开的浏览器窗口，通过 Window 对象可以控制窗口的大小和位置、由窗口弹出的对话框、打开窗口与关闭窗口，还可以控制窗口上是否显示地址栏、工具栏和状态栏等栏目。

（2）文档对象（document）代表浏览器窗口中的文档，该对象是 Window 对象的子对象，由于 Window 对象是 DOM 对象模型中的默认对象，因此 Window 对象中的方法和子对象不需要使用 Window 来引用。

（3）验证表单中输入的内容是否符合要求是 JavaScript 最常用的功能之一。

（4）DOM 是 Document Object Model（文档对象模型）的缩写，它是由 W3C(World Wide Web 委员会)定义的。

（5）在 DOM 中通过使用节点属性可以对各节点进行查询，查询出各节点的名称、类型、节点值、子节点和兄弟节点等。

（6）通过 DHTML 对象模型的方法获取网页对象，可以不必了解文档对象模型的具体层次结构，而直接得到网页中所需的对象。

习　题

1. 描述 Window 对象的作用。
2. 如何实现 JavaScript 中常见的几种对话框？
3. 简单描述文档对象的基本概念。
4. 列举几种 Document 对象的常见应用。
5. 如何在 JavaScript 中访问表单和表单域？
6. 如何在 JavaScript 中验证表单数据？

实验：动态设置网页的标题栏

实验目的

（1）熟悉 JavaScript 的基本语法。
（2）掌握 document 对象的 title 属性的实际应用。

实验内容

在打开页面时，不断更换标题栏中的文字，也就是动态设置网页的标题栏。

实验步骤

创建一个名称为 index.html 的 HTML 文件，在该文件中编写 JavaScript 代码，通过 document 对象的 title 属性来设置网页的标题栏。关键代码如下：

```
<body>
<img  src="个人主页主页.jpg" >
<script language="JavaScript">
var n=0;
function title(){
    n++;
   if (n==3) {n=1}
   if (n==1) {document.title='☆★动态标题栏★☆'}
   if (n==2) {document.title='★☆个人主页☆★'}
   setTimeout("title()",1000);
}
title();
</script>
</body>
```

运行程序，浏览器中显示的网页标题栏中的文字将不断变化，如图 15-42 所示。

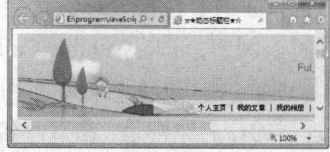 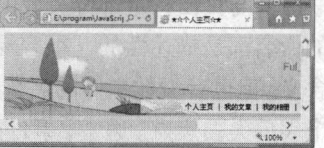

图 15-42　动态设置网页的标题栏

第16章
JavaScript 中的事件处理

本章要点：

- 了解事件及事件处理的含义
- 了解 DOM 事件模型
- 掌握鼠标及键盘的相关事件
- 掌握页面处理的相关事件
- 掌握表单处理的相关事件
- 掌握如何通过事件实现滚动字幕效果
- 掌握编辑事件的使用方法

JavaScript 是基于对象(object-based)的语言。它的一个最基本的特征就是采用事件驱动(event-driven)。它可以使在图形界面环境下的一切操作变得简单化。通常鼠标或热键的动作称为事件（Event）。由鼠标或热键引发的一连串程序动作，称为事件驱动（Event Driver）。而对事件进行处理的程序或函数，称为事件处理程序（Event Handler）。

16.1 事件与事件处理概述

事件处理是对象化编程的一个很重要的环节，它可以使程序的逻辑结构更加清晰，使程序更具有灵活性，提高了程序的开发效率。事件处理的过程分为三步：①发生事件；②启动事件处理程序；③事件处理程序作出反应。其中，要使事件处理程序能够启动，必须通过指定的对象来调用相应的事件，然后通过该事件调用事件处理程序。事件处理程序可以是任意 JavaScript 语句，但是我们一般用特定的自定义函数（function）来对事件进行处理。

16.1.1 事件与事件名称

事件是一些可以通过脚本响应的页面动作。当用户按下鼠标键或者提交一个表单，甚至在页面上移动鼠标时，事件就会出现。事件处理是一段 JavaScript 代码，总是与页面中的特定部分以及一定的事件相关联。当与页面特定部分关联的事件发生时，事件处理器就会被调用。

绝大多数事件的命名都是描述性的，很容易理解。例如 click、submit、mouseover 等，通过名称就可以猜测其含义。但也有少数事件的名称不易理解，例如 blur(英文的字面意思为 "模糊")，表示一个域或者一个表单失去焦点。通常，事件处理器的命名原则是，在事件名称前加上前缀 on。例如，对于 click 事件，其处理器名为 onClick。

16.1.2　JavaScript 的常用事件

为了便于读者查找 JavaScript 中的常用事件,下面以表格的形式对各事件进行说明。JavaScript 的相关事件如表 16-1 所示。

表 16-1　　　　　　　　　　　　JavaScript 的相关事件

事　件	说　明
onclick	单击鼠标时触发此事件
ondblclick	双击鼠标时触发此事件
onmousedown	按下鼠标时触发此事件
onmouseup	按下鼠标后松开鼠标时触发此事件
onmouseover	当鼠标移动到某对象范围的上方时触发此事件
onmousemove	鼠标移动时触发此事件
onmouseout	当鼠标离开某对象范围时触发此事件
onkeypress	当键盘上的某个键被按下并且释放时触发此事件
onkeydown	当键盘上某个按键被按下时触发此事件
onkeyup	当键盘上某个按键被按下后松开时触发此事件
onabort	图片下载过程中被用户中断时触发此事件
onbeforeunload	当前页面的内容将要被改变时触发此事件
onerror	出现错误时触发此事件
onload	页面内容完成时触发此事件(也就是页面加载事件)
onresize	当浏览器的窗口大小被改变时触发此事件
onunload	当前页面将被改变时触发此事件
onblur	当前元素失去焦点时触发此事件
onchange	当前元素失去焦点并且元素的内容发生改变时触发此事件
onfocus	当某个元素获得焦点时触发此事件
onreset	当表单中 RESET 的属性被激活时触发此事件
onsubmit	一个表单被递交时触发此事件
onbounce	在 Marquee 内的内容移动至 Marquee 显示范围之外时触发此事件
onfinish	当 Marquee 元素完成需要显示的内容后触发此事件
onstart	当 Marquee 元素开始显示内容时触发此事件
onbeforecopy	当页面当前被选择内容将要复制到浏览者系统的剪贴板前触发此事件
onbeforecut	当页面中的一部分或全部内容被剪切到浏览者系统剪贴板时触发此事件
onbeforeeditfocus	当前元素将要进入编辑状态时触发此事件
onbeforepaste	将内容要从浏览者的系统剪贴板中粘贴到页面上时触发此事件
onbeforeupdate	当浏览者粘贴系统剪贴板中的内容时通知目标对象
oncontextmenu	当浏览者按下鼠标右键出现菜单时或者通过键盘的按键触发页面菜单时触发此事件

左侧分组:鼠标键盘事件、页面相关事件、表单相关事件、滚动字幕事件、编辑事件

事　件	说　　明
oncopy	当页面当前被选择的内容被复制后触发此事件
oncut	当页面当前被选择的内容被剪切时触发此事件
ondrag	当某个对象被拖动时触发此事件(活动事件)
ondragend	当鼠标拖动结束时触发此事件，即鼠标的按钮被释放时
ondragenter	当对象被鼠标拖动进入其容器范围内时触发此事件
ondragleave	当对象被鼠标拖动的对象离开其容器范围内时触发此事件
ondragover	当被拖动的对象在另一对象容器范围内拖动时触发此事件
ondragstart	当某对象将被拖动时触发此事件
ondrop	在一个拖动过程中，释放鼠标键时触发此事件
onlosecapture	当元素失去鼠标移动所形成的选择焦点时触发此事件
onpaste	当内容被粘贴时触发此事件
onselect	当文本内容被选择时触发此事件
onselectstart	当文本内容的选择将开始发生时触发此事件
onafterupdate	当数据完成由数据源到对象的传送时触发此事件
oncellchange	当数据来源发生变化时触发此事件
ondataavailable	当数据接收完成时触发此事件
ondatasetchanged	数据在数据源发生变化时触发此事件
ondatasetcomplete	当数据源的全部有效数据读取完毕时触发此事件
onerrorupdate	当使用 onBeforeUpdate 事件触发取消了数据传送时，代替 onAfterUpdate 事件
onrowenter	当前数据源的数据发生变化并且有新的有效数据时触发此事件
onrowexit	当前数据源的数据将要发生变化时触发此事件
onrowsdelete	当前数据记录将被删除时触发此事件
onrowsinserted	当前数据源将要插入新数据记录时触发此事件
onafterprint	当文档被打印后触发此事件
onbeforeprint	当文档即将打印时触发此事件
onfilterchange	当某个对象的滤镜效果发生变化时触发此事件
onhelp	当浏览者按下 F1 或者浏览器的帮助菜单时触发此事件
onpropertychange	当对象的属性之一发生变化时触发此事件
onreadystatechange	当对象的初始化属性值发生变化时触发此事件

注：表格左侧分组标签为「编辑事件」、「数据绑定事件」、「外部事件」。

16.1.3　事件处理程序的调用

在使用事件处理程序对页面进行操作时，最主要的是如何通过对象的事件来指定事件处理程序。指定方式主要有以下两种：

1. 在 JavaScript 中调用

在 JavaScript 中调用事件处理程序，首先需要获得要处理对象的引用，然后将要执行的处理函数赋值给对应的事件。例如下面的代码：

```
<input id="save" name="bt_save" type="button" value="保存">
  <script language="javascript">
    var b_save=document.getElementById("save");
    b_save.onclick=function(){
        alert("单击了保存按钮");
    }
  </script>
```

在上面的代码中，一定要将<input id="save" name="bt_save" type="button" value="保存">放在 JavaScript 代码的上方，否则将弹出"'b_save'为空或不是对象"的错误提示。

上面的实例也可以通过以下代码来实现：

```
<form id="form1" name="form1" method="post" action="">
<input id="save" name="bt_save" type="button" value="保存">
</form>
  <script language="javascript">
    form1.save.onclick=function(){
        alert("单击了保存按钮");
    }
  </script>
```

在 JavaScript 中指定事件处理程序时，事件名称必须小写，才能正确响应事件。

2．在 HTML 中调用

在 HTML 中分配事件处理程序，只需要在 HTML 标记中添加相应的事件，并在其中指定要执行的代码或是函数名即可。例如：

```
<input name="bt_save" type="button" value="保存" onclick="alert('单击了保存按钮');">
```

在页面中添加如上代码，同样会在页面中显示"保存"按钮，当单击该按钮时，将弹出"单击了保存按钮"对话框。

上面的实例也可以通过以下代码来实现：

```
<input name="bt_save" type="button" value="保存" onclick="clickFunction();">
function clickFunction(){
    alert("单击了保存按钮");
}
```

16.2　DOM 事件模型

16.2.1　事件流

DOM（文档对象模型）结构是一个树形结构，当一个 HTML 元素产生一个事件时，该事件会在元素节点与根节点之间的路径传播，路径所经过的节点都会收到该事件，这个传播过程可称为 DOM 事件流。

16.2.2 主流浏览器的事件模型

直到 DOM Level3 中规定后，多数主流浏览器才陆陆续续支持 DOM 标准的事件处理模型——捕获型与冒泡型。

- 捕获型事件(Capturing)：Netscape Navigator 的实现，它与冒泡型刚好相反，由 DOM 树最顶层元素一直到最精确的元素。
- 冒泡型事件(Bubbling)：从 DOM 树形结构上理解，就是事件由叶子节点沿祖先节点一直向上传递直到根节点；从浏览器界面视图 HTML 元素排列层次上理解就是事件由具有从属关系的最确定的目标元素一直传递到最不确定的目标元素。

目前除 IE 浏览器外，其他主流的 Firefox，Opera，Safari 浏览器都支持标准的 DOM 事件处理模型。IE 仍然使用自己的模型，即冒泡型，它模型的一部分被 DOM 采用，这点对于开发者来说也是有好处的，只有使用 DOM 标准，IE 共有的事件处理方式才能有效地跨浏览器。

由于 DOM 标准事件两个不同的模型都有其优点和解释，DOM 标准支持捕获型与冒泡型，可以说是它们两者的结合体。它可以在一个 DOM 元素上绑定多个事件处理器，并且在处理函数内部，this 关键字仍然指向被绑定的 DOM 元素，另外处理函数参数列表的第一个位置传递事件 event 对象。

首先是捕获式传递事件，接着是冒泡式传递，所以，如果一个处理函数既注册了捕获型事件的监听，又注册冒泡型事件监听，那么在 DOM 事件模型中它就会被调用两次。

16.2.3 事件对象

在 IE 浏览器中事件对象是 Window 对象的一个属性 event，并且 event 对象只能在事件发生时被访问，所有事件处理完后，该对象就消失了。而标准的 DOM 中规定 event 必须作为唯一的参数传给事件处理函数。故为了实现兼容性，通常采用下面的方法：

```
function someHandle(event) {
if(window.event)
event=window.event;
}
```

在 IE 中，事件的对象包含在 event 的 srcElement 属性中，而在标准的 DOM 浏览器中，对象包含在 target 属性中。为了处理两种浏览器的兼容性，举例如下：

```
function handle(oEvent){
if(window.event) oEvent = window.event;     //处理兼容性，获得事件对象
var oTarget;
if(oEvent.srcElement)                        //处理兼容性，获取事件目标
oTarget = oEvent.srcElement;
else
oTarget = oEvent.target;
alert(oTarget.tagName);                      //弹出目标的标记名称
}
window.onload = function(){
var oImg = document.getElementsByTagName("img")[0];
oImg.onclick = handle;
}
```

16.2.4　注册与移除事件监听器

1. IE 下注册多个事件监听器与移除监听器方法

IE 浏览器中 HTML 元素有个 attachEvent 方法允许外界注册该元素的多个事件监听器，例如：

element.attachEvent('onclick', observer);

在 IE7 中注册多个事件时，后加入的函数先被调用。

如果要移除先前注册的事件监听器，调用 element 的 detachEvent 方法即可，参数相同，例如：

element.detachEvent('onclick', observer);

2. DOM 标准下注册多个事件监听器与移除监听器方法

实现 DOM 标准的浏览器与 IE 浏览器中注册元素事件监听器的方式有所不同，它通过元素的 addEventListener 方法注册，该方法既支持注册冒泡型事件处理，又支持捕获型事件处理。

```
element.addEventListener('click', observer, useCapture);
```

addEventListener 方法接受 3 个参数。第 1 个参数是事件名称，值得注意的是，这里事件名称与 IE 的不同，事件名称不是以 'on' 开头的；第 2 个参数 observer 是回调处理函数；第 3 个参数注明该处理回调函数是在事件传递过程中的捕获阶段被调用还是冒泡阶段被调用，默认 true 为捕获阶段。

在 Firefox 中注册多个事件的时候，先添加的监听事件先被调用。标准的 DOM 监听函数是严格按顺序执行的。

移除已注册的事件监听器调用 element 的 removeEventListener 即可，参数不变。

```
element.removeEventListener('click', observer, useCapture);
```

3. 直接在 DOM 节点上添加事件

（1）如何取消浏览器事件的传递与事件传递后浏览器的默认处理

取消事件传递是指，停止捕获型事件或冒泡型事件的进一步传递。例如在冒泡型事件传递中，在 body 处理停止事件传递后，位于上层的 document 的事件监听器就不再收到通知，不再被处理。

事件传递后的默认处理是指，通常浏览器在事件传递并处理完后会执行与该事件关联的默认动作（如果存在这样的动作）。

（2）取消浏览器的事件传递

在 IE 下，通过设置 event 对象的 cancelBubble 为 true 即可。

```
function someHandle() {
window.event.cancelBubble = true;
}
```

DOM 标准通过调用 event 对象的 stopPropagation()方法即可。

```
function someHandle(event) {
event.stopPropagation();
}
```

因此，跨浏览器的停止事件传递的方法是：

```
function someHandle(event) {
event = event || window.event;
if(event.stopPropagation)
```

```
event.stopPropagation();
else event.cancelBubble = true;
}
```

（3）取消事件传递后的默认处理

在 IE 下，通过设置 event 对象的 returnValue 为 false 即可。

```
function someHandle() {
window.event.returnValue = false;
}
```

DOM 标准通过调用 event 对象的 preventDefault()方法即可。

```
function someHandle(event) {
event.preventDefault();
}
```

因此，跨浏览器的取消事件传递后的默认处理方法是：

```
function someHandle(event) {
event = event || window.event;
if(event.preventDefault)
event.preventDefault();
else event.returnValue = false;
}
```

16.3 鼠标键盘事件

鼠标和键盘事件是在页面操作中使用最频繁的操作，可以利用鼠标事件在页面中实现鼠标移动、单击时的特殊效果，也可以利用键盘事件来制作页面的快捷键等。

16.3.1 鼠标的单击事件

单击事件（onclick）是在鼠标单击时被触发的事件。单击是指鼠标停留在对象上，按下鼠标键，在没有移动鼠标的同时放开鼠标键的这一完整过程。

单击事件一般应用于 Button 对象、Checkbox 对象、Image 对象、Link 对象、Radio 对象、Reset 对象和 Submit 对象，Button 对象一般只会用到 onclick 事件处理程序，因为该对象不能从用户那里得到任何信息，如果没有 onclick 事件处理程序，按钮对象将不会有任何作用。

在使用对象的单击事件时，如果在对象上按下鼠标键，然后移动鼠标到对象外再松开鼠标，单击事件无效；单击事件必须在对象上按下并松开后，才会执行单击事件的处理程序。

【例 16-1】 本实例是通过单击"变换背景"按钮，动态地改变页面的背景颜色，当用户再次单击按钮时，页面背景将以不同的颜色进行显示。代码如下。

实例位置：光盘\MR\源码\第 16 章\16-1

```
<script language="javascript">
var Arraycolor=new Array("olive","teal","red","blue","maroon","navy","lime",
"fuschia","green","purple","gray","yellow","aqua","white","silver");
var n=0;
function turncolors(){
    if (n==(Arraycolor.length-1)) n=0;
    n++;
    document.bgColor = Arraycolor[n];
```

```
}
</script>
<form name="form1" method="post" action="">
<p>
    <input type="button" name="Submit" value="变换背景" onclick="turncolors()">
</p>
  <p>用按钮随意变换背景颜色.</p>
</form>
```

运行结果如图 16-1 和图 16-2 所示。

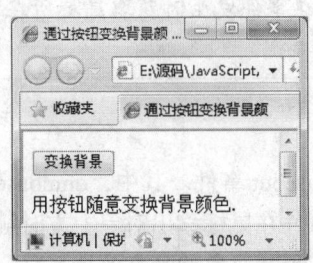

图 16-1　按钮单击前的效果

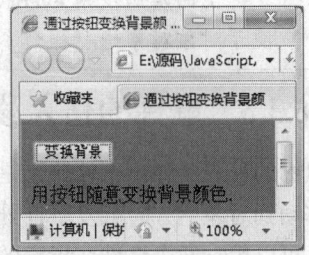

图 16-2　按钮单击后的效果

16.3.2　鼠标的按下或松开事件

鼠标的按下或松开事件分别是 onmousedown 和 onmouseup 事件。其中, onmousedown 事件用于在鼠标按下时触发事件处理程序, onmouseup 事件是在鼠标松开时触发事件处理程序。在用鼠标单击对象时, 可以用这两个事件实现其动态效果。

【例 16-2】　本实例是用 onmousedown 和 onmouseup 事件将文本制作成类似于<a>（超链接）标记的功能, 也就是在文本上按下鼠标时, 改变文本的颜色; 当在文本上松开鼠标时, 恢复文本的默认颜色, 并弹出一个空页 (可以链接任意网页)。代码如下。

实例位置：光盘\MR\源码\第 16 章\16-2

```
<p id="p1" style="color:#AA9900" onmousedown="mousedown()" onmouseup="mouseup()"><u>
编程词典网</u></p>
<script language="javascript">
<!--
function mousedown(event)                //设置鼠标按下时的文字颜色
{
    var e=window.event;
    var obj=e.srcElement;
    obj.style.color='#0022AA';
}
function mouseup(event)                   //设置鼠标松开时的文字颜色
{
    var e=window.event;
    var obj=e.srcElement;
    obj.style.color='#AA9900 ';
    window.open("","编程词典网","");
}
//-->
</script>
```

运行结果如图 16-3 和图 16-4 所示。

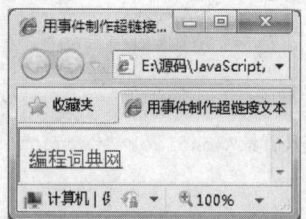

图 16-3 按下鼠标时改变字体颜色　　　　　图 16-4 松开鼠标时恢复字体颜色

 　　　上面实例使用 event 对象的 srcElement 属性在事件发生时获取鼠标所在对象的名称，便于对该对象进行操作。

16.3.3　鼠标的移入移出事件

鼠标的移入和移出事件分别是 onmouseover 和 onmouseout 事件。其中，onmouseover 事件在鼠标移动到对象上方时触发事件处理程序，onmouseout 事件在鼠标移出对象上方时触发事件处理程序。可以用这两个事件在指定的对象上移动鼠标时，实现其对象的动态效果。

【例 16-3】　本实例的主要功能是鼠标在图片上移入或移出时，动态改变图片的焦点，主要是用 onmouseover 和 onmouseout 事件来完成鼠标的移入和移出动作。代码如下。

实例位置：光盘\MR\源码\第 16 章\16-3

```
<script language="javascript">
<!--
function visible(cursor,i)              //设置鼠标移入及移出时的图片效果
{
if (i==0)
    cursor.filters.alpha.opacity=100;
else
    cursor.filters.alpha.opacity=30;
}
//-->
</script>
<table border="0" cellpadding="0" cellspacing="0">
  <tr>
    <td align="center" bgcolor="#CCCCCC">
      <img src="Temp.jpg" border="0" style="filter:alpha(opacity=100)" onMouseOver=
"visible(this,1)" onMouseOut="visible(this,0)" width="148" height="121">
    </td>
  </tr>
</table>
```

运行结果如图 16-5 和图 16-6 所示。

图 16-5 鼠标移入时获得焦点　　　　　图 16-6 鼠标移出时失去焦点

16.3.4　鼠标的移动事件

鼠标移动事件（onmousemove）是鼠标在页面上进行移动时触发事件处理程序，可以在该事件中用 document 对象实时读取鼠标在页面中的位置。

【例 16-4】　本实例是鼠标在页面中移动时，在页面的状态栏中显示当前鼠标在页面上的位置，也就是（x,y）值。代码如下。

实例位置：光盘\MR\源码\第 16 章\16-4

```
<script language="javascript">
<!--
var x=0,y=0;
function MousePlace()
{
    x=window.event.x;
    y=window.event.y;
    window.status="X: "+x+"   "+"Y: "+y+"  ";
}
document.onmousemove=MousePlace;               //读取鼠标在页面中的位置
//-->
</script>
```

运行结果如图 16-7 所示。

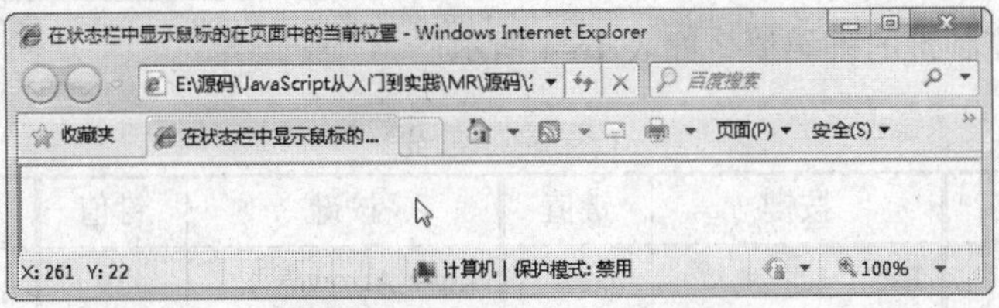

图 16-7　在状态栏中显示鼠标在页面中的当前位置

16.3.5　键盘事件的使用

键盘事件包含 onkeypress、onkeydown 和 onkeyup 事件，其中 onkeypress 事件是在键盘上的某个键被按下并且释放时触发此事件的处理程序，一般用于键盘上的单键操作。Onkeydown 事件是在键盘上的某个键被按下时触发此事件的处理程序，一般用于组合键的操作。Onkeyup 事件是在键盘上的某个键被按下后松开时触发此事件的处理程序，一般用于组合键的操作。

为了便于读者对键盘上的按键进行操作，下面以表格的形式给出其键码值。

下面是键盘上字母和数字键的键码值，如表 16-2 所示。

表 16-2　　　　　　　　　　　字母和数字键的键码值

按键	键值	按键	键值	按键	键值	按键	键值
A(a)	65	J(j)	74	S(s)	83	1	49
B(b)	66	K(k)	75	T(t)	84	2	50
C(c)	67	L(l)	76	U(u)	85	3	51
D(d)	68	M(m)	77	V(v)	86	4	52
E(e)	69	N(n)	78	W(w)	87	5	53
F(f)	70	O(o)	79	X(x)	88	6	54

续表

按键	键值	按键	键值	按键	键值	按键	键值
G(g)	71	P(p)	80	Y(y)	89	7	55
H(h)	72	Q(q)	81	Z(z)	90	8	56
I(i)	73	R(r)	82	0	48	9	57

下面是数字键盘上按键的键码值，如表 16-3 所示。

表 16-3　　　　　　　　　　　数字键盘上按键的键码值

按键	键值	按键	键值	按键	键值	按键	键值
0	96	8	104	F1	112	F7	118
1	97	9	105	F2	113	F8	119
2	98	*	106	F3	114	F9	120
3	99	+	107	F4	115	F10	121
4	100	Enter	108	F5	116	F11	122
5	101	-	109	F6	117	F12	123
6	102	.	110				
7	103	/	111				

下面是键盘上控制键的键码值，如表 16-4 所示。

表 16-4　　　　　　　　　　　控制键的键码值

按键	键值	按键	键值	按键	键值	按键	键值
Back Space	8	Esc	27	Right Arrow(→)	39	-_	189
Tab	9	Spacebar	32	Down Arrow(↓)	40	.>	190
Clear	12	Page Up	33	Insert	45	/?	191
Enter	13	Page Down	34	Delete	46	`~	192
Shift	16	End	35	Num Lock	144	[{	219
Control	17	Home	36	;:	186	|	220
Alt	18	Left Arrow(←)	37	=+	187	]}	221
Cape Lock	20	Up Arrow(↑)	38	,<	188	'"	222

注意

以上键码值只有在文本框中才完全有效，如果在页面中使用（也就是在<body>标记中使用），则只有字母键、数字键和部分控制键可用，字母键和数字键的键值与 ASCII 值相同。

如果想要在 JavaScript 中使用组合键，可以利用 event.ctrlKey，event.shiftKey，event.altKey 判断是否按下了〈Ctrl〉键、〈Shift〉键以及〈Alt〉键。

【例 16-5】　本实例是利用键盘中的 A 键，对页面进行刷新，而无需用鼠标在 IE 浏览器中单击"刷新"按钮。代码如下。

实例位置：光盘\MR\源码\第 16 章\16-5

```
<script language="javascript">
```

```
<!--
function Refurbish()
{
    if(window.event.keyCode==97)// 当 在 键 盘 中 按
"a"键时
    {
        location.reload();           //刷新当前页
    }
}
document.onkeypress=Refurbish;
//-->
</script>
```

图 16-8　按 A 键对页面进行刷新

运行结果如图 16-8 所示。

16.4　页面事件

　　页面事件是在页面加载或改变浏览器大小、位置，以及对页面中的滚动条进行操作时，所触发的事件处理程序。本节将通过页面事件对浏览器进行相应的控制。

16.4.1　加载与卸载事件

　　加载事件（onload）是在网页加载完毕后触发相应的事件处理程序，它可以在网页加载完成后对网页中的表格样式、字体、背景颜色等进行设置。卸载事件（unload）是在卸载网页时触发相应的事件处理程序；卸载网页是指关闭当前页或从当前页跳转到其他网页中，该事件常被用于在关闭当前页或跳转其他网页时，弹出询问提示框。

　　在制作网页时，为了便于网页资源的利用，可以在网页加载事件中对网页中的元素进行设置。下面以实例的形式讲解如何在页面中合理利用图片资源。

　　【例 16-6】　本实例是在网页加载时，将图片缩小成指定的大小，当鼠标移动到图片上时，将图片大小恢复成原始大小，并在关闭网页时用提示框提示用户是否关闭当前页。代码如下。

　　实例位置：光盘\MR\源码\第 16 章\16-6

```
<body onunload="pclose()">                    //调用窗体的卸载事件
<img src="image1.jpg" name="img1" onload="blowup()" onmouseout="blowup()" onmouseover
="reduce()">                                  //在图片标记中调用相关事件
<script language="javascript">
<!--
var h=img1.height;
var w=img1.width;
function blowup()                             //缩小图片
{
    if (img1.height>=h)
    {
        img1.height=h-100;
        img1.width=w-100;
    }
}
function reduce()                             //恢复图片的原始大小
{
```

```
        if (img1.height<h)
        {
            img1.height=h;
            img1.width=w;
        }
}
function pclose()            //关闭网页时弹出提示框,该对话框只有在 IE 6 浏览器下运行才会弹出
{
    alert("欢迎浏览本网页");
}
//-->
</script>
</body>
```

运行结果如图 16-9 和图 16-10 所示。

图 16-9　网页加载后的效果

图 16-10　鼠标移到图片上时的效果

16.4.2　页面大小事件

页面的大小事件（onresize）是用户改变浏览器的大小时触发的事件处理程序，它主要用于固定浏览器的大小。

【例 16-7】　本实例是在用户打开网页时，将浏览器以固定的大小显示在屏幕上，当用鼠标拖动浏览器边框改变其大小时，浏览器将恢复原始大小。代码如下。

实例位置：光盘\MR\源码\第 16 章\16-7

```
<script language="JavaScript">
function fastness(){
    //设置浏览器窗口大小
    window.resizeTo(600,450);
}
document.body.onresize=fastness;
    //固定浏览器的大小
document.body.onload=fastness;
</script>
```

运行结果如图 16-11 所示。

图 16-11　固定浏览器的大小

16.5　表单事件

表单事件实际上就是对元素获得或失去焦点的动作进行控制。可以利用表单事件来改变获得或失去焦点的元素样式，这里所指的元素可以是同一类型，也可以是多个不同类型的元素。

16.5.1　获得焦点与失去焦点事件

获得焦点事件（onfocus）是当某个元素获得焦点时触发事件处理程序。失去焦点事件（onblur）是当前元素失去焦点时触发事件处理程序。在一般情况下，这两个事件是同时使用的。

【例 16-8】　本实例是在用户选择页面中的文本框时，改变文本框的背景颜色，当选择其他文本框时，将失去焦点的文本框背景颜色恢复原始状态。代码如下。

实例位置：光盘\MR\源码\第 16 章\16-8

```
<table align="center" width="337" height="204" border="0">
  <tr>
    <td width="108">用户名:</td>
    <td width="213"><form name="form1" method="post" action="">
      <input type="text" name="textfield" onfocus="txtfocus()" onBlur="txtblur()">
    </form></td>
  </tr>
  <tr>
    <td>密码:</td>
    <td><form name="form2" method="post" action="">
      <input type="text" name="textfield2" onfocus="txtfocus()" onBlur="txtblur()">
    </form></td>
  </tr>
  <tr>
    <td>真实姓名:</td>
    <td><form name="form3" method="post" action="">
      <input type="text" name="textfield3" onfocus="txtfocus()" onBlur="txtblur()">
    </form></td>
  </tr>
  <tr>
    <td>性别:</td>
    <td><form name="form4" method="post" action="">
      <input type="text" name="textfield5" onfocus="txtfocus()" onBlur="txtblur()">
    </form></td>
  </tr>
  <tr>
    <td>邮箱:</td>
    <td><form name="form5" method="post" action="">
      <input type="text" name="textfield4" onfocus="txtfocus()" onBlur="txtblur()">
    </form></td>
  </tr>
</table>
<script language="javascript">
<!--
function txtfocus(event){                //当前元素获得焦点
    var e=window.event;
```

```
        var obj=e.srcElement;                //用于获取当前对象的名称
        obj.style.background="#FFFF66";
    }
    function txtblur(event){          //当前元素失去焦点
        var e=window.event;
        var obj=e.srcElement;
        obj.style.background="FFFFFF";
    }
    //-->
</script>
```

运行结果如图 16-12 所示。

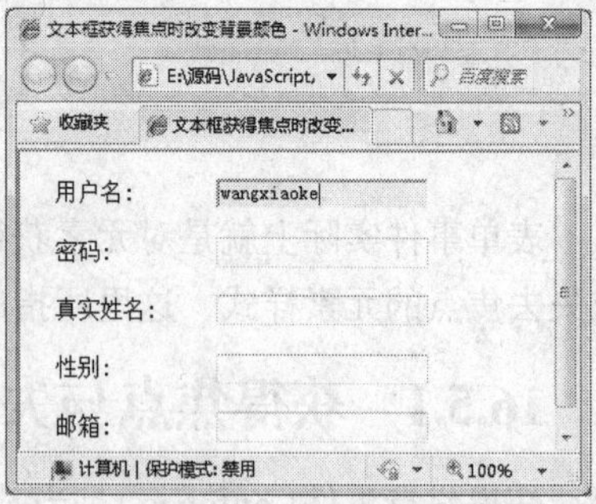

图 16-12　文本框获得焦点时改变背景颜色

16.5.2　失去焦点修改事件

失去焦点修改事件（onchange）是当前元素失去焦点并且元素的内容发生改变时触发的事件处理程序。该事件一般在下拉文本框中使用。

【例 16-9】　本实例是在用户选择下拉文本框中的颜色时，通过 onchange 事件来相应地改变文本框的字体颜色。代码如下。

实例位置：光盘\MR\源码\第 16 章\16-9

```
<form name="form1" method="post" action="">
  <input name="textfield" type="text" value="JavaScript 技术大全">
  <select name="menu1" onChange="Fcolor()">              <!-设置 onChange 事件-->
    <option value="black">黑</option>
    <option value="yellow">黄</option>
    <option value="blue">蓝</option>
    <option value="green">绿</option>
    <option value="red">红</option>
    <option value="purple">紫</option>
  </select>
</form>
<script language="javascript">
<!--
function Fcolor()
{
    var e=window.event;
    var obj=e.srcElement;
    form1.textfield.style.color=obj.options
[obj.selectedIndex].value;
}
//-->
</script>
```

运行结果如图 16-13 所示。

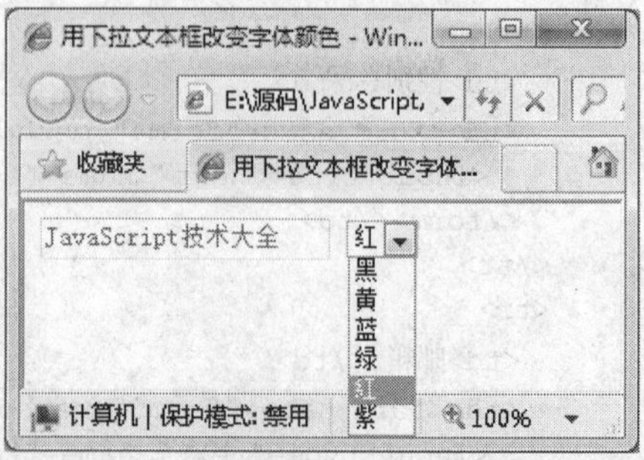

图 16-13　下拉文本框获得焦点时改变背景颜色

16.5.3　表单提交与重置事件

表单提交事件（onsubmit）是在用户提交表单时（通常使用"提交"按钮，也就是将按钮的 type 属性设为 submit），在表单提交之前被触发，因此，该事件的处理程序通过返回 false 值来阻止表单的提交。该事件可以用来验证表单输入项的正确性。

表单重置事件（onreset）与表单提交事件的处理过程相同，该事件只是将表单中的各元素的值设置为原始值。一般用于清空表单中的文本框。

下面给出这两个事件的使用格式:

```
<form name="formname" onReset="return Funname" onsubmit="return Funname " ></form>
```

- formname: 表单名称。
- Funname: 函数名或执行语句,如果是函数名,在该函数中必须有布尔型的返回值。

 如果在 onsubmit 和 onreset 事件中调用的是自定义函数名,那么,必须在函数名的前面加 return 语句,否则,不论在函数中返回的是 true 还是 false,当前事件所返回的值一律是 true 值。

【例 16-10】 本实例是在提交表单时,通过 onsubmit 事件来判断表单中是否有空文本框,如果有,则不允许提交,并通过表单的 onreset 事件将表单中的文本框清空,以便重新输入信息。代码如下。

实例位置:光盘\MR\源码\第 16 章\16-10

```
<table width="487" height="333" border="0" align="center" cellpadding="0" cellspacing
="0" background="bg.JPG">
  <tr>
    <td align="center" valign="top"><br>
      <br>
      <br>
      <br>       <br>       <table width="86%" border="0" align="center" cellpadding="2"
cellspacing="1" bgcolor="#6699CC">
      <form name="form1" onReset="return AllReset()" onsubmit="return AllSubmit()">
<!-调用自定义函数-->
        <tr bgcolor="#FFFFFF">
          <td height="22" align="right">所属类别:</td>
          <td height="22" align="left">
            <select name="txt1" id="txt1">
              <option value="数码设备">数码设备</option>
              <option value="家用电器">家用电器</option>
              <option value="礼品工艺">礼品工艺</option>
          </select>
            <select name="txt2" id="txt2">
              <option value="数码相机">数码相机</option>
              <option value="打印机">打印机</option>
            </select></td>
        </tr>
        <tr bgcolor="#FFFFFF">
          <td height="22" align="right">商品名称:</td>
          <td  height="22"  align="left"><input  name="txt3"  type="text"  id="txt3"
size="30" maxlength="50"></td>
        </tr>
        <tr bgcolor="#FFFFFF">
          <td height="22" align="right">会员价:</td>
          <td  height="22"  align="left"><input  name="txt4"  type="text"  id="txt4"
size="10"></td>
        </tr>
        <tr bgcolor="#FFFFFF">
          <td height="22" align="right">提供厂商:</td>
          <td  height="22"  align="left"><input  name="txt5"  type="text"  id="txt5"
size="30" maxlength="50"></td>
```

```
            </tr>
            <tr bgcolor="#FFFFFF">
                <td height="22" align="right">商品简介:</td>
                <td height="22" align="left"><textarea name="txt6" cols="35" rows="4"
id="txt6"></textarea></td>
            </tr>
            <tr bgcolor="#FFFFFF">
                <td height="22" align="right">商品数量:</td>
                <td height="22" align="left"><input name="txt7" type="text" id="txt7"
size="10"></td>
            </tr>
            <tr bgcolor="#FFFFFF">
                <td height="22" colspan="2" align="center"><input name="sub" type="submit"
id="sub2" value="提交">
     
                <input type="reset" name="Submit2" value="重 置"></td>
            </tr>
        </form>
    </table></td>
  </tr>
</table>
<script language="javascript">
<!--
function AllReset()
{
    if (window.confirm("是否进行重置? "))        //弹出提示框
        return true;
    else
        return false;
}
function AllSubmit()
{
    var T=true;
    var e=window.event;
    var obj=e.srcElement;
    for (var i=1;i<=7;i++)                        //按指定名称遍历表单中的控件
    {
        if (eval("obj."+"txt"+i).value=="")//判断当前控件的值是否为空
        {
            T=false;
            break;    //退出本次循环
        }
    }
    if (!T)                    //当表单中的控件有空值时
    {
        alert("提交信息不允许为空");
    }
    return T;                //返回布尔型值
}
</script>
```

运行结果如图 16-14 所示。

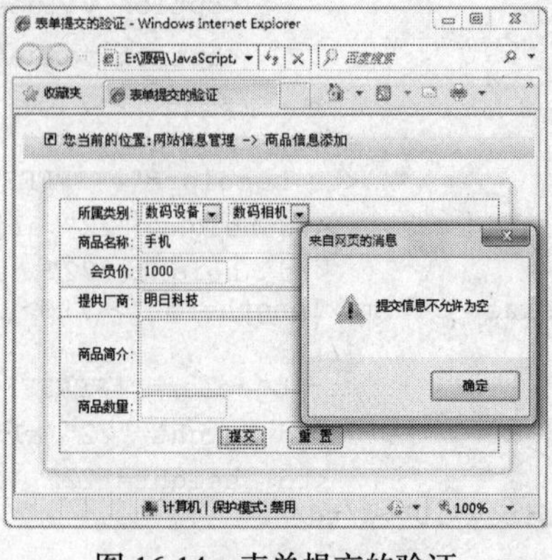

图 16-14　表单提交的验证

16.6 综合实例——限制文本框的输入

为了读者能更好地使用键盘事件对网页的操作进行控制，本实例将利用 onkeydown 事件对网页中文本框的输入进行控制。运行程序，效果如图16-15 所示。

本实例主要使用 JavaScript 中的 onkeydown 事件控制文本框的输入，其关键代码如下：

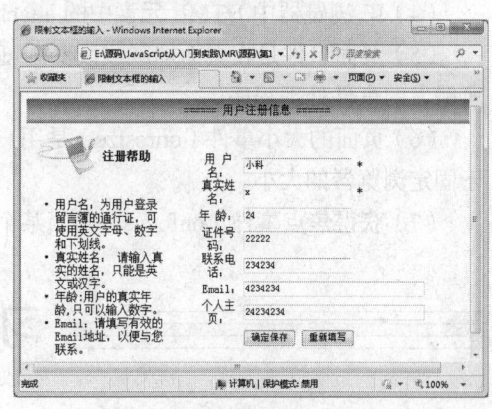

图 16-15　限制文本框的输入

```
<script language="javascript">
<!--
var T=true;
function Clavier(n)     //控制文本框的输入情况
{
    var k=window.event.keyCode;
    if (n==1)
    {
        if (k>=65 && k<=90)
            T=true;
        else
            T=false;
    }
    else if (n==0)
    {
        if ((k>=48 && k<=57)||(k>=96 && k<=105))
        {
            T=true;
            if (k&&window.event.shiftKey)
                T=false;
        }
        else
            T=false;
    }
    if ((k==37)||(k==39)||(k==8)||(k==46))
        T=true;
    if (T==false)
        return window.event.returnValue=T;
}
//-->
</script>
```

知识点提炼

（1）事件处理的过程分为三步：①发生事件；②启动事件处理程序；③事件处理程序作出反应。

（2）在 JavaScript 中调用事件处理程序，首先需要获得要处理对象的引用，然后将要执行的处理函数赋值给对应的事件。

（3）DOM（文档对象模型）结构是一个树形结构，当一个 HTML 元素产生一个事件时，该事件会在元素节点与根节点之间的路径传播，路径所经过的节点都会收到该事件，这个传播过程可称为 DOM 事件流。

（4）IE 浏览器中 HTML 元素中的 attachEvent 方法允许外界注册该元素的多个事件监听器。

（5）页面事件是在页面加载或改变浏览器大小、位置，以及对页面中的滚动条进行操作时，所触发的事件处理程序。

（6）页面的大小事件（onresize）是用户改变浏览器的大小时触发的事件处理程序，它主要用于固定浏览器的大小。

（7）获得焦点事件（onfocus）是当某个元素获得焦点时触发的事件处理程序。

习　　题

1. 简单描述事件的作用。
2. 如何分别在 JavaScript 中和 HTML 中调用事件处理程序？
3. 列举常见的几种鼠标键盘事件。
4. 列举常见的页面相关事件和表单相关事件。

实验：屏蔽键盘相关事件

实验目的

（1）熟悉 JavaScript 的基本语法。
（2）掌握 Event 对象的 keyCode 属性的基本应用。

实验内容

在页面中实现屏蔽键盘相关事件，以及鼠标的右键功能。

实验步骤

（1）编写用于屏蔽键盘相关事件的自定义的 JavaScript 函数。代码如下：

```
<script language=javascript>
function keydown(){
    if(event.keyCode==8){
        event.keyCode=0;
        event.returnValue=false;
        alert("当前设置不允许使用退格键");
    }if(event.keyCode==13){
        event.keyCode=0;
        event.returnValue=false;
        alert("当前设置不允许使用回车键");
    }if(event.keyCode==116){
        event.keyCode=0;
```

```
        event.returnValue=false;
        alert("当前设置不允许使用 F5 刷新键");
    }if((event.altKey)&&((window.event.keyCode==37)||(window.event.keyCode==39))){
        event.returnValue=false;
        alert("当前设置不允许使用 Alt+方向键←或方向键→");
    }if((event.ctrlKey)&&(event.keyCode==78)){
     event.returnValue=false;
     alert("当前设置不允许使用 Ctrl+n 新建 IE 窗口");
    }if((event.shiftKey)&&(event.keyCode==121)){
     event.returnValue=false;
     alert("当前设置不允许使用 shift+F10");
    }
}
</script>
```

（2）编写 JavaScript 自定义函数 click()，用于屏蔽鼠标的右键，代码如下：

```
<script language=javascript>
  function click() {
     event.returnValue=false;
     alert("当前设置不允许使用右键! ");
  }
  document.oncontextmenu=click;
</script>
```

（3）在<body>元素的 onkeydown 事件中调用步骤（1）编写的自定义函数来屏蔽键盘相关事件。代码如下：

```
<body onkeydown="keydown()">
```

运行程序，在填写订单信息页面中按下键盘的回车键、退格键、〈F5〉键、〈Ctrl+N〉组合键、〈Shift+F10〉组合键，此时系统将给予相关提示信息，如图 16-16 所示。

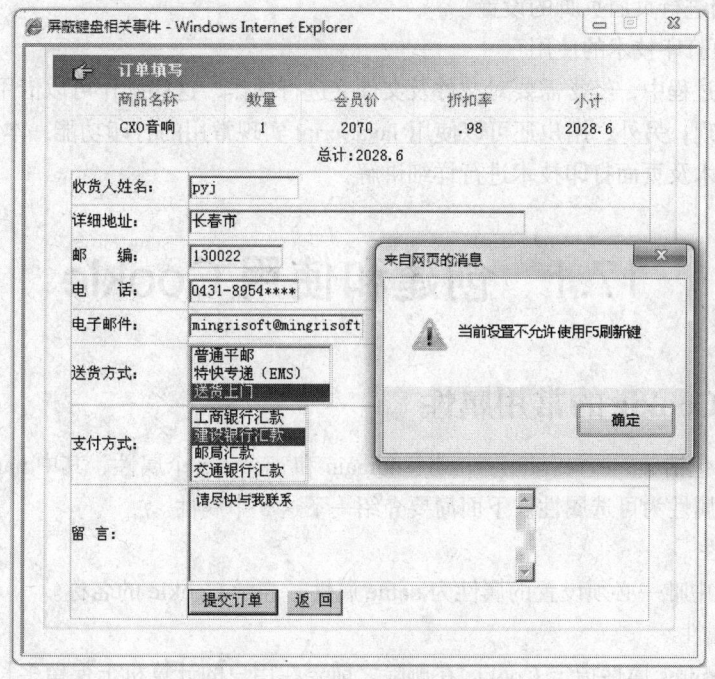

图 16-16　屏蔽键盘相关事件

第 17 章
JavaScript 高级应用

本章要点:

- 掌握在 JavaScript 中如何使用 Cookie
- 熟悉 Cookie 安全问题的解决方法
- 熟悉图像处理对象 Image 的使用
- 掌握 JavaScript 中常见的几种图像应用
- 掌握图像特殊效果的实现方法
- 了解 object 嵌入对象标记
- 掌握在 HTML 及 JavaScript 中嵌入 Flash 动画的方法
- 掌握 FileSystemObject 对象的使用
- 掌握 Drive 对象、File 对象和 Folder 对象的使用
- 掌握 WebBrowser 组件 execWB 方法的使用
- 掌握如何打印指定框架中的内容
- 掌握如何进行页眉页脚的设置
- 掌握分页打印技术的使用

在网站开发过程中,经常需要对文件及文件夹进行操作,这些操作可以借用 JavaScript 中的文件处理对象实现;另外,用户还可以使用 JavaScript 实现常用的打印功能,本章将对 JavaScript 中的文件处理技术及页面打印技术进行详细讲解。

17.1 创建和使用 Cookie

17.1.1 Cookie 的常用属性

Cookie 主要包括 name、expires、path、domain 和 secure 5 个属性,其中 name 属性是必须属性,而其余 4 个属性为可选属性。下面简要介绍一下这 5 个属性。

- name 属性

Cookie 属性中唯一必须设置的属性为 name 属性,表示 Cookie 的名称。

- expires 属性

Cookie 的 expires 属性指定 Cookie 在删除之前要在用户的计算机上保留多长时间,如果不使用 expires 属性,Cookie 只对当前浏览器会话有用,当用户关闭当前的浏览页面时,Cookie 就会

自动消失。

- path 属性

path 属性决定 Cookie 对于服务器上的其他网页的可用性，在一般情况下，Cookie 对于同一目录下的所有页面都可用，当设置 path 属性后，Cookie 只对指定路径以及子路径下的所有网页有效。

- domain 属性

许多服务器都由多台服务器组成，domain 属性主要用于设置相同域的多台服务器共享一个 Cookie。例如，如果 Web 服务器 a1 需要与 Web 服务器 a2 共享 Cookie，那么需要将 a1 的 Cookie 的 domain 属性设置为 a2，这样 a1 创建的 Cookie 就可以应用于 a2 和 a2 域的其他 Web 服务器。

- secure 属性

Internet 连接本身是不安全的，为了保证 Internet 上的数据安全，会使用 SSL 协议加密数据并使用安全连接传输数据，一般支持 SSL 的网站以 HTTPS 开头，Cookie 的 secure 属性表示 Cookie 只能通过使用 HTTPS 或其他安全协议的 Internet 连接来传输。如果 secure 属性不出现，这就意味着 Cookie 是在网络上未加密发送。

17.1.2　Cookie 的传递流程

要了解 Cookie 的传递流程，必不可少的是要知道它的工作原理。

Cookie 是在浏览器访问 Web 服务器的某个资源时，由 Web 服务器在 HTTP 响应消息头文件中附带传递给浏览器的一些数据。如果浏览器保存了这些数据，当它每次访问该 Web 服务器时，都应在 HTTP 请求头文件中将这些数据回传给 Web 服务器。Web 服务器将这些数据在 HTTP 请求头文件中使用 Set-Cookie 响应头字段将 Cookie 信息发送给浏览器，浏览器则通过在 HTTP 请求消息中增加 Cookie 请求字段将 Cookie 回传给 Web 服务器，一个 Cookie 只能标识一种信息。一个 Web 服务器可以给浏览器发送多个 Cookie，这样 Web 服务器和浏览器之间可以使用多个 Cookie 来传递多种信息。

例如，如果此时创建了一个名称为 test 的 Cookie 来包含访问者的信息，服务器端的 HTTP 响应消息头文件代码如下所示，这里假设访问者的注册名是 test，同时还对所创建的 Cookie 的 path、domain、expires 属性等进行了指定。

```
Set-Cookie:test=test;path=/;domain=***.com;
expires=Monday,01-Mar-07 00:00:01 GMT
```

17.1.3　如何对 Cookie 进行读写

1. Cookie 的写入

Cookie 存储在 document 对象的 cookie 属性中，它实际上是一个字符串，当页面载入时自动生成。Cookie 的一组信息由分号和一个空格隔开，每个信息都由 Cookie 名称和 Cookie 值组成，例如：

```
name1=value1;name2=value2;name3=value3;
```

首先将 Cookie 的名称和 Cookie 值放入一个变量中。

语法：

```
var cookiename="name4";
var cookievalue="value4";
var totalcookie=cookiename+"="+cookievalue;
```

- cookiename：Cookie 名称。

- cookievalue: Cookie 值。

然后将该变量赋给 document 对象的 cookie 属性即可。

语法:

```
document.cookie=totalcookie
```

当用户将 Cookie 写入后,新的 Cookie 字符串并不覆盖原来的字符串,而是自动添加到原来 Cookie 字符串的后面。例如:

```
name1=value1;name2=value2;name3=value3;name4=value4
```

一般情况下,Cookie 本身不能包括分号、逗号或空格等专用字符,但是对于这些字符可以使用编码的形式进行传输,也就是将文本字符串中的专用字符转换成对应的十六进制 ASCII 值。在 JavaScript 中可以使用 encodeURI()函数将文本字符串编辑为一个有效的 URI。要读取编辑后的字符串,需要使用 decodeURI()函数进行解码操作。

【例 17-1】 本实例主要实现将表单注册信息写入 Cookie 中。

实例位置:光盘\MR\源码\第 17 章\17-1

首先在页面中定义注册表单,同时对表单中的一些关键文本框进行 JavaScript 表单验证,然后定义 JavaScript 函数用于将用户在表单中输入的数据写入 Cookie 中,关键代码如下。

```
function writeCookie(){
    document.cookie=encodeURI("username="+document.form1.username.value);
    document.cookie=encodeURI("password="+document.form1.password1.value);
}
```

当提交表单后,如果用户在表单中输入的所有信息都符合表单验证规则,则将弹出“提交成功”对话框,因为在表单提交时调用了 writeCookie()函数,所以此时完成了 Cookie 写入的操作。在 Cookie 写入的过程中,需要使用 JavaScript 中的 encodeURL()函数将所要写入 Cookie 的文本框中的数据进行编码操作。

将单选框的值放入 Cookie 中有点特别,需要遍历页面中所有的单选框,当用户选择了此单选框,则将此单选框的值放入 Cookie 中,关键代码如下。

```
function testRadio(){
    var charactergroup=document.forms[0].elements["sex"];
    for(var i=0;i<charactergroup.length;i++){
        if(charactergroup[i].checked==true){
            document.cookie=encodeURI("sex="+charactergroup[i].value);
        }
    }
}
function writeCookie(){
    document.cookie=encodeURI("username="+document.form1.username.value);
    document.cookie=encodeURI("password="+document.form1.password1.value);
    testRadio();
}
```

运行结果如图 17-1 所示。

2. Cookie 的读取

因为特定网页的 Cookie 保存在 Document 对象的 cookie 属性中,所以可以使用 document.cookie 语句来获取 Cookie。存在 Web 服务器中的 Cookie 是由一连串的字符串组成,而且在 Cookie 写入的过程中曾经使用 encodeURI()函数对这些字符串进行编码操作,所以获取 Cookie 首先需要对这些字符串进行解码操作。我们可以调用 decodeURI()函数,然后调用 String 对象的方法来提取相应的字符串。例如：

```
var cookieString=decodeURI(document.cookie);
var cookieArray=cookieString.split(";");
```

上述代码使用 String 对象的 split()函数，将 Web 服务器中的 Cookie 以分号和空格隔开，然后将字符串中所有的字符放入相应数组中，可以循环遍历此数组的所有值，然后对数组中的所有值使用 slipt()函数以等号进行分隔，可以取得 Cookie 的名称和值。例如：

```
for(var i=0;i<cookieArray.length;i++){
        var cookieNum=cookieArray[i].split("=");
        var cookieName=cookieNum[0];
        var cookieValue=cookieNum[1];
}
```

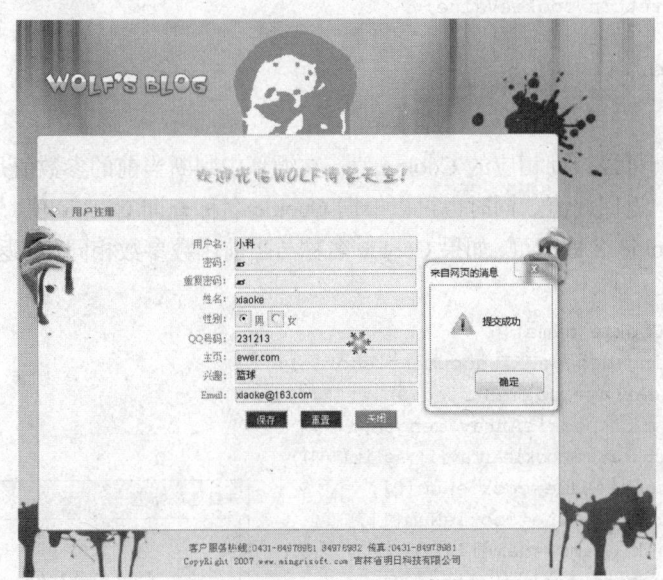

图 17-1 Cookie 的写入

【例 17-2】   本实例实现读取实例 17-1 中写入 Cookie 中的注册信息。

实例位置：光盘\MR\源码\第 17 章\17-2

定义一个 JavaScript 函数，用于读取写入的 Cookie 值，关键代码如下。

```
function readCookie(){
    var cookieString=decodeURI(document.cookie);
    var cookieArray=cookieString.split(";");
    for(var i=0;i<cookieArray.length;i++){
        var cookieNum=cookieArray[i].split("=");
        var cookieName=cookieNum[0];
        var cookieValue=cookieNum[1];
        alert("Cookie 名称为:"+cookieName+" Cookie 值为:"+cookieValue);
    }
}
```

为了方便 Cookie 的读取，在页面中添加了一个"读取 Cookie"的按钮，在该按钮的 onClick 事件中调用上述函数，关键代码如下。

```
<td   width="39%"><input   type="image"   src="4.gif"   width="65"   height="20"
onClick="readCookie();"></td>
```

上述按钮是使用<input type="image"/>方式进行设置的，这种方式设置的按钮为图像提交按钮。

除了可以使用上述方法获取 Cookie 值之外，同样还可以通过 Cookie 名称查询到相应的值，只需要修改上述函数即可。例如：

```
function readCookie(value){
var cookieString=decodeURI(document.cookie);
    var cookieArray=cookieString.split(";");
    for(var i=0;i<cookieArray.length;i++){
        var cookieNum=cookieArray[i].split("=");
        var cookieName=cookieNum[0];
        var cookieValue=cookieNum[1];
        if(cookieValue==value){
            return cookieValue;
        }
        return false;
    }
}
```

使用上述函数就可以查询相应的 Cookie 值。在循环中判断当前的参数值是否与 Cookie 中的值一致，如果相同，返回此值。同时也可以根据 Cookie 名称查询 Cookie 值，只需要将上述代码中的参数替换成 Cookie 名称即可，如果 Cookie 名称与当前函数参数相同，则返回此 Cookie 的值。代码如下。

```
function readCookie(name){
var cookieString=decodeURI(document.cookie);
    var cookieArray=cookieString.split(";");
    for(var i=0;i<cookieArray.length;i++){
        var cookieNum=cookieArray[i].split("=");
        var cookieName=cookieNum[0];
        var cookieValue=cookieNum[1];
        if(cookieName==name){
            return cookieValue;
        }
        return false;
    }
}
```

运行结果如图 17-2、图 17-3 和图 17-4 所示。

图 17-2　Cookie 的读取一

图 17-3　Cookie 的读取二

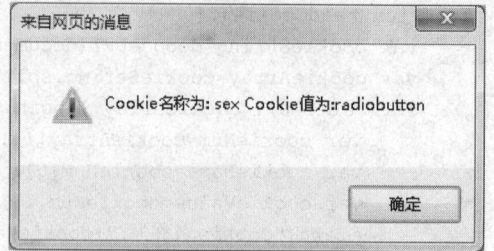

图 17-4　Cookie 的读取三

细心的读者也许会发现，当用户重新打开一个 Web 浏览器时，直接单击"读取 Cookie"的按钮，并不能获取 Cookie 的名称和值，只有重新写入 Cookie，才能获取到 Cookie 值。即使 Cookie 值已经写入过，关闭浏览器后重新打开浏览器，单击"读取 Cookie"按钮，依然获取不到 Cookie 值，这是因为默认 Cookie 设置在浏览器关闭时自动失效，如果需要 Cookie 在浏览器关闭后依然可以获取，需要设置 Cookie 的过期时间。

17.1.4　Cookie 的安全问题

随着互联网应用的日益增长，人们开始使用购物车购买各种商品，此时在购物网站中记录用户的相关信息尤为重要，越来越多的 Web 服务器使用 Cookie 技术来记录用户的相关信息，但是使用 Cookie 技术后网络的安全隐患也越来越明显。

Cookie 在网络上记载着用户的 ID、密码之类的信息，如果 Cookie 使用明码在网络上传递将会出现安全隐患，所以 Cookie 在网络上传递通常会使用 MD5 方式进行加密，这样即使 Cookie 被人截取也不会存在安全问题，因为截取人获取的只是一些无意义的数字和字母。

虽然使用 MD5 加密 Cookie 可以解决一些安全问题，但是有一种叫做 Cookie 欺骗的方式同样会出现安全隐患问题，截取 Cookie 的人无须知道这些 Cookie 值的具体含义，只要将 Cookie 发送给服务器端，并且在服务器端通过验证就可以冒充别人的身份。Cookie 欺骗的前提条件是冒充者需要获取 Cookie 信息，服务器端排除 Cookie 欺骗是比较困难的，一些 Flash 和一些 HTML 代码都可以收集电脑上的 Cookie，这样不法分子就可以在网络上获取 Cookie，进行 Cookie 欺骗。打个比方，Flash 中有一个 getURL()函数，Flash 可以调用这个函数自动打开指定的网页，可能当用户在访问某个包含 Flash 的网站时，Flash 已经悄悄打开一个带有恶意代码的网页，该网页可以获取此用户电脑中的 Cookie，然后进行一些不法操作。

Cookie 的安全问题是不可避免的，所以在本地浏览网页时需要打开防火墙，尽量浏览一些大型知名网站。总之，虽然 Cookie 欺骗给网络应用带来不安全的因素，但 Cookie 文件本身并不会造成用户隐私的泄露，只要合理使用，Cookie 会给广大用户使用网络带来便利。

17.2　JavaScript 中的图像处理

17.2.1　图像处理对象——Image 对象

在网页中使用图片非常普遍，只需要在 HTML 文件中使用<img>标签即可，并将其中的 src 属性设置为希望显示图片的 URL 即可，网页中图片的属性如表 17-1 所示。

表 17-1　　　　　　　　　　　　　　　图片的属性

属　　性	说　　明
border	表示图片边界宽度，以像素为单位
height	表示图像的高度
hspace	表示图像与左边和右边的水平空间大小，以像素为单位
lowsrc	低分辨率显示候补图像的 URL
name	图片名称
Src	图像 URL
vspace	表示上下边界垂直空间的大小
width	表示图片的宽度
alt	鼠标经过图片时显示的文字

因为 Web 页面中的所有<img>元素在 document.images[]数组中都可以索引到，所以要在 Web 页面中放置一幅图像，可以使用该数组。

document.images[]是一个数组，它包含了所有页面中的图像对象，可以使用 document.images[0] 表示页面中第一个图像对象，document.images[1]表示页面中第二图像对象，依次类推。也可以使用 document.images[imageName]来获取图像对象，其中 imageName 代表<img>标签内 name 特性定义的图像名称。

经常使用的图像对象属性与表 17-1 中<img>标签的特性基本相同，含义也相同，唯一不同的是图像对象属性多了一个 complete 属性，它用于判断图像是否完全被加载，如果图像完全被加载，该属性将返回 true 值。

17.2.2　JavaScript 中的图像应用

1. 图像的预装载

对于浏览器装载图像来说，只有在图像发送一个 HTTP 请求之后，才会被浏览器装载。当在网页中制作幻灯图像时，在服务器上获取图像可能要浪费很多时间，网页打开缓慢会严重影响到访问量。有一些浏览器采用一些措施来缓解这样的问题，例如通过本地缓存存储图像，这种方式在图片第一次被调用时依然存在上述问题，在这里笔者介绍一种图像预装载的方法来缓解图像装载缓慢的问题。

预装载是在 HTTP 请求图像之前将其下载到缓存的一种方式，通过使用这一方式，当页面需要图像时，图像可以立即从缓存中取出，从而能将图像立即显示在页面上。

JavaScript 有一个内嵌 Image 类，使用该类可以进行图像的预装载，将图像的 URL 传递给该对象的 src 之后，浏览器将会进行装载请求，并将预装载的图像保存到 cache 中。如果有图像请求时，将调用 cache 内的图像，从而将图像立即显示，而不是重新装载。

例如如下语法就是实例化一个图像对象，进行图片的预装载。

语法：

```
var preimg=new Image();
preimg.src="a.gif";
```

参数 preimg 表示 Image 对象。

也可以将这些图像放入数组中，然后使用循环将其放入缓存中，来实现将多个图像进行预装载。

语法：

```
var test=['img1','img2','img3'];
var test2=[];
for(var i=0;i<test.length;i++){
    test2[i]=new Image();
    test2[i].src=test[i]+".gif";
}
```

- test：定义图像名称的数组名称。
- test2：定义图像对象的数组名称。

【例 17-3】　本实例主要使用图像预装载原理将图像在页面中以幻灯片的形式显示。当页面被初始化时，图像以幻灯片的形式显示在页面中。代码如下：

实例位置：光盘\MR\源码\第 17 章\17-3

```
<script language="javascript">
```

```
var j=0;
var test=new Array(15);
for(var i=0;i<=14;i++){
test[i]=i;
}
var test2=[];
for(var i=0;i<test.length;i++){
test2[i]=new Image();
test2[i].src=test[i]+'.gif';
}
function showpic(){
if(j==14)
j=0;
else;
++j;
var imagestr=test2[j].src.split("/");
var imagesrc=imagestr[imagestr.length-1];
str="<img src='image/"+imagesrc+"'/>";
div1.innerHTML=str;
}
</script>
</head>
<body   onLoad="var   begin=setInterval('showpic()',
1000);">
    <div id='div1' align="center"></div>
    </body>
```

运行结果如图 17-5 所示。

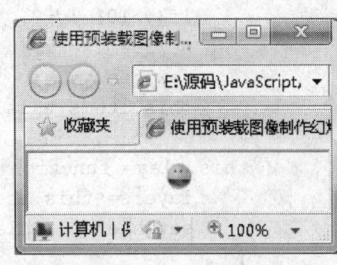

图 17-5　使用预装载图像制作幻灯片

2．登录图片验证码

在开发网站时，经常会用到随机显示验证码的情况，例如在网站后台管理的登录页面中加入以图片方式显示的验证码，可以防止不法分子使用注册机攻击网站的后台登录。

【例 17-4】　本实例用于实现随机生成登录验证码的功能，其中验证码为图片，运行本示例，将以图片方式显示一个 4 位的随机验证码。代码如下：

实例位置：光盘\MR\源码\第 17 章\17-4

```
<script language="javascript">
var str="";
var img="";
var strsource=['明','天','日','科','技','会','更','好','创','新'];//定义数组
for(var i=0;i<4;i++){                                          //遍历数组
    var n=Math.floor(Math.random()*strsource.length);
            //随机生成一个数组元素的索引值
    str=str+strsource[n];
    img=img+"<img  src='Images/checkcode/"+n+".gif'
width='19' height='20'> ";
    div1.innerHTML=img;
}
</script>
```

运行结果如图 17-6 所示。

3．浮动广告

浮动广告在网页中很常见，大多数网站的宽度都是为适合

图 17-6　随机生成登录图片验证码

800×600 的分辨率而设计的，因此在使用 1024×768 的分辨率时，有一侧或者两侧就会有空闲的地方，为了不浪费资源，有些网站会在两边加上浮动的广告，在网页中拖曳滚动条时，浮动的广告也随着移动。

【例 17-5】　本实例用于实现在页面中放置浮动广告的功能。代码如下：

实例位置：光盘\MR\源码\第 17 章\17-5

定义 DIV 标签及设定其位置的函数的代码如下：

```javascript
<script language="JavaScript">
var delta=0.15
var layers;
function floaters() {
    this.items= [];
    this.addItem= function(id,x,y,content){
        document.write('<div id='+id+' style="z-index: 10; position: absolute;
width:80px;    height:60px;left:'+(typeof(x)=='string'?eval(x):x)+';top:'+(typeof(y)==
'string'?eval(y):y)+'">'+content+'</div>');
        var newItem= {};
        newItem.object= document.getElementById(id);
        if(y>10) {y=0}
        newItem.x= x;
        newItem.y= y;
        this.items[this.items.length]= newItem;
    }
    this.play= function(){
        layers= this.items
        setInterval('play()',10);
    }
}
```

实现浮动效果的 JavaScript 函数代码如下：

```javascript
function play(){
    for(var i=0;i<layers.length;i++){
        var obj= layers[i].object;
        var obj_x= (typeof(layers[i].x)=='string'?eval(layers[i].x):layers[i].x);
        var obj_y= (typeof(layers[i].y)=='string'?eval(layers[i].y):layers[i].y);
        if(obj.offsetLeft!=(document.body.scrollLeft+obj_x)) {
            var dx=(document.body.scrollLeft+obj_x-obj.offsetLeft)*delta;
            dx=(dx>0?1:-1)*Math.ceil(Math.abs(dx));
            obj.style.left=obj.offsetLeft+dx;
        }
        if(obj.offsetTop!=(document.body.scrollTop+obj_y)) {
            var dy=(document.body.scrollTop+obj_y-obj.offsetTop)*delta;
            dy=(dy>0?1:-1)*Math.ceil(Math.abs(dy));
            obj.style.top=obj.offsetTop+dy;
        }
        obj.style.display= '';
    }
}
var strfloat = new floaters();
strfloat.addItem("followDiv",6,80,"<img src='ad.jpg' border=
'0'>");
strfloat.play();
</script>
```

运行结果如图 17-7 所示。

图 17-7　浮动广告

4．进度条的显示

当网页装载很多图片时，进度条很有用，它可以让用户看到装载图片的进度，从应用的角度来讲，进度条是一种很必要的工具。比如在进入一些游戏网站时，通常会先进入一个程序加载页面，此时就用到了进度条。

实现进度条的显示功能可以通过改变<span>标签的 width 属性来显示进度的变化，同时还要对数字进行更新操作，这样可以使用户既可以看到进度条的变化也可以看到上面数字的变化。

【例 17-6】　本实例用于实现在网页显示进度条的功能，进度条在指定时间内增加 20%的进度，直到增长到 100%为止。

实例位置：光盘\MR\源码\第 17 章\17-6

为了在网页中体现进度条效果，首先需要创建 CSS 文件设置进度条的样式，关键代码如下：

```
#test{
width:200px;
border:1px solid #000;
background:#fff;
color:#000;
}
#progress{
display:block;
width:0px;
background:#ccc;
}
```

设置完成进度条的样式之后，需要在网页中应用上述定义的样式，可以在<p>标签和<span>标签中使用，关键代码如下：

```
<p id="test"><span id="progress">10%</span></p>
```

为了达到进度条实时更改的功能，这里需要设置一个 JavaScript 函数，用于显示进度条上的百分比文本以及进度条的进度。关键代码如下：

```
<script language="javascript">
function progressTest(n){
var prog=document.getElementById('progress');
prog.firstChild.nodeValue=n+"%";
prog.style.width=(n*2)+"px";
n+=20;
if(n>100){
    n=100;
}
setTimeout('progressTest('+n+')',1000);        // 每 1000 毫秒调用一次 progressTest()函数
}
</script>
```

运行结果如图 17-8 和图 17-9 所示。

50%

图 17-8　进度条的显示

70%

图 17-9　进度条的显示

在上述代码中可以看出，使用 document 对象的 getElementById('progress')语句获取<span>标签中 id 属性指定的样式，可以通过 prog.firstChild.nodeValue 语句指定<span>标签内部的值。通过 prog.style.width 语句设置进度条的宽度，这个宽度值是根据参数 n 值变化而变化的，参数 n 值在每次函数调用时自增 20，直到 100 为止。为了可以使进度条中的进度具有自动增长功能，需要使用 setTimeout()函数，可以使用 setTimeout('progressTest('+n+')',1000)语句在每隔 1000 毫秒执行一

次 progressTest()函数。

17.3 嵌入式插件的使用

17.3.1 object 嵌入对象标记概述

在 HTML 中可以使用<object>标记将对象嵌入到页面中。<object>标记可以编写在<head>标记或<body>标记内。在<object>与</object>标记之间可以编写提示文本，如果访问者当前的浏览器不支持嵌入的对象，提示文本可以给出提示。<object>标记常用的参数及说明如表 17-2 所示。

表 17-2　　　　　　　　　　　　　　　　<object>标记常用的参数及说明

参　　数	说　　明
align	设置围绕该对象的文本对齐方式
archive	设置档案文件的 URL 列表，多个 URL 使用空格分隔。档案文件包含了与对象相关的资源
border	设置对象周围的边框
classid	设置嵌入 Windows Registry 中或某个 URL 中的类的 id 值
codebase	设置在何处可找到对象所需的代码，提供一个基准 URL
codetype	设置 classid 属性所引用的代码的 MIME 类型
data	设置引用对象数据的 URL。如果有需要对象处理的数据文件,要用 data 属性来指定这些数据文件
height	设置对象的高度
hspace	设置对象周围水平方向的空白
standby	设置当对象正在加载时所显示的文本
name	为对象设置唯一的名称方便在脚本中使用
type	设置在 data 属性中指定的文件的 MIME 类型
usemap	规定与对象一同使用的客户端图像映射的 URL
vspace	设置对象的垂直方向的空白
width	设置对象的宽度

用<object>标记在页面中嵌入对象之后，有时候需要向该对象或者控件传递参数，可以通过使用<param>标记。该标记有四个参数，没有结束标记</param>，并且该标记只在<object>标记内部有效，参数及说明如表 17-3 所示。

表 17-3　　　　　　　　　　　　　　　　参数及说明

属　　性	说　　明
name	设置参数名
value	设置参数值
valuetype	设置怎样表示参数的值
type	设置媒体类型

例如设置 Flash 对象在页面中不自动播放，可使用如下代码。

```
<object align="texttop" data=" mrsoft.swf " width="200" height="200" type=
"application/x-shockwave-flash" id="f1" >
<param name="Play" value="false">
</object>
```

17.3.2　在网页中使用 Flash 动画

Flash 起初是作为嵌入到网页上的小型动画而诞生的，现在已经成长为一个可以制作整个网站和 Web 应用的开发环境了。Flash 已经不再是单纯的动画制作工具，而是完整的针对 Web 应用的开发环境。

Flash 动画是使用 Flash 开发工具创建的。由于它的普通性，现在大部分浏览器都搭载了 Flash 插件，也就是说大部分用户无需手动下载和安装就可以享受它的好处。

1．Flash 动画的导入

在 html 中嵌入 Flash 可以使用<embed>标记和<object>标记来实现。

（1）<embed>标记

该标记可以在网页中嵌入多媒体文件，包括音频文件和视频文件。使用<embed>标记嵌入 Flash 的代码如下：

```
<embed src="mrsoft.swf" width="300" height="300" id="falshTest" >
</embed>
```

（2）<object>标记

使用<object>标记将 Flash 嵌入到 HTML 中，需要指定 applet 的 MIME 类型，Applet 的类型为"application/x-java-applet"。嵌入 applet 的代码如下：

```
<object align="texttop" data=" mrsoft.swf " width="200" height="200"
type="application/x-shockwave-flash" id="f1" >
<param name="movie" value=" mrsoft.swf "/>
</object>
```

通过使用<param>标记可以设置 Flash 的参数，来实现 Flash 的部分功能。<param>标记设置 Flash 部分参数及说明如表 17-4 所示。

表 17-4　　　　　　　　　　　　　<param>标记设置 Flash 部分参数及说明

参　　数	说　　明
movie	指定要加载的 Flash 文件的名称
play	指定 Flash 在页面中是否自动播放。设置为 false 为禁止自动播放，设置为 true 为自动播放，默认值为 true
loop	指定 Flash 是否为循环播放。设置为 false 为循环播放，设置为 ture 则默认值为 true
quality	指定 Flash 播放时使用的消除锯齿的级别。消除锯齿需要处理器对 Flash 文件的每一帧进行平滑处理。参数值如表 14.7 所示。默认值为 high
bgcolor	指定 Flash 的背景色。可以覆盖在 Flash 文件中设置的背景色，但不会影响 HTML 页面的背景色
menu	指定当浏览者在浏览器中右击 Flash 时，弹出的菜单类型.。当设置为 true 时将显示为完整的菜单，设置为 false 时菜单中只包含"关于 Macromedia Flash Player 7"选项和"设置"选项

quality 参数的参数值及说明如表 17-5 所示。

表 17-5   quality 参数的参数值及说明

属　　性	说　　明
low	使回放速度优先于外观，而且从不使用消除锯齿功能
autolow	优先考虑速度，但是也会尽可能改善外观。回放开始时，消除锯齿功能处于关闭状态。如果 Flash Player 检测到处理器可以处理消除锯齿功能，就会打开该功能
autohigh	在开始时是回放速度和外观两者并重，但在必要时会牺牲外观来保证回放速度。回放开始时，消除锯齿功能处于打开状态。如果实际帧频降到指定帧频之下，就会关闭消除锯齿功能以提高回放速度。使用此设置可模拟 Flash 中的"消除锯齿"命令（"查看" > "预览模式" > "消除锯齿"）
medium	会应用一些消除锯齿功能，但并不会平滑位图。该设置生成的图像品质要高于"Low"设置生成的图像品质，但低于"High"设置生成的图像品质
high	使外观优先于回放速度，它始终应用消除锯齿功能。如果 SWF 文件不包含动画，则会对位图进行平滑处理；如果 SWF 文件包含动画，则不会对位图进行平滑处理
best	提供最佳的显示品质，而不考虑回放速度。对所有输出都进行消除锯齿处理，并且对所有位图都进行平滑处理

2. 使用 JavaScript 控制 Flash

JavaScript 也可以控制在页面中嵌入的 Flash，Flash 提供给 JavaScript 可以访问的标准方法。如表 17-6 所示。

表 17-6   Flash 提供给 JavaScript 可以访问的标准方法

方　　法	说　　明
getVariable	获取 Flash 动画变量的值
gotoFrame	将当前的 Flash 帧设置到指定的帧数
isPlaying	表示是否播放 Flash 动画
loadMovie	将指定 URL 上的 Flash 动画载入到指定的 Flash 层上
pan	将放大的动画平移到指定坐标。Mode 参数是 0，表示坐标单位为像素；或者参数为 1，表示坐标为百分比
percentLoaded	返回 Flash 动画已经载入的比例
play	播放 Flash 动画
rewind	将动画重置到第一帧
setVariable	设置 Flash 动画变量的值
setZoomrect	设置放大的区域
stopPlay	停止 Flash 动画的播放
totalFrames	返回 Flash 动画中帧的总数
zoom	放大给定的百分比

【例 17-7】 本实例在页面中可以通过 3 个按钮来控制 Flash 的暂停、播放和重新播放这 3 个功能。代码如下。

实例位置：光盘\MR\源码\第 17 章\17-7

```
<head>
<title>JavaScript 与 Flash 交互</title>
<script language="javascript">
    <!--
```

```
function play()
{
    var dv=document.getElementById("demo");        //获取 falsh 引用
    if(!dv.IsPlaying())                             //判断当前是否播放
    {
        dv.Play();
    }else                                           //设置 Flash 播放
    {
        alert("Flash 已经运行! ");
    }
}
function stop()
{
    var dv=document.getElementById("demo");        //获取 falsh 引用
    if(dv.IsPlaying())                              //判断当前是否播放
    {
        dv.StopPlay();                              //设置 Flash 暂停
    }else
    {
        alert("Flash 已经暂停! ");
    }
}
function resetD()
{
    var dv=document.getElementById("demo");
    dv.Rewind();                                    //将 Flash 重置到第一帧
    dv.Play();
}
    -->
</script>
</head>
<body>
<object align="texttop" border="1" data="mrsoft.swf"
width="200" height="200" type="application/x-shockwave-
flash" id="demo" >
<param name="movie" value="mrsoft.swf"/>
<param name="Play" value="false">
<param name="quality" value="best">
<param name="Menu" value="true">
</object><br />
<input type="button" value="开始" onclick="play();" />
<input type="button" value="停止" onclick="stop();" />
<input  type="button"  value="重 新 开 始 "  onclick=
"resetD();" />
</body>
```

程序运行结果如图 17-10 所示。

图 17-10　使用 JavaScript 控制 Flash

17.4　文件处理及页面打印

17.4.1　文件处理对象

1. FileSystemObject 对象

在 JavaScript 中实现文件操作功能，主要是依靠 FileSystemObject 对象。该对象是用来创建、删除和获得有关信息，以及通常用来操作驱动器、文件夹和文件的方法和属性。下面对该对象所包含的对象和集合进行说明，如表 17-7 所示。

表 17-7　　　　　　　　　　FileSystemObject 对象的对象或集合

对象/集合	说　　明
FileSystemObject	主对象。包含用来创建、删除和获得有关信息，以及通常用来操作驱动器、文件夹和文件的方法和属性。和该对象相关联的许多方法，与其他 FSO 为了方便才被提供的
Drive	对象。包含用来收集信息的方法和属性，这些信息是关于连接在系统上的驱动器的，如驱动器的共享名和它有多少可用空间。这里需要注意的是，Drive 并非必须是硬盘，也可以是 RAM 磁盘等等。并非必须把驱动器实物地连接到系统上，也可以通过网络在逻辑上被连接起来
Drives	集合。提供驱动器的列表，这些驱动器实物地或在逻辑上与系统相连接。Drives 集合包括所有驱动器，与类型无关。要可移动的媒体驱动器在该集合中显现，不必把媒体插入到驱动器中
File	对象。包含用来创建、删除或移动文件的方法和属性。也用来向系统询问文件名、路径和多种其他属性
Files	集合。提供包含在文件夹内的所有文件的列表
Folder	对象。包含用来创建、删除或移动文件夹的方法和属性。也用来向系统询问文件夹名、路径和多种其他属性
Folders	集合。提供在 Folder 内的所有文件夹的列表
TextStream	对象。用来读写文本文件

【例 17-8】　本实例是通过 GetTempName()方法来随机创建一个文件名称，然后用 GetTempName()方法获取临时文件夹的路径，最后用 CreateTextFile()方法在临时文件夹中创建一个临时文件。代码如下。

实例位置：光盘\MR\源码\第 17 章\17-8

```
<script language="javascript">
<!--
var fso, tempfile;
fso = new ActiveXObject("Scripting.FileSystemObject");
function CreateTempFile(){
    var tfolder, tfile, tname, fname, TemporaryFolder=2;
    tfolder = fso.GetSpecialFolder(TemporaryFolder);
    tname = fso.GetTempName();
    tfile = tfolder.CreateTextFile(tname);
    return tfile;
}
tempfile = CreateTempFile();
tempfile.close();
//-->
</script>
```

2．Drive 对象

Drive 对象负责收集系统中的物理或逻辑驱动器资源内容，如驱动器的共享名和有多少可用空间。在使用该对象时，不一定非要把驱动器实物地连接到系统上，也可以通过网络在逻辑上连接起来。需要说明的是，在这里所说的驱动器不一定非是硬盘，也可以是 RAM 磁盘等。

- 动态创建 Drive 对象

使用 Drive 对象来获取驱动器的相关信息，必须要创建 Drive 对象，该对象是通过 FileSystemObject 对象的 GetDrive()方法来创建的。

例如，对 C 盘驱动器创建一个 Drive 对象。代码如下：

```
var fso=new ActiveXObject("Scripting.FileSystemObject");
var s=fso.GetDrive("C:\\");
```

- Drive 对象的属性

Drive 对象的属性及说明如表 17-8 所示。

表 17-8　　　　　　　　　　　　　　　　Drive 对象的属性及说明

属　　性	说　　明
FreeSpace	向用户返回指定驱动器或网络共享上的可用空间的大小
IsReady	如果指定驱动器已就绪则返回 True，否则返回 False
TotalSize	以字节为单位返回驱动器或网络共享的所有空间大小
DriveType	返回一个值，表示所指定驱动器的类型
SerialNumber	返回连续十进制数字，用于唯一标识磁盘卷
AvailableSpace	返回在所指定的驱动器或网络共享上可用的空间的大小
FileSystem	返回指定驱动器所使用的文件系统的类型
Path	返回指定文件、文件夹或驱动器的路径
RootFolder	返回一个 Folder 对象，表示指定驱动器的根文件夹
ShareName	返回指定驱动器的网络共享名
VolumeName	设置或返回指定驱动器的卷名

【例 17-9】　　本实例是通过 Drive 对象的 DriveType 属性来获取当前驱动器的类型，用 SerialNumber 属性来获取驱动器的系列号。代码如下：

实例位置：光盘\MR\源码\第 17 章\17-9

```
<form name="form1" method="post" action="">
   驱动器名称：
   <input type="text" name="text1">
     
   <input  type="button"  name="Button1"  value=" 驱 动 器 类 型 "  onclick="dtype
(document.form1.text1)">
</form>
<script language="javascript">
function dtype(Drivename)
{
    var fso=new ActiveXObject("Scripting.FileSystemObject");
    var s=fso.GetDrive(Drivename.value);
    var t="",n="";
    switch(s.DriveType)
    {
        case 0: t="找不到服务器";break;
        case 1: t="移动硬盘";break;
        case 2: t="固定硬盘";break;
        case 3: t="网络资源";break;
```

```
        case 4: t="CD-ROM";break;
        case 5: t="RAM";break;
    }
    if (s.IsReady)
        n="系列号为:"+s.SerialNumber;
    alert(t+"\n"+n);
}
</script>
```

运行结果如图 17-11 所示。

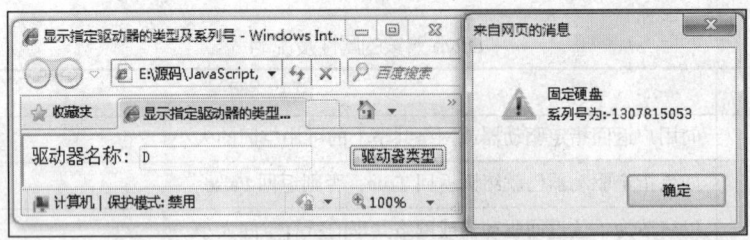

图 17-11   显示指定驱动器的类型及系列号

3. File 对象

File 对象可以获取服务器端指定文件的相关属性，如文件的创建、修改、访问时间。也可以对文件或文件夹进行复制、移除或删除的操作。

* 动态创建 File 对象

使用 File 对象对指定文件的所有属性进行访问，必须要创建 File 对象，该对象是通过 FileSystemObject 对象的 GetFile()方法来创建的。

GetFile()方法根据指定的路径中的文件返回相应的 File 对象。语法：

```
object.GetFile(filespec)
```

* object：必选。FileSystemObject 的名称。
* Filespec：必选。指定文件的路径（绝对或相对路径）。

说明

如果指定的文件不存在则出错。

例如，将 qq.txt 文件以 File 对象进行实例化。代码如下：

```
var fso=new ActiveXObject("Scripting.FileSystemObject");
var s=fso.GetFile("E:\\word\\JavaScript\\qq.txt");
```

* File 对象的方法

（1）Copy 方法

Copy 方法对单个 File 或 Folder 所产生的结果和使用 FileSystemObject.CopyFile 或 FileSystemObject.CopyFolder 所执行的操作结果一样，其中后者把由 object 所引用的文件或文件夹作为参数传递。但是请注意，后两种替换方法能够复制多个文件或文件夹。

将指定文件或文件夹从一个位置复制到另一位置。

```
object.Copy( destination[, overwrite] );
```

* object：必选项。应为 File 或 Folder 对象的名称。
* destination：必选项。复制文件或文件夹的目的位置。不允许通配字符。
* overwrite：可选项。Boolean 值，如果要覆盖已有文件或文件夹，则为 True（默认）；否则，

则为 False。

（2）Delete 方法

删除指定的文件或文件夹。

```
object.Delete( force );
```

- object：必选项。应为 File 或 Folder 对象的名称。
- force：可选项。Boolean 值，如果要删除设置了只读属性的文件或文件夹则为 True；否则为 False（默认）。

（1）如果指定的文件或文件夹不存在，那么会产生一个错误。

（2）Delete 方法对于单个 File 或 Folder 产生的结果和使用 FileSystemObject.DeleteFile 或 FileSystemObject.DeleteFolder 所执行的操作结果一样。

（3）Delete 方法对于包含内容和不包含内容的文件夹不做区分。删除指定的文件夹时不考虑其是否包含内容。

（3）Move 方法

将指定文件或文件夹从一个位置移动到另一个位置。

```
object.Move( destination );
```

- object：必选项。应为 File 或 Folder 对象的名称。
- destination：必选项。移动文件或文件夹的目的位置。不允许通配字符。

Move 方法对于单个 File 或 Folder 产生的结果和使用 FileSystemObject.MoveFile 或 FileSystemObject.MoveFolder 所执行的操作结果一样。但是请注意，后两种替换方法都能够移动多个文件或文件夹。

【例 17-10】 本实例是通过 File 对象的 Copy()、Delete()和 Move()方法来实现文件的复制、删除和移除的操作。代码如下。

实例位置：光盘\MR\源码\第 17 章\17-10

```
<script language="javascript">
<!--
function filecopy(sname,dname)
{
    var fso, f;
    fso = new ActiveXObject("Scripting.FileSystemObject");
    f = fso.GetFile(sname.value);
    f.Copy(dname.value);
    alert("文件复制成功");
}
function filedelete(fname)
{
    var fso, f;
    fso = new ActiveXObject("Scripting.FileSystemObject");
    f = fso.GetFile(fname);
    f.Delete();
    alert("文件删除成功");
}
function filemove(fname,mname)
{
    var fso, f;
    fso = new ActiveXObject("Scripting.FileSystemObject");
```

```
        f = fso.GetFile(fname);
        f.Move(mname);
        alert("文件移除成功");
}
//-->
</script>
```

运行结果如图 17-12 所示。

（4）OpenAsTextStream 方法

打开指定的文件并返回一个 TextStream 对象，可以通过
这个对象对文件进行读、写或追加操作。

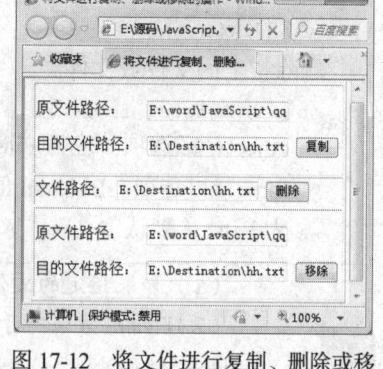

图 17-12　将文件进行复制、删除或移
除的操作

```
object.OpenAsTextStream([iomode, [format]])
```

- object：必选项。应为 File 对象的名称。
- iomode：可选项。指明输入/输出的模式。可以是三个
  常数之一：ForReading、ForWriting 或 ForAppending。
- format：可选项。使用三态值中的一个来指明打开文件的格式。如果忽略，文件将以 ASCII
  格式打开。

iomode 参数可以是表 17-9 设置中的任一种。

表 17-9　iomode 参数

常　数	值	描　述
ForReading	1	以只读方式打开文件。不能写这个文件
ForWriting	2	以写方式打开文件。如果存在同名的文件，那么它以前的内容将被覆盖
ForAppending	8	打开文件并从文件末尾开始写

format 参数可以是表 17-10 设置中的任何一种。

表 17-10　format 参数

常　数	值	描　述
TristateUseDefault	-2	使用系统默认值打开文件
TristateTrue	-1	以 Unicode 方式打开文件
TristateFalse	0	以 ASCII 方式打开文件

说明

OpenAsTextStream 方法提供的功能和 FileSystemObject 的 OpenTextFile 方法一
样。另外，OpenAsTextStream 方法可以用来写文件。

【例 17-11】　本实例是通过 File 对象的 OpenAsTextStream()方法读取指定文件中的信息，并
显示在文本框中，也可以通过该方法用指定文本信息修改或追加指定路径下的文件。代码如下。
实例位置：光盘\MR\源码\第 17 章\17-11

```
<script language="javascript">
<!--
function TextStreamTest(fname,Addname,n)
{
    var fso, f, ts, s;
    var ForRWA=0, ForReading=1, ForWriting=2, ForAppending=8;
```

```
      var TristateUseDefault=-2, TristateTrue=-1, TristateFalse=0;
      fso = new ActiveXObject("Scripting.FileSystemObject");
      var s1=Addname.innerHTML;
      if (fname.value!="")
      {
          f = fso.GetFile(fname.value);
          switch(n)
          {
              case 1: ForRWA=ForWriting;break;           //修改文件
              case 2: ForRWA=ForAppending;break;         //追加文件
          }
          if (n>0)          //执行修改或向文件中追加信息
          {
              ts = f.OpenAsTextStream(ForRWA, TristateUseDefault);
              var s1=Addname.innerHTML;
              ts.Write(s1);
              ts.Close();
          }
          ts = f.OpenAsTextStream(ForReading, TristateUseDefault);
          s = ts.ReadLine();                             //读取文件中的信息
          ts.Close();
      }
      return(s);
    }
    function run(n)
    {
      document.form3.textarea1.innerHTML=Tex
tStreamTest(document.form5.text1,document.form4
.textarea2,n)
    }
    //-->
</script>
```

运行结果如图 17-13 所示。

● File 对象的属性

File 对象的常用属性及说明如表 17-11 所示。

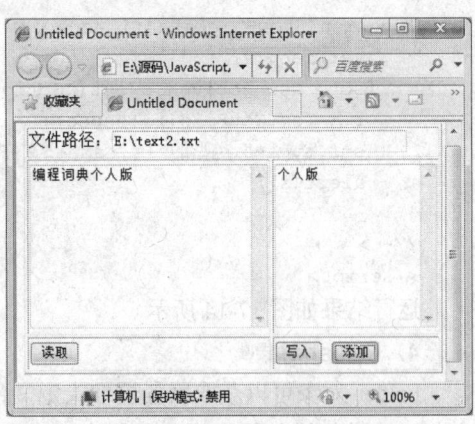

图 17-13　对文件进行读取、写入和追加操作

表 17-11　　　　　　　　　　　　File 对象的常用属性及说明

属　　性	说　　明
Attributes	设置或返回文件或文件夹的属性
DateCreated	返回指定文件或文件夹的创建日期和时间
DateLastAccessed	返回最后访问指定文件或文件夹的日期和时间
DateLastModified	返回最后修改指定文件或文件夹的日期和时间
Name	设置或返回指定文件或文件夹的名称
Size	对于文件，以字节为单位返回指定文件的大小。对于文件夹，以字节为单位返回文件夹中包含的所有文件和子文件夹的大小
Type	返回关于文件或文件夹类型的信息
ShortName	返回短名称，这些短名称由需要以前的 8.3 命名规范的程序使用

属 性	说 明
Drive	返回指定文件或文件夹所在驱动器的驱动器号
ParentFolder	返回指定文件或文件夹的父文件夹对象
Path	返回指定文件、文件夹或驱动器的路径
ShortPath	返回短路径名

【例 17-12】 本实例是通过 File 对象的 Size 属性获取指定文件的大小，并用 Name 和 Type 属性来显示当前路径中文件的名称及类型。代码如下。

实例位置：光盘\MR\源码\第 17 章\17-12

```
<form name="form1" method="post" action="">
  文件路径：
  <input type="text" name="text1" value="E:\text.txt">
  <input type="button" name="Button1" value="文件的相关日期" onclick="ShowFileData
(document.form1.text1.value)">
</form>
<script language="javascript">
<!--
function ShowFileData(filespec){
    var fso, f, s;
    fso = new ActiveXObject("Scripting.FileSystem Object");
    f = fso.GetFile(filespec);
    s=f.type+" 类型的"+f.name+"文件的大小为："+(f.size)+"b";
    alert(s);
}
//-->
</script>
```

运行结果如图 17-14 所示。

4. Folder 对象

Folder 对象可以获取服务器端指定文件夹的相关属性，它与 File 对象的实现过程基本相同。只是 Folder 对象针对的是文件夹，File 对象针对的是文件。

- 动态创建 Folder 对象

使用 Folder 对象对指定文件夹的所有属性进行访问，必

图 17-14　获取指定文件的大小

须要创建 Folder 对象，该对象是通过 FileSystemObject 对象的 GetFolder()方法来创建的。

GetFolder()方法根据指定的路径中的文件返回相应的 Folder 对象。

语法：

```
object.GetFolder(filespec)
```

- object：必选。FileSystemObject 的名称。
- filespec：必选。指定文件夹的路径（绝对或相对路径）。

例如，获取 E：\word\JavaScript 路径所对应的 Folder 对象。代码如下：

```
var fso=new ActiveXObject("Scripting.FileSystemObject");
var s=fso.GetFolder("E:\\word\\JavaScript");
```

- Folder 对象的方法与属性

Folder 对象的属性和方法与 File 对象中的属性和方法基本相同，只是其功能针对的不是文件而是文件夹。在 Folder 对象中有两个属性是 File 对象所没有的，下面对其进行介绍。

（1）Files 属性

返回一个 Files 集合，由指定文件夹中包含的所有 File 对象组成，包括设置了隐藏和系统文件属性的文件。

```
object.Files
```

例如，获取 E:\word\JavaScript 路径下的所有文件名称（name1、name2 和 qq）。代码如下：

```
<script language="javascript">
var fso=new ActiveXObject("Scripting.FileSystemObject");
var s=fso.GetFolder("E:\\word\\JavaScript");
var fn=new Enumerator(s.files);
var s="";
for (; !fn.atEnd(); fn.moveNext())
    s=s+fn.item()+"\n";
alert(s);
</script>
```

（2）IsRootFolder 属性

如果指定的文件夹是根文件夹则返回 True，否则返回 False。

```
object.IsRootFolder
```

例如，判断当前文件夹是否为根文件夹。代码如下：

```
<script language="javascript">
var fso=new ActiveXObject("Scripting.FileSystemObject");
var s=fso.GetFolder("E:\\word\\JavaScript");
if (s.IsRootFolder)
    alert(s.name+"文件夹为根文件夹")
else
    alert(s.name+"文件夹不为根文件夹");
</script>
```

运行结果：JavaScript 文件夹不为根文件夹。

17.4.2　页面打印

1. 使用 WebBrowser 组件的 execWB 方法进行打印

WebBrowser 组件是 IE 内置的浏览器控件，无需用户下载。它的优点是客户端独立完成打印目标文档，减轻服务器负荷；缺点是源文档的分析操作复杂，并且要对源文档中要打印的内容进行约束。

在使用 WebBrowser 组件时，首先要在<body>标记的下面用<object>…</object>标记声明 WebBrowser 组件。代码如下：

```
<object id="Web" width=0 height=0 classid="CLSID:8856F961-340A-11D0-A96B-00C04FD705A2">
</object>
```

对页面进行打印，主要是通过 WebBrowser 组件的 execWB()方法来实现的，可以通过该方法来实现 IE 浏览器中菜单的相应功能。下面给出 execWB()方法的语法。

语法：

```
WebBrowser.ExecWB(nCmdID, nCmdExecOpt [, pvaIn] [,pvaOut])
```

- WebBrowser：必选。WebBrowser 控件的名称。
- nCmdID：必选。执行操作功能的命令。参数常用取值如表 17-12 所示。
- nCmdExecOpt：必选。执行相应的选项，通常值为 1。参数常用取值如表 17-13 所示。

表 17-12   nCmdI 参数的常用取值

常　　数	值	说　　明
OLECMDID_OPEN	1	打开窗体
OLECMDID_NEW	2	关闭现在所有的 IE 窗口，并打开一个新窗口
OLECMDID_SAVEAS	4	保存网页
OLECMDID_PRINT	6	打印
OLECMDID_PRINTPREVIEW	7	打印预览
OLECMDID_PAGESETUP	8	页面设置
OLECMDID_PROPERTIES	10	当前页面的属性
OLECMDID_CUT	11	剪切
OLECMDID_COPY	12	复制
OLECMDID_PASTE	13	粘贴
OLECMDID_UNDO	15	撤销
OLECMDID_REDO	16	重做
OLECMDID_SELECTALL	17	全选
OLECMDID_REFRESH	22	刷新
OLECMDID_STOP	23	停止

表 17-13   nCmdExecOpt 参数的常用取值

常　　数	值	说　　明
OLECMDEXECOPT_DODEFAULT	0	默认选项
OLECMDEXECOPT_PROMPTUSER	1	用户提示
LECMDEXECOPT_DONTPROMPTUSER	2	非用户提示
OLECMDEXECOPT_SHOWHELP	3	显示帮助

下面给出在 IE 浏览器中 WebBrowser 组件的 execWB()方法的一些常用功能。

```
WebBrowser.ExecWB(1,1)      //打开
WebBrowser.ExecWB(2,1)      //关闭现在所有的 IE 窗口，并打开一个新窗口
WebBrowser.ExecWB(4,1)      //保存网页
WebBrowser.ExecWB(6,1)      //打印
WebBrowser.ExecWB(7,1)      //打印预览
WebBrowser.ExecWB(8,1)      //打印页面设置
WebBrowser.ExecWB(10,1)     //查看页面属性
WebBrowser.ExecWB(15,1)     //撤销
WebBrowser.ExecWB(17,1)     //全选
WebBrowser.ExecWB(22,1)     //刷新
WebBrowser.ExecWB(45,1)     //关闭窗体无提示
```

【例 17-13】 本实例在页面中设置了 4 个超链接，分别是"打印预览"、"打印"、"直接打印"和"页面设置"，用于实现页面打印等功能，这些功能的实现都是用 WebBrowser 组件的 execWB() 方法来实现的。代码如下。

实例位置：光盘\MR\源码\第 17 章\17-13

```
<body>
<object id="WebBrowser" classid="ClSID:8856F961-340A-11D0-A96B-00C04Fd705A2" width=
```

```
"0" height="0">
    </object>
    <table width="650" height="34" border="0" align="center" cellpadding="0" cellspacing= "0">
    …
    …
    </table>
      <table width="647" align="center">
          <tr align="center" bgcolor="#FFFFFF">
      <td height="27" colspan="3" align="right"><a href="#" onClick="webprint(0)">打印预
览</a> <a href="#" onClick="webprint(1)">打印</a> <a href="#" onClick="webprint(2)">直接
打印</a></td>
      </tr>
    </table>
    <script language="javascript">
    <!--
    function webprint(n)
    {
        switch(n)
        {
            case 0:document.all.WebBrowser.Execwb(7,1);break;        //打印
            case 1:document.all.WebBrowser.Execwb(6,1);break;        //打印预览
            case 2:document.all.WebBrowser.Execwb(6,6);break;        //直接打印
        }
    }
    //-->
    </script>
    </body>
```

运行结果如图 17-15 所示。

2. 打印指定框架中的内容

在打印页面时，有时只需要打印网
页中的部分内容，可以将要打印的内容

图 17-15　利用 WebBrowser 打印

以框架的形式进行显示，然后用 Window 对象的 print()方法打印框架。

在打印页面中的框架时，首先需要将要打印的框架获得焦点，可以用内置变量 parent 来实现。

内置变量 parent 指的是包含当前分割窗口的父窗口。也就是在一个窗口内如果有分割窗口，而在其中一个分割窗口中又包含着分割窗口，则第 2 层的分割窗口可以用 parent 变量引用包含它的父分割窗口。

语法：

```
parent.mainFrame.fcous();
```

参数 mainFrame 表示框架的名称。

【例 17-14】　本实例是利用 Window 对象的 print()方法来打指定框架中的内容，以实现局部页面的打印。代码如下。

实例位置：光盘\MR\源码\第 17 章\17-14

```
<table width="780" height="532" border="0" align="center" cellpadding="0" cellspacing=
"0" background="bg.jpg">
    <tr>
    <td width="32" height="189"> </td>
    <td colspan="2"> </td>
    <td width="24"> </td>
```

```
      </tr>
      <tr>
        <td height="264" rowspan="2"> </td>
        <td width="666" height="25" class="word_orange">当前位置：系统查询 &gt; 借阅信息打印
&gt;&gt;&gt; </td>
        <td width="58" align="center" class="word_Green"><a href="#" onClick="parent.
contentFrame.focus();window.print();">打印</a></td>
        <td rowspan="2"> </td>
      </tr>
      <tr>
        <td height="240" colspan="2" align="center" valign="top" bgcolor="#FFFFFF">
<iframe name="contentFrame" src="content.htm" frameborder="0" width="100%" height=
"100%"></iframe></td>
      </tr>
      <tr>
        <td> </td>
        <td colspan="2"> </td>
        <td> </td>
      </tr>
    </table>
```

运行结果如图 17-16 所示。

图 17-16　打印指定框架中的内容

3. 设置页眉页脚

设置页眉页脚主要通过 WshShell 对象的相关方法实现。WshShell 对象是 WSH（WSH 是 Windows Scripting Host 的缩写，内嵌于 Windows 操作系统中的脚本语言工作环境）的内建对象，主要负责程序的本地运行、处理注册表、创建快捷方式、获取系统文件夹信息及处理环境变量等工作。WshShell 对象的相关方法如表 17-14 所示。

设置页眉页脚主要应用了 WshShell 对象的 RegWrite()方法。RegWrite()方法用于在注册表中设置指定的键或值。

语法：

```
WshShell.RegWrite(strName, anyValue [, strType])
```

表 17-14   WshShell 对象的相关方法

方　法	说　明
CreateShortcut()	创建并返回 WshShortcut 对象
ExpandEnvironmentStrings()	扩展 PROCESS 环境变量并返回结果字符串
Popup()	显示包含指定消息的消息窗口
RegDelete()	从注册表中删除指定的键或值
RegRead()	从注册表中返回指定的键或值
RegWrite()	在注册表中设置指定的键或值
Run()	创建新的进程，该进程用指定的窗口样式执行指定的命令

- strName：用于指定注册表的键或值，若 strName 以一个反斜杠（在 JavaScript 中为\\）结束，则该方法设置键，否则设置值。strName 参数必须以根键名 HKEY_CURRENT_USER、HKEY_LOCAL_MACHINE、HKEY_CLASSES_ROOT、HKEY_USERS 或以 HKEY_CURRENT_CONFIG 开头。
- anyValue：用于指定注册表的键或值的值。当 strType 为 REG_SZ 或 REG_EXPAND_SZ 时，RegWrite()方法自动将 anyValue 转换为字符串。若 strType 为 REG_DWORD，则 anyValue 被转换为整数。若 strType 为 REG_BINARY，则 anyValue 必须是一个整数。
- strType：用于指定注册表的键或值的数据类型。RegWrite()方法支持的数据类型为 REG_SZ、REG_EXPAND_SZ、REG_DWORD 和 REG_BINARY。若其他的数据类型被作为 strType 传递，RegWrite 返回 E_INVALIDARG。

【例 17-15】　本实例是用 WshShell 对象的 RegWrite()方法实现在打印时清空页眉页脚和恢复页眉页脚的操作。代码如下：

实例位置：光盘\MR\源码\第 17 章\17-15

```
<script language="JavaScript">
<!--
var HKEY_RootPath="HKEY_CURRENT_USER\\Software\\Microsoft\\Internet Explorer\\ PageSetup\\";
function PageSetup_del(){
  try{
      var WSc=new ActiveXObject("WScript.Shell");
      HKEY_Key="header";
      WSc.RegWrite(HKEY_RootPath+HKEY_Key,"");
      HKEY_Key="footer";
      WSc.RegWrite(HKEY_RootPath+HKEY_Key,"");
  }catch(e){}
}
function PageSetup_set(){
  try{
      var WSc=new ActiveXObject("WScript.Shell");
      HKEY_Key="header";
      WSc.RegWrite(HKEY_RootPath+HKEY_Key,"&w&b 页码,&p/&P");
      HKEY_Key="footer";
      WSc.RegWrite(HKEY_RootPath+HKEY_Key,"&u&b&d");
  }catch(e){}
}
//-->
</script>
```

运行结果如图 17-17 所示。

4. 分页打印的设置

在打印页面时，可以利用 CSS 样式中的 page-break-before（在对象前分页）或 page-break-after（在对象后分页）属性进行分页打印，并利用<thead>和<tfoot>标记在打印的每一个页面中都显示表头和表尾。

（1）thead 标记

thead 用于设置表格的表头。

（2）tfoot 标记

tfoot 用于设置表格的表尾。

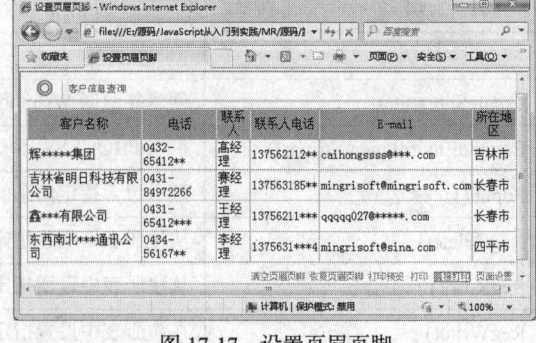

图 17-17　设置页眉页脚

（3）page-break-after 属性

该属性在打印文档时发生作用，用于进行分页打印。但是对于
和<hr>标记不起作用。

语法：

```
page-break-after: auto | always | avoid | left | right | null
```

page-break-after 属性语法中各参数的说明如表 17-15 所示。

表 17-15　　　　　　　　　　page-break-after 属性的参数说明

参　　数	描　　述
after	设置对象后出现页分割符。设置为 always 时，始终在对象之后插入页分割符
auto	在对象之后自动插入页分割符（当对象前没有多余空间时插入分割符）
always	始终在对象之后插入页分割符
avoid	未支持。避免在对象后面插入分割符
left	未支持。在对象后面插入页分割符，直到它到达一个空白的左页边
right	未支持。在对象后面插入页分割符，直到它到达一个空白的右页边
null	空白字符串。取消了分割符设置

【例 17-16】　　本实例是利用 CSS 样式中的 page-break-after 属性在指定位置的对象前进行分页，并在分页打印的每一页前面都有表头信息。代码如下。

实例位置：光盘\MR\源码\第 17 章\17-16

```
<body>
<object id="WebBrowser" classid="ClSID:8856F961-340A-11D0-A96B-00C04Fd705A2" width=
"0" height="0">
</object>
<table width="700" height="34" border="0" align="center" cellpadding="0" cellspacing=
"0" class="noprint">
  <tr>
    <td align="center"><img src="images/bg.jpg" width="650" height="46"></td>
  </tr>
</table>
<table width="700" border="1" cellpadding="0" align="center" cellspacing="0" bgcolor=
"#FE7529" id="pay" bordercolor="#FE7529" bordercolordark="#FE7529" bordercolorlight=
"#FFFFFF" style="border-bottom-style:none;">
  <thead style="display:table-header-group;font-weight:bold">
  <tr align="center" bgcolor="#FE7529">
```

```
    <td width="155" height="30">客户名称</td>
    <td width="59" >联系人</td>
    <td width="84">联系人电话</td>
    <td width="175">E-mail</td>
    <td width="64">所在地区</td>
  </tr>
  </thead>
…      //省略了显示客户其他信息的 HTML 代码
  <tr>
    <td height="30" bgcolor="#FFFFFF" style="page-break-after:always">鑫***有限公司
</td>
    <td align="center" bgcolor="#FFFFFF">王经理</td>
    <td bgcolor="#FFFFFF">13756211***</td>
    <td bgcolor="#FFFFFF">qqqqq027@*****.com</td>
    <td bgcolor="#FFFFFF">长春市</td>
  </tr>
…      //省略了显示客户其他信息的 HTML 代码
<tfoot style="display:table-footer-group; border:none;"><tr><td></td></tr></tfoot>
</table>
  <table width="700" align="center" class="noprith">
     <tr align="center" bgcolor="#FFFFFF">
    <td height="27" colspan="3" align="right"><a href="#" onClick="document.all.
WebBrowser.Execwb(7,1)"> 打 印 预 览 </a> <a   href="#"  onClick="document.all.
WebBrowser.Execwb(6,1)"> 打 印 </a><a  href="#"  onClick="document.all.WebBrowser.
Execwb(8,1)"> 页面设置</a> </td>
  </tr>
</table>
</body>
```

运行结果如图 17-18 和图 17-19 所示。

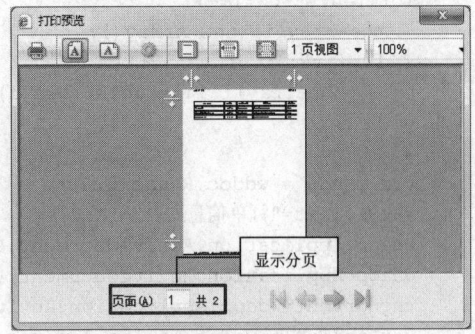

图 17-18　分页打印　　　　　　　　　　图 17-19　打印预览效果

17.5　综合实例——将页面中的表格导出到 Word 并打印

开发动态网站时，经常会遇到打印页面中的指定表格的情况，这时可以将要打印的表格导出到 Word 中，然后再打印，本实例将介绍如何将页面中的订单列表导出到 Word 并打印。运行程序，在页面中将显示订单信息列表，单击"打印"超链接后，将把 Web 页中的数据导出到 Word 的新建文档中，如图 17-20 所示，并保存在 Word 的默认文档保存路径中，最后调用打印机打印该文档。

本实例主要应用 JavaScript 的 ActiveXObject() 构造函数创建一个 OLE Automation(ActiveX)对象的实例，并应用该实例的相关方法实现。关键步骤如下：

（1）将显示订单信息的表格的 id 设置为 order，因为要打印该表格中的数据。代码如下：

```
<table  id="order" width="100%" height=
"48" border="1" cellpadding="0" cellspacing=
"0"  bordercolor="#FFFFFF" bordercolordark=
"#CCCCCC" bordercolorlight="#FFFFFF">
```

（2）编写自定义 JavaScript 函数 outDoc()，用于将 Web 页面中的订单信息导出到 Word 中，并进行自动打印，代码如下：

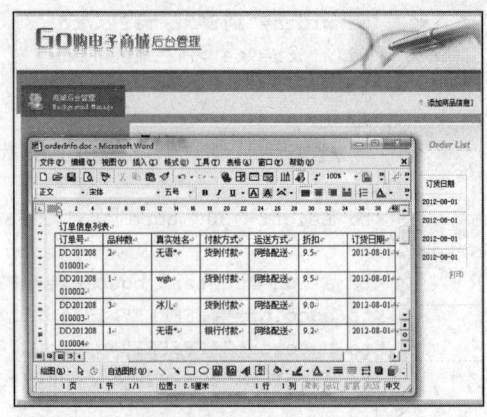

图 17-20　将页面中的表格导出到 Word 并打印

```
<script language="javascript">
function outDoc(){
 var table=document.all.order;
 row=table.rows.length;
 column=table.rows(1).cells.length;
 var wdapp=new ActiveXObject("Word.Application");
 wdapp.visible=true;
 wddoc=wdapp.Documents.Add();                                     //添加新的文档
 thearray=new Array();
//将页面中表格的内容存放在数组中
for(i=0;i<row;i++){
   thearray[i]=new Array();
   for(j=0;j<column;j++){
       thearray[i][j]=table.rows(i).cells(j).innerHTML;
   }
}
var range = wddoc.Range(0,0);
range.Text="订单信息列表"+"\n";
wdapp.Application.Activedocument.Paragraphs.Add(range);
wdapp.Application.Activedocument.Paragraphs.Add();
rngcurrent=wdapp.Application.Activedocument.Paragraphs(3).Range;
var objTable=wddoc.Tables.Add(rngcurrent,row,column)      //插入表格
for(i=0;i<row;i++){
   for(j=0;j<column;j++){
   objTable.Cell(i+1,j+1).Range.Text = thearray[i][j].replace(" ","");
   }
}
//保存到 Word 的默认文档保存路径中
wdapp.Application.ActiveDocument.SaveAs("orderInfo.doc",0,false,"",true,"",false,f
alse,false,false,false);
wdapp.Application.Printout();                           //自动打印
wdapp=null;
}
</script>
```

（3）通过单击"打印"超级链接，调用自定义 JavaScript 函数 outDoc()。代码如下：

```
<a href="#" onClick="outDoc();">打印</a>
```

知识点提炼

（1）Cookie 主要包括 name、expires、path、domain 和 secure 5 个属性，其中 name 属性是必须属性，而其余 4 个属性为可选属性。

（2）在网页中使用图片，只需要在 HTML 文件中使用<img>标签，并将其中的 src 属性设置为希望显示图片的 URL 即可。

（3）使用 Drive 对象来获取驱动器的相关信息，必须要创建 Drive 对象，该对象是通过 FileSystemObject 对象的 GetDrive()方法来创建的。

（4）File 对象可以获取服务器端指定文件的相关属性，如文件的创建、修改、访问时间。也可以对文件或文件夹进行复制、移除或删除的操作。

（5）WebBrowser 组件是 IE 内置的浏览器控件，无需用户下载。

（6）在打印页面时，可以利用 CSS 样式中的 page-break-before（在对象前分页）或 page-break-after（在对象后分页）属性进行分页打印。

习　题

1. 描述 Cookie 的优缺点。
2. 如何禁用 Cookie 的使用？
3. 如何在程序中实现 Cookie 的读写功能？
4. 如何使用 JavaScript 脚本实现打印功能？
5. 如何使用 JavaScript 脚本实现分页打印？

实验：无间断的图片滚动效果

实验目的

（1）熟悉 JavaScript 的基本语法。
（2）掌握通过更改<div>标记的偏移位置实现无间断的图片滚动效果的方法。

实验内容

使用 JavaScript 脚本实现无间断图片滚动的效果。

实验步骤

（1）通过 JavaScript 脚本创建 move()函数，用于实现无间断的图片循环滚动效果。n 数值越大，图片滚动得越慢，代码如下。

```
<SCRIPT language="javascript">
var n=10;
//数值越大图片滚动得越慢
td2.innerHTML=td1.innerHTML
var Mycheck;

function move(){
    if(td2.offsetWidth-div1.scrollLeft<=0){
        div1.scrollLeft-=td1.offsetWidth;
    }else{
        div1.scrollLeft++;
    }
    Mycheck=setTimeout(move,n);
}
div1.onmouseover=function() {
    clearTimeout(Mycheck);
}
div1.onmouseout=function() {
    Mycheck=setTimeout(move,n);
}
move();
</SCRIPT>
```

（2）应用 DIV 层实现图片的显示与隐藏，代码如下。

```
<DIV id="div1" style="OVERFLOW: hidden; WIDTH:750px; COLOR: #ffffff">
    <TABLE cellSpacing="0" cellPadding="0" align="left" border="0" cellspace="0">
      <TR>
        <TD id="td1" vAlign="top">
          <table width="1100" height="89" border="0" cellpadding="0" cellspacing= "0">
          <tr>
            <td width="110" background="1.jpg"></td>
            <td width="110" background="2.jpg"></td>
            <td width="110" background="3.jpg"></td>
            <td width="110" background="4.jpg"></td>
            <td width="110" background="5.jpg"></td>
            <td width="110" background="6.jpg"></td>
            <td width="110" background="7.jpg"></td>
            <td width="110" background="8.jpg"></td>
            <td width="110" background="9.jpg"></td>
            <td width="110" background="10.jpg"></td>
          </tr>
        </table>
        </TD>
<TD id="td2" vAlign="top"> </TD></TR></TABLE>
</DIV>
```

运行程序，将显示如图 17-21 所示的滚动图片，将鼠标移动到图片上时，停止滚动。

图 17-21 无间断的图片滚动效果

第 18 章
Ajax 技术的使用

本章要点：

- 了解 Ajax 的应用领域
- 了解 Ajax 的技术特点
- 熟悉在应用 Ajax 技术时需要注意的几个问题
- 掌握 Ajax 新技术——XMLHttpRequest 对象的使用
- 掌握 Ajax 的重构技术

Ajax 是 Asynchronous JavaScript and XML 的缩写，意思是异步的 JavaScript 和 XML。Ajax 并不是一门新的语言或技术，它是 JavaScript、XML、CSS、DOM 等多种已有技术的组合，可以实现客户端的异步请求操作，从而实现在不需要刷新页面的情况下与服务器进行通信，减少了用户的等待时间，减轻了服务器和带宽的负担，提供更好的服务响应。本章将对 Ajax 的应用领域、技术特点，以及所使用的技术进行介绍。

18.1　Ajax 成功案例

随着 Web 2.0 时代的到来，越来越多的网站开始应用 Ajax。实际上，Ajax 为 Web 应用带来的变化，我们已经在不知不觉中体验过了。例如，Google 地图和百度地图。下面我们就来看看都有哪些网站在用 Ajax，从而更好地了解 Ajax 的用途。

18.1.1　百度搜索提示

在百度首页的搜索文本框中输入要搜索的关键字时，文本框下方会自动给出相关提示。如果给出的提示有符合要求的内容，可以直接选择，这样可以方便用户。例如，输入"明日科"后，在文本框下面将显示如图 18-1 所示的提示信息。

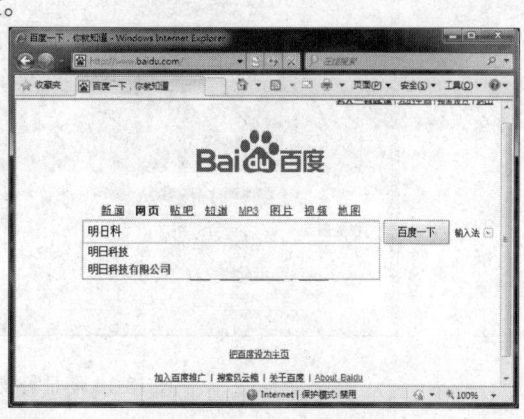

图 18-1　百度搜索提示页面

18.1.2　淘宝新会员免费注册

新会员在淘宝网免费注册时，将采用 Ajax 实现不刷新页面检测输入数据的合法性。例如，在"会员名"文本框中输入"明日"，将光标移动到"登录密码"文本框后，将显示如图 18-2 所示的页面。

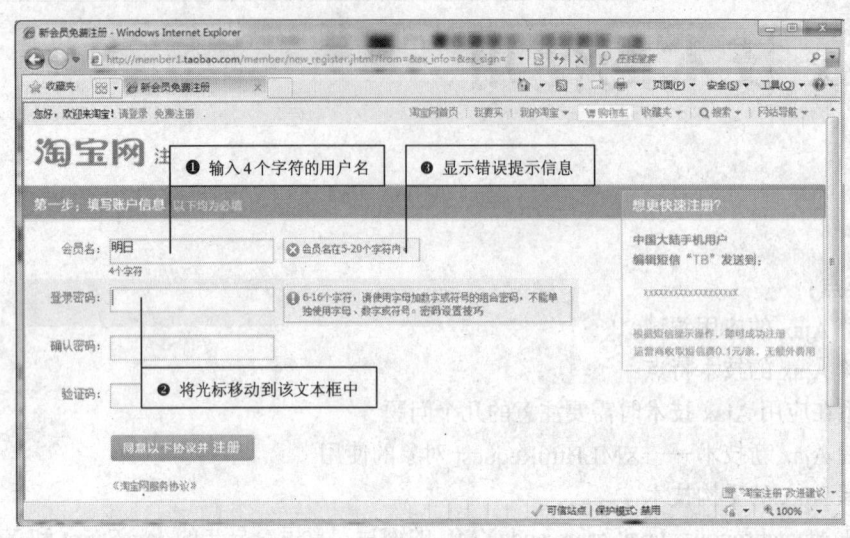

图 18-2　淘宝网新会员免费注册页面

18.1.3　明日科技编程词典服务网

进入到明日科技编程词典服务网的首页，将鼠标移动到各个栏目名称上时，将显示详细的工具提示。例如，将鼠标移动"编程竞技场"上，将显示如图 18-3 所示的效果。

图 18-3　明日科技编程词典服务网首页

18.2　Ajax 开发模式与传统开发模式的比较

在 Web 2.0 时代以前，多数网站都采用传统的开发模式，而随着 Web 2.0 时代的到来，越来越多的网站开始采用 Ajax 开发模式。为了让读者更好地了解 Ajax 开发模式，下面将对 Ajax 开发模式与传统开发模式进行比较。

在传统的 Web 应用模式中，页面中用户的每一次操作都将触发一次返回 Web 服务器的 HTTP 请求，服务器进行相应的处理（获得数据、运行与不同的系统会话）后，返回一个 HTML 页面给客户端。如图 18-4 所示。

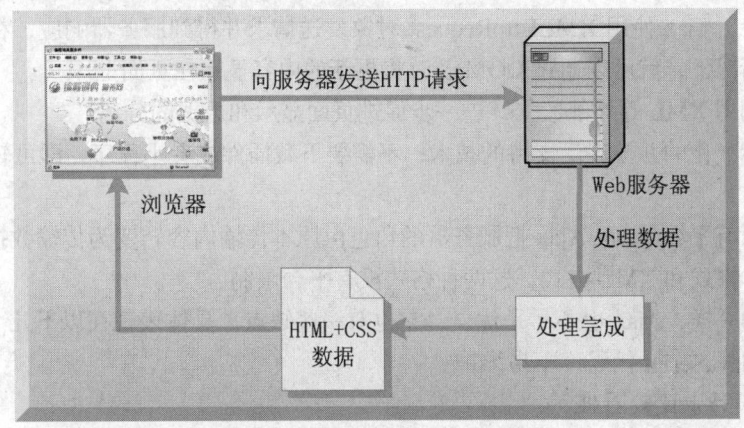

图 18-4　Web 应用的传统开发模式

而在 Ajax 应用中，页面中用户的操作将通过 Ajax 引擎与服务器端进行通信，然后将返回结果提交给客户端页面的 Ajax 引擎，再由 Ajax 引擎来决定将这些数据插入到页面的指定位置。如图 18-5 所示。

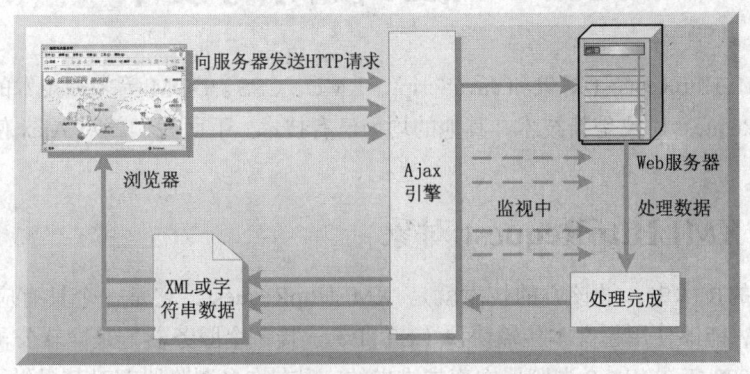

图 18-5　Web 应用的 Ajax 开发模式

从图 18-4 和图 18-5 中可以看出，对于每个用户的行为，在传统的 Web 应用模式中，将生成一次 HTTP 请求；而在 Ajax 应用开发模式中，将变成对 Ajax 引擎的一次 JavaScript 调用。在 Ajax 应用开发模式中通过 JavaScript 实现在不刷新整个页面的情况下，对部分数据进行更新，从而降低了网络流量，给用户带来了更好的体验。

18.3　Ajax 技术特点

与传统的 Web 应用不同，Ajax 在用户与服务器之间引入一个中间媒介（Ajax 引擎），从而消除了网络交互过程中的处理——等待——处理——等待的缺点，从而大大改善了网站的视觉效果。下面我们就来看看使用 Ajax 的优点有哪些。

（1）可以把一部分以前由服务器负担的工作转移到客户端，利用客户端闲置的资源进行处理，减轻服务器和带宽的负担，节约空间和成本。

（2）无刷新更新页面，从而使用户不用再像以前一样在服务器处理数据时，只能在死板的白屏前焦急地等待。Ajax 使用 XMLHttpRequest 对象发送请求并得到服务器响应，在不需要重新载入整个页面的情况下，就可以通过 DOM 及时将更新的内容显示在页面上。

（3）可以调用 XML 等外部数据，进一步促进页面显示和数据的分离。

（4）基于标准化的并被广泛支持的技术，不需要下载插件或者小程序，即可轻松实现桌面应用程序的效果。

（5）Ajax 没有平台限制。Ajax 把服务器的角色由原本传输内容转变为传输数据，而数据格式则可以是纯文本格式和 XML 格式，这两种格式没有平台限制。

同其他事物一样，Ajax 也不尽是优点，它也有一些缺点，具体表现在以下几个方面：

- 大量的 JavaScript 代码，不易维护。
- 可视化设计上比较困难。
- 打破"页"的概念。
- 给搜索引擎带来困难。

18.4　Ajax 使用的技术

Ajax 是 XMLHttpRequest 对象和 JavaScript、XML、CSS、DOM 等多种技术的组合。其中，只有 XMLHttpRequest 对象是新技术，其他的均为已有技术。下面我们就对 Ajax 使用的技术进行简要介绍。

18.4.1　XMLHttpRequest 对象

Ajax 使用的技术中，最核心的技术就是 XMLHttpRequest，它是一个具有应用程序接口的 JavaScript 对象，能够使用超文本传输协议（HTTP）连接一个服务器，是微软公司为了满足开发者的需要，于 1999 年在 IE 5.0 浏览器中率先推出的。现在许多浏览器都对其提供了支持，不过实现方式与 IE 有所不同。关于 XMLHttpRequest 对象的使用将在 18.5 小节进行详细介绍。

18.4.2　XML

XML 是 Extensible Markup Language（可扩展的标记语言）的缩写，它提供了用于描述结构化数据的格式，适用于不同应用程序间的数据交换，而且这种交换不以预先定义的一组数据结构为前提，增强了可扩展性。XMLHttpRequest 对象与服务器交换的数据，通常采用 XML 格式。

18.4.3　JavaScript

JavaScript 是一种在 Web 页面中添加动态脚本代码的解释性程序语言，其核心已经嵌入到目前主流的 Web 浏览器中。虽然平时应用最多的是通过 JavaScript 实现一些网页特效及表单数据验证等功能，其实 JavaScript 可以实现的功能远不止这些。JavaScript 是一种具有丰富的面向对象特性的程序设计语言，利用它能执行许多复杂的任务，例如，Ajax 就是利用 JavaScript 将 DOM、XHTML（或 HTML）、XML 以及 CSS 等技术综合起来，并控制它们的行为的。因此要开发一个复杂高效的 Ajax 应用程序，就必须对 JavaScript 有深入的了解。

18.4.4　CSS

CSS 是 Cascading Style Sheet（层叠样式表）的缩写，用于（增强）控制网页样式并允许将样式信息与网页内容分离的一种标记性语言。在 Ajax 出现以前，CSS 已经广泛地应用到传统的网页中了。在 Ajax 中，通常使用 CSS 进行页面布局，并通过改变文档对象的 CSS 属性控制页面的外观和行为。

18.4.5　DOM

DOM 是文档对象模型的简称，是表示文档（如 HTML 文档）和访问、操作构成文档的各种元素（如 HTML 标记和文本串）的应用程序接口。W3C 定义了标准的文档对象模型，它以树型结构表示 HTML 和 XML 文档，并且定义了遍历树和添加、修改、查找树的节点的方法和属性。在 Ajax 应用中，通过 JavaScript 操作 DOM，可以达到在不刷新页面的情况下实时修改用户界面的目的。

18.5　XMLHttpRequest 对象

XMLHttpRequest 是 Ajax 中最核心的技术，它是一个具有应用程序接口的 JavaScript 对象，能够使用超文本传输协议（HTTP）连接一个服务器，是微软公司为了满足开发者的需要，于 1999 年在 IE 5.0 浏览器中率先推出的。现在许多浏览器都对其提供了支持，不过实现方式与 IE 有所不同。使用 XMLHttpRequest 对象，Ajax 可以像桌面应用程序一样只同服务器进行数据层面的交换，而不用每次都刷新页面，也不用每次都将数据处理的工作交给服务器来做，这样既减轻了服务器负担又加快了响应速度、缩短了用户等待的时间。

18.5.1　初始化 XMLHttpRequest 对象

在使用 XMLHttpRequest 对象发送请求和处理响应之前，首先需要初始化该对象，由于 XMLHttpRequest 不是一个 W3C 标准，所以对于不同的浏览器，初始化的方法也是不同的。通常情况下，初始化 XMLHttpRequest 对象只需要考虑两种情况，一种是 IE 浏览器，另一种是非 IE 浏览器，下面分别进行介绍。

● IE 浏览器

IE 浏览器把 XMLHttpRequest 实例化为一个 ActiveX 对象。具体方法如下：

```
var http_request = new ActiveXObject("Msxml2.XMLHTTP");
```

或者

```
var http_request = new ActiveXObject("Microsoft.XMLHTTP");
```

在上面的语法中，Msxml2.XMLHTTP 和 Microsoft.XMLHTTP 是针对 IE 浏览器的不同版本而进行设置的，目前比较常用的是这两种。

● 非 IE 浏览器

非 IE 浏览器（例如，Firefox、Opera、Mozilla、Safari）把 XMLHttpRequest 对象实例化为一个本地 JavaScript 对象。具体方法如下：

```
var http_request = new XMLHttpRequest();
```

为了提高程序的兼容性，可以创建一个跨浏览器的 XMLHttpRequest 对象。创建一个跨浏览器的 XMLHttpRequest 对象其实很简单，只需要判断一下不同浏览器的实现方式，如果浏览器提供了 XMLHttpRequest 类，则直接创建一个该类的实例，否则实例化一个 ActiveX 对象。具体代码如下：

```
if (window.XMLHttpRequest) {                          //非 IE 浏览器
    http_request = new XMLHttpRequest();
} else if (window.ActiveXObject) {                    //IE 浏览器
    try {
        http_request = new ActiveXObject("Msxml2.XMLHTTP");
    } catch (e) {
        try {
            http_request = new ActiveXObject("Microsoft.XMLHTTP");
        } catch (e) {}
    }
}
```

在上面的代码中，调用 window.ActiveXObject 将返回一个对象或是 null，在 if 语句中，会把返回值看作是 true 或 false（如果返回的是一个对象，则为 true；如果返回 null，则为 false）。

> 由于 JavaScript 具有动态类型特性，而且 XMLHttpRequest 对象在不同浏览器上的实例是兼容的，所以可以用同样的方式访问 XMLHttpRequest 实例的属性的方法，不需要考虑创建该实例的方法是什么。

18.5.2　XMLHttpRequest 对象的常用属性

XMLHttpRequest 对象提供了一些常用属性，通过这些属性可以获取服务器的响应状态及响应内容等，下面将对 XMLHttpRequest 对象的常用属性进行介绍。

1. 指定状态改变时所触发的事件处理器的属性

XMLHttpRequest 对象提供了用于指定状态改变时所触发的事件处理器的属性 onreadystatechange。在 Ajax 中，每个状态改变时都会触发这个事件处理器，通常会调用一个 JavaScript 函数。

例如，通过下面的代码可以实现当指定状态改变时所要触发的 JavaScript 函数，这里为 getResult()。

```
http_request.onreadystatechange = getResult;
```

> 在指定所触发的事件处理器时，所调用的 JavaScript 函数不能添加小括号及指定参数名。不过这里可以使用匿名函数。例如，要调用带参数的函数 getResult()，可以使用下面的代码：
>
> ```
> http_request.onreadystatechange = function(){
>         getResult("添加的参数");              //调用带参数的函数
>     };                                        //通过匿名函数指定要带参数的函数
> ```

2. 获取请求状态的属性

XMLHttpRequest 对象提供了用于获取请求状态的属性 readyState，该属性共包括 5 个属性值，如表 18-1 所示。

表 18-1   readyState 属性的属性值

值	意义	值	意义
0	未初始化	1	正在加载
2	已加载	3	交互中
4	完成		

在实际应用中，该属性经常用于判断请求状态，当请求状态等于 4，也就是为完成时，再判断请求是否成功，如果成功将开始处理返回结果。

3. 获取服务器的字符串响应的属性

XMLHttpRequest 对象提供了用于获取服务器响应的属性 responseText，表示为字符串。例如，获取服务器返回的字符串响应，并赋值给变量 h，可以使用下面的代码：

```
var h=http_request. responseText;
```

在上面的代码中，http_request 为 XMLHttpRequest 对象。

4. 获取服务器的 XML 响应的属性

XMLHttpRequest 对象提供了用于获取服务器响应的属性 responseXML，表示为 XML。这个对象可以解析为一个 DOM 对象。例如，获取服务器返回的 XML 响应，并赋值给变量 xmldoc，可以使用下面的代码：

```
var xmldoc = http_request.responseXML;
```

在上面的代码中，http_request 为 XMLHttpRequest 对象。

5. 返回服务器的 HTTP 状态码的属性

XMLHttpRequest 对象提供了用于返回服务器的 HTTP 状态码的属性 status。该属性的语法格式如下：

```
http_request.status
```

- http_request：XMLHttpRequest 对象。
- 返回值：长整型的数值，代表服务器的 HTTP 状态码。常用的状态码如表 18-2 所示。

表 18-2   status 属性的状态码

值	意　义	值	意　义
100	继续发送请求	200	请求已成功
202	请求被接受，但尚未成功	400	错误的请求
404	文件未找到	408	请求超时
500	内部服务器错误	501	服务器不支持当前请求所需要的某个功能

status 属性只能在 send()方法返回成功时才有效。

status 属性常用于当请求状态为完成时，判断当前的服务器状态是否成功。例如，当请求完成时，判断请求是否成功的代码如下：

```
if (http_request.readyState == 4) {      //当请求状态为完成时
    if (http_request.status == 200) {    //请求成功，开始处理返回结果
```

```
        alert("请求成功! ");
    } else{                                          //请求未成功
        alert("请求未成功! ");
    }
}
```

18.5.3　XMLHttpRequest 对象的常用方法

XMLHttpRequest 对象提供了一些常用的方法，通过这些方法可以对请求进行操作。下面对 XMLHttpRequest 对象的常用方法进行介绍。

1．创建新请求的方法

open()方法用于设置进行异步请求目标的 URL、请求方法以及其他参数信息，具体语法如下：

```
open("method","URL"[,asyncFlag[,"userName"[, "password"]]])
```

open()方法的参数说明如表 18-3 所示。

表 18-3　　　　　　　　　　　　　　open()方法的参数说明

参 数 名 称	参 数 描 述
method	用于指定请求的类型，一般为 GET 或 POST
URL	用于指定请求地址，可以使用绝对地址或者相对地址，并且可以传递查询字符串
asyncFlag	为可选参数，用于指定请求方式，异步请求为 true，同步请求为 false，默认情况下为 true
userName	为可选参数，用于指定请求用户名，没有时可省略
password	为可选参数，用于指定请求密码，没有时可省略

例如，设置异步请求目标为 deal.jsp，请求方法为 GET，请求方式为异步的代码如下：

```
http_request.open("GET","deal.jsp",true);
```

2．向服务器发送请求的方法

send()方法用于向服务器发送请求。如果请求声明为异步，该方法将立即返回，否则将等到接收到响应为止。send()方法的语法格式如下：

```
send(content)
```

参数 content 用于指定发送的数据，可以是 DOM 对象的实例、输入流或字符串。如果没有参数需要传递可以设置为 null。

例如，向服务器发送一个不包含任何参数的请求，可以使用下面的代码：

```
http_request.send(null);
```

3．设置请求的 HTTP 头的方法

setRequestHeader()方法用于为请求的 HTTP 头设置值。setRequestHeader()方法的具体语法格式如下：

```
setRequestHeader("header", "value")
```

- header：用于指定 HTTP 头。
- value：用于为指定的 HTTP 头设置值。

　　　setRequestHeader()方法必须在调用 open()方法之后才能调用。

例如，在发送 POST 请求时，需要设置 Content-Type 请求头的值为"application/x-www-form-urlencoded"，这时就可以通过 setRequestHeader()方法进行设置，具体代码如下：

```
http_request.setRequestHeader("Content-Type","application/x-www-form-urlencoded");
```

4．停止或放弃当前异步请求的方法

abort()方法用于停止或放弃当前异步请求。其语法格式如下：

```
abort()
```

例如，要停止当前异步请求可以使用下面的语句：

```
http_request.abort()
```

5．返回 HTTP 头信息的方法

XMLHttpRequest 对象提供了两种返回 HTTP 头信息的方法，分别是 getResponseHeader()和getAllResponseHeaders()方法。下面分别进行介绍。

● getResponseHeader()方法

getResponseHeader()方法用于以字符串形式返回指定的 HTTP 头信息。其语法格式如下：

```
getResponseHeader("headerLabel")
```

参数 headerLabel 用于指定 HTTP 头，包括 Server、Content-Type 和 Date 等。

例如，要获取 HTTP 头 Content-Type 的值，可以使用以下代码：

```
http_request.getResponseHeader("Content-Type")
```

上面的代码将获取到以下内容：

```
text/html;charset=GBK
```

● getAllResponseHeaders()方法

getAllResponseHeaders()方法用于以字符串形式返回完整的 HTTP 头信息，其中，包括 Server、Date、Content-Type 和 Content-Length。getAllResponseHeaders()方法语法格式如下：

```
getAllResponseHeaders()
```

在介绍了初始化 XMLHttpRequest 对象，以及 XMLHttpRequest 对象的常用方法和属性后，下来将实现一个不刷新页面提交表单数据的实例。

用户登录功能，其原理是在客户端通过表单提交用户名和密码，将数据提交到服务器中，在服务器中完成对提交用户名和密码的验证，从而判断这个用户是否可以登录。

这是该功能实现的基本原理，但是如果通过 Ajax 技术来实现该功能，那么就不需要刷新页面，或者说不需要重新加载程序，就可以完成用户名和密码的验证，从而减少了刷新页面的等待时间。

这就是 Ajax 技术，实现客户端的异步请求操作，实现在不需要刷新页面的情况下与服务器进行通信，从而减少了用户的等待时间。

【例 18-1】　本实例中应用 Ajax 技术实现一个用户登录的功能。

实例位置：光盘\MR\源码\第 18 章\18-1

（1）创建 system 文件夹，载入 Smarty 模板和 ADODB 类库，创建 system.class.inc.php 文件，定义连接和操作数据库的方法；创建 system.smarty.inc.php 文件，定义配置 Smarty 的方法；创建 system.inc.php 文件，实现类的实例化操作。

（2）创建 index.tpl 模板页，完成用户登录页面的设计。首先，嵌入 JavaScript 脚本文件 createxmlhttp.js，初始化 XMLHttpRequest 对象，嵌入 check.js 完成对用户提交用户名和密码的验证，并通过 open 方法调用 reg_chk.php 文件完成异步请求，并将 Ajax 的响应通过 div 返回到客户端。

createxmlhttp.js 的代码如下：

```
var xmlhttp = false;                                    //初始化变量
//如果 ActiveXObject 存在，说明是 IE5.0 以上的版本，否则使用 XMLHttpRequest 创建
if(window.ActiveXObject){
    xmlhttp = new ActiveXObject("Microsoft.XMLHTTP");
}else if(window.XMLHttpReuqest){
    xmlhttp = new XMLHttpRequest();
}
```

check.js 的关键代码如下：

```
function showsimple(){                                    //创建主控制函数
if(register.name.value==""){                              //判断用户名是否为空
        register.name.focus();
        return false;
    }
    if(register.pwd1.value==""){                          //判断密码是否为空
        register.pwd1.focus();
        return false;
    }
    if(register.yzm.value==""){                           //判断验证码是否为空
        register.yzm.focus();
        return false;
    }
    if(register.yzm.value!=register.yzm2.value){          //判断输入的验证码是否正确
        alert("效验码输入错误! ");
        register.yzm.focus();
        return false;
    }
    var username = document.getElementById("name").value;    //获取表单提交的用户名
    var password = document.getElementById("pwd1").value;    //获取密码
    var post_method="user="+username+"&pass="+password;      //构造 URL 参数
    xmlhttp.open("POST","reg_chk.php",true);                 //调用指定的添加文件
    xmlhttp.setRequestHeader("Content-Type","application/x-www-form-urlencoded;");
 //设置请求头信息
    xmlhttp.onreadystatechange=StatHandler;                 //判断 URL 调用的状态值并处理
    xmlhttp.send(post_method);                              //将数据发送给服务器
}
function StatHandler(){                                     //定义处理函数
    if(xmlhttp.readyState==4 && xmlhttp.status==200){//判断如果执行成功,则输出下面内容
        //将服务器返回的数据定义到 DIV 中
        document.getElementById("webpage").innerHTML=xmlhttp.responseText;
    }
}
function chkyzm(form){                                      //对验证码进行验证
    if(form.yzm.value==""){
        yzm1.innerHTML="<font color=#FF0000>请输入校验码! </font>";
    }else if(form.yzm.value!=form.yzm2.value){
        yzm1.innerHTML="<font color=#FF0000>校验码输入错误!</font>";
    }else{
        yzm1.innerHTML="<font color=green>输入正确</font>";
    }
}
function yzm(form){                                         //生成验证码
    var num1=Math.round(Math.random()*10000000);
    var num=num1.toString().substr(0,4);
    document.write("<img name=codeimg src='yzm.php?num="+num+"'>");
    form.yzm2.value=num;
}
function code(form){                                       //重置验证码
    var num1=Math.round(Math.random()*10000000);
    var num=num1.toString().substr(0,4);
    document.codeimg.src="yzm.php?num="+num;
    form.yzm2.value=num;
}
```

在 reg_chk.php 文件中，对 POST 方法提交的用户名和密码进行验证，并输出验证结果。其代

码如下：

```
<?php
    session_start();                                           //初始化 SESSION 变量
    header('Content-type: text/html;charset=gb2312');
    $sql = "select * from tb_user where name='".$_POST['user']."' and password=
'".md5($_POST['pass'])."'";//定义 SQL 语句
    require_once("system/system.inc.php");                     //调用指定的文件
    $arraybbstell=$admindb->ExecSQL($sql,$conn);               //执行 select 查询语句
    if(!$arraybbstell){
        echo "登录失败，用户名或密码错误，请重新登录";
    }else{
        $_SESSION['member'] = $_POST[user];
        echo $_POST[user]."登录成功"."    "."."<a href='#'>由此进入
主页</a>";
    }
?>
```

　　然后，创建表单，完成用户名和密码的提交，其中通过 onBlur()事件对用户填写的数据进行
验证，通过 onClick()事件调用 showsimple()方法完成用户登录的验证。

　　最后，创建 div 标签，输出 Ajax 响应的结果。

　　Index.tpl 文件的关键代码如下：

```
<link rel="stylesheet" href="css/reg.css"/>
<script language="javascript" src="js/createxmlhttp.js"></script>
<script language="javascript" src="js/check.js"></script>
<table width="547" border="0" align="center" cellpadding="0" cellspacing="0">
<form id="register" name="register" method="post" >
    <tr>
        <td width="108" height="25"><div align="right">会员名: </div></td>
        <td height="25" colspan="3"> 
        <input id="name" name="name" type="text" onMouseOver="this.style.background
Color='#ffffff'" onMouseOut="this.style.backgroundColor='#e8f4ff'" /> <font color=
"red">*</font></td>
    </tr>
    <tr>
        <td height="25"><div align="right">密 码: </div></td>
        <td height="25" colspan="3"> 
        <input id="pwd1" name="pwd1" type="password" onMouseOver="this.style.background
Color='#ffffff'" onMouseOut="this.style.backgroundColor='#e8f4ff'"/> <font color=
"red">*</font></td>
    </tr>
    <tr>
        <td height="25"><div align="right">验证码: </div></td>
        <td width="78" height="25"> 
            <input id="yzm" type="text" name="yzm" size="8" onBlur="javascript:chkyzm
(register)" onMouseOver="this.style.backgroundColor='#ffffff'" onMouseOut="this.style.background
Color='#e8f4ff'"/>
            <input name="yzm2" type="hidden" value="" />
        </td>
        <td width="63" align="center" valign="middle"><script>yzm(register) </script></td>
        <td width="108"><a href="javascript:code(register)">  看不清</a> </td>
        <td height="25"><div id="yzm1"><font color="#999999">输入验证码</font> </div></td>
    </tr>
    <tr>
        <td height="50" colspan="5" align="center" valign="bottom"> 
        <img src="images/03-11(2).jpg" width="91" height="31" onclick="showsimple();" />
```

```
                   <input type="image" name="imageField2" src="images/03-11(3).jpg" onclick=
"form.reset();return false;" /></td>
        </tr>
        </form>
        <tr>
            <td height="50" colspan="5" align="center" valign="bottom"><div id="webpage"
/></td>
        </tr>
    </table>
```

（3）创建 index.php 文件，获取模板变量中传递的值，并指定模板页。

```
<?php
    require_once("system/system.inc.php");        //调用指定的文件
    $smarty->assign('title','Ajax 不刷新页面提交表单数据');
    $smarty->display('index.tpl');                //指定模板页
?>
```

运行结果如图 18-6 所示。

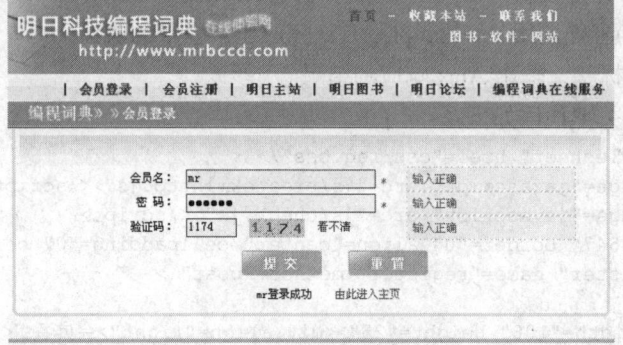

图 18-6   Ajax 无刷新用户登录

18.6   Ajax 的重构

Ajax 的实现主要依赖于 XMLHttpRequest 对象，但是在调用其进行异步数据传输时，由于 XMLHttpRequest 对象的实例在处理事件完成后就会被销毁，所以如果不对该对象进行封装处理，在下次需要调用它时就得重新构建，而且每次调用都需要写一大段的代码，使用起来很不方便。虽然，现在很多开源的 Ajax 框架都提供了对 XMLHttpRequest 对象的封装方案，但是如果应用这些框架，通常需要加载很多额外的资源，这势必会浪费很多服务器资源。不过 JavaScript 脚本语言支持 OO 编码风格，通过它可以将 Ajax 所必需的功能封装在对象中。

18.6.1   Ajax 重构的步骤

Ajax 重构大致可以分为以下 3 个步骤。

（1）创建一个单独的 JS 文件，名称为 AjaxRequest.js，并且在该文件中编写重构 Ajax 所需的代码，具体代码如下：

```
var net=new Object();                                        //定义一个全局的变量
//编写构造函数
net.AjaxRequest=function(url,onload,onerror,method,params){
```

```
  this.req=null;
  this.onload=onload;
  this.onerror=(onerror) ? onerror : this.defaultError;
  this.loadDate(url,method,params);
}
//编写用于初始化 XMLHttpRequest 对象并指定处理函数，最后发送 HTTP 请求的方法
net.AjaxRequest.prototype.loadDate=function(url,method,params){
  if (!method){
    method="GET";                                       //设置默认的请求方式为 GET
  }
  if (window.XMLHttpRequest){                            //非 IE 浏览器
    this.req=new XMLHttpRequest();                       //创建 XMLHttpRequest 对象
  } else if (window.ActiveXObject){                      //IE 浏览器
        try {
            this.req=new ActiveXObject("Microsoft.XMLHTTP");
        } catch (e) {
            try {
                this.req=new ActiveXObject("Msxml2.XMLHTTP");
          } catch (e) {}
        }
  }
  if (this.req){
    try{
      var loader=this;
      this.req.onreadystatechange=function(){
        net.AjaxRequest.onReadyState.call(loader);
      }
      this.req.open(method,url,true);                    // 建立对服务器的调用
       if(method=="POST"){                               // 如果提交方式为 POST
      //设置请求的内容类型
      this.req.setRequestHeader("Content-Type","application/x-www-form-urlencoded");
          this.req.setRequestHeader("x-requested-with", "ajax");   //设置请求的发出者
        }
      this.req.send(params);                             // 发送请求
    }catch (err){
      this.onerror.call(this);                           //调用错误处理函数
    }
  }
}
//重构回调函数
net.AjaxRequest.onReadyState=function(){
  var req=this.req;
  var ready=req.readyState;                              //获取请求状态
  if (ready==4){                                         //请求完成
      if (req.status==200 ){                             //请求成功
        this.onload.call(this);
      }else{
        this.onerror.call(this);                         //调用错误处理函数
      }
  }
}
//重构默认的错误处理函数
net.AjaxRequest.prototype.defaultError=function(){
    alert("错误数据\n\n 回调状态:" + this.req.readyState + "\n 状态: " + this.req.status);
}
```

（2）在需要应用 Ajax 的页面中应用以下的语句包括步骤（1）中创建的 JS 文件。

```
<script language="javascript" src="AjaxRequest.js"></script>
```

（3）在应用 Ajax 的页面中编写错误处理的方法、实例化 Ajax 对象的方法和回调函数，具体代码如下：

```
<script language="javascript">
/*****************错误处理的方法****************************/
function onerror(){
    alert("您的操作有误！");
}
/*****************实例化 Ajax 对象的方法************************/
function getInfo(){
    var          loader=new          net.AjaxRequest("check.php?nocache="+new
Date().getTime(),deal_getInfo,onerror,"GET");
}
/*******************回调函数********************************/
function deal_getInfo(){
    document.getElementById("showInfo").innerHTML=this.req.responseText;
}
</script>
```

18.6.2   实时显示商城公告

【例 18–2】   应用 PHP 与 Ajax 结合，通过 Ajax 重构实现实时显示滚动的商城公告。

实例位置：光盘\MR\源码\第 18 章\18-2

（1）编写 AjaxRequest.js 文件，并将其保存到 JS 文件夹中。关于 AjaxRequest.js 文件的具体代码请参见 18.6.1 节。

（2）编写 index.php 文件，并在该文件中包含 AjaxRequest.js 文件，具体代码如下：

```
<script language="javascript" src="JS/AjaxRequest.js"></script>
```

（3）在 index.php 页面中编写错误处理的函数、实例化 Ajax 对象的方法和回调函数。具体代码如下：

```
<script language="javascript">
/*********************错误处理的方法*****************************/
function onerror(){
    alert("您的操作有误！");
}
/*****************实例化 Ajax 对象的方法*************************/
function getInfo(){
    var loader=new net.AjaxRequest("check.php?nocache="+new Date().getTime(),deal_
getInfo,onerror,"GET");
}
/*********************回调函数*********************************/
function deal_getInfo(){
    document.getElementById("showInfo").innerHTML=this.req.responseText;
}
</script>
```

（4）在 index.php 文件的合适位置添加一个<div>标记，并且将该标记的 id 属性设置为 showInfo。在本实例中，由于要实现滚动显示商城公告，所以还添加了<marquee>标记。具体代码如下：

```
<div style="border: 1px solid;height: 50px; width:200px;padding: 5px;">
    <marquee direction="up" scrollamount="3">
        <div id="showInfo"></div>
    </marquee>
</div>
```

（5）编写 check.php 文件，在该文件中，编写从数据库中获取商城公告并显示的代码。
check.php 文件的完整代码如下：

```
<?php
header("Content-type:text/html;charset=gb2312");
include("conn.php");
$query="select * from tb_news";
$res=mysql_query($query);
while($row=mysql_fetch_array($res)){
    echo $row['news'];
    echo "<br>";
}
?>
```

（6）为了实现实时获取商城公告，还需要在 index.php 文件中添加以下的 JavaScript 代码，从而实现当页面载入完毕后，先调用 getInfo()方法获取商城公告，然后再设置每隔 10 分钟获取一次商城公告。

```
window.onload=function(){
    getInfo();                        // 调用
getInfo()方法获取商城公告
    window.setInterval("getInfo()",600000);//每隔10
分钟调用一次 getInfo()方法
}
```

程序运行结果如图 18-7 所示。

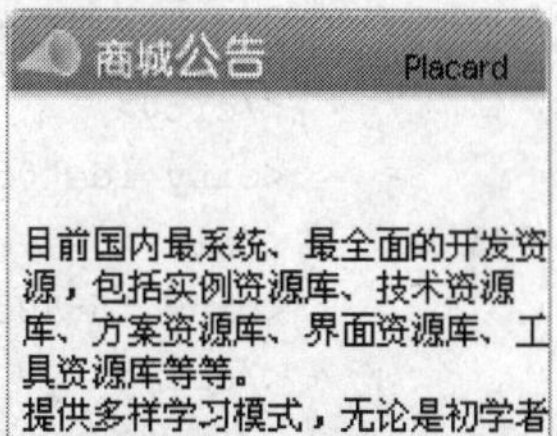

图 18-7 实时显示滚动的商城公告

18.7 综合实例——多级联动下拉列表

多级联动下拉列表是指一组相互关联的下拉列表，在这组下拉列表中，相邻的两个下拉列表是父子关系，改变父下拉列表的值，子下拉列表也随之改变。这样的多级联动下拉列表可以辅助用户快速选择自己所需项目，方便用户操作。在 Tomcat 服务器下运行程序，在页面中将显示一个三级联动下拉列表，用于选择用户的居住地，如图 18-8 所示。

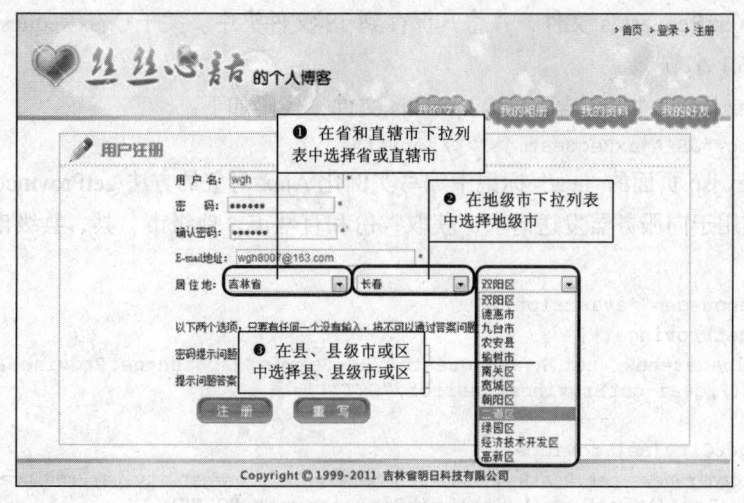

图 18-8 多级联动下拉列表

本实例主要使用 AjaxRequest.js 重构文件中的 Ajax 函数实现多级联动下拉列表的功能。关键步骤如下：

（1）创建一个 XML 文件，名称为 zone.xml，用于保存省市信息。zone.xml 文件的关键代码如下：

```
<?xml version="1.0" encoding="UTF-8"?>
<country name="中国">
    <province id="00000" name="北京市">
        <city id="00001" name="北京" area="东城区,西城区,崇文区,宣武区,朝阳区,丰台区,石景
山区,海淀区,门头沟区,房山区,通州区,顺义区,冒平区,大兴区,怀柔区,平谷区,密云区,延庆县">
        </city>
    </province>
    <province id="05000" name="吉林省">
        <city id="05001" name="长春" area="双阳区,德惠市,九台市,农安县,榆树市,南关区,宽城
区,朝阳区,二道区,绿园区,经济技术开发区,高新区">
        </city>
        <city id="05002" name="延边朝鲜族自治州" area="延吉市,图们市,敦化市,珲春市">
        </city>
        <city id="05003" name="吉林" area="船营区,冒邑区,龙潭区,丰满区,蛟河市,桦甸市">
        </city>
        <city id="05004" name="白山" area="八道江区,江源区,临江区,抚松县,靖宇县">
        </city>
        <city id="05005" name="白城" area="洮北区,洮南区,大安市,镇赉县,通榆县,其他">
        </city>
        <city id="05006" name="四平" area="梨树县,伊通满族自治县,公主岭市,双辽市">
        </city>
        <city id="05007" name="松原" area="宁江区,长岭县,乾安县,扶余县,前郭">
        </city>
        <city id="05008" name="辽源" area="龙山区,西安区,东丰县,东辽县,其他">
        </city>
        <city id="05009" name="通化" area="东冒区,二道江区,梅河口市,集安市,通化县">
        </city>
    </province>
    ……                      <!-- 省略了其他节点 -->
</country>
```

（2）编写 AjaxRequest.js 文件，并将其保存到 JS 文件夹中。关于 AjaxRequest.js 文件的具体代码请参见 18.6.1 小节。

（3）在 index.jsp 文件中包含 AjaxRequest.js 文件，代码如下：

```
<script src="JS/AjaxRequest.js"></script>
```

（4）在 index.jsp 页面的<head>标记中编写实例化 Ajax 对象的方法 getProvince()、getCity()和getArea()，分别用于向服务器发送请求，获取省份和直辖市、地级市、县、县级市和区信息。关键代码如下：

```
<script language="javascript">
function getProvince(){
    var loader=new net.AjaxRequest("ZoneServlet?action=getProvince&nocache="+new
Date().getTime(),deal_getProvince,onerror,"GET");
}
function getCity(selProvince){
    var loader=new net.AjaxRequest("ZoneServlet?action=getCity&parProvince="+selProvince+
"&nocache="+new Date().getTime(),deal_getCity,onerror,"GET");
}
```

```
function getArea(selProvince,selCity){
    var loader=new net.AjaxRequest("ZoneServlet?action=getArea&parProvince="+selProvince+
"&parCity="+selCity+"&nocache="+new Date().getTime(),deal_getArea,onerror,"GET");
}
</script>
```

知识点提炼

（1）在 Ajax 应用中，页面中用户的操作将通过 Ajax 引擎与服务器端进行通信，然后将返回结果提交给客户端页面的 Ajax 引擎，再由 Ajax 引擎来决定将这些数据插入到页面的指定位置。

（2）Ajax 是 XMLHttpRequest 对象和 JavaScript、XML、CSS、DOM 等多种技术的组合。

（3）Ajax 使用的技术中，最核心的技术就是 XMLHttpRequest，它是一个具有应用程序接口的 JavaScript 对象，能够使用超文本传输协议（HTTP）连接一个服务器，是微软公司为了满足开发者的需要，于 1999 年在 IE 5.0 浏览器中率先推出的。

（4）在应用 Ajax 时，需要注意安全问题、性能问题和浏览器兼容性问题。

（5）在 Ajax 中，通常使用 CSS 进行页面布局，并通过改变文档对象的 CSS 属性控制页面的外观和行为。

（6）XMLHttpRequest 对象提供了一些常用的方法，通过这些方法可以对请求进行操作。

（7）JavaScript 脚本语言支持 OO 编码风格，通过它可以将 Ajax 所必需的功能封装在对象中。

习　　题

1. Ajax 开发模式与传统开发模式有什么区别？
2. 请描述 Ajax 技术的特点。
3. 如何实现 Ajax 的重构？

实验：显示上传进度条

实验目的

（1）熟悉 Ajax 与 JSP 的搭配流程。

（2）掌握通过 Ajax 实时从服务器端获取数据并局部更新的方法。

实验内容

应用 Ajax 实现显示上传进度条功能。

实验步骤

（1）编写 index.jsp 页面，在该页面中添加用于获取上传文件所需信息的表单及表单元素。

由于要实现文件上传，所以需要将表单的 enctype 属性设置为 multipart/form-data。关键的代码如下：

```
<form name="form1" enctype="multipart/form-data" method="post" action="UpLoad?
action=uploadFile">
请选择上传的文件: <input name="file" type="file" size="42">
<img src="images/shangchuan.gif" width="61" height="23" onClick="deal(form1)">
<img src="images/chongzhi.gif" width="61" height="23" onClick="form1.reset();">
</form>
```

（2）在 index.jsp 页面的合适位置添加用于显示进度条的\<div>标记和显示百分比的\<span>标记，具体代码如下：

```
<div id="progressBar" class="prog_border" align="left"><img src="images/progressBar.jpg"
width="0" height="13" id="imgProgress"></div>
<span id="progressPercent" style="width:40px;display:none">0%</span>
```

（3）在 CSS 样式表文件 style.css 中，添加用于控制进度条样式的 CSS 样式，具体代码如下：

```
.prog_border {
    height: 15px;                    /*高度*/
    width: 235px;                   /*宽度*/
    background: #9ce0fd;           /*背景颜色*/
    border: 1px solid #FFFFFF;     /*边框样式*/
    margin: 0;
    padding: 0;
    display:none;                   /*不显示*/
    position:relative;
    left:25px;
    float:left;                     /*居左对齐*/
}
```

（4）在 index.jsp 页面的\<head>标记中，编写自定义的 JavaScript 函数 deal()，用于提交表单并设置每隔 10 毫秒获取一次上传进度，deal()函数的具体代码如下：

```
function deal(form){
    form.submit();                                      //提交表单
    timer=window.setInterval("getProgress()",10);   //每隔10毫秒获取一次上传进度
}
```

（5）编写上传文件的 Servlet 实现类 UpLoad。在该 Servlet 中编写实现文件上传的方法 uploadFile()。在 uploadFile()方法中，将调用 Common-FileUpload 组件分段上传文件，并计算上传百分比，实时保存到 Session 中。uploadFile()方法的具体代码如下：

```
public void uploadFile(HttpServletRequest request,
        HttpServletResponse response) throws ServletException, IOException {
    response.setContentType("text/html;charset=GBK");
    request.setCharacterEncoding("GBK");
    HttpSession session = request.getSession();
    session.setAttribute("progressBar", 0);            // 定义指定上传进度的 Session 变量
    String error = "";
    int maxSize = 50 * 1024 * 1024;                      // 单个上传文件大小的上限
    // 基于磁盘文件项目创建一个工厂对象
    DiskFileItemFactory factory = new DiskFileItemFactory();
    //创建一个新的文件上传对象
    ServletFileUpload upload = new ServletFileUpload(factory);
    try {
```

```
        List items = upload.parseRequest(request);            // 解析上传请求
        Iterator itr = items.iterator();                       // 枚举方法
        while (itr.hasNext()) {
            FileItem item = (FileItem) itr.next();             // 获取 FileItem 对象
            if (!item.isFormField()) {                         // 判断是否为文件域
                // 判断是否选择了文件
                if (item.getName() != null && !item.getName().equals("")) {
                    long upFileSize = item.getSize();          // 上传文件的大小
                    String fileName = item.getName();          // 获取文件名
                    if (upFileSize > maxSize) {
                        error = "您上传的文件太大，请选择不超过 50M 的文件";
                        break;
                    }
                    // 此时文件暂存在服务器的内存中
                    File tempFile = new File(fileName);        // 构造临时对象
                    // 获取根目录对应的真实物理路径
                    File file = new File(request.getRealPath("/upload"),tempFile. getName());
                    InputStream is = item.getInputStream();
                    int buffer = 1024;                         // 定义缓冲区的大小
                    int length = 0;
                    byte[] b = new byte[buffer];
                    double percent = 0;
                    FileOutputStream fos = new FileOutputStream(file);
                    while ((length = is.read(b)) != -1) {
                        // 计算上传文件的百分比
                        percent += length / (double) upFileSize * 100D;
                        fos.write(b, 0, length);  // 向文件输出流写读取的数据
                        //将上传百分比保存到 Session 中
                        session.setAttribute("progressBar", Math.round(percent))
                    }
                    fos.close();
                    Thread.sleep(1000);                        // 线程休眠 1 秒
                } else {
                    error = "没有选择上传文件! ";
                }
            }
        }
    } catch (Exception e) {
        e.printStackTrace();
        error = "上传文件出现错误: " + e.getMessage();
    }
    if (!"".equals(error)) {
        request.setAttribute("error", error);
        request.getRequestDispatcher("error.jsp")
                .forward(request, response);
    } else {
        request.setAttribute("result", "文件上传成功! ");
    request.getRequestDispatcher("upFile_deal.jsp").forward(request,response);
    }
}
```

（6）编写 AjaxRequest.js 文件，并将其保存到 JS 文件夹中。关于 AjaxRequest.js 文件的具体代码请参见 18.6.1 小节。

（7）在 index 页面中通过以下代码包含 AjaxRequest.js 文件。

```
<script language="javascript" src="JS/AjaxRequest.js"></script>
```

通常情况下,在处理POST请求时,需要将请求头设置为"application/x-www-form-urlencoded"。但是，如果将表单的 enctype 属性设置为 multipart/form-data，在处理请求时，就需要将请求头设置为 multipart/form-data。

（8）在 index.jsp 页面中，编写自定义的 JavaScript 函数 getProgress()，用于实例化 Ajax 对象。getProgress()函数的具体代码如下：

```
function getProgress(){
    var loader=new net.AjaxRequest("showProgress.jsp?nocache="+new Date().getTime(),
deal_p,onerror,"GET");
}
```

在上面的代码中，一定要加代码"&nocache="+new Date().getTime()"，否则将出现进度不更新的情况。

（9）编写 showProgress.jsp 页面，在该页面中只需要应用 EL 表达式输出保存上传进度的 Session 变量，具体代码如下：

```
<%@page contentType="text/html" pageEncoding="UTF-8"%>
${sessionScope.progressBar}
```

（10）编写 Ajax 的回调函数 deal_p()，用于显示上传进度条及完成的百分比。deal_p()函数的具体代码如下：

```
function deal_p(){
    var h=this.req.responseText;
    h=h.replace(/\s/g,"");                                   //去除字符串中的Unicode 空白符
    document.getElementById("progressPercent").style.display="";  //显示百分比
    document.getElementById("progressPercent").innerHTML=h+"%";   //显示完成的百分比
    document.getElementById("progressBar").style.display="block"; //显示进度条
    document.getElementById("imgProgress").width=h*(235/100);     //显示完成的进度
}
```

（11）编写 Ajax 的错误处理函数 onerror()，在该函数中添加弹出"上传文件出错!"提示对话框的代码。onerror()函数的具体代码如下：

```
function onerror(){
    alert("上传文件出错! ");
}
```

在 Tomcat 服务器下运行本实例，将显示文件上传页面，单击"浏览"按钮，选择要上传的文件，注意文件不能超过 50M，如果超过 50M 系统将给出错误提示。选择完要上传的文件后，单击"提交"按钮，将上传文件并显示上传进度，如图 18-9 所示。上传文件完成后，将弹出"文件上传成功"的提示对话框，并返回到文件上传页面。

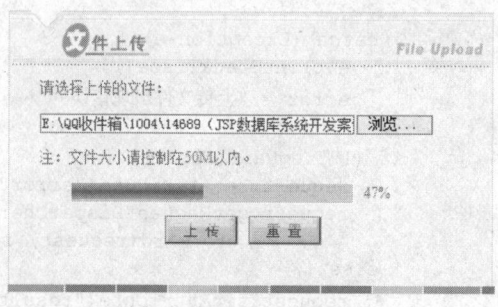

图 18-9　显示上传进度条

第 19 章
jQuery 技术

本章要点:

- 熟悉 jQuery 技术
- 掌握 jQuery 的下载与配置
- 了解 jQuery 插件的使用
- 掌握 jQuery 常用选择器的使用
- 掌握如何使用 jQuery 对页面进行控制
- 掌握 jQuery 的事件处理
- 掌握常用的几种 jQuery 动画效果

随着近年互联网的快速发展, 陆续涌现出了一批优秀的 JS 脚本库, 例如 ExtJs、prototype、Dojo 等, 这些脚本库让开发人员从复杂繁琐的 JavaScript 中解脱出来, 将开发的重点从实现细节转向功能需求上, 提高了项目开发的效率。其中 jQuery 是继 prototype 之后又一个优秀的 JavaScript 脚本库。本章将对 jQuery 的特点以及 jQuery 常用技术进行介绍。

19.1 jQuery 概述

jQuery 是一套简洁、快速、灵活的 JavaScript 脚本库, 它是由 John Resig 于 2006 年创建的, 帮助我们简化了 JavaScript 代码。JavaScript 脚本库类似于 Java 的类库, 我们将一些工具方法或对象方法封装在类库中, 方便用户使用。因为 jQuery 简便易用, 已被大量的开发人员推崇。

> jQuery 是脚本库, 而不是框架。"库" 不等于 "框架", 例如 "System 程序集" 是类库, 而 Spring MVC 是框架。

脚本库能够帮助我们完成编码逻辑, 实现业务功能。使用 jQuery 将极大地提高编写 JavaScript 代码的效率, 让写出来的代码更加简洁, 更加健壮。同时网络上丰富的 jQuery 插件也让开发人员的工作变得更为轻松, 让项目的开发效率有了质的提升。

> jQuery 除了为开发人员提供了灵活的开发环境外, 而且它还是开源的, 在其背后有许多强大的社区和程序爱好者的支持。

19.1.1 jQuery 能做什么

过去只有 Flash 才能实现的动画效果, jQuery 也可以做到, 而且丝毫不逊色于 Flash, 让开发人员感受到了 Web 2.0 时代的魅力。jQuery 也广受著名网站的青睐，例如中国网络电视台、CCTV、京东网上商城和人民网等许多网站都应用了 jQuery。下面就让我们来看看网络上 jQuery 实现的绚丽的效果。

● 中国网络电视台应用的 jQuery 效果

访问中国网络电视台的电视直播页面后，在央视频道栏目中就应用了 jQuery 实现鼠标移入移出效果。将鼠标移动到某个频道上时，该频道内容将添加一个圆角矩形的灰色背景，如图 19-1 所示，用于突出显示频道内容，将鼠标移出该频道后，频道内容将恢复为原来的样式。

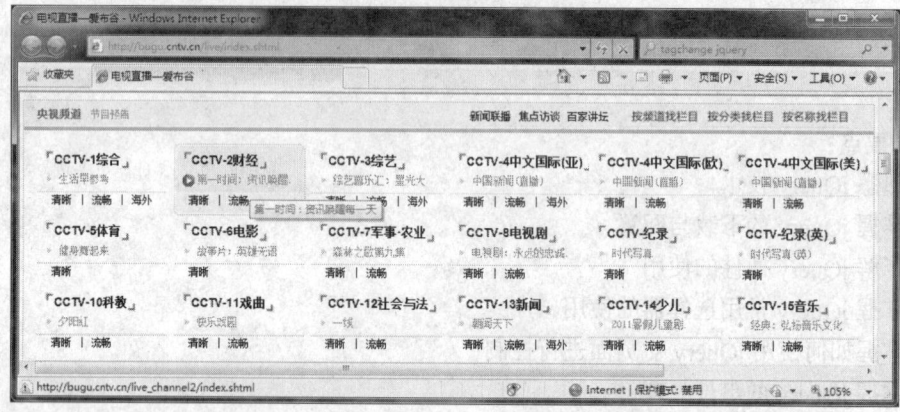

图 19-1　中国网络电视台应用的 jQuery 效果

● 京东网上商城应用的 jQuery 效果

访问京东网上商城的首页时，在右侧有一个为手机和游戏充值的栏目，这里应用了 jQuery 实现了标签页的效果，将鼠标移动到"手机充值"栏目上时，标签页中将显示为手机充值的相关内容，如图 19-2 所示；将鼠标移动到"游戏充值"栏目上时，将显示为游戏充值的相关内容。

图 19-2　京东网上商城应用的 jQuery 效果

图 19-3　人民网应用的 jQuery 效果

- 人民网应用的 jQuery 效果

访问人民网的首页时，有一个以幻灯片轮播形式显示的图片新闻，如图 19-3 所示，这里就是应用 jQuery 的幻灯片轮播插件实现的。

jQuery 不仅适合于网页设计师、开发者以及编程爱好者，同样适合用于商业开发，可以说 jQuery 适合任何应用 JavaScript 的地方。

19.1.2　jQuery 的特点

jQuery 是一个简洁快速的 JavaScript 脚本库，它能让你在网页上简单地操作文档、处理事件、运行动画效果或者添加异步交互。jQuery 的设计会改变你写 JavaScript 代码的方式，提高我们的编程效率。jQuery 的主要特点如下：

- 代码精致小巧

jQuery 是一个轻量级的 JavaScript 脚本库，其代码非常小巧，最新版本的 jQuery 库文件压缩之后只有 20K 左右。在网络盛行的今天，提高网站用户的体验性显得尤为重要，小巧的 jQuery 完全可以做到这一点。

- 强大的功能函数

过去在写 JavaScript 代码时，如果没有良好的基础，是很难写出复杂的 JavaScript 代码，而且 JavaScript 是不可编译的语言，在复杂的程序结构中调试错误是一件非常痛苦的事情，大大降低了开发效率。使用 jQuery 的功能函数，能够帮助开发人员快速地实现各种功能，而且会让代码优雅简洁、结构清晰。

- 跨浏览器

关于 JavaScript 代码的浏览器兼容问题一直是 Web 开发人员的噩梦，经常一个页面在 IE 浏览器下运行正常，但在 Firefox 下却莫名奇妙地出现问题，开发人员往往要在一个功能上针对不同的浏览器编写不同的脚本代码，这对于开发人员来讲是一件非常痛苦的事情。jQuery 将开发人员从这个噩梦中解脱出来，jQuery 具有良好的兼容性，它兼容各大主流浏览器，包括 IE 6.0+, Firefox 1.5+, Safari 2.0+, Opera 9.0+。

- 链式的语法风格

jQuery 可以对元素的一组操作进行统一的处理，不需要重新获取对象。也就是说可以基于一个对象进行一组操作，这种方式精简了代码量，减小了页面体积，有助于浏览器快速加载页面，提高用户的体验。

- 插件丰富

除了 jQuery 本身带有的一些特效外，还可以通过插件实现更多的功能，如表单验证、拖放效果、Tab 导航条、表格排序、树形菜单以及图像特效等。网上的 jQuery 插件很多，可以直接下载下来使用，而且插件将 JS 代码和 HTML 代码完全分离，便于维护。

19.2　jQuery 下载与配置

要在自己的网站中应用 jQuery 库，需要下载并配置它，下面将介绍如何下载与配置 jQuery。

19.2.1　下载 jQuery

jQuery 是一个开源的脚本库，我们可以从它的官方网站（http://jquery.com）中下载到。下面介绍具体的下载步骤。

（1）在浏览器的地址栏中输入 http://jquery.com 并按下〈Enter〉键，将进入到 jQuery 官方网站的首页，如图 19-4 所示。

图 19-4　jQuery 官方网站的首页

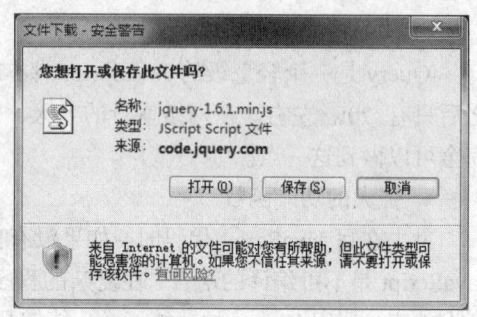

图 19-5　下载 jquery 1.6.1 min

（2）在 jQuery 官方网站的首页中，可以下载最新版本的 jQuery 库，选中 PRODUCTION 单选按钮，单击 Download 按钮，将弹出如图 19-5 所示的下载对话框。

（3）单击"保存"按钮，将 jquery 库下载到本地计算机上。下载后的文件名为 jquery-1.6.1.min.js。

此时下载的文件为压缩后的版本（主要用于项目与产品）。如果想下载完整不压缩的版本，可以在图 19-4 中，选中 DEVELOPMENT 单选按钮，并单击 Download 按钮。下载后的文件名为 jquery-1.6.1.js。

在项目中通常使用压缩后的文件，即 jquery-1.6.1.min.js。

19.2.2　配置 jQuery

将 jQuery 库下载到本地计算机后，还需要在项目中配置 jQuery 库。即将下载后的 jquery-1.6.1.min.js 文件放置到项目的指定文件夹中，通常放置在 JS 文件夹中，然后在需要应用 jQuery 的页面中使用下面的语句，将其引用到文件中。

```
<script language="javascript" src="JS/jquery-1.6.1.min.js"></script>
```
或者
```
<script src="JS/jquery-1.6.1.min.js" type="text/javascript"></script>
```

引用 jQuery 的<script>标签，必须放在所有的自定义脚本文件的<script>之前，否则在自定义的脚本代码中应用不到 jQuery 脚本库。

19.3　jQuery 的插件

jQuery 具有强大的扩展能力，允许开发人员使用或是创建自己的 jQuery 插件来扩展 jQuery 的功能，这些插件可以帮助开发人员提高开发效率，节约项目成本。而且一些比较著名的插件也受到了开发人员的追捧，插件又将 jQuery 的功能提升了一个新的层次。下面我们就来介绍插件的使用和目前比较流行的插件。

19.3.1　插件的使用

jQuery 插件的使用比较简单，首先将要使用的插件下载到本地计算机中，然后按照下面的步骤操作，就可以使用插件实现想要的效果了。

（1）把下载的插件包含到<head>标记内，并确保它位于主 jQuery 源文件之后。

（2）包含一个自定义的 JavaScript 文件，并在其中使用插件创建或扩展的方法。

19.3.2　流行的插件

在 jQuery 官方网站中，有一个 Plugins（插件）超链接，单击该超链接，将进入到 jQuery 的插件分类列表页面，如图 19-6 所示。

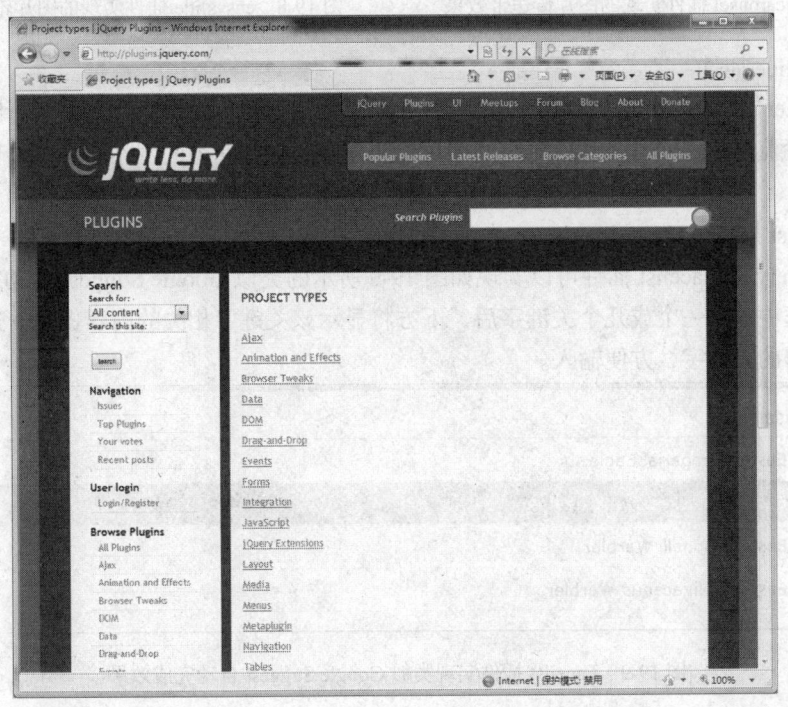

图 19-6　jQuery 的插件分类列表页面

在该页面中，单击分类名称，可以查看每个分类下的插件概要信息及下载超链接。用户也可以在上面的搜索（Search Plugins）文本框中输入指定的插件名称，搜索所需插件。

在该网站中提供的插件多数都是开源的，大家可以在此网站中下载所需要的插件。

下面对比较常用的插件进行简要介绍。

● jcarousel 插件

使用 jQuery 的 jcarousel 插件用于实现如图 19-7 所示的图片传送带效果。单击左、右两侧的箭头可以向左或向右翻看图片。当到达第一张图片时，左侧的箭头将变为不可用状态；当到达最后一张图片时，右侧的箭头变为不可用状态。

图 19-7　jcarousel 插件实现的图片传送带效果　　　图 19-8　easyslide 插件实现的图片轮显效果

● easyslide 插件

使用 jQuery 的 easyslide 插件实现如图 19-8 所示的图片轮显效果。当页面运行时，要显示的多张图片将轮流显示，同时显示所对应的图片说明内容。在新闻类的网站中，可以使用该插件显示图片新闻。

● Facelist 插件

使用 jQuery 的 Facelist 插件可以实现如图 19-9 所示的类似 Google Suggest 自动完成效果。当用户在输入框中输入一个或几个关键字后，下方将显示该关键字相关的内容提示。这时用户可以直接选择所需的关键字，方便输入。

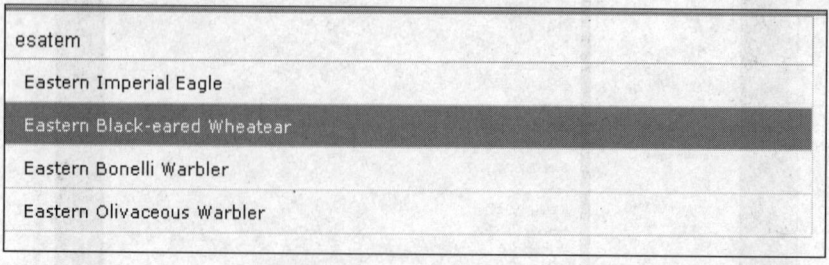

图 19-9　Facelist 插件实现类似 Google Suggest 自动完成效果

● mb menu 插件

使用 jQuery 的 mb menu 插件可以实现如图 19-10 所示的多级菜单。当用户将鼠标指向或单击某个菜单项时，将显示该菜单项的子菜单。如果某个子菜单项还有子菜单，将鼠标移动到该子菜单项时，将显示它的子菜单。

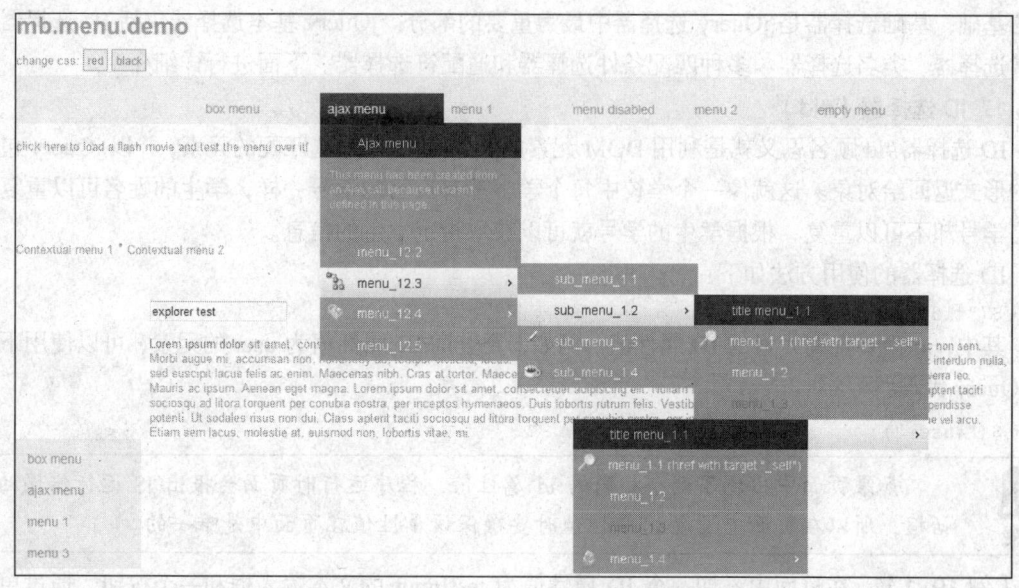

图 19-10　mb menu 插件实现多级菜单

19.4　jQuery 选择器

开发人员在实现页面的业务逻辑时，必须操作相应的对象或是数组，这个时候就需要利用选择器选择匹配的元素，以便进行下一步的操作，所以选择器是一切页面操作的基础，没有它，开发人员将无所适从。在传统的 JavaScript 中，只能根据元素的 id 和 TagName 来获取相应的 DOM 元素。但是 jQuery 却提供了许多功能强大的选择器帮助开发人员获取页面上的 DOM 元素，获取到的每个对象都将以 jQuery 包装集的形式返回。本节将介绍如何应用 jQuery 的选择器选择匹配的元素。

19.4.1　jQuery 的工厂函数

在介绍 jQuery 的选择器前，我们先来介绍一下 jQuery 的工厂函数 "$"。在 jQuery 中，无论我们使用哪种类型的选择符都需要从一个 "$" 符号和一对 "()" 开始。在 "()" 中通常使用字符串参数，参数中可以包含任何 CSS 选择符表达式。下面介绍几种比较常见的用法。

- 在参数中使用标记名

$("div")：用于获取文档中全部的 <div>。

- 在参数中使用 ID

$("#username")：用于获取文档中 ID 属性值为 username 的一个元素。

- 在参数中使用 CSS 类名

$(".btn_grey")：用于获取文档中使用 CSS 类名为 btn_grey 的所有元素。

19.4.2　基本选择器

基本选择器在实际应用中比较广泛，建议重点掌握 jQuery 的基本选择器，它是其他类型选择器的基础，基础选择器是 jQuery 选择器中最为重要的部分。jQuery 基本选择器包括 ID 选择器、元素选择器、类名选择器、多种匹配条件选择器和通配符选择器。下面进行详细介绍。

1. ID 选择器（#id）

ID 选择器#id 顾名思义就是利用 DOM 元素的 id 属性值来筛选匹配的元素，并以 jQuery 包装集的形式返回给对象。这就像一个学校中每个学生都有自己的学号一样，学生的姓名可以重复，但是学号却不可以重复，根据学生的学号就可以获取指定学生的信息。

ID 选择器的使用方法如下：

```
$("#id");
```

其中，id 为要查询元素的 ID 属性值。例如，要查询 ID 属性值为 user 的元素，可以使用下面的 jQuery 代码：

```
$("#user");
```

如果页面中出现了两个相同的 id 属性值，程序运行时页面会报出 JS 运行错误的对话框，所以在页面中设置 id 属性值时要确保该属性值在页面中是唯一的。

【例 19-1】 在页面中添加一个 ID 属性值为 testInput 的文本输入框和一个按钮，通过单击按钮来获取在文本输入框中输入的值。

实例位置：光盘\MR\源码\第 19 章\19-1

（1）创建一个名称为 index.html 的文件，在该文件的<head>标记中应用下面的语句引入 jQuery 库。

```
<script type="text/javascript" src="JS/jquery-1.6.1.min.js"></script>
```

（2）在页面的<body>标记中，添加一个 ID 属性值为 testInput 的文本输入框和一个按钮，代码如下：

```
<input type="text" id="testInput" name="test" value=""/>
<input type="button" value="输入的值为"/>
```

（3）在引入 jQuery 库的代码下方编写 jQuery 代码，实现单击按钮来获取在文本输入框中输入的值，代码如下：

```
<script type="text/javascript">
    $(document).ready(function(){
        $("input[type='button']").click(function(){          //为按钮绑定单击事件
            var inputValue = $("#testInput").val();          //获取文本输入框中的值
            alert(inputValue);
        });
    });
</script>
```

在上面的代码中，第 3 行使用了 jQuery 中的属性选择器匹配文档中的按钮，并且为按钮绑定单击事件。

ID 选择器是以 "#id" 的形式获取对象的，在这段代码中用$("#testInput")获取了一个 id 属性值为 testInput 的 jQuery 包装集，然后调用包装集的 val()方法取得文本输入框的值。

在 IE 浏览器中运行本实例，在文本框中输入 "JavaScript"，如图 19-11 所示，单击 "输入的值为" 按钮，将弹出提示对话框显示输入的文字，如图 19-12 所示。

2. 元素选择器（element）

元素选择器是根据元素名称匹配相应的元素。通俗地讲，元素选择器指向的是 DOM 元素的标记名，也就是说元素选择器是根据元素的标记名选择的。可以把元素的标记名理解成学生的姓名，在一个学校中可能有多个姓名为"刘伟"的学生，但是姓名为"吴语"的学生也许只有一个，所以通过元素选择器匹配到的元素可能有多个，也可能是一个。多数情况下，元素选择器匹配的是一组元素。

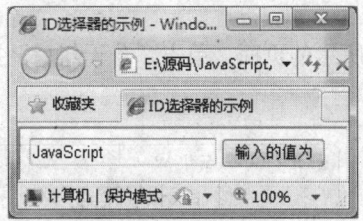

图 19-11　在文本框中输入文字　　　　　　　图 19-12　弹出的提示对话框

元素选择器的使用方法如下：

```
$("element");
```

其中，element 为要查询元素的标记名。例如，要查询全部 div 元素，可以使用下面的 jQuery 代码：

```
$("div");
```

【例 19-2】　在页面中添加两个<div>标记和一个按钮，通过单击按钮来获取这两个<div>，并修改它们的内容。

实例位置：光盘\MR\源码\第 19 章\19-2

（1）创建一个名称为 index.html 的文件，在该文件的<head>标记中应用下面的语句引入 jQuery 库。

```
<script type="text/javascript" src="JS/jquery-1.6.1.min.js"></script>
```

（2）在页面的<body>标记中，添加两个<div>标记和一个按钮，代码如下：

```
<div><img src="images/strawberry.jpg"/>这里种植了一棵草莓</div>
<div><img src="images/fish.jpg"/>这里养殖了一条鱼</div>
<input type="button" value="若干年后" />
```

（3）在引入 jQuery 库的代码下方编写 jQuery 代码，实现单击按钮来获取全部<div>元素，并修改它们的内容，具体代码如下：

```
<script type="text/javascript">
    $(document).ready(function(){
        $("input[type='button']").click(function(){
//为按钮绑定单击事件
            $("div").eq(0).html("<img src='images/strawberry1.jpg'/>这里长出了一片草
莓");    //获取第 1 个 div 元素
            $("div").get(1).innerHTML="<img src='images/fish1.jpg'/>这里的鱼没有了";
//获取第 2 个 div 元素
        });
    });
</script>
```

在上面的代码中，使用元素选择器获取了一组 div 元素的 jQuery 包装集，它是一组 Object 对象，存储方式为[Object Object]，但是这种方式并不能显示出单独元素的文本信息，需要通过索引器来确定要选取哪个 div 元素，在这里分别使用了两个不同的索引器 eq() 和 get()。这里的索引器类似于房间的门牌号，所不同的是，门牌号是从 1 开始计数的，而索引器是从 0 开始计数的。

在本实例中使用了两种方法设置元素的文本内容，html()方法是 jQuery 的方法，innerHTML 方法是 DOM 对象的方法。这里还用了$(document).ready()方法，当页面元素载入就绪的时候就会自动执行程序，自动为按钮绑定单击事件。

注意 eq()方法返回的是一个 jQuery 包装集，所以它只能调用 jQuery 的方法，而 get()方法返回的是一个 DOM 对象，所以它只能用 DOM 对象的方法。eq()方法与 get()方法默认都是从 0 开始计数。

`$("#test").get(0)`等效于`$("#test")[0]`。

在 IE 浏览器中运行本实例，首先显示如图 19-13 所示的页面，单击"若干年后"按钮，将显示如图 19-14 所示的页面。

图 19-13　单击按钮前

图 19-14　单击按钮后

3. 类名选择器（.class）

类名选择器是通过元素拥有的 CSS 类的名称查找匹配的 DOM 元素。在一个页面中，一个元素可以有多个 CSS 类，一个 CSS 类又可以匹配多个元素，如果元素中有一个匹配的类的名称就可以被类名选择器选取到。

类名选择器的使用方法如下：

```
$(".class");
```

其中，class 为要查询元素所用的 CSS 类名。例如，要查询使用 CSS 类名为 word_orange 的元素，可以使用下面的 jQuery 代码：

```
$(".word_orange");
```

【例 19-3】 在页面中，首先添加两个`<div>`标记，并为其中的一个设置 CSS 类，然后通过 jQuery 的类名选择器选取设置了 CSS 类的`<div>`标记，并设置其 CSS 样式。

实例位置：光盘\MR\源码\第 19 章\19-3

（1）创建一个名称为 index.html 的文件，在该文件的`<head>`标记中应用下面的语句引入 jQuery 库。

```
<script type="text/javascript" src="JS/jquery-1.6.1.min.js"></script>
```

（2）在页面的`<body>`标记中，添加两个`<div>`标记，一个使用 CSS 类 myClass，另一个不设置 CSS 类，代码如下：

```
<div class="myClass">注意观察我的样式</div>
<div>我的样式是默认的</div>
```

说明 这里添加了两个`<div>`标记是为了对比效果，默认的背景颜色都是蓝色的，文字颜色都是黑色的。

（3）在引入 jQuery 库的代码下方编写 jQuery 代码，实现按 CSS 类名选取 DOM 元素，并更改其样式（这里更改了背景颜色的文字颜色），具体代码如下：

```
<script type="text/javascript">
    $(document).ready(function() {
        var myClass = $(".myClass");                    //选取 DOM 元素
        myClass.css("background-color","#C50210"); //为选取的 DOM 元素设置背景颜色
        myClass.css("color","#FFF");                //为选取的 DOM 元素设置文字颜色
    });
</script>
```

在上面的代码中，只为其中的一个<div>标记设置了 CSS 类名称，但是由于程序中并没有名称为 myClass 的 CSS 类，所以这个类是没有任何属性的。类名选择器将返回一个名为 myClass 的 jQuery 包装集，利用 css()方法可以为对应的 div 元素设定 CSS 属性值，这里将元素的背景颜色设置为深红色，文字颜色设置为白色。

在 IE 浏览器中运行本实例，将显示如图 19-15 所示的页面。其中，左面的 DIV 为更改样式后的效果，右面的 DIV 为默认的样式。由于使用了$(document).ready()方法，所以选择元素并更改样式在 DOM 元素加载就绪时就已经自动执行完毕。

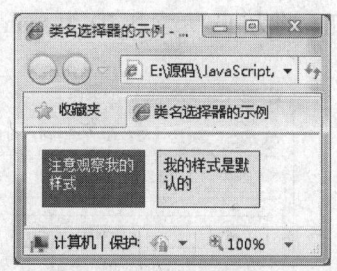

图 19-15 通过类名选择器选择元素
并更改样式

4．复合选择器（selector1,selector2,selectorN）

复合选择器将多个选择器（可以是 ID 选择器、元素选择或是类名选择器）组合在一起，两个选择器之间以逗号"，"分隔，只要符合其中的任何一个筛选条件就会被匹配，返回的是一个集合形式的 jQuery 包装集，利用 jQuery 索引器可以取得集合中的 jQuery 对象。

> 多种匹配条件的选择器并不是匹配同时满足这几个选择器的匹配条件的元素，而是将每个选择器匹配的元素合并后一起返回。

复合选择器的使用方法如下：

```
$(" selector1,selector2,selectorN");
```

- selector1：为一个有效的选择器，可以是 ID 选择器、元素选择器或是类名选择器等。
- selector2：为另一个有效的选择器，可以是 ID 选择器、元素选择器或是类名选择器等。
- selectorN：（可选择）为任意多个选择器，可以是 ID 选择器、元素选择器或是类名选择器等。

例如，要查询文档中的全部的<span>标记和使用 CSS 类 myClass 的<div>标记，可以使用下面的 jQuery 代码：

```
$(" span,div.myClass");
```

【例 19-4】 在页面添加 3 种不同元素并统一设置样式。使用复合选择器筛选<div>元素和 id 属性值为 span 的元素，并为它们添加新的样式。

实例位置：光盘\MR\源码\第 19 章\19-4

（1）创建一个名称为 index.html 的文件，在该文件的<head>标记中应用下面的语句引入 jQuery 库。

```
<script type="text/javascript" src="JS/jquery-1.6.1.min.js"></script>
```

（2）在页面的<body>标记中，添加一个<p>标记、一个<div>标记、一个 ID 为 span 的<span>标记和一个按钮，并为除按钮以外的 3 个标记指定 CSS 类名，代码如下：

```
<p class="default">p 元素</p>
<div class="default">div 元素</div>
<span class="default" id="span">ID 为 span 的元素</span>
<input type="button" value="为 div 元素和 ID 为 span 的元素换肤" />
```

（3）在引入 jQuery 库的代码下方编写 jQuery 代码，实现单击按钮来获取全部<div>元素，并修改它们的内容，具体代码如下：

```
<script type="text/javascript">
$(document).ready(function() {
    $("input[type=button]").click(function(){        //绑定按钮的单击事件
        $("div,#span").addClass("change");           //添加所使用的 CSS 类
    });
});
</script>
```

运行本实例，将显示如图 19-16 所示的页面，单击"为 div 元素和 ID 为 span 的元素换肤"按钮，将为 div 元素和 ID 为 span 的元素换肤，如图 19-17 所示。

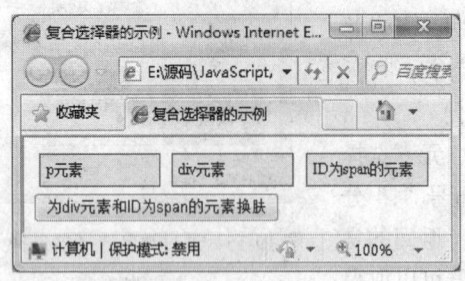 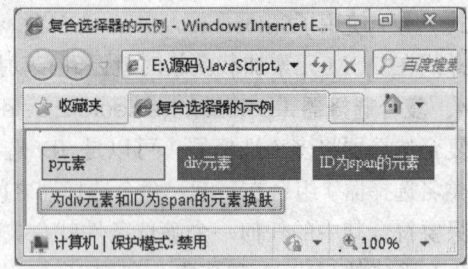

图 19-16　单击按钮前　　　　　　　　　　图 19-17　单击按钮后

5. 通配符选择器（*）

所谓的通配符，就是指符号"*"，它代表着页面上的每一个元素，也就是说如果使用$("*")将取得页面上所有的 DOM 元素集合的 jQuery 包装集。通配符选择器比较好理解，这里就不再给予示例程序。

19.4.3　层级选择器

所谓的层级选择器，就是根据页面 DOM 元素之间的父子关系作为匹配的筛选条件。首先我们来看什么是页面上元素的关系，例如，下面的代码是最为常用也是最简单的 DOM 元素结构。

```
<html>
    <head>  </head>
    <body>  </body>
</html>
```

在这段代码所示的页面结构中，html 元素是页面上其他所有元素的祖先元素，那么 head 元素就是 html 元素的子元素，同时 html 元素也是 head 元素的父元素。页面上的 head 素与 body 元素就是同辈元素。也就是说 html 元素是 head 元素和 body 元素的"爸爸"，head 元素和 body 元素是 html 元素的"儿子"，head 元素与 body 元素是"兄弟"。具体关系如图 19-18 所示。

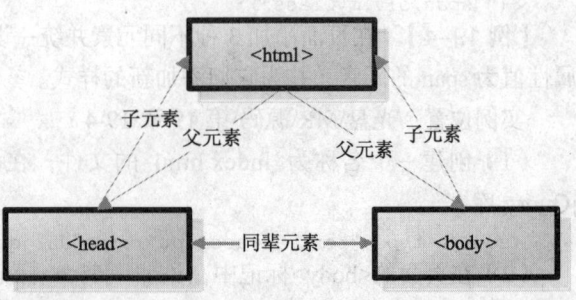

图 19-18　元素层级关系示意图

在了解了页面上元素的关系后，我们再来介绍 jQuery 提供的层级选择器。jQuery 提供了 Ancestor descendan 选择器、parent > child 选择器、prev + next 选择器和 prev ~ siblings 选择器，下面进行详细介绍。

1. ancestor descendan 选择器

ancestor descendan 选择器中的 ancestor 代表祖先，descendant 代表子孙，用于在给定的祖先元素下匹配所有的后代元素。ancestor descendan 选择器的使用方法如下：

```
$("ancestor descendant");
```

- ancestor：指任何有效的选择器。
- descendant：用以匹配元素的选择器，并且它是 ancestor 所指定元素的后代元素。

例如，要匹配 ul 元素下的全部 li 元素，可以使用下面的 jQuery 代码：

```
$("ul li");
```

【例 19-5】 通过 jQuery 为版权列表设置样式。

实例位置：光盘\MR\源码\第 19 章\19-5

（1）创建一个名称为 index.html 的文件，在该文件的<head>标记中应用下面的语句引入 jQuery 库。

```
<script type="text/javascript" src="JS/jquery-1.6.1.min.js"></script>
```

（2）在页面的<body>标记中，首先添加一个<div>标记，并在该<div>标记内添加一个<ul>标记及其子标记<li>，然后在<div>标记的后面再添加一个<ul>标记及其子标记<li>，代码如下：

```
<div id="bottom">
<ul>
    <li>技术服务热线：400-675-1066 传真：0431-84972266 企业邮箱：mingrisoft@mingrisoft.com</li>
    <li>Copyright &copy; www.mrbccd.com All Rights Reserved! </li>
</ul>
</div>
<ul>
    <li>技术服务热线：400-675-1066 传真：0431-84972266 企业邮箱：mingrisoft@mingrisoft.com</li>
    <li>Copyright &copy; www.mrbccd.com All Rights Reserved! </li>
</ul>
```

（3）编写 CSS 样式，通过 ID 选择符设置<div>标记的样式，并且编写一个类选择符 copyright，用于设置<div>标记内的版权列表的样式，关键代码如下：

```
<style type="text/css">
#bottom{
    background-image:url(images/bg_bottom.jpg);     /*设置背景*/
    width:800px;                                    /*设置宽度*/
    height:58px;                                    /*设置高度*/
    clear: both;                                    /*设置左右两侧无浮动内容*/
    text-align:center;                              /*设置居中对齐*/
    padding-top:10px;                               /*设置顶边距*/
    font-size:9pt;                                  /*设置字体大小*/
}
.copyright{
    color:#FFFFFF;                                  /*设置文字颜色*/
    list-style:none;                                /*不显示项目符号*/
    line-height:20px;                               /*设置行高*/
}
</style>
```

（4）在引入 jQuery 库的代码下方编写 jQuery 代码，匹配 div 元素的子元素 ul，并为其添加 CSS 样式，具体代码如下：

```
<script type="text/javascript">
$(document).ready(function(){
  $("div ul").addClass("copyright");          //为 div 元素的子元素 ul 添加样式
});
</script>
```

运行本示例，将显示如图 19-19 所示的效果，其中上面的版权信息是通过 jQuery 添加样式的效果，下面的版权信息为默认的效果。

图 19-19　通过 jQuery 为版权列表设置样式

2.　parent > child 选择器

parent > child 选择器中的 parent 代表父元素，child 代表子元素，用于在给定的父元素下匹配所有的子元素。使用该选择器只能选择父元素的直接子元素。parent > child 选择器的使用方法如下：

```
$("parent > child");
```

- parent：指任何有效的选择器。
- child：用以匹配元素的选择器，并且它是匹配元素的选择器，也是 parent 元素的子元素。

例如，要匹配表单中所有的子元素 input，可以使用下面的 jQuery 代码：

```
$("form > input");
```

【例 19-6】　为表单的直接子元素 input 换肤。

实例位置：光盘\MR\源码\第 19 章\19-6

（1）创建一个名称为 index.html 的文件，在该文件的<head>标记中应用下面的语句引入 jQuery 库。

```
<script type="text/javascript" src="JS/jquery-1.6.1.min.js"></script>
```

（2）在页面的<body>标记中，添加一个表单，并在该表单中添加 6 个 input 元素，并且将"换肤"按钮用<span>标记括起来，关键代码如下：

```
<form id="form1" name="form1" method="post" action="">
  姓  名: <input type="text" name="name" id="name" />
  <br />
  籍  贯: <input name="native" type="text" id="native" />
  <br />
  生  日: <input type="text" name="birthday" id="birthday" />
  <br />
  E-mail: <input type="text" name="email" id="email" />
  <br />
  <span>
  <input type="button" name="change" id="change" value="换肤"/>
  </span>
```

```
<input type="button" name="default" id="default" value="恢复默认"/>
<br />
</form>
```

（3）编写 CSS 样式，用于指定 input 元素的默认样式，并且添加一个用于改变 input 元素样式的 CSS 类，具体代码如下：

```
<style type="text/css">
input{
    margin:5px;                              /*设置 input 元素的外边距为 5 像素*/
}
.input {
    font-size: 12pt;                         /*设置文字大小*/
    color: #333333;                          /*设置文字颜色*/
    background-color:#cef;                   /*设置背景颜色*/
    border: 1px solid #000000;               /*设置边框*/
}
</style>
```

（4）在引入 jQuery 库的代码下方编写 jQuery 代码，实现匹配表单元素的直接子元素并为其添加和移除 CSS 样式，具体代码如下：

```
<script type="text/javascript">
$(document).ready(function(){
    $("#change").click(function(){          //绑定"换肤"按钮的单击事件
        $("form > input").addClass("input"); //为表单元素的直接子元素 input 添加样式
    });
    $("#default").click(function(){         //绑定"恢复默认"按钮的单击事件
        $("form > input").removeClass("input");//移除为表单元素的直接子元素 input 添加的样式
    });
});
</script>
```

　说明

在上面的代码中，addClass()方法用于为元素添加 CSS 类，removeClass()方法用于移除元素添加的 CSS 类。

运行本实例，将显示如图 19-20 所示的效果；单击"换肤"按钮，将显示如图 19-21 所示的效果；单击"恢复默认"按钮，将再次显示如图 19-20 所示的效果。

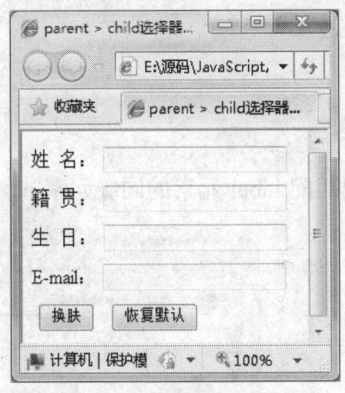

图 19-20　默认的效果

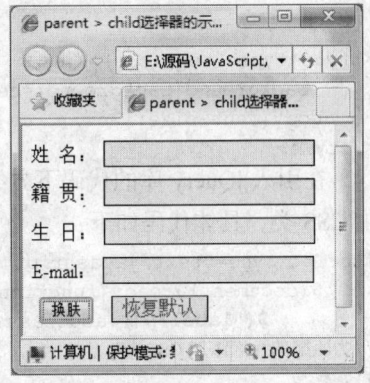

图 19-21　单击"换肤"按钮之后的效果

在图 19-21 中，虽然"换肤"按钮也是 form 元素的子元素 input，但由于该元素不是 form 元素的直接子元素，所以在执行换肤操作时，该按钮的样式并没有改变。如果将步骤（4）中的第 4 行和第 7 行的代码中的$("form > input")修改为$("form input")，那么单击"换肤"按钮后，将显示如图 19-22 所示的效果，即"换肤"按钮也将被添加 CSS 类。这也就是 parent > child 选择器和 ancestor descendan 选择器的区别。

3. prev + next 选择器

prev + next 选择器用于匹配所有紧接在 prev 元素后的 next 元素。其中，prev 和 next 是两个相同级别的元素。prev + next 选择器的使用方法如下：

```
$("prev + next");
```

● prev：指任何有效的选择器。

● next：一个有效选择器，紧接着 prev 选择器。

例如，要匹配<div>标记后的<img>标记，可以使用下面的 jQuery 代码：

图 19-22 为"换肤"按钮添加 CSS 类的效果

```
$("div + img");
```

【例 19-7】 筛选紧跟在<lable>标记后的<p>标记并改变匹配元素的背景颜色为淡蓝色。

实例位置：光盘\MR\源码\第 19 章\19-7

（1）创建一个名称为 index.html 的文件，在该文件的<head>标记中应用下面的语句引入 jQuery 库。

```
<script type="text/javascript" src="JS/jquery-1.6.1.min.js"></script>
```

（2）在页面的<body>标记中，首先添加一个<div>标记，并在该<div>标记中添加两个<label>标记和<p>标记，其中第二对<label>标记和<p>标记用<fieldset>括起来，然后在<div>标记的下方再添加一个<p>标记，关键代码如下：

```
<div>
    <label>第一个 label</label>
    <p>第一个 p</p>
    <fieldset>
        <label>第二个 label</label>
        <p>第二个 p</p>
    </fieldset>
</div>
<p>div 外面的 p</p>
```

（3）编写 CSS 样式，用于设置 body 元素的字体大小，并且添加一个用于设置背景的 CSS 类，具体代码如下：

```
<style type="text/css">
    .background{background:#cef}
    body{font-size:12px;}
</style>
```

（4）在引入 jQuery 库的代码下方编写 jQuery 代码，实现匹配 label 元素的同级元素 p，并为其添加 CSS 类，具体代码如下：

```
<script type="text/javascript" charset="GBK">
    $(document).ready(function() {
        $("label+p").addClass("background");
//为匹配的元素添加 CSS 类
});
</script>
```

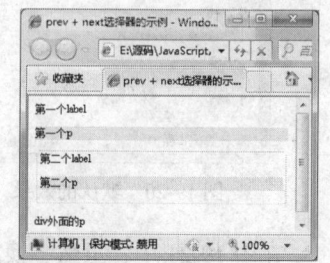

运行本实例，将显示如图 19-23 所示的效果。在图中可以看到"第 1 个 p"和"第 2 个 p"的段落被添加了背景，而"div 外面的 p"由于不是 label 元素的同级元素，所以没有被添加背景。

图 19-23 将 label 元素的同级元素 p 的背景设置为淡蓝色

4.　prev ~ siblings 选择器

prev~siblings 选择器用于匹配 prev 元素之后的所有 siblings 元素。其中，prev 和 siblings 是两个相同辈元素。prev ~ siblings 选择器的使用方法如下：

```
$("prev ~ siblings");
```

● prev：指任何有效的选择器。

● siblings：一个有效选择器，紧接着 prev 选择器。

例如，要匹配 div 元素的同辈元素 ul，可以使用下面的 jQuery 代码：

```
$("div ~ ul");
```

【例 19-8】　筛选页面中 div 元素的同辈元素。

实例位置：光盘\MR\源码\第 19 章\19-8

（1）创建一个名称为 index.html 的文件，在该文件的<head>标记中应用下面的语句引入 jQuery 库。

```
<script type="text/javascript" src="JS/jquery-1.6.1.min.js"></script>
```

（2）在页面的<body>标记中，首先添加一个<div>标记，并在该<div>标记中添加两个<p>标记，然后在<div>标记的下方再添加一个<p>标记，关键代码如下：

```
<div>
    <p>第一个 p</p>
    <p>第二个 p</p>
</div>
<p>div 外面的 p</p>
```

（3）编写 CSS 样式，用于设置 body 元素的字体大小，并且添加一个用于设置背景的 CSS 类，具体代码如下：

```
<style type="text/css">
    .background{background:#cef}
    body{font-size:12px;}
</style>
```

（4）在引入 jQuery 库的代码下方编写 jQuery 代码，实现匹配 div 元素的同辈元素 p，并为其添加 CSS 类，具体代码如下：

```
<script type="text/javascript" charset="GBK">
    $(document).ready(function() {
        $("div~p").addClass("background");
    //为匹配的元素添加 CSS 类
    });
</script>
```

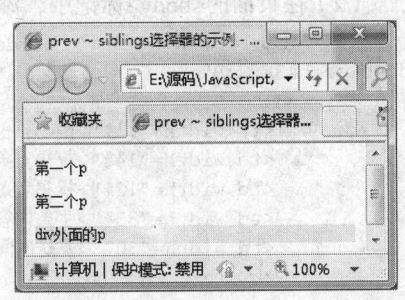

运行本实例，将显示如图 19-24 所示的效果。在图中可以看到"div 外面的 p"被添加了背景，而"第 1 个 p"和"第 2 个 p"的段落由于不是 div 元素的同辈元素，所以没有被添加背景。

图 19-24　为 div 元素的同辈元素设置背景

19.4.4　过滤选择器

过滤选择器包括简单过滤器、内容过滤器、可见性过滤器、表单对象属性过滤器和子元素选择器等。下面进行详细介绍。

1. 简单过滤器

简单过滤器是指以冒号开头，通常用于实现简单过滤效果的过滤器。例如，匹配找到的第 1 个元素等。jQuery 提供的简单过滤器如表 19-1 所示。

表 19-1   jQuery 的简单过滤器

过滤器	说 明	示 例
:first	匹配找到的第一个元素，它是与选择器结合使用的	$("tr:first") //匹配表格的第 1 行
:last	匹配找到的最后一个元素，它是与选择器结合使用的	$("tr:last") //匹配表格的最后 1 行
:even	匹配所有索引值为偶数的元素，索引值从 0 开始计数	$("tr:even") //匹配索引值为偶数的行
:odd	匹配所有索引值为奇数的元素，索引从 0 开始计数	$("tr:odd") //匹配索引值为奇数的行
:eq(index)	匹配一个给定索引值的元素	$("tr:eq(1)") //匹配第 2 个 div 元素
:gt(index)	匹配所有大于给定索引值的元素	$("tr:gt(0)") //匹配第 2 个及以上的 div 元素
:lt(index)	匹配所有小于给定索引值的元素	$("tr:lt(2)") //匹配第 2 个及以下的 div 元素
:header	匹配如 h1, h2, h3……之类的标题元素	$(":header") //匹配全部的标题元素
:not(selector)	去除所有与给定选择器匹配的元素	$("input:not(:checked)") //匹配没有被选中的 input 元素
:animated	匹配所有正在执行动画效果的元素	$(":animated ") //匹配所有正在执行的动画

【例 19-9】 实现一个带表头的双色表格。

实例位置：光盘\MR\源码\第 19 章\19-9

（1）创建一个名称为 index.html 的文件，在该文件的<head>标记中应用下面的语句引入 jQuery 库。

```
<script type="text/javascript" src="JS/jquery-1.6.1.min.js"></script>
```

（2）在页面的<body>标记中，添加一个 5 行 5 列的表格，关键代码如下：

```
<table width="98%" border="0" align="center" cellpadding="0" cellspacing="1" bgcolor="#3F873B">
  <tr>
    <td width="11%" height="27">编号</td>
    <td width="14%">祝福对象</td>
    <td width="12%">祝福者</td>
    <td width="33%">字条内容</td>
    <td width="30%">发送时间</td>
  </tr>
  <tr>
    <td height="27">1</td>
    <td>琦琦</td>
    <td>妈妈</td>
    <td>愿你健康快乐的成长！</td>
    <td>2011-07-05 13:06:06</td>
  </tr>
  ……              <!--此处省略了其他行的代码-->
</table>
```

（3）编写 CSS 样式，通过元素选择符设置单元格的样式，并且编写 th、even 和 odd 3 个类选择符，用于控制表格中相应行的样式，具体代码如下：

```
<style type="text/css">
    td{
        font-size:12px;              /*设置单元格的样式*/
        padding:3px;                 /*设置内边距*/
    }
    .th{
        background-color:#B6DF48;     /*设置背景颜色*/
        font-weight:bold;            /*设置文字加粗显示*/
        text-align:center;           /*文字居中对齐*/
    }
    .even{
        background-color:#E8F3D1;     /*设置偶数行的背景颜色*/
    }
    .odd{
        background-color:#F9FCEF;     /*设置奇数行的背景颜色*/
    }
</style>
```

（4）在引入 jQuery 库的代码下方编写 jQuery 代码，实现匹配 div 元素的同辈元素 p，并为其添加 CSS 类，具体代码如下：

```
<script type="text/javascript">
    $(document).ready(function() {
        $("tr:even").addClass("even");          //设置奇数行所用的 CSS 类
        $("tr:odd").addClass("odd");            //设置偶数行所用的 CSS 类
        $("tr:first").removeClass("even");      //移除 even 类
        $("tr:first").addClass("th");           //添加 th 类
    });
</script>
```

运行本实例，将显示如图 19-25 所示的效果。其中，第 1 行为表头，编号为 1 和 3 的行采用的是偶数行样式，编号为 2 和 4 的行采用的是奇数行的样式。

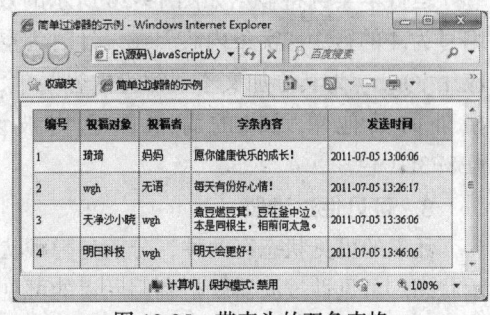

图 19-25 带表头的双色表格

2. 内容过滤器

内容过滤器就是通过 DOM 元素包含的文本内容以及是否含有匹配的元素进行筛选。内容过滤器共包括 :contains(text)、:empty、:has(selector) 和:parent4 种，如表 19-2 所示。

表 19-2　　　　　　　　　　　　　　　jQuery 的内容过滤器

过滤器	说　　明	示　　例
contains(text)	匹配包含给定文本的元素	$("li:contains('DOM')")　//匹配含有"DOM"文本内容的 li 元素
:empty	匹配所有不包含子元素或者文本的空元素	$("td:empty")　//匹配不包含子元素或者文本的单元格
:has(selector)	匹配含有选择器所匹配元素的元素	$("td:has(p)")　//匹配表格的单元格中含有\<p\>标记的单元格
:parent	匹配含有子元素或者文本的元素	$("td: parent")　//匹配不为空的单元格，即在该单元格中还包括子元素或者文本

【例 19-10】 应用内容过滤器匹配为空的单元格、不为空的单元格和包含指定文本的单元格。

实例位置：光盘\MR\源码\第 19 章\19-10

（1）创建一个名称为 index.html 的文件，在该文件的<head>标记中应用下面的语句引入 jQuery 库。

```
<script type="text/javascript" src="JS/jquery-1.6.1.min.js"></script>
```

（2）在页面的<body>标记中，添加一个 5 行 5 列的表格，关键代码如下：

```
<table width="98%" border="0" align="center" cellpadding="0" cellspacing="1"
bgcolor="#3F873B">
    ……              <!--此处省略了其他行的代码-->
    <tr>
      <td height="27">4</td>
      <td>明日科技</td>
      <td>wgh</td>
      <td></td>
      <td>2011-07-05 13:46:06</td>
    </tr>
  </table>
```

（3）在引入 jQuery 库的代码下方编写 jQuery 代码，实现匹配 div 元素的同辈元素 p，并为其添加 CSS 类，具体代码如下：

```
<script type="text/javascript">
    $(document).ready(function() {
    $("td:parent").css("background-color","#E8F3D1");    //为不为空的单元格设置背景颜色
    $("td:empty").html("暂无内容");                      //为空的单元格添加默认内容
$("td:contains('wgh')").css("color","red"); //将含有文本 wgh 的单元格的文字颜色设置为红色
    });
</script>
```

运行本实例将显示如图 19-26 所示的效果。其中，内容为 wgh 的单元格元素被标记为红色，编号为 4 的行中"字条内容"在设计时为空，这里应用 jQuery 为其添加文本"暂无内容"，除该单元格外的其他单元格的背景颜色均被设置为#E8F3D1 色。

3. 可见性过滤器

元素的可见状态有两种，分别是隐藏状态和显示状态。可见性过滤器就是利用元素的可见状态匹配元素的。因此，可见性过滤器也有两种，一种是匹配所有可见元素的:visible 过滤器，另一种是匹配所有不可见元素的:hidden 过滤器。

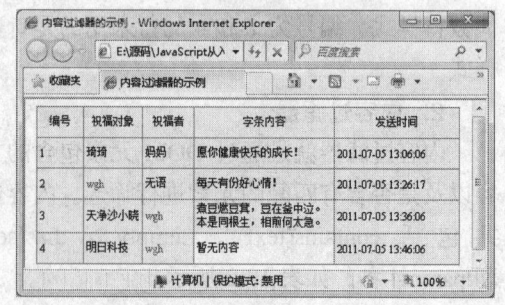

图 19-26 应用内容过滤器匹配为空的单元格、不为空的单元格和包含指定文本的单元格

说明

在应用:hidden 过滤器时，display 属性是 none 以及 input 元素的 type 属性为 hidden 的元素都会被匹配到。

【例 19-11】 获取页面上隐藏和显示的 input 元素的值。

实例位置：光盘\MR\源码\第 19 章\19-11

（1）创建一个名称为 index.html 的文件，在该文件的<head>标记中应用下面的语句引入 jQuery 库。

```
<script type="text/javascript" src="JS/jquery-1.6.1.min.js"></script>
```

（2）在页面的<body>标记中添加 3 个 input 元素，其中第 1 个为显示的文本框，第 2 个为不显示的文本框，第 3 个为隐藏域，关键代码如下：

```
<input type="text" value="显示的 input 元素">
<input type="text" value="我是不显示的 input 元素" style="display:none">
<input type="hidden" value="我是隐藏域">
```

（3）在引入 jQuery 库的代码下方编写 jQuery 代码，实现匹配 div 元素的同辈元素 p，并为其添加 CSS 类，具体代码如下：

```
<script type="text/javascript">
    $(document).ready(function() {
        var visibleVal = $("input:visible").val();          //取得显示的 input 的值
        var hiddenVal1 = $("input:hidden:eq(0)").val();      //取得隐藏的 input 的值
        var hiddenVal2 = $("input:hidden:eq(1)").val();      //取得隐藏的 input 的值
        alert(visibleVal+"\n\r"+hiddenVal1+"\n\r"+hiddenVal2);   //弹出取得的信息
    });
</script>
```

运行本实例将显示如图 19-27 所示的效果。

4. 表单对象的属性过滤器

表单对象的属性过滤器通过表单元素的状态属性（例如选中、不可用等状态）匹配元素，包括:checked 过滤器、:disabled 过滤器、:enabled 过滤器和:selected 过滤器 4 种，如表 19-3 所示。

图 19-27　弹出隐藏和显示的 input 元素的值

表 19-3　　　　　　　　　　jQuery 的表单对象的属性过滤器

过滤器	说　　明	示　　例
:checked	匹配所有的被选中元素	$("input:checked")　　//匹配 checked 属性为 checked 的 input 元素
:disabled	匹配所有不可用元素	$("input:disabled")　　//匹配 disabled 属性为 disabled 的 input 元素
:enabled	匹配所有可用的元素	$("input:enabled ")　　//匹配 enabled 属性为 enabled 的 input 元素
:selected	匹配所有选中的 option 元素	$("select option:selected")　　//匹配 select 元素中被选中的 option

【例 19-12】　利用表单过滤器匹配表单中相应的元素。

实例位置：光盘\MR\源码\第 19 章\19-12

（1）创建一个名称为 index.html 的文件，在该文件的<head>标记中应用下面的语句引入 jQuery 库。

```
<script type="text/javascript" src="JS/jquery-1.6.1.min.js"></script>
```

（2）在页面的<body>标记中添加一个表单，并在该表单中添加 3 个复选框、一个不可用按钮和一个下拉列表框，其中，前两个复选框为选中状态，关键代码如下：

```
<form>
复选框 1：  <input type="checkbox" checked="checked" value="复选框 1"/>
复选框 2：  <input type="checkbox" checked="checked" value="复选框 2"/>
复选框 3：  <input type="checkbox" value="复选框 3"/><br />
不可用按钮：  <input type="button" value="不可用按钮" disabled><br />
下拉列表框：
<select onchange="selectVal()">
  <option value="列表项 1">列表项 1</option>
```

```
        <option value="列表项2">列表项2</option>
        <option value="列表项3">列表项3</option>
    </select>
</form>
```

（3）在引入jQuery库的代码下方编写jQuery代码，实现匹配表单中的被选中的checkbox元素、不可用元素和被选中的option元素的值，具体代码如下：

```
<script type="text/javascript">
    $(document).ready(function() {
        $("input:checked").css("background-color","red");//设置选中的复选框的背景颜色
        $("input:disabled").val("我是不可用的");          //为灰色不可用按钮赋值
    })
    function selectVal(){                                  //下拉列表框变化时执行的方法
        alert($("select option:selected").val());         //显示选中的值
    }
</script>
```

运行本实例，选中下拉列表框中的列表项3，将弹出提示对话框显示选中列表项的值，如图19-28所示。在该图中，选中的两个复选框的背景为红色，另外的一个复选框没有设置背景颜色，不可用按钮的value值被修改为"我是不可用的"。

图19-28 利用表单过滤器匹配表单中相应的元素

19.4.5 表单选择器

表单选择器匹配经常在表单内出现的元素，但是匹配的元素不一定在表单中。jQuery提供的表单选择器如表19-4所示。

表19-4   jQuery的表单选择器

选择器	说　　明	示　　例
:input	匹配所有的input元素	$(":input")　//匹配所有的input元素 $("form :input") //匹配<form>标记中的所有input元素，需要注意，在form和:之间有一个空格
:button	匹配所有的普通按钮，即type="button"的input元素	$(":button")　//匹配所有的普通按钮
:checkbox	匹配所有的复选框	$(":checkbox")　//匹配所有的复选框
:file	匹配所有的文件域	$(":file")　//匹配所有的文件域
:hidden	匹配所有的不可见元素，或者type为hidden的元素	$(":hidden")　//匹配所有的隐藏域
:image	匹配所有的图像域	$(":image")　//匹配所有的图像域
:password	匹配所有的密码域	$(":password")　//匹配所有的密码域
:radio	匹配所有的单选按钮	$(":radio")　//匹配所有的单选按钮
:reset	匹配所有的重置按钮，即type=" reset "的input元素	$(":button")　//匹配所有的重置按钮

选择器	说　　明	示　　例	
:submit	匹配所有的提交按钮，即 type=" submit "的 input 元素	$(": reset")	//匹配所有的提交按钮
:text	匹配所有的单行文本框	$(":button")	//匹配所有的单行文本框

【例 19-13】　匹配表单中相应的元素并实现不同的操作。

实例位置：光盘\MR\源码\第 19 章\19-13

（1）创建一个名称为 index.html 的文件，在该文件的<head>标记中应用下面的语句引入 jQuery 库。

```
<script type="text/javascript" src="JS/jquery-1.6.1.min.js"></script>
```

（2）在页面的<body>标记中，添加一个表单，并在该表单中添加复选框、单选按钮、图像域、文件域、密码域、文本框、普通按钮、重置按钮、提交按钮隐藏域等 input 元素，关键代码如下：

```
<form>
    复选框：<input type="checkbox"/>
    单选按钮：<input type="radio"/>
    图像域：<input type="image"/><br>
    文件域：<input type="file"/><br>
    密码域：<input type="password" width="150px"/><br>
    文本框：<input type="text" width="150px"/><br>
    按　钮：<input type="button" value="按钮"/><br>
    重　置：<input type="reset" value=""/><br>
    提　交：<input type="submit" value=""/><br>
    隐藏域：<input type="hidden" value="这是隐藏的元素">
    <div id="testDiv"><font color="blue">隐藏域的值：</font></div>
</form>
```

（3）在引入 jQuery 库的代码下方编写 jQuery 代码，实现匹配表单中的各个表单元素，并实现不同的操作，具体代码如下：

```
<script type="text/javascript">
    $(document).ready(function() {
        $(":checkbox").attr("checked","checked");        //选中复选框
        $(":radio").attr("checked","true");              //选中单选框
        $(":image").attr("src","images/fish1.jpg");      //设置图片路径
        $(":file").hide();                               //隐藏文件域
        $(":password").val("123");                       //设置密码域的值
        $(":text").val("文本框");
            //设置文本框的值
        $(":button").attr("disabled","disabled");
            //设置按钮不可用
        $(":reset").val("重置按钮");
            //设置重置按钮的值
        $(":submit").val("提交按钮");
            //设置提交按钮的值
        $("#testDiv").append($("input:hidden:
eq(1)").val());    //显示隐藏域的值
    });
</script>
```

运行本实例，将显示如图 19-29 所示的页面。

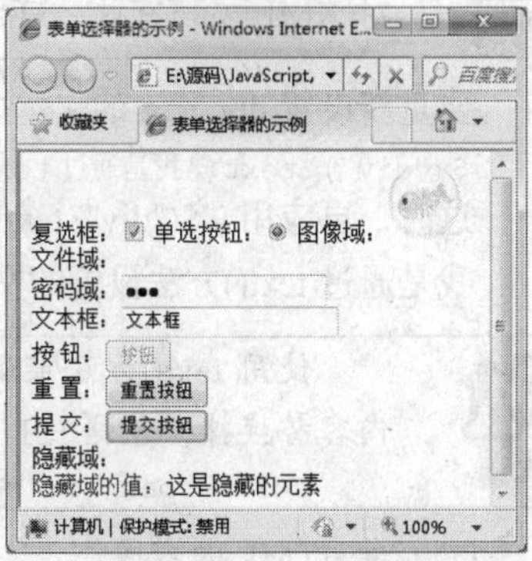

图 19-29　利用表单选择器匹配表单中相应的元素

19.5 jQuery 控制页面

19.5.1 对元素内容和值进行操作

jQuery 提供了对元素的内容和值进行操作的方法，其中，元素的值是元素的一种属性，大部分元素的值都对应 value 属性。下面我们再来对元素的内容进行介绍。

元素的内容是指定义元素的起始标记和结束标记中间的内容，又可分为文本内容和 HTML 内容。那么什么是元素的文本内容和 HTML 内容？我们通过下面这段代码来说明。

```
<div>
    <p>测试内容</p>
</div>
```

在这段代码中，div 元素的文本内容就是"测试内容"，文本内容不包含元素的子元素，只包含元素的文本内容。而"<p>测试内容</p>"就是<div>元素的 HTML 内容，HTML 内容不仅包含元素的文本内容，而且还包含元素的子元素。

1. 对元素内容操作

由于元素内容又可分为文本内容和 HTML 内容，那么，对元素内容的操作也可以分为对文本内容操作和对 HTML 内容进行操作。下面分别进行详细介绍。

（1）对文本内容操作

jQuery 提供了 text()和 text(val)两个方法用于对文本内容操作，其中 text()用于获取全部匹配元素的文本内容，text(val)用于设置全部匹配元素的文本内容。例如，在一个 HTML 页面中，包括下面 3 行代码。

```
<div>
<span id="clock">当前时间: 2011-07-06 星期三 13:20:10</span>
</div>
```

要获取 div 元素的文本内容，可以使用下面的代码：

```
$("div").text();
```

得到的结果为：当前时间：2012-08-12 星期三 13:20:10

text()方法取得的结果是所有匹配元素包含的文本组合起来的文本内容，这个方法也对 XML 文档有效，可以用 text()方法解析 XML 文档元素的文本内容。

要重新设置 div 元素的文本内容，可以使用下面的代码：

```
$("div").text("我是通过 text()方法设置的文本内容");
```

这时，再应用"$("div").text();"获取 div 元素的文本内容时，将得到以下内容：

我是通过 text()方法设置的文本内容

使用 text()方法重新设置 div 元素的文本内容后，div 元素原来的内容将被新设置的内容替换掉，包括 HTML 内容。例如：

```
<div><span id="clock">当前时间: 2011-07-06 星期三 13:20:10</span></div>
```

（2）对 HTML 内容操作

jQuery 提供了 html()和 html(val)两个方法用于对 HTML 内容操作，其中 html()用于获取第一个匹配元素的 HTML 内容，text(val)用于设置全部匹配元素的 HTML 内容。例如，在一个 HTML

页面中，包括下面 3 行代码。

```
<div>
<span id="clock">当前时间: 2011-07-06 星期三 13:20:10</span>
</div>
```

要获取 div 元素的 HTML 内容，可以使用下面的代码：

```
alert($("div").html());
```

要重新设置 div 元素的 HTML 内容，可以使用下面的代码：

```
$("div").html("<span style='color:#FF0000'>我是通过 html()方法设置的 HTML 内容</span>");
```

　　html()方法与 html(val)不能用于 XML 文档，但是可以用于 XHTML 文档。

下面通过一个具体的实例，说明对元素的文本内容与 HTML 内容操作的区别。

【例 19-14】　获取和设置元素的文本内容与 HTML 内容。

实例位置：光盘\MR\源码\第 19 章\19-14

（1）创建一个名称为 index.html 的文件，在该文件的<head>标记中应用下面的语句引入 jQuery 库。

```
<script type="text/javascript" src="JS/jquery-1.6.1.min.js"></script>
```

（2）在页面的<body>标记中，添加两个<div>标记，这两个<div>标记除了 id 属性不同外，其他均相同，关键代码如下：

```
应用 text()方法设置的内容
<div id="div1">
<span id="clock">当前时间: 2011-07-06 星期三 13:20:10</span>
</div>
<br />应用 html()方法设置的内容
<div id="div2">
<span id="clock">当前时间: 2011-07-06 星期三 13:20:10</span>
</div>
```

（3）在引入 jQuery 库的代码下方编写 jQuery 代码，实现为<div>标记设置文本内容和 HTML 内容，并获取设置后的文本内容和 HTML 内容，具体代码如下：

```
<script type="text/javascript">
    $(document).ready(function(){
        $("#div1").text("<span style='color:#FF0000'>我是通过 html()方法设置的 HTML 内容</span>");
        $("#div2").html("<span style='color:#FF0000'>我是通过 html()方法设置的 HTML 内容</span>");
        alert(" 通 过 text() 方 法 获 取 :\r\n"+$("div").text()+"\r\n 通过 html()方法获取:\r\n"+$("div").html());
    });
</script>
```

运行本实例，将显示如图 19-30 所示的运行结果。从该运行结果中，我们可以看出，在应用 text()设置文本内容时，即使内容中包含 HTML 代码，也将被认为是普通文本，并不能作为 HTML 代码被浏览器解析，则应用 html()设置的 HTML 内容中包括的 HTML 代码就可以被浏览器解析。

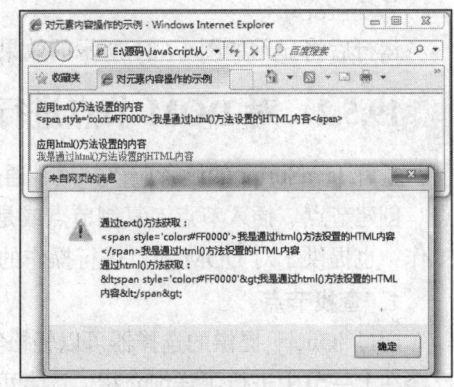

图 19-30　获取和设置元素的文本内容
与 HTML 内容

2. 对元素值操作

jQuery 提供了 3 种对元素值操作的方法，如表 19-5 所示。

表 19-5   对元素的值进行操作的方法

方 法	说 明	示 例
var()	用于获取第一个匹配元素的当前值，返回值可能是一个字符串，也可能是一个数组。例如当 select 元素有两个选中值时，返回结果就是一个数组	$("#username").val(); // 获取 id 为 username 的元素的值
var(val)	用于设置所有匹配元素的值	$("input:text").val("新值") //为全部文本框设置值
var(arrVal)	用于为 check、select 和 radio 等元素设置值，参数为字符串数组	$("select").val(['列表项 1','列表项 2']); //为下拉列表框设置多选值

【例 19-15】 为多行列表框设置并获取值。

实例位置：光盘\MR\源码\第 19 章\19-15

（1）创建一个名称为 index.html 的文件，在该文件的<head>标记中应用下面的语句引入 jQuery 库。

```
<script type="text/javascript" src="JS/jquery-1.6.1.min.js"></script>
```

（2）在页面的<body>标记中，添加一个包含 3 个列表项的可多选的多行列表框，默认为后两项被选中，代码如下：

```
<select name="like" size="3" multiple="multiple" id="like">
  <option>列表项1</option>
  <option selected="selected">列表项2</option>
  <option selected="selected">列表项3</option>
</select>
```

（3）在引入 jQuery 库的代码下方编写 jQuery 代码，应用 jQuery 的 val(arrVal)方法将其第一个和第二个列表项设置为选中状态，并应用 val()方法获取该多行列表框的值，具体代码如下：

```
<script type="text/javascript">
    $(document).ready(function(){
        $("select").val(['列表项 1','列表项
2']);
        alert($("select").val());
    });
</script>
```

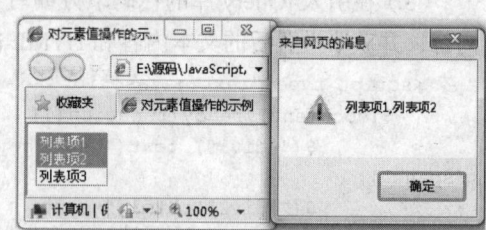

图 19-31   获取到的多行列表框的值

运行后将显示如图 19-31 所示的效果。

19.5.2 对 DOM 节点进行操作

了解 JavaScript 的读者应该知道，通过 JavaScript 可以实现对 DOM 节点的操作，例如查找节点、创建节点、插入节点、复制节点或是删除节点，不过比较复杂。jQuery 为了简化开发人员的工作，也提供了对 DOM 节点进行操作的方法，下面进行详细介绍。

1. 查找节点

通过 jQuery 提供的选择器可以轻松实现查找页面中的任何节点。关于 jQuery 的选择器我们已经在上一节中进行了详细介绍，读者可以参考"jQuery 的选择器"实现查找节点。

2. 创建节点

创建元素节点包括两个步骤，一是创建新元素，二是将新元素插入到文档中（即父元素中）。

例如，要在文档的 body 元素中创建一个新的段落节点可以使用下面的代码：

```
<script type="text/javascript">
    $(document).ready(function(){
        //方法一
        var $p=$("<p></p>");
        $p.html("<span style='color:#FF0000'>方法一添加的内容</span>");
        $("body").append($p);
        //方法二
        var $txtP=$("<p><span style='color:#FF0000'>方法二添加的内容</span></p>");
        $("body").append($txtP);
        //方法三
        $("body").append("<p><span style='color:#FF0000'>方法三添加的内容</span></p>");
        //弹出新添加的段落节点 p 的文本内容
        alert($("p").text());
    });
</script>
```

在创建节点时，浏览器会将所添加的内容视为 HTML 内容进行解释执行，无论是否是使用 html()方法指定的 HTML 内容。上面所使用的 3 种方法都将在文档中添加一个颜色为红色的段落文本。

3. 插入节点

在创建节点时，我们应用了 append()方法将定义的节点内容插入到指定的元素。实际上，该方法是用于插入节点的方法，除了 append()方法外，jQuery 还提供了几种插入节点的方法。这一节我们将详细介绍。在 jQuery 中，插入节点可以分为在元素内部插入和在元素外部插入两种，下面分别进行介绍。

（1）在元素内部插入

在元素内部插入就是向一个元素中添加子元素和内容。jQuery 提供了如表 19-6 所示的在元素内部插入的方法。

表 19-6.　　　　　　　　　　　　　　在元素内部插入的方法

方　　法	说　　明	示　　例
append(content)	为所有匹配的元素的内部追加内容	$("#B").append("<p>A</p>");　//向 id 为 B 的元素中追加一个段落
appendTo(content)	将所有匹配元素添加到另一个元素的元素集合中	$("#B").appendTo("#A");　//将 id 为 B 的元素追加到 id 为 A 的元素后面，也就是将 B 元素移动到 A 元素的后面
prepend(content)	为所有匹配的元素的内部前置内容	$("#B").prepend("<p>A</p>");　//向 id 为 B 的元素内容前添加一个段落
prependTo(content)	将所有匹配元素前置到另一个元素的元素集合中	$("#B").prependTo("#A");　//将 id 为 B 的元素添加到 id 为 A 的元素前面，也就是将 B 元素移动到 A 元素的前面

从表中可以看出 append()方法与 prepend()方法类似，所不同的是 prepend()方法将添加的内容插入到原有内容的前面。

appendTo()实际上是颠倒了 append()方法，例如下面这句代码：

```
$("<p>A</p>").appendTo("#B");                          //将指定内容添加到 id 为 B 的元素中
```

等同于：

```
$("#B").append("<p>A</p>");                            //将指定内容添加到 id 为 B 的元素中
```

不过，append()方法并不能移动页面上的元素，而appendTo()方法是可以的，例如下面的代码：

```
$("#B").appendTo("#A");                           //移动B元素到A元素的后面
```

append()方法是无法实现该功能的，注意两者的区别。

（2）在元素外部插入

在元素外部插入就是将要添加的内容添加到元素之前或元素之后。jQuery提供了如表19-7所示的在元素外部插入的方法。

表19-7 在元素外部插入的方法

方 法	说 明	示 例
after(content)	在每个匹配的元素之后插入内容	$("#B").after("\<p>A\</p>");　//向id为B的元素的后面添加一个段落
insertAfter(content)	将所有匹配的元素插入到另一个指定元素的元素集合的后面	$("\<p>test\</p>").insertAfter("#B");　//将要添加的段落插入到id为B的元素的后面
before(content)	在每个匹配的元素之前插入内容	$("#B").prepend("\<p>A\</p>");　//向id为B的元素内容前添加一个段落
insertBefore(content)	把所有匹配的元素插入到另一个指定元素的元素集合的前面	$("#B").prependTo("#A");　//将id为B的元素添加到id为A的元素前面，也就是将B元素移动到A元素的前面

4. 删除、复制与替换节点

在页面上只执行插入和移动元素的操作是远远不够的，在实际开发的过程中还经常需要删除、复制和替换相应的元素。下面将介绍如何应用jQuery实现删除、复制和替换节点。

● 删除节点

jQuery提供了两种删除节点的方法，分别是empty()和remove([expr])方法，其中，empty()方法用于删除匹配的元素集合中所有的子节点，并不删除该元素；remove([expr])方法用于从DOM中删除所有匹配的元素。例如，在文档中存在下面的内容：

```
div1:
<div id="div1"><span style="color:#900">谁言寸草心，报得三春晖</span></div>
div2:
<div id="div2"><span style="color:#900">谁言寸草心，报得三春晖</span></div>
```

使用下面的jQuery代码可以实现删除操作。

```
<script type="text/javascript">
    $(document).ready(function() {
        $("#div1").empty();            //调用empty()方法删除div1的的所有子节点
        $("#div2").remove();           //调用remove()方法删除id为div2的元素
    });
</script>
```

● 复制节点

jQuery提供了clone()方法用于复制节点，该方法有两种形式，一种是不带参数，用于克隆匹配的DOM元素并且选中这些克隆的副本；另一种是带有一个布尔型的参数，参数为true表示克隆匹配的元素以及其所有的事件处理并且选中这些克隆的副本，参数为false表示不复制元素的事件处理。

例如，在页面中添加一个按钮，并为该按钮绑定单击事件，在单击事件中复制该按钮，但不复制它的事件处理，可以使用下面的jQuery代码：

```
<script type="text/javascript">
    $(function() {
        $("input").bind("click",function() {           //为按钮绑定单击事件
```

```
        $(this).clone().insertAfter(this);              //复制自己但不复制事件处理
    });
  });
</script>
```

运行上面的代码，当单击页面上的按钮时，会在该元素之后插入复制后的元素副本，但是复制的按钮没有复制事件。如果需要同时复制元素的事件处理，可用 clone(true)方法代替。

● 替换节点

jQuery 提供了两个替换节点的方法，分别是 replaceAll(selector)和 replaceWith(content)。其中，replaceAll(selector)方法用于使用匹配的元素替换掉所有 selector 匹配到的元素；replaceWith(content)方法用于将所有匹配的元素替换成指定的 HTML 或 DOM 元素。这两种方法的功能相同，只是两者的表现形式不同。

例如，使用 replaceWith()方法替换页面中 id 为 div1 的元素，以及使用 replaceAll()方法替换 id为 div2 的元素可以使用下面的代码：

```
<script type="text/javascript">
    $(document).ready(function() {
        $("#div1").replaceWith("<div>replaceWith()方法的替换结果</div>");   //替换 id
为 div1 的<div>元素
        $("<div>replaceAll()方法的替换结果</div>").replaceAll("#div2");       //替换 id
为 div2 的<div>元素
    });
</script>
```

19.5.3　对元素属性进行操作

jQuery 提供了如表 19-8 所示的对元素属性进行操作的方法。

表 19-8　　　　　　　　　　对元素属性进行操作的方法

方　　法	说　　明	示　　例
attr(name)	获取匹配的第一个元素的属性值（无值时返回 undefined）	$("img").attr('src');　//获取页面中第一个 img 元素的 src属性的值
attr(key,value)	为所有匹配的元素设置一个属性值（value 是设置的值）	$("img").attr("title","草莓正在生长");　//为图片添加一个标题属性，属性值为"草莓正在生长"
attr(key,fn)	为所有匹配的元素设置一个函数返回的属性值（fn 代表函数）	$("#fn").attr("value", function() { return this.name ;　//返回元素的名称 });　　　　　//将元素的名称作为其 value 属性值
attr(properties)	为所有匹配元素以集合（{名:值,名:值}）形式同时设置多个属性	//为图片同时添加两个属性，分别是 src 和 title $("img").attr({src:"test.gif",title:"图片示例"});
removeAttr(name)	为所有匹配元素删除一个属性	$("img"). removeAttr("title");　//移除所有图片的 title 属性

在表 19-8 所列的这些方法中，key 和 name 都代表元素的属性名称，properties 代表一个集合。

19.5.4　对元素的 CSS 样式操作

在 jQuery 中，对元素的 CSS 样式操作可以通过修改 CSS 类或者 CSS 的属性来实现。下面进行详细介绍。

1. 通过修改 CSS 类实现

在网页中，如果想改变一个元素的整体效果。例如，在实现网站换肤时，就可以通过修改该元素所使用的 CSS 类来实现。在 jQuery 中，提供了如表 19-9 所示的几种用于修改 CSS 类的方法。

表 19-9　　　　　　　　　　　　　修改 CSS 类的方法

方　　法	说　　明	示　　例
addClass(class)	为所有匹配的元素添加指定的 CSS 类名	$("div").addClass("blue line");　//为全部 div 元素添加 blue 和 line 两个 CSS 类
removeClass(class)	从所有匹配的元素中删除全部或者指定的 CSS 类	$("div").addClass("line");　//删除全部 div 元素中添加的 lineCSS 类
toggleClass(class)	如果存在（不存在）就删除（添加）一个 CSS 类	$("div").toggleClass("yellow");　//当匹配的 div 元素中存在 yellow CSS 类，则删除该类，否则添加该类
toggleClass(class,switch)	如果 switch 参数为 true 则加上对应的 CSS 类，否则就删除，通常 switch 参数为一个布尔型的变量	$("img").toggleClass("show",true);　//为 img 元素添加 CSS 类 show $("img").toggleClass("show",false);　//为 img 元素删除 CSS 类 show

　　　　使用 addClass()方法添加 CSS 类时，并不会删除现有的 CSS 类。同时，在使用上表所列的方法时，其 class 参数都可以设置多个类名，类名与类名之间用空格分开。

2. 通过修改 CSS 属性实现

如果需要获取或修改某个元素的具体样式（即修改元素的 style 属性），jQuery 也提供了相应的方法，如表 19-10 所示。

表 19-10　　　　　　　　　　　获取或修改 CSS 属性的方法

方　　法	说　　明	示　　例
css(name)	返回第一个匹配元素的样式属性	$("div").css("color");　//获取第一个匹配的 div 元素的 color 属性值
css(name,value)	为所有匹配元素的指定样式设置值	$("img").css("border","1px solid #000000");　//为全部 img 元素设置边框样式
css(properties)	以{属性：值，属性：值，……}的形式为所有匹配的元素设置样式属性	$("tr").css({ 　　　"background-color":"#0A65F3",//设置背景颜色 　　　"font-size":"14px",　　　　//设置字体大小 　　　"color":"#FFFFFF"　　　　//设置字体颜色 });

　　　　使用 css()方法设置属性时，既可以解释连字符形式的 CSS 表示法（如 background-color），也可以解释大小写形式的 DOM 表示法（如 backgroundColor）。

19.6　jQuery 的事件处理

　　人们常说"事件是脚本语言的灵魂"，事件使页面具有了动态性和响应性，如果没有事件将很难完成页面与用户之间的交互。在传统的 JavaScript 中内置了一些事件响应的方式，但是 jQuery

增强、优化并扩展了基本的事件处理机制。

19.6.1　页面加载响应事件

$(document).ready()方法是事件模块中最重要的一个函数，它极大地提高了 Web 响应速度。$(document)是获取整个文档对象，从这个方法名称来理解，就是获取文档就绪的时候。方法的书写格式为：

```
$(document).ready(function() {
        //在这里写代码
});
```

可以简写成：

```
$().ready(function() {
        //在这里写代码
});
```

当$()不带参数时，默认的参数就是 document，所以$()是$(document)的简写形式。

还可以进一步简写成：

```
$(function() {
        //在这里写代码
});
```

虽然语法可以更短一些，但是不提倡使用简写的方式，因为较长的代码更具可读性，也可以防止与其他方法混淆。

通过上面的介绍我们可以看出，在 jQuery 中可以使用$(document).ready()方法代替传统的 window.onload()方法，不过两者之间还是有些细微的区别，主要表现在以下两方面。

在一个页面上可以无限制地使用$(document).ready()方法，各个方法间并不冲突，会按照在代码中的顺序依次执行。而一个页面中只能使用一个 window.onload()方法。

在一个文档完全下载到浏览器时（包括所有关联的文件，例如图片、横幅等）就会响应 window.onload()方法。而$(document).ready()方法是在所有的 DOM 元素完全就绪以后就可以调用，不包括关联的文件。例如在页面上还有图片没有加载完毕但是 DOM 元素已经完全就绪，这样就会执行$(document).ready()方法，在相同条件下 window.onload()方法是不会执行的，它会继续等待图片加载，直到图片及其他的关联文件都下载完毕时才执行。所以说$(document).ready()方法优于 window.onload()方法。

19.6.2　jQuery 中的事件

只有页面加载显然是不够的，程序在其他的时候也需要完成某个任务。比如鼠标单击（onclick）事件，敲击键盘（onkeypress）事件以及失去焦点（onblur）事件等。在不同的浏览器中事件名称是不同的，例如在 IE 中的事件名称大部分都含有 on，如 onkeypress()事件，但是在火狐浏览器却没有这个事件名称，jQuery 帮助我们统一了所有事件的名称。jQuery 中的事件如表 19-11 所示。

表 19-11　　　　　　　　　　　　　　　jQuery 中的事件

方　　法	说　　明
blur()	触发元素的 blur 事件
blur(fn)	在每一个匹配元素的 blur 事件中绑定一个处理函数，在元素失去焦点时触发，既可以是鼠标行为也可以是使用〈Tab〉键离开的行为
change()	触发元素的 change 事件

方　法	说　明
change(fn)	在每一个匹配元素的 change 事件中绑定一个处理函数，在元素的值改变并失去焦点时触发
chick()	触发元素的 chick 事件
click(fn)	在每一个匹配元素的 click 事件中绑定一个处理函数，在元素上单击时触发
dblclick()	触发元素的 dblclick 事件
dblclick(fn)	在每一个匹配元素的 dblclick 事件中绑定一个处理函数，在某个元素上双击触发
error()	触发元素的 error 事件
error(fn)	在每一个匹配元素的 error 事件中绑定一个处理函数，当 JavaSprict 发生错误时，会触发 error()事件
focus()	触发元素的 focus 事件
focus(fn)	在每一个匹配元素的 focus 事件中绑定一个处理函数，当匹配的元素获得焦点时，通过鼠标单击或者〈Tab〉键触发
keydown()	触发元素的 keydown 事件
keydown(fn)	在每一个匹配元素的 keydown 事件中绑定一个处理函数，当键盘按下时触发
keyup()	触发元素的 keyup 事件
keyup(fn)	在每一个匹配元素的 keyup 事件中绑定一个处理函数，会在按键释放时触发
keypress()	触发元素的 keypress 事件
keypress(fn)	在每一个匹配元素的 keypress 事件中绑定一个处理函数，敲击按键时触发（即按下并抬起同一个按键）
load(fn)	在每一个匹配元素的 load 事件中绑定一个处理函数，匹配的元素内容完全加载完毕后触发
mousedown(fn)	在每一个匹配元素的 mousedown 事件中绑定一个处理函数，鼠标在元素上点击后触发
mousemove(fn)	在每一个匹配元素的 mousemove 事件中绑定一个处理函数，鼠标在元素上移动时触发
mouseout(fn)	在每一个匹配元素的 mouseout 事件中绑定一个处理函数，鼠标从元素上离开时触发
mouseover(fn)	在每一个匹配元素的 mouseover 事件中绑定一个处理函数，鼠标移入对象时触发
mouseup(fn)	在每一个匹配元素的 mouseup 事件中绑定一个处理函数，鼠标点击对象释放时
resize(fn)	在每一个匹配元素的 resize 事件中绑定一个处理函数，当文档窗口改变大小时触发
scroll(fn)	在每一个匹配元素的 scroll 事件中绑定一个处理函数，当滚动条发生变化时触发
select()	触发元素的 select()事件
select(fn)	在每一个匹配元素的 select 事件中绑定一个处理函数，当用户在文本框（包括 input 和 textarea）选中某段文本时触发
submit()	触发元素的 submit 事件
submit(fn)	在每一个匹配元素的 submit 事件中绑定一个处理函数，表单提交时触发
unload(fn)	在每一个匹配元素的 unload 事件中绑定一个处理函数，在元素卸载时触发该事件

　　这些都是对应的 jQuery 事件，和传统的 JavaScript 中的事件几乎相同，只是名称不同。方法中的 fn 参数，表示一个函数，事件处理程序就写在这个函数中。

19.6.3　事件绑定

在页面加载完毕时，程序可以通过为元素绑定事件完成相应的操作。在 jQuery 中，事件绑定通常可以分为为元素绑定事件、移除绑定和绑定一次性事件处理 3 种情况，下面分别进行介绍。

1.　为元素绑定事件

在 jQuery 中，为元素绑定事件可以使用 bind()方法，该方法的语法结构如下：

```
bind(type,[data],fn)
```

- type：事件类型。
- data：可选参数，作为 event.data 属性值传递给事件对象的额外数据对象。大多数情况下不使用该参数。
- fn：绑定的事件处理程序。

例如，为普通按钮绑定一个单击事件，用于在单击该按钮时，弹出提示对话框，可以使用下面的代码：

```
$("input:button").bind("click",function(){alert('您单击了按钮');});
```

2.　移除绑定

在 jQuery 中，为元素移除绑定事件可以使用 unbind()方法，该方法的语法结构如下：

```
unbind([type],[data])
```

- type：可选参数，用于指定事件类型。
- data：可选参数，用于指定要从每个匹配元素的事件中反绑定的事件处理函数。

在 unbind()方法中，两个参数都是可选的，如果不填参数，将会删除匹配元素上所有绑定的事件。

例如，要移除为普通按钮绑定的单击事件，可以使用下面的代码：

```
$("input:button").unbind("click");
```

3.　绑定一次性事件处理

在 jQuery 中，为元素绑定一次性事件处理可以使用 one()方法，该方法的语法结构如下：

```
one(type,[data],fn)
```

- type：用于指定事件类型。
- data：可选参数，作为 event.data 属性值传递给事件对象的额外数据对象。
- fn：绑定到每个匹配元素的事件上面的处理函数。

例如，要实现只有当用户第一次单击匹配的 div 元素时，在弹出的提示对话框内显示 div 元素的内容，可以使用下面的代码：

```
$("div").one("click", function(){
        alert( $(this).text() );        //在弹出的提示对话框中显示 div 元素的内容
});
```

19.6.4　模拟用户操作

在 jQuery 中提供了模拟用户的操作触发事件、模仿悬停事件和模拟鼠标连续单击事件 3 种模拟用户操作的方法，下面分别进行介绍。

1.　模拟用户的操作触发事件

在 jQuery 中一般常用 triggerHandler()方法和 trigger()方法来模拟用户的操作触发事件。这两个方法的语法格式完全相同，所不同的是，triggerHandler()方法不会导致浏览器同名的默认行为被执行，而 trigger()方法会导致浏览器同名的默认行为的执行。例如使用 trigger()触发一个名称为 submit 的事件，同样会导致浏览器执行提交表单的操作。要阻止浏览器的默认行为，只需返回 false。另外，使用 trigger()方法和 triggerHandler()方法还可以触发 bind()绑定的自定义事件，并且还可以为事件传递参数。

【例 19-16】　在页面载入完成后就执行按钮的 click 事件，但是并不需要用户自己操作。

实例位置：光盘\MR\源码\第 19 章\19-16

```
<script type="text/javascript" src="JS/jquery-1.6.1.min.js"></script>
<script type="text/javascript">
$(document).ready(function() {
    $("input:button").bind("click",function(event,msg1,msg2){
        alert(msg1+msg2);                           //弹出提示对话框
    }).trigger("click",["欢迎访问","明日科技"]);    //页面加载触发单击事件
});
</script>
```

执行上面的代码，弹出如图 19-32 所示的对话框。

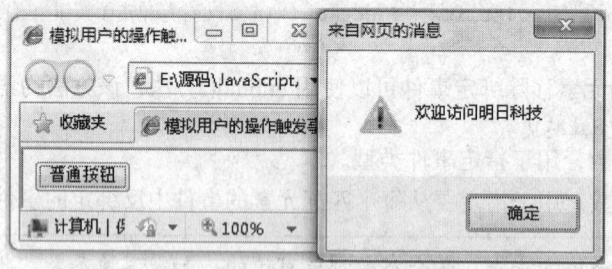

图 19-32　页面加载时触发按钮的单击事件

　　trigger()方法触发事件的时候会触发浏览器的默认行为，但是 triggerHandler()方法不会触发浏览器的默认行为。

2. 模仿悬停事件

模仿悬停事件是指模仿鼠标移动到一个对象上面又从该对象上面移出的事件，可以通过 jQuery 提供的 hover(over,out)方法实现。hover()方法的语法结构如下：

```
hover(over,out)
```

- over：用于指定当鼠标在移动到匹配元素上时触发的函数。
- out：用于指定当鼠标在移出匹配元素上时触发的函数。

例如，19.4.2 节的实例模拟隐藏超链接地址，也可以使用下面的代码实现：

```
$("a.main").hover(function(){
    window.status="http://www.mrbccd.com";return true;    //设定状态栏文本
},function(){
    window.status="完成";return true;                      //设定状态栏文本
});
```

3. 模拟鼠标连续单击事件

模拟鼠标连续单击事件实际上是为每次单击鼠标时设置一个不同的函数，从而实现用户每次单击鼠标时都会得到不同的效果。这可以通过 jQuery 提供的 toggle()方法实现。toggle()方法会在第一次单击匹配的元素时，触发指定的第一个函数，下次单击这个元素时会触发指定的第二个函数，按此规律直到最后一个函数。随后的单击会按照原来的顺序循环触发指定的函数。toggle()方法的语法格式如下：

```
toggle(odd,even)
```

- odd：用于指定奇数次单击按钮时触发的函数。
- even：用于指定偶数次单击按钮时触发的函数。

例如，要实现单击页面上的工具图片（id 为 tool 的 img 元素）显示工具提示，再次单击时隐藏工具提示，可以使用下面的代码。

```
$("#tool").toggle(
    function(){$("#tip").css("display","");},
    function(){$("#tip").css("display","none");}
);
```

 toggle()方法属于 jQuery 中的 click 事件，所以在程序中可以用 "unbind('click')" 方法删除该方法。

19.7 jQuery 的动画效果

19.7.1 基本的动画效果

基本的动画效果指的是元素的隐藏和显示。在 jQuery 中提供了两种控制元素隐藏和显示的方法，一种是分别隐藏和显示匹配元素，另一种是切换元素的可见状态。也就是如果元素是可见的，切换为隐藏；如果元素是隐藏的，切换为可见的。

1. 隐藏匹配元素

使用 hide()方法可以隐藏匹配的元素。hide()方法相当于将元素 CSS 样式属性 display 的值设置为 none，它会记住原来的 display 的值。hide()方法有两种语法格式，一种是不带参数的形式，用于实现不带任何效果的隐藏匹配元素，其语法格式如下：

```
hide()
```

例如，要隐藏页面中的全部图片，可以使用下面的代码：

```
$("img").hide();
```

另一种是带参数的形式，用于以优雅的动画隐藏所有匹配的元素，并在隐藏完成后可选地触发一个回调函数，其语法格式如下：

```
hide(speed,[callback])
```

- speed：用于指定动画的时长。可以是数字，也就是元素经过多少毫秒（1000 毫秒=1 秒）后完全隐藏，也可以是默认参数 slow（600 毫秒）、normal（400 毫秒）和 fast（200 毫秒）。
- callback：可选参数，用于指定隐藏完成后要触发的回调函数。

例如，要在 300 毫秒内隐藏页面中的 id 为 ad 的元素，可以使用下面的代码：

```
$("#ad").hide(300);
```

 jQuery 的任何动画效果，都可以使用默认的 3 个参数，slow（600 毫秒）、normal（400 毫秒）和 fast(200 毫秒)。在使用默认参数时需要加引号，例如 show("fast")，使用自定义参数时，不需要加引号，例如 show(300)。

2. 显示匹配元素

使用 show()方法可以显示匹配的元素。hide()方法相当于将元素 CSS 样式属性 display 的值设置为 block 或 inline 或除了 none 以外的值，它会恢复为应用 display：none 之前的可见属性。show()

方法有两种语法格式，一种是不带参数的形式，用于实现不带任何效果的显示匹配元素，其语法格式如下：

```
show()
```

例如，要隐藏页面中的全部图片，可以使用下面的代码：

```
$("img").show();
```

另一种是带参数的形式，用于以优雅的动画隐藏所有匹配的元素，并在隐藏完成后可选择地触发一个回调函数，其语法格式如下：

```
show(speed,[callback])
```

- speed：用于指定动画的时长。可以是数字，也就是元素经过多少毫秒（1000毫秒=1秒）后完全显示。也可以是默认参数 slow（600毫秒）、normal（400毫秒）和 fast（200毫秒）。
- callback：可选参数，用于指定隐藏完成后要触发的回调函数。

例如，要在 300 毫秒内显示页面中的 id 为 ad 的元素，可以使用下面的代码：

```
$("#ad").show(300);
```

3. 切换元素的可见状态

使用 toggle()方法可以实现切换元素的可见状态。也就是说如果元素是可见的，切换为隐藏；如果元素是隐藏的，切换为可见。toggle()方法的语法格式如下：

```
toggle()
```

例如，要实现通过单击普通按钮隐藏和显示全部 div 元素可以使用下面的代码。

```
$(document).ready(function(){
        $("input[type='button']").click(function(){
            $("div").toggle();          //切换有所有div元素的显示状态
        });
});
```

等效于：

```
$(document).ready(function(){
        $("input[type='button']").toggle(function(){
            $("div").hide();          //显示div元素
        },function(){
            $("div").show();          //隐藏div元素
        });
});
```

在设计网页时，可以在页面中添加自动隐藏式菜单，这种菜单简洁易用，在不使用时能自动隐藏，保持页面的整洁。下面将通过一个具体的例子来说明如何通过 jQuery 实现自动隐藏式菜单。

【例 19-17】 自动隐藏式菜单。

实例位置：光盘\MR\源码\第 19 章\19-17

（1）创建一个名称为 index.html 的文件，在该文件的<head>标记中应用下面的语句引入 jQuery 库。

```
<script type="text/javascript" src="JS/jquery-1.6.1.min.js"></script>
```

（2）在页面的<body>标记中，首先添加一个图片，id 属性为 flag，用于控制菜单显示；然后添加一个 id 为 menu 的<div>标记，用于显示菜单；最后在<div>标记中添加用于显示菜单项的<ul>和<li>标记，关键代码如下：

```
<img src="images/title.gif" width="30" height="80" id="flag" />
<div id="menu">
<ul>
    <li><a href="www.mingribook.com">图书介绍</a></li>
```

```
    <li><a href="www.mingribook.com">新书预告</a></li>
    ……  <!--省略了其他菜单项的代码-->
    <li><a href="www.mingribook.com">联系我们</a></li>
</ul>
</div>
```

（3）编写 CSS 样式，用于控制菜单的显示样式，具体代码请参见光盘。

（4）在引入 jQuery 库的代码下方编写 jQuery 代码，应用 jQuery 的 val(arrVal)方法将其第一个和第二个列表项设置为选中状态，并应用 val()方法获取该多行列表框的值，具体代码如下：

```javascript
<script type="text/javascript">
    $(document).ready(function(){
        $("#flag").mouseover(function(){
            $("#menu").show(300);                //显示菜单
        });
        $("#menu").hover(null,function(){
            $("#menu").hide(300);                //隐藏菜单
        });
    });
</script>
```

运行本实例，将显示如图 19-33 所示的效果，将鼠标移动到"隐藏菜单"图片上时，将显示如图 19-34 所示的菜单，将鼠标从该菜单上移出后，又将显示如图 19-33 所示的效果。

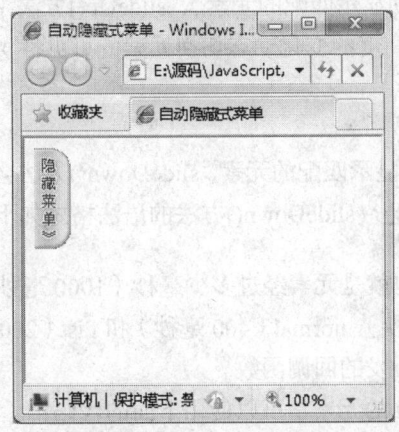

图 19-33　鼠标移出隐藏菜单的效果

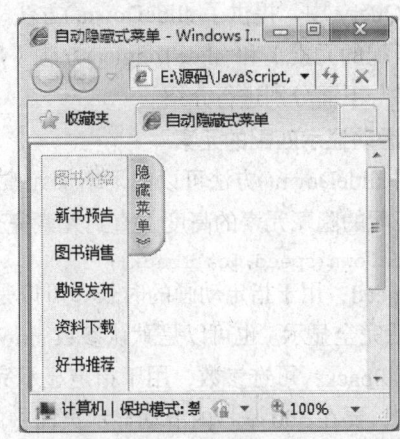

图 19-34　鼠标移入隐藏菜单的效果

19.7.2　淡入淡出的动画效果

如果在显示或隐藏元素时不需要改变元素的高度和宽度，只单独改变元素的透明度，就需要使用淡入淡出的动画效果了。jQuery 中提供了如表 19-12 所示的实现淡入淡出动画效果的方法。

表 19-12　　　　　　　　　　实现淡入淡出动画效果的方法

方　　法	说　　明	示　　例
fadeIn(speed,[callback])	通过增大不透明度实现匹配元素淡入的效果	$("img").fadeIn(300);　//淡入效果
fadeOut(speed,[callback])	通过减小不透明度实现匹配元素淡出的效果	$("img").fadeOut(300); //淡出效果
fadeTo(speed,opacity,[callback])	将匹配元素的不透明度以渐进的方式调整到指定的参数	$("img").fadeTo(300,0.15);　//在 0.3 秒内将图片淡入淡出至 15%不透明

这 3 种方法都可以为其指定速度参数，参数的规则与 hide()方法和 show()方法的速度参数一致。在使用 fadeTo()方法指定不透明度时，参数只能是 0 到 1 之间的数字，0 表示完全透明，1 表示完全不透明，数值越小图片的可见性就越差。

例如，如果想把例 19-17 的实例修改成带淡入淡出动画效果的隐藏菜单，可以将对应的 jQuery 代码修改为以下内容。

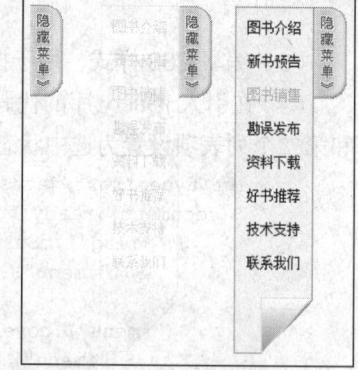

```
<script type="text/javascript">
    $(document).ready(function(){
        $("#flag").mouseover(function(){
            $("#menu").fadeIn(700);    //淡入效果
        });
        $("#menu").hover(null,function(){
            $("#menu").fadeOut(700);   //淡出效果
        });
    });
</script>
```

修改后的运行效果如图 19-35 所示。

图 19-35　采用淡入淡出效果的自动隐藏式菜单

19.7.3　滑动效果

在 jQuery 中，提供了 slideDown()方法（用于滑动显示匹配的元素）、slideUp()方法（用于滑动隐藏匹配的元素）和 slideToggle()方法（用于通过高度的变化动态切换元素的可见性）来实现滑动效果。下面分别进行介绍。

1．滑动显示匹配的元素

使用 slideDown()方法可以向下增加元素高度动态显示匹配的元素。slideDown()方法会逐渐向下增加匹配的隐藏元素的高度，直到元素完全显示为止。slideDown()方法的语法格式如下：

```
slideDown(speed,[callback])
```

- speed：用于指定动画的时长。可以是数字，也就是元素经过多少毫秒（1000 毫秒=1 秒）后完全显示。也可以是默认参数 slow（600 毫秒）、normal（400 毫秒）和 fast（200 毫秒）。
- callback：可选参数，用于指定显示完成后要触发的回调函数。

例如，要在 300 毫秒内滑动显示页面中的 id 为 ad 的元素，可以使用下面的代码：

```
$("#ad").slideDown(300);
```

2．滑动隐藏匹配的元素

使用 slideUp()方法可以向上减少元素高度动态隐藏匹配的元素。slideUp()方法会逐渐向上减少匹配的显示元素的高度，直到元素完全隐藏为止。slideUp()方法的语法格式如下：

```
slideUp(speed,[callback])
```

- speed：用于指定动画的时长。可以是数字，也就是元素经过多少毫秒（1000 毫秒=1 秒）后完全隐藏。也可以是默认参数 slow（600 毫秒）、normal（400 毫秒）和 fast（200 毫秒）。
- callback：可选参数，用于指定隐藏完成后要触发的回调函数。

例如，要在 300 毫秒内滑动隐藏页面中的 id 为 ad 的元素，可以使用下面的代码：

```
$("#ad").slideDown(300);
```

3．通过高度的变化动态切换元素的可见性

通过 slideToggle()方法可以实现通过高度的变化动态切换元素的可见性。在使用 slideToggle()方法时，如果元素是可见的，就通过减小高度使全部元素隐藏，如果元素是隐藏的，就增加元素的高度使元素最终全部可见。slideToggle()方法的语法格式如下：

```
slideToggle(speed,[callback])
```

● speed：用于指定动画的时长。可以是数字，也就是元素经过多少毫秒（1000 毫秒=1 秒）后完全显示或隐藏。也可以是默认参数 slow（600 毫秒）、normal（400 毫秒）和 fast（200 毫秒）。

● callback：可选参数，用于指定动画完成时触发的回调函数。

例如，要实现单击 id 为 flag 的图片时，控制菜单的显示或隐藏（默认为不显示，奇数次单击时显示，偶数次单击时隐藏），可以使用下面的代码：

```
$("#flag").click(function(){
    $("#menu").slideToggle(300);            //显示/隐藏菜单
});
```

本节我们将通过一个具体的实例介绍应用 jQuery 实现滑动效果。

【例 19-18】 伸缩式导航菜单。

实例位置：光盘\MR\源码\第 19 章\19-18

（1）创建一个名称为 index.html 的文件，在该文件的<head>标记中应用下面的语句引入 jQuery 库。

```
<script type="text/javascript" src="JS/jquery-1.6.1.min.js"></script>
```

（2）在页面的<body>标记中，首先添加一个<div>标记，用于显示导航菜单的标题，然后添加一个字典列表，用于添加主菜单项及其子菜单项，其中主菜单项由<dt>标记定义，子菜单项由<dd>标记定义，最后再添加一个<div>标记，用于显示导航菜单的结尾，关键代码如下：

```
<div id="top"></div>
<dl>
    <dt>员工管理</dt>
    <dd>
      <div class="item">添加员工信息</div>
      <div class="item">管理员工信息</div>
    </dd>
    <dt>招聘管理</dt>
    <dd>
      <div class="item">浏览应聘信息</div>
      <div class="item">添加应聘信息</div>
      <div class="item">浏览人才库</div>
    </dd>
    <dt>薪酬管理</dt>
    <dd>
      <div class="item">薪酬登记</div>
      <div class="item">薪酬调整</div>
      <div class="item">薪酬查询</div>
    </dd>
    <dt class="title"><a href="#">退出系统</a></dt>
</dl>
<div id="bottom"></div>
```

（3）编写 CSS 样式，用于控制导航菜单的显示样式，具体代码请参见光盘。

（4）在引入 jQuery 库的代码下方编写 jQuery 代码，首先隐藏全部子菜单，然后再为每个包含子菜单的主菜单项添加模拟鼠标连续单击的事件 toggle()，具体代码如下：

```
<script type="text/javascript">
$(document).ready(function(){
    $("dd").hide();                                          //隐藏全部子菜单
```

```
        $("dt[class!='title']").toggle(
            function(){
            //  slideDown:通过高度变化(向下增长)来动态地显示所有匹配的元素
                $(this).css("backgroundImage","url(images/title_hide.gif)");
                $(this).next().slideDown("slow");
        },
            function(){
            //  slideUp:通过高度变化(向上缩小)来动态地隐藏所有匹配的元素
                $(this).css("backgroundImage","url(images/title_show.gif)");
                $(this).next().slideUp("slow");
        }
        );
    });
</script>
```

运行本实例,将显示如图 19-36 所示的效果,单击某个主菜单时,将展开该主菜单下的子菜单,例如,单击"薪酬管理"主菜单,将显示如图 19-37 所示的子菜单。通常情况下,"退出系统"主菜单没有子菜单,所以单击"退出系统"主菜单将不展开对应的子菜单,而是激活一个超链接。

图 19-36 未展开任何菜单的效果

图 19-37 展开"薪酬管理"主菜单的效果

19.7.4 自定义的动画效果

在前面的 3 节中我们已经介绍了 3 种类型的动画效果,但是有些时候,开发人员会需要一些更加高级的动画效果,这时候就需要采取高级的自定义动画来解决这个问题。在 jQuery 中,要实现自定义动画效果,主要应用 animate()方法创建自定义动画,应用 stop()方法停止动画。下面分别进行介绍。

1. 使用 animate()方法创建自定义动画

animate()方法的操作更加自由,可以随意控制元素的属性,实现更加绚丽的动画效果。animate()方法的基本语法格式如下:

```
animate(params,speed,callback)
```

- params : 表示一个包含属性和值的映射,可以同时包含多个属性,例如 {left:"200px",top:"100px"}。
- speed:表示动画运行的速度,参数规则同其他动画效果的 speed 一致,它是一个可选参数。
- callback:表示一个回调函数,当动画效果运行完毕后执行该回调函数,它也是一个可选参数。

在使用 animate()方法时，必须设置元素的定位属性 position 为 relative 或 absolute，元素才能动起来。如果没有明确定义元素的定位属性，并试图使用 animate()方法移动元素时，它们只会静止不动。

例如，要实现将 id 为 fish 的元素在页面移动一圈并回到原点，可以使用下面的代码：

```
<script type="text/javascript">
$(document).ready(function(){
    $("#fish").animate({left:300},1000)
    .animate({top:200},1000)
    .animate({left:0},200)
    .animate({top:0},200);
});
</script>
```

在上面的代码中，使用了连缀方式的排队效果这种排队效果只对 jQuery 的动画效果函数有效，对于 jQuery 其他的功能函数无效。

技巧：

在 animate()方法中可以使用属性 opacity 来设置元素的透明度。如果在{left:"400px"}中的 400px 之前加上 "+=" 就表示在当前位置累加，"-=" 就表示在当前位置累减。

2. 使用 stop()方法停止动画

stop()方法也属于自定义动画函数，它会停止匹配元素正在运行的动画，并立即执行动画队列中的下一个动画。stop()方法的语法格式如下：

```
stop(clearQueue,gotoEnd)
```

- clearQueue：表示是否清空尚未执行完的动画队列（值为 true 时表示清空动画队列）。
- gotoEnd：表示是否让正在执行的动画直接到达动画结束时的状态（值为 true 时表示直接到达动画结束时的状态）。

例如，需要停止某个正在执行的动画效果，清空动画序列并直接到达动画结束时的状态，只需在$(document).ready()方法中加入下面这句代码即可：

```
$("#btn_stop").click(function(){
        $("#fish").stop("true","true");              //停止动画效果
});
```

参数 gotoEnd 设置为 true 时，只能直接到达正在执行的动画的最终状态，并不能到达动画序列所设置的动画的最终状态。

19.8 综合实例——隔行换色
并且鼠标指向行变色的表格

对于一些清单型数据，通常是利用表格展示到页面中。如果数据比较多，很容易看串行，这时，可以为表格添加隔行换色并且鼠标指向行变色的功能。运行程序，效果如图 19-38 所示。

本实例实现的关键是如何使用 jQuery 库中的函数为表格中的行添加不同的样式，这主要用到

addClass 函数。关键步骤如下：

（1）创建一个名称为 index.html 的文件，在该文件的<head>标记中应用下面的语句引入 jQuery 库，代码如下：

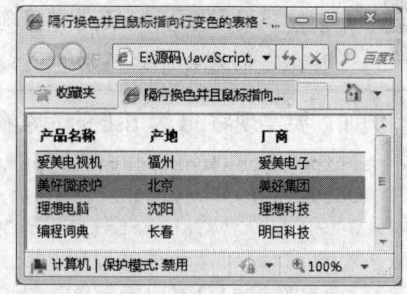

图 19-38　隔行换色并且鼠标指向行变色的表格

```
<script type="text/javascript" src="JS/jquery-
1.6.1.min.js"></script>
```

（2）在页面的<body>标记中，添加一个 5 行 3 列的表格，并使用<thead>标记将表格的标题行括起来，再使用<tbody>标记将表格的其他行括起来，关键代码如下：

```
<table>
  <thead>
    <tr>
      <th>产品名称</th>
      <th>产地</th>
      <th>厂商</th>
    </tr>
  </thead>
  <tbody>
    <tr>
      <td>爱美电视机</td>
      <td>福州</td>
      <td>爱美电子</td>
    </tr>
    ……          <!-此处省略了其他 3 行的代码-->
  </tbody>
</table>
```

（3）编写 CSS 样式，用于控制表格整体样式、表头的样式、表格的单元格的样式，以及奇数行样式、偶数行样式和鼠标移到行的样式，具体代码如下：

```
<style type="text/css">
table{ border:0;border-collapse:collapse;}              /*设置表格整体样式*/
td{font:normal 12px/17px Arial;padding:2px;width:100px;} /*设置单元格的样式*/
th{                                                      /*设置表头的样式*/
    font:bold 12px/17px Arial;
    text-align:left;
    padding:4px;
    border-bottom:1px solid #333;
}
.odd{background:#cef;}                                   /*设置奇数行样式*/
.even{background:#ffc;}                                  /*设置偶数行样式*/
.light{background:#00A1DA;}                              /*设置鼠标移到行的样式*/
</style>
```

（4）在引入 jQuery 库的代码下方编写 jQuery 代码，实现表格的隔行换色和鼠标移到行变色的功能，具体代码如下：

```
<script type="text/javascript">
$(document).ready(function(){
  $("tbody tr:even").addClass("odd");                   //为偶数行添加样式
  $("tbody tr:odd").addClass("even");                   //为奇数行添加样式
```

```
$("tbody tr").hover(                               //为表格主体每行绑定 hover 方法
    function() {$(this).addClass("light");},
    function() {$(this).removeClass("light");}
);
});
</script>
```

知识点提炼

（1）jQuery 是一套简洁、快速、灵活的 JavaScript 脚本库，它是由 John Resig 于 2006 年创建的，帮助我们简化了 JavaScript 代码。

（2）jQuery 是一个简洁快速的 JavaScript 脚本库，它能让你在网页上简单地操作文档、处理事件、运行动画效果或者添加异步交互。

（3）在 jQuery 中，无论我们使用哪种类型的选择符都需要从一个 "$" 符号和一对 "()" 开始。

（4）jQuery 提供了 Ancestor descendan 选择器、parent > child 选择器、prev + next 选择器和 prev ~ siblings 选择器。

（5）在 jQuery 中，事件绑定通常可以分为为元素绑定事件、移除绑定和绑定一次性事件处理 3 种情况。

（6）在 jQuery 中提供了两种控制元素隐藏和显示的方法，一种是分别隐藏和显示匹配元素，另一种是切换元素的可见状态。也就是如果元素是可见的，切换为隐藏；如果元素是隐藏的，切换为可见的。

（7）jQuery 提供了 slideDown()方法（用于滑动显示匹配的元素）、slideUp()方法（用于滑动隐藏匹配的元素）和 slideToggle()方法（用于通过高度的变化动态切换元素的可见性）来实现滑动效果。

习　　题

1. 为什么要使用 jQuery？
2. 请手动下载并配置 jQuery。
3. jQuery 有几种选择器？分别是哪些？
4. 如何使用 jQuery 控制元素的 CSS 样式？
5. 如何在 jQuery 中实现事件的绑定？

实验：实现图片传送带

实验目的

（1）熟悉 jQuery 库的基本配置与应用。

（2）掌握应用 jQuery 库实现图片传送带效果的基本方法。

实验内容

通过 jQuery 实现图片传送带，即在页面的指定位置固定显示一定张数的图片（其他图片隐藏），单击最左边的图片时，全部图片均向左移动一张图片的位置；单击最右边的图片时，全部图片均向右移动一张图片的位置。

实验步骤

（1）创建一个名称为 index.html 的文件，在该文件的<head>标记中应用下面的语句引入 jQuery 库。

```
<script type="text/javascript" src="JS/jquery-1.6.1.min.js"></script>
```

（2）在页面的<body>标记中，首先添加一个<div>标记，用于显示导航菜单的标题；然后添加一个字典列表，用于添加主菜单项及其子菜单项，其中主菜单项由<dt>标记定义，子菜单项由<dd>标记定义；最后再添加一个<div>标记，用于显示导航菜单的结尾，关键代码如下：

```
<div id="container">
<div class="box">
    <a href="images/01.jpg"><img height=60 src="images/01.jpg" width=80></a>
    <a href="images/02.jpg"><img height=60 src="images/02.jpg" width=80></a>
    <a href="images/03.jpg"><img height=60 src="images/03.jpg" width=80></a>
    <a href="images/04.jpg"><img height=60 src="images/04.jpg" width=80></a>
    <a href="images/05.jpg"><img height=60 src="images/05.jpg" width=80></a>
    <a href="images/06.jpg"><img height=60 src="images/03.jpg" width=80></a>
</div>
</div>
```

（3）编写 CSS 样式，用于控制图片传送带容器及图片的样式，具体代码请参见光盘。

（4）在引入 jQuery 库的代码下方编写 jQuery 代码，实现图片传送带效果，具体代码如下：

```
<script type="text/javascript">
$(document).ready(function() {
  var spacing = 90;                          //定义保存间距的变量
  function createControl(src) {              //定义创建控制图片的函数
    return $('<img/>')
      .attr('src', src)                      //设置图片的来源
      .attr("width",80)
      .attr("height",60)
      .addClass('control')
      .css('opacity', 0.6)                   //设置透明度
      .css('display', 'none');               //默认为不显示
  }
  var $leftRollover = createControl('images/left.gif');   //创建向左移动的控制图片
  var $rightRollover = createControl('images/right.gif'); //创建向右移动的控制图片
  $('#container').css({                      //改变图像传送带容器的 CSS 样式
    'width': spacing * 3,
    'height': '70px',
    'overflow': 'hidden'                     //溢出时隐藏
  }).find('.box a').css({
    'float': 'none',
    'position': 'absolute',                  //设置为绝对布局
```

```
      'left': 1000                                    //将左边距设置为 1000，目的是不显示
  });
var setUpbox = function() {
  var $box = $('#container .box a');
  $box.unbind('click mouseenter mouseleave');   //移除绑定的事件
  /*****************************左边的图片*****************************/
  $box.eq(0)
    .css('left', 0)
    .click(function(event) {
      $box.eq(0).animate({'left': spacing}, 'fast');          //为第 1 张图片添加动画
      $box.eq(1).animate({'left': spacing * 2}, 'fast');      //为第 2 张图片添加动画
      $box.eq(2).animate({'left': spacing * 3}, 'fast');      //为第 3 张图片添加动画
      $box.eq($box.length - 1)
        .css('left', -spacing)                                //设置左边距
        .animate({'left': 0}, 'fast', function() {
          $(this).prependTo('#container .box');
          setUpbox();
        });                                        //添加动画
      event.preventDefault();                      //取消事件的默认动作
    }).hover(function() {                          //设置鼠标的悬停事件
      $leftRollover.appendTo(this).fadeIn(200);    //显示向左移动的控制图片
    }, function() {
      $leftRollover.fadeOut(200);                  //隐藏向左移动的控制图片
    });
  /*****************************右边的图片*****************************/
  $box.eq(2)
    .css('left', spacing * 2)                      //设置左边距
    .click(function(event) {                       //绑定单击事件
      $box.eq(0)                                   //获取左边的图片，也就是第一张图片
        .animate({'left': -spacing}, 'fast', function() {
          $(this).appendTo('#container .box');
          setUpbox();
        });                                        //添加动画
      $box.eq(1).animate({'left': 0}, 'fast');     //添加动画
      $box.eq(2).animate({'left': spacing}, 'fast');//添加动画
      $box.eq(3)
        .css('left', spacing * 3)                  //设置左边距
        .animate({'left': spacing * 2}, 'fast');   //添加动画
      event.preventDefault();                      //取消事件的默认动作
    }).hover(function() {                          //设置鼠标的悬停事件
      $rightRollover.appendTo(this).fadeIn(200);   //显示向右移动的控制图片
    }, function() {
      $rightRollover.fadeOut(200);                 //隐藏向右移动的控制图片
    });
  /*********************中间的图片*********************/
  $box.eq(1).css('left', spacing);                 //设置中间图片的左边距
  };
setUpbox();
$("a").attr("target","_blank");                    //查看原图时，在新的窗口中打开
});
</script>
```

　　运行本实例，将鼠标移动到左边的图片上，将显示如图 19-39 所示的效果，单击将向左移动一张图片；将鼠标移动到右边的图片上时，将显示如图 19-40 所示的箭头，单击将向右移动一张图片；单击中间位置的图片，可以打开新窗口查看该图片的原图。

　　　　图 19-39　将鼠标移动到左边的图片上　　　　　　　图 19-40　将鼠标移动到右边的图片上的效果

第20章
综合案例——企业门户网站

本章要点：

- 网页开发前如何拟定系统目标及功能结构
- 如何使用 JavaScript 制作导航菜单、浮动窗口等技术
- 如何使用 jQuery 技术实现广告循环播放的网页特效
- 掌握如何使用 Ajax 技术实现信息滚动显示效果

本章主要使用 JavaScript+Ajax+jQuery 技术相结合，开发吉林省明日科技有限公司官方网站，本网站主要介绍页面设计方面的技术，以及 JavaScript、Ajax 和 jQuery 技术结合开发网页技术。

20.1 概述

现在很多企业都拥有自己的官方网站，通过官方网站可以让更多的用户了解公司情况，对公司的产品推广有很大作用，并且拥有自己的官方网站也会提升用户对公司的信任，所以一个企业拥有自己的官方网站是很有必要的。

20.2 系统设计

20.2.1 系统目标

根据吉林省明日科技有限公司官方网站的需求和对实际情况的考察分析，该官网应该具有如下特点：

- 操作简单方便、界面简洁美观。
- 能够全面介绍公司企业文化及公司产品信息。
- 浏览速度快，尽量避免长时间打不开页面的情况发生。
- 商品信息部分有实物图例，图像清楚，文字醒目。
- 系统运行稳定、安全可靠。
- 易维护，并提供二次开发支持。

在制作项目时，项目的需求是十分重要的，需求就是项目要实现的目的。比如说：我要去医

院买药，去医院只是一个过程，好比是编写程序代码，目的就是去买药（需求）。

20.2.2　系统功能结构

吉林省明日科技有限公司官方网站的系统功能结构图如图 20-1 所示。

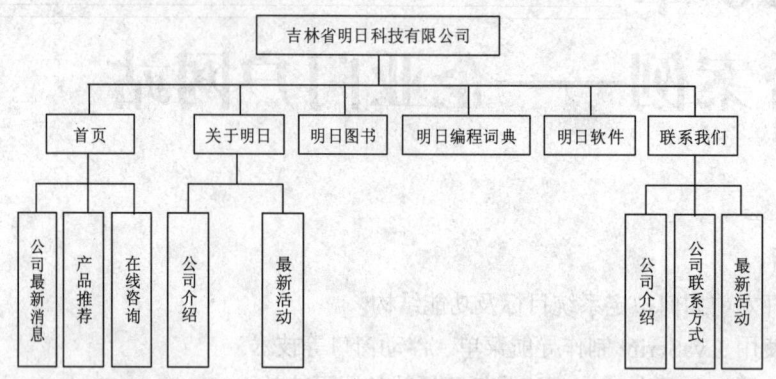

图 20-1　吉林省明日科技有限公司官方网站的系统功能结构图

20.2.3　网页预览

在设计吉林省明日科技有限公司官方网站的页面时，应用 CSS 样式、DIV 标签、JavaScript 和 jQuery 框架技术，打造了一个更具有时代气息的网页。

● 首页

首页主要用于显示展示公司基本信息、公司最新消息、推荐产品等信息，首页页面的运行结果如图 20-2 所示。

图 20-2　首页页面运行结果

● 关于明日

"关于明日"页面主要显示公司简介及最新活动信息，"关于明日"页面运行结果如图 20-3 所示。

图 20-3　"关于明日"页面运行结果

● 在线咨询

"在线资询"页面主要设计了用户咨询留言处及了解用户是如何知道本公司的，在线咨询页面运行结果如图 20-4 所示。

图 20-4　在线咨询页面运行结果

20.3　关键技术

本章主要使用了 JavaScript 脚本、jQuery 技术、Ajax 技术等关键技术，下面对本章中用到的这几种关键技术进行简单介绍。

20.3.1　JavaScript 脚本操作

使用 JavaScript 脚本实现的动态页面，在 Web 上随处可见。例如，在本程序中使用 JavaScript 脚本技术实现了导航菜单的设计、产品推荐页面以及浮动窗口的设计。

● 导航菜单设计

编写 JavaScript 代码，实现当鼠标经过主菜单时显示或隐藏子菜单，关键代码如下：

```
<script language="JavaScript" type="text/javascript">
function showadv(par,par2,par3)
{
document.getElementById("a0").style.display = "none";
document.getElementById("a0color").style.color = "";
document.getElementById("a0bg").style.backgroundImage="";
document.getElementById("a1").style.display = "none";
document.getElementById("a1color").style.color = "";
document.getElementById("a1bg").style.backgroundImage="";
document.getElementById("a2").style.display = "none";
document.getElementById("a2color").style.color = "";
document.getElementById("a2bg").style.backgroundImage="";
document.getElementById("a3").style.display = "none";
document.getElementById("a3color").style.color = "";
document.getElementById("a3bg").style.backgroundImage="";
document.getElementById("a4").style.display = "none";
document.getElementById("a4color").style.color = "";
document.getElementById("a4bg").style.backgroundImage="";
document.getElementById("a5").style.display = "none";
document.getElementById("a5color").style.color = "";
document.getElementById("a5bg").style.backgroundImage="";
document.getElementById(par).style.display = "";
document.getElementById(par2).style.color = "#ffffff";
document.getElementById(par3).style.backgroundImage = "url(../img/i13.gif)";
}
</script>
```

● 产品推荐页面设计

编写 JavaScript 代码，定义 Marquee()方法实现图片的滚动效果，关键代码如下：

```
<SCRIPT>
var speed=30                //定义滚动的速度
demo2.innerHTML=demo1.innerHTML
function Marquee(){         //定义方法
    if(demo2.offsetWidth-demo.scrollLeft<=0)
        demo.scrollLeft-=demo1.offsetWidth
    else{
        demo.scrollLeft++
    }
}
var MyMar=setInterval(Marquee,speed)
demo.onmouseover=function(){
    clearInterval(MyMar)
}
demo.onmouseout=function(){
    MyMar=setInterval(Marquee,speed)
}
</SCRIPT>
```

● 浮动窗口设计

编写 JavaScript 代码，封装于 floatdiv.js 文件中，其关键代码如下：

```javascript
function floaters() {
    this.items    = [];
    this.addItem = function(id,x,y,content) {
        document.write('<DIV id='+id+' style="Z-INDEX: 10; POSITION: absolute;width:
80px; right:30px;right:'+(typeof(x)=='string'?eval(x):x)+';top:'+(typeof(y)== 'string'
?eval(y):y)+'">'+content+'</DIV>');

        var newItem = {};
        newItem.object = document.getElementById(id);
        newItem.x = x;
        newItem.y = y;
        this.items[this.items.length]      = newItem;
    }
    this.play = function() {
        collection = this.items
        setInterval('play()',10);
    }
}
function play() {
    var width = document.documentElement.clientWidth||document.body.clientWidth;
    var height = document.documentElement.clientHeight||document.body.clientHeight;
    if ( width > 200 )
        theFloaters.items[0].x = width -100;
    if ( height > 300 )
        theFloaters.items[0].y = height -400;
    if(screen.width<=800) {
        for(var i=0;i<collection.length;i++) {
            collection[i].object.style.display = 'none';
        }
        return;
    }
    for(var i=0;i<collection.length;i++) {
        var followObj      = collection[i].object;
        var followObj_x       = (typeof(collection[i].x)=='string'?eval(collection
[i].x):collection[i].x);
        var followObj_y       = (typeof(collection[i].y)=='string'?eval(collection[i].y):
collection[i].y);
        if(followObj.offsetLeft!=(document.body.scrollLeft+followObj_x)) {
            var dx=(document.body.scrollLeft+followObj_x-followObj.offsetLeft)*delta;
            dx=(dx>0?1:-1)*Math.ceil(Math.abs(dx));
            followObj.style.left=(followObj.offsetLeft+dx)+"px";
        }
            var scrollTop = window.pageYOffset || document.documentElement.scrollTop ||
document.body.scrollTop || 0;
        if(followObj.offsetTop!=(scrollTop+followObj_y)) {
            var dy=(scrollTop+followObj_y-followObj.offsetTop)*delta;
            dy=(dy>0?1:-1)*Math.ceil(Math.abs(dy));
            followObj.style.top=followObj.offsetTop+dy+"px";
        }
        followObj.style.display      = '';
    }
}
var theFloaters = new floaters();
theFloaters.addItem('followDiv2',30,80,html);
```

```
theFloaters.play();
```

20.3.2　jQuery 技术

　　jQuery 是一套简洁、快速、灵活的 JavaScript 脚本库，它是由 John Resig 于 2006 年创建的，帮助我们简化了 JavaScript 代码。JavaScript 脚本库类似于 java 的类库，我们将一些工具方法或对象方法封装在类库中，方便用户使用。因为 jQuery 简便易用，已被大量的开发人员推崇。

　　要在自己的网站中应用 jQuery 库，需要下载并配置它。要想在文件中引入 jQuery 库，需要在<head>标记中应用下面的语句。

```
<script type="text/javascript" src="JS/jquery-1.6.1.min.js"></script>
```

　　例如，在本程序中使用 jQuery 技术实现了图片的展示效果，编写 JavaScript 代码，实现广告的循环播放。其关键是应用 jQuery 框架技术，完成网页特效的制作。关键代码如下：

```
<SCRIPT type=text/javascript src="js/jquery.js"></SCRIPT>
<SCRIPT type=text/javascript>(function($) {
                $.slider = function(opts, data) {
                    this.currentSlide = 0;
            this.opts = opts;
            this.ddata = data;
            this.timeout = null;
            var src = this;
            var srcAuto = true;
            this.initialize = function() {
                this.attachListeners();
                this.changeSlide(0);
            }
            this.attachListeners = function() {
                $('#'+this.opts.tabsContainer+' a').each(function(i,n) {
                    var el = $(n);
                    el.css('outline', 'none');
                    // Remove change of tab on click, use as a link instead
                    el.hover(function() {
                        clearTimeout(src.timeout);
                        srcAuto = false;
                        src.currentSlide = i;
                        src.changeSlide();
                    },function(){
                                srcAuto = true;
                                src.currentSlide = i;
                        src.changeSlide();
                        });
                });
            }
                this.changeSlide = function() {
                    var slide = src.ddata[src.currentSlide];
                    $('#'+src.opts.tabsContainer+'
a').removeClass('active').eq(src.currentSlide).addClass('active');
                    $('#'+src.opts.textContainer+' p:eq(0)').html(slide.title);
                    var moreLink = " <a href='" + slide.overlaylink + "'>Find out
more &gt;</a>";
                        //if(src.currentSlide == 3){
                        //  moreLink = "";
                        //}
                    $('#'+src.opts.textContainer+' p:eq(1)').html(slide.desc +
moreLink);
                    $('#'+src.opts.imageContainer+' img').attr('src', slide.image)
.attr('alt', slide.title);
```

```
                                    $('#'+src.opts.imageContainer+' a').attr('href', slide.overlaylink);
                                    if(srcAuto){
                                        src.timeout = setTimeout(src.changeSlide, src.opts.duration*
1000);
                                    }
                                    src.currentSlide = parseInt(src.currentSlide) + 1;
                                    if (src.currentSlide >= 5) src.currentSlide = 0; // only 4 items
on the homepage
                                }
                                this.initialize();
                                return this;
                            };
                        })(jQuery);
                        $(function() {
                                $(".favorite").click(function(){
                                showFavorite()
                                return false;
                                })
                            $.slider({ imageContainer: 'ImageCyclerImage', textContainer:
'ImageCyclerOverlay', tabsContainer: 'ImageCyclerTabs', duration: 5 },
                                    [
                                { image: 'img/hero6.jpg', title: '宁波展会', desc: '讲解人员正在细心
的为读者介绍产品', overlaylink : '#'},
    //省略部分代码
                                    ]
                                );
                            });
            </SCRIPT>
```

20.3.3　Ajax 无刷新技术

Ajax 使用的技术中，最核心的技术就是 XMLHttpRequest，它是一个具有应用程序接口的 JavaScript 对象，能够使用超文本传输协议（HTTP）连接一个服务器，是微软公司为了满足开发者的需要，于 1999 年在 IE 5.0 浏览器中率先推出的。现在许多浏览器都对其提供了支持，不过实现方式与 IE 有所不同。下面对 XMLHttpRequest 对象的常用方法和属性进行简单介绍。

1. XMLHttpRequest 对象的常用方法

XMLHttpRequest 对象提供了一些常用的方法，通过这些方法可以对请求进行操作。下面对 XMLHttpRequest 对象的常用方法进行介绍。

（1）open()方法

open()方法用于设置进行异步请求目标的 URL、请求方法以及其他参数信息，具体语法如下：

```
open("method","URL"[,asyncFlag[,"userName"[, "password"]]])
```

open()方法的参数说明如表 20-1 所示。

表 20-1　　　　　　　　　　　　　　open()方法的参数说明

参 数 名 称	参 数 描 述
method	用于指定请求的类型，一般为 GET 或 POST
URL	用于指定请求地址，可以使用绝对地址或者相对地址，并且可以传递查询字符串
asyncFlag	为可选参数，用于指定请求方式，异步请求为 true，同步请求为 false，默认情况下为 true
userName	为可选参数，用于指定请求用户名，没有时可省略
password	为可选参数，用于指定请求密码，没有时可省略

例如，设置异步请求目标为 deal.jsp，请求方法为 GET，请求方式为异步的代码如下：

```
http_request.open("GET","deal.jsp",true);
```

（2）send()方法

send()方法用于向服务器发送请求。如果请求声明为异步，该方法将立即返回，否则将等到接收到响应为止。send()方法的语法格式如下：

```
send(content)
```

参数 content 用于指定发送的数据，可以是 DOM 对象的实例、输入流或字符串。如果没有参数需要传递可以设置为 null。

例如，向服务器发送一个不包含任何参数的请求，可以使用下面的代码：

```
http_request.send(null);
```

（3）setRequestHeader()方法

setRequestHeader()方法用于为请求的 HTTP 头设置值。setRequestHeader()方法的具体语法格式如下：

```
setRequestHeader("header", "value")
```

- header：用于指定 HTTP 头。
- value：用于为指定的 HTTP 头设置值。

　　　　　setRequestHeader()方法必须在调用 open()方法之后才能调用。

例如，在发送 POST 请求时，需要设置 Content-Type 请求头的值为 "application/x-www-form-urlencoded"，这时就可以通过 setRequestHeader()方法进行设置，具体代码如下：

```
http_request.setRequestHeader("Content-Type","application/x-www-form-urlencoded");
```

（4）abort()方法

abort()方法用于停止或放弃当前的异步请求。其语法格式如下：

```
abort()
```

例如，要停止当前的异步请求可以使用下面的语句：

```
http_request.abort()
```

（5）getResponseHeader()方法和 getAllResponseHeaders()方法

XMLHttpRequest 对象提供了两种返回 HTTP 头信息的方法，分别是 getResponseHeader()和 getAllResponseHeaders()方法。下面分别进行介绍。

- getResponseHeader()方法

getResponseHeader()方法用于以字符串形式返回指定的 HTTP 头信息。其语法格式如下：

```
getResponseHeader("headerLabel")
```

参数 headerLabel 用于指定 HTTP 头，包括 Server、Content-Type 和 Date 等。

例如，要获取 HTTP 头 Content-Type 的值，可以使用以下代码：

```
http_request.getResponseHeader("Content-Type")
```

上面的代码将获取到以下内容：

```
text/html;charset=GBK
```

- getAllResponseHeaders()方法

getAllResponseHeaders()方法用于以字符串形式返回完整的 HTTP 头信息，其中，包括 Server、Date、Content-Type 和 Content-Length。getAllResponseHeaders()方法的语法格式如下：

```
getAllResponseHeaders()
```

2. XMLHttpRequest 对象的常用属性

XMLHttpRequest 对象提供了一些常用属性,通过这些属性可以获取服务器的响应状态及响应内容等,下面将对 XMLHttpRequest 对象的常用属性进行介绍。

（1）onreadystatechange 属性

XMLHttpRequest 对象提供了用于指定状态改变时所触发的事件处理器的属性 onreadystatechange。在 Ajax 中,每个状态改变时都会触发这个事件处理器,通常会调用一个 JavaScript 函数。

例如,通过下面的代码可以实现当指定状态改变时所要触发的 JavaScript 函数,这里为 getResult()。

```
http_request.onreadystatechange = getResult;
```

在指定所触发的事件处理器时,所调用的 JavaScript 函数不能添加小括号及指定参数名。不过这里可以使用匿名函数。例如,要调用带参数的函数 getResult(),可以使用下面的代码:

```
http_request.onreadystatechange = function(){
        getResult("添加的参数");            //调用带参数的函数
    };                                      //通过匿名函数指定要带参数的函数
```

（2）readyState 属性

XMLHttpRequest 对象提供了用于获取请求状态的属性 readyState,该属性共包括 5 个属性值,如表 20-2 所示。

表 20-2 readyState 属性的属性值

值	意　义	值	意　义
0	未初始化	1	正在加载
2	已加载	3	交互中
4	完成		

在实际应用中,该属性经常用于判断请求状态,当请求状态等于 4,也就是为完成时,再判断请求是否成功,如果成功将开始处理返回结果。

（3）responseText 属性

XMLHttpRequest 对象提供了用于获取服务器响应的属性 responseText,表示为字符串。例如,获取服务器返回的字符串响应,并赋值给变量 h 可以使用下面的代码:

```
var h=http_request.responseText;
```

在上面的代码中,http_request 为 XMLHttpRequest 对象。

（4）responseXML 属性

XMLHttpRequest 对象提供了用于获取服务器响应的属性 responseXML,表示为 XML。这个对象可以解析为一个 DOM 对象。例如,获取服务器返回的 XML 响应,并赋值给变量 xmldoc 可以使用下面的代码:

```
var xmldoc = http_request.responseXML;
```

在上面的代码中,http_request 为 XMLHttpRequest 对象。

（5）status 属性

XMLHttpRequest 对象提供了用于返回服务器的 HTTP 状态码的属性 status。该属性常用于当请求状态为完成时，判断当前的服务器状态是否成功。该属性的语法格式如下：

```
http_request.status
```

- http_request：XMLHttpRequest 对象。
- 返回值：长整型的数值，代表服务器的 HTTP 状态码。常用的状态码如表 20-3 所示。

表 20-3　　　　　　　　　　　　status 属性的状态码

值	意　　义	值	意　　义
100	继续发送请求	200	请求已成功
202	请求被接受，但尚未成功	400	错误的请求
404	文件未找到	408	请求超时
500	内部服务器错误	501	服务器不支持当前请求所需要的某个功能

status 属性只能在 send()方法返回成功时才有效。

例如，在本程序中使用 Ajax 无刷新技术实现了最新消息显示，创建一个单独的 JS 文件，名称为 AjaxRequest.js，并且在该文件中编写重构 Ajax 所需的代码，关键代码如下：

```
var net=new Object();                                    //定义一个全局的变量
//编写构造函数
net.AjaxRequest=function(url,onload,onerror,method,params){
  this.req=null;
  this.onload=onload;
  this.onerror=(onerror) ? onerror : this.defaultError;
  this.loadDate(url,method,params);
}
//编写用于初始化 XMLHttpRequest 对象并指定处理函数，最后发送 HTTP 请求的方法
net.AjaxRequest.prototype.loadDate=function(url,method,params){
  if (!method){
    method="GET";                                        //设置默认的请求方式为 GET
  }
  if (window.XMLHttpRequest){                            //非 IE 浏览器
    this.req=new XMLHttpRequest();                        //创建 XMLHttpRequest 对象
  } else if (window.ActiveXObject){                      //IE 浏览器
        try {
            this.req=new ActiveXObject("Microsoft.XMLHTTP");//创建 XMLHttpRequest 对象
        } catch (e) {
            try {
                this.req=new ActiveXObject("Msxml2.XMLHTTP");//创建 XMLHttpRequest 对象
            } catch (e) {}
        }
    }
  if (this.req){
    try{
      var loader=this;
      this.req.onreadystatechange=function(){
       net.AjaxRequest.onReadyState.call(loader);
      }
      this.req.open(method,url,true);                     //建立对服务器的调用
```

```
            if(method=="POST"){                                    //如果提交方式为 POST

    this.req.setRequestHeader("Content-Type","application/x-www-form-urlencoded");// 设
置请求的内容类型
            this.req.setRequestHeader("x-requested-with", "ajax");    //设置请求的发出者
        }
        this.req.send(params);                                      //发送请求
      }catch (err){
        this.onerror.call(this);                                    //调用错误处理函数
      }
    }
}
//重构回调函数
net.AjaxRequest.onReadyState=function(){
  var req=this.req;
  var ready=req.readyState;                                         //获取请求状态
  if (ready==4){                                                    //请求完成
      if (req.status==200 ){                                        //请求成功
       this.onload.call(this);
      }else{
       this.onerror.call(this);                                     //调用错误处理函数
      }
  }
}
//重构默认的错误处理函粖
net.AjaxRequest.prototype.defaultError=function(){
    alert("错误数据\n\n 回调状态:" + this.req.readyState + "\n 状态: " + this.req.status);
}
```

20.4　系统主要模块开发

20.4.1　使用 JavaScript 技术实现导航菜单设计

在网页的头文件 top.html 中，完成网页导航菜单的设计，通过导航菜单实现在不同页面之间的跳转。导航菜单的运行结果如图 20-5 所示。

首页	关于明日	明日图书	明日编程词典	明日软件	加入我们
	明日团队　　明日历史　　明日简介				

图 20-5　导航菜单运行结果

导航菜单主要通过 JavaScript 技术实现，具体实现过程如下：

（1）首先，在页面中添加显示导航菜单的<div>，通过 css 控制 div 标签的样式，在<div>中插入表格，然后在表格中添加菜单名称和图片，具体代码如下：

```
//添加主菜单
<div class="i01">
```

```
<table cellspacing="0" cellpadding="0" width="100%" border="0">
          <tr>
                <td width="#" height="42" align="center" id="a0bg"><span id=
"a0color" onmouseover='showadv(&quot;a0&quot;,&quot;a0color&quot;,&quot;a0bg&quot;)'><a
href="../index.php"><font color="#FA4A05">首页</font></a></span></td>
                <td width="1"><img src="../img/i14.gif" width="1" height="25"
/></td>
                <td id="a1bg" align="center" width="157"><span id="a1color"
onmouseover='showadv(&quot;a1&quot;,&quot;a1color&quot;,&quot;a1bg&quot;)'><a
href="../gyld.html" target="_blank">关于明日</a></span></td>
                <td width="1"><img src="../img/i14.gif" width="1" height="25"
/></td>
    //省略部分代码
          </tr>
        </table></div>
    //添加子菜单
    <table width="100%" height="41" cellpadding="0" cellspacing="0" id="a0" border="0">
          <tr>
                <td align="left" style="padding-left:12px">欢迎来到吉林省明日科技有限公司
</td>
          </tr>
        </table>
        <table id="a1" style="DISPLAY: none" height="41" cellspacing="0"
cellpadding="0" width="100%" border="0">
          <tr>
            <td style="padding-left:90px" align="left"><ul class="i02">
                <li>明日团队</li>
              <li>明日历史</li>
              <li>明日简介</li>
            </ul></td>
          </tr>
        </table>
          <table id="a2" style="DISPLAY: none" height="41" cellspacing="0" cellpadding=
"0" width="100%" border="0">
          <tr>
            <td style="padding-left:300px" align="left"><ul class="i02">
                <li><a href="#">精品图书</a></li>
              <li><a href="#">热销图书</a></li>
            </ul></td>
          </tr>
        </table>
```

（2）编写 JavaScript 代码，实现当鼠标经过主菜单时显示或隐藏子菜单，具体代码如下：

```
    <script language="JavaScript" type="text/javascript">
function showadv(par,par2,par3)
{
document.getElementById("a0").style.display = "none";
document.getElementById("a0color").style.color = "";
document.getElementById("a0bg").style.backgroundImage="";
document.getElementById("a1").style.display = "none";
document.getElementById("a1color").style.color = "";
document.getElementById("a1bg").style.backgroundImage="";
document.getElementById("a2").style.display = "none";
document.getElementById("a2color").style.color = "";
document.getElementById("a2bg").style.backgroundImage="";
```

```
document.getElementById("a3").style.display = "none";
document.getElementById("a3color").style.color = "";
document.getElementById("a3bg").style.backgroundImage="";
document.getElementById("a4").style.display = "none";
document.getElementById("a4color").style.color = "";
document.getElementById("a4bg").style.backgroundImage="";
document.getElementById("a5").style.display = "none";
document.getElementById("a5color").style.color = "";
document.getElementById("a5bg").style.backgroundImage="";
document.getElementById(par).style.display = "";
document.getElementById(par2).style.color = "#ffffff";
document.getElementById(par3).style.backgroundImage = "url(../img/i13.gif)";
}
</script>
```

20.4.2　使用 jQuery 技术实现图片展示区

在 index.html 首页中，应用 jQuery 技术实现广告循环播放的网页特效，以此来展示公司创造的成果和业绩，其运行效果如图 20-6 所示。

图 20-6　图片展示区

图片展示区的实现过程如下：

（1）首先，在页面中添加 div 标签，同样通过 css 控制标签的样式，同时插入特效默认输出的图片和信息。其具体代码如下：

```
<div class="i02">
<DIV class=banner>
  <DIV id=ImageCyclerImage> <A href="#"><IMG alt="IDP Videos" src="img/hero6.jpg"></A>
</DIV>
  <DIV id=ImageCyclerOverlay class=grey>
   <DIV id=ImageCyclerOverlayBackground></DIV>
   <P class=title>宁波展会</P>
   <P>MR 讲解人员正在细心地为读者介绍产品<A href="#">Find out more &gt;</A></P>
  </DIV>
  <DIV id=ImageCyclerTabs>
  <div id=mg><A href="#"><img src="img/mg.png" width="129" height="50"></A></div>
  <div id=jnd><A href="#"><img src="img/jnd.png" width="136" height="46"></A></div>
  <div id=yg><A href="#"><img src="img/yg.png" width="100" height="48"></A></div>
  <div id=dg><A href="#"><img src="img/dg.png" width="100" height="45"></A></div>
  <div id=fg><A href="#"><img src="img/fg.png" width="95" height="43"></A></div>
   </DIV>
<div id="Layer1">
```

```
    <div id=hg><A href="#"><img src="img/hg.png" width="95" height="43"></A></div>
    <div id=rb><A href="#"><img src="img/rb.png" width="95" height="47"></A></div>
    <div id=xjp><A href="#"><img src="img/xjp.png" width="131" height="47"></A></div>
    <div id=odly><A href="#"><img src="img/odly.png" width="164" height="42"></A></div>
    <div id=qt><A href="#"><img src="img/qt.png" width="166" height="43"></A></div>
  </div>
  </DIV>
  </div>
```

（2）编写 JavaScript 代码，实现广告的循环播放。其关键是应用 jQuery 框架技术，完成网页特效的制作。其具体代码如下：

```javascript
<SCRIPT type=text/javascript src="js/jquery.js"></SCRIPT>
<SCRIPT type=text/javascript>(function($) {
                    $.slider = function(opts, data) {
                        this.currentSlide = 0;
            this.opts = opts;
            this.ddata = data;
            this.timeout = null;
            var src = this;
            var srcAuto = true;
            this.initialize = function() {
                this.attachListeners();
                this.changeSlide(0);
            }
            this.attachListeners = function() {
                $('#'+this.opts.tabsContainer+' a').each(function(i,n) {
                    var el = $(n);
                    el.css('outline', 'none');
                    // Remove change of tab on click, use as a link instead
                    el.hover(function() {
                        clearTimeout(src.timeout);
                        srcAuto = false;
                        src.currentSlide = i;
                        src.changeSlide();
                    },function(){
                                srcAuto = true;
                                src.currentSlide = i;
                        src.changeSlide();
                            });
                });
            }
            this.changeSlide = function() {
                var slide = src.ddata[src.currentSlide];
                $('#'+src.opts.tabsContainer+'   a').removeClass('active').
eq(src.currentSlide).addClass('active');
                $('#'+src.opts.textContainer+' p:eq(0)').html(slide.title);
                var moreLink = " <a href='" + slide.overlaylink + "'>Find out
more &gt;</a>";
                        //if(src.currentSlide == 3){
                        //  moreLink = "";
                        //}
                $('#'+src.opts.textContainer+' p:eq(1)').html(slide.desc +
moreLink);
                $('#'+src.opts.imageContainer+' img').attr('src',slide.image).attr
('alt', slide.title);
                $('#'+src.opts.imageContainer+'  a').attr('href',  slide.
overlaylink);
```

```
                        if(srcAuto){
                             src.timeout = setTimeout(src.changeSlide, src.opts.duration*
1000);
                        }
                        src.currentSlide = parseInt(src.currentSlide) + 1;
                        if (src.currentSlide >= 5) src.currentSlide = 0; // only 4 items
on the homepage
                    }
                    this.initialize();
                    return this;
                };
            })(jQuery);
            $(function() {
                    $(".favorite")..click(function(){
                    showFavorite()
                    return false;
                    })
                $.slider({ imageContainer: 'ImageCyclerImage', textContainer:
'ImageCyclerOverlay', tabsContainer: 'ImageCyclerTabs', duration: 5 },
                    [
                    { image: 'img/hero6.jpg', title: '宁波展会', desc: '讲解人员正在细心
地为读者介绍产品', overlaylink : '#'},
    //省略部分代码
                    ]
                        );
            });
        </SCRIPT>
```

20.4.3　使用 Ajax 技术实现最新消息页面

"最新消息"页面主要实现了以消息滚动的形式显示公司的最新消息。"最新消息"页面运行效果如图 20-7 所示。

最新消息页面主要通过 Ajax 重构技术实现消息的滚动效果，具体实现过程如下：

（1）首先，在页面中添加显示最新消息的<div>，并在该<div>中添加标题和用于滚动显示最新消息的标记，具体代码如下：

```
<div class="i03c">
    <div><img src="img/i06.gif" width="268" height="32"
/></div>
    <div class="i04">
     <p><a href="#" class="t14a">编程词典个人版及企业版将在宁
波图书订</a><a href="#" class="t14a">货会与大家见面</a></p>
    </div>
    <div id="layout">
    <marquee direction="up" scrollamount="3" style="height:307px; ">
        <div id="showInfo"></div>
    </marquee>
    </div>
</div>
```

图 20-7　最新消息

（2）创建一个单独的 JS 文件，名称为 AjaxRequest.js，并且在该文件中编写重构 Ajax 所需的代码，具体代码如下：

```
var net=new Object();                                    //定义一个全局变量
```

```
//编写构造函数
net.AjaxRequest=function(url,onload,onerror,method,params){
  this.req=null;
  this.onload=onload;
  this.onerror=(onerror) ? onerror : this.defaultError;
  this.loadDate(url,method,params);
}
//编写用于初始化 XMLHttpRequest 对象并指定处理函数，最后发送 HTTP 请求的方法
net.AjaxRequest.prototype.loadDate=function(url,method,params){
  if (!method){
    method="GET";                                           //设置默认的请求方式为 GET
  }
  if (window.XMLHttpRequest){                               //非 IE 浏览器
    this.req=new XMLHttpRequest();                          //创建 XMLHttpRequest 对象
  } else if (window.ActiveXObject){                         //IE 浏览器
      try {
          this.req=new ActiveXObject("Microsoft.XMLHTTP");//创建 XMLHttpRequest 对象
        } catch (e) {
          try {
              this.req=new ActiveXObject("Msxml2.XMLHTTP");//创建 XMLHttpRequest
对象
          } catch (e) {}
        }
  }
  if (this.req){
    try{
      var loader=this;
      this.req.onreadystatechange=function(){
        net.AjaxRequest.onReadyState.call(loader);
      }
      this.req.open(method,url,true);                       //建立对服务器的调用
      if(method=="POST"){                                   //如果提交方式为 POST
        this.req.setRequestHeader("Content-Type","application/x-www-form-urlencoded");
                                                            //设置请求的内容类型
        this.req.setRequestHeader("x-requested-with", "ajax");  //设置请求的发出者
      }
      this.req.send(params);                                //发送请求
    }catch (err){
      this.onerror.call(this);                             //调用错误处理函数
    }
  }
}
//重构回调函数
net.AjaxRequest.onReadyState=function(){
  var req=this.req;
  var ready=req.readyState;                                 //获取请求状态
  if (ready==4){                                            //请求完成
      if (req.status==200 ){                                //请求成功
        this.onload.call(this);
      }else{
        this.onerror.call(this);                           //调用错误处理函数
```

```
        }
    }
}
//重构默认的错误处理函粉
net.AjaxRequest.prototype.defaultError=function(){
    alert("错误数据\n\n回调状态:" + this.req.readyState + "\n状态: " + this.req.status);
}
```

（3）在需要应用 Ajax 的页面中应用以下语句，包括步骤（2）中创建的 JS 文件。

```
<script language="javascript" src="AjaxRequest.js"></script>
```

（4）在应用 Ajax 的页面中编写错误处理的方法、实例化 Ajax 对象的方法和回调函数，具体
代码如下：

```
<script language="javascript">
/******************错误处理的方法******************************************/
function onerror(){
    alert("您的操作有误! ");
}
/******************实例化 Ajax 对象的方法******************************/
function getInfo(){
    var loader=new net.AjaxRequest("check.php?nocache="+new Date().getTime(),deal_
getInfo,onerror,"GET");
}
/********************回调函数****************************************/
function deal_getInfo(){
    document.getElementById("showInfo").innerHTML=this.req.responseText;
}
</script>
```

20.4.4 使用 JavaScript 脚本实现产品推荐页面

在 index.html 页中，以图片滚动的形式来展示公司产品。产品推荐的运行结果如图 20-8
所示。

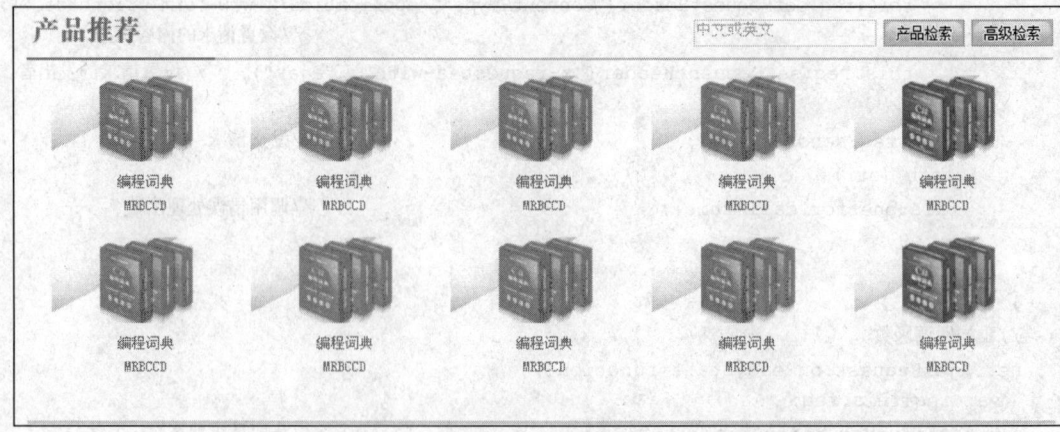

图 20-8 产品推荐

产品推荐主要通过 JavaScript 技术实现了图片的滚动效果，具体实现过程如下：

（1）首先，在页面中添加显示产品推荐的<div>标签，同时插入要输出的产品标题和图片等信

息，并且通过 CSS 控制输出内容的样式。其具体代码如下：

```
<div id=demo style="BACKGROUND: #ffffff; OVERFLOW: hidden; WIDTH: 868px; HEIGHT:
264px">
    <table width="100%" cellpadding="0" cellspacing="0">
      <tr>
        <td id=demo1><table width=100% align=center cellpadding="0" cellspacing="0">
          <tr>
            <td width=160 height=132 align=middle valign="top" style="padding-right:10px">
<div class="i07"><a href="http://www.mrbccd.com" target="_blank"><img src="img/biao.gif"
width="160" height="70" border="0" /></a></div>
                <div class="i08"><a href="http://www.mrbccd.com" target="_blank">编程
词典</a><br />
                <a href="http://www.mrbccd.com" target="_blank">MRBCCD</a></div></td>
    //省略部分代码
          </tr>
          <tr>
            <td height="132" align="middle" valign="top" style="padding-right:10px"><div
class="i07"><a href="http://www.mrbccd.com" target="_blank"><img src="img/biao.gif"
width="160" height="70" border="0" /></a></div>
                <div class="i08"><a href="http://www.mrbccd.com" target="_blank">编程
词典</a><br />
                <a href="http://www.mrbccd.com" target="_blank">MRBCCD</a></div></td>
    //省略部分代码
          </tr>
        </table></td>
        <td id=demo2></td>
      </tr>
    </table>
</div>
```

（2）编写 JavaScript 代码，定义 Marquee()方法实现图片的滚动效果，代码如下：

```
<SCRIPT>
var speed=30              //定义滚动的速度
demo2.innerHTML=demo1.innerHTML
function Marquee(){       //定义方法
    if(demo2.offsetWidth-demo.scrollLeft<=0)
        demo.scrollLeft-=demo1.offsetWidth
    else{
        demo.scrollLeft++
    }
}
var MyMar=setInterval(Marquee,speed)
demo.onmouseover=function(){
    clearInterval(MyMar)
}
demo.onmouseout=function(){
    MyMar=setInterval(Marquee,speed)
}
</SCRIPT>
```

20.4.5　使用 JavaScript 脚本实现浮动窗口设计

在 index.html 页面中，通过 javaScript 脚本插入了一个浮动的窗口，通过这个浮动窗口实现在线咨询、在线报名和 QQ 交流的功能。浮动窗口的运行结果如图 20-9 所示。

浮动窗口的设计主要使用了 JavaScript 技术实现,封装于 floatdiv.js 文件中,其完整代码如下:

图 20-9 浮动窗口运行结果

```javascript
var delta=0.15
var collection;
var html = '<table width="81" border="0" cellspacing="0" cellpadding="0">\
    <tr>\
    <td><img src="img/ra_01.png" width="81" height="12" /></td>\
    </tr>\
    <tr>\
    <td align="center" background="img/ra_03.gif"><table width="100%" border="0" cellspacing="0" cellpadding="0">\
        <tr>\
        <td height="85" align="center" valign="top"><a href="answer_online.html" target="_blank"><img src="img/ra_04.gif" width="59" height="73" border="0"/></a></td>\
        </tr>\
        <tr>\
        <td height="85" align="center" valign="top"><a href="registration.html" target="_blank"><img src="img/ra_05.gif" width="59" height="73" border="0"/></a></td>\
        </tr>\
        <tr>\
        <td height="85" align="center" valign="top"><a target="blank" href="tencent://message/?uin=200958604&amp;Site=QQ 客服&amp;Menu=yes"><img src="img/ra_07.gif" width="59" height="71" border="0"/></a></td>\
        </tr>\
    </table>\</td>\
    </tr>\
    <tr>\
    <td><img src="img/ra_02.png" width="81" height="11" /></td>\
    </tr>\
</table>';
function floaters() {
    this.items    = [];
    this.addItem = function(id,x,y,content) {
        document.write('<DIV id='+id+' style="Z-INDEX: 10; POSITION: absolute; width:80px;    right:30px;right:'+(typeof(x)=='string'?eval(x):x)+';top:'+(typeof(y)=='string'?eval(y):y)+'">'+content+'</DIV>');

        var newItem = {};
        newItem.object = document.getElementById(id);
        newItem.x = x;
        newItem.y = y;
        this.items[this.items.length]    = newItem;
    }
    this.play = function() {
        collection = this.items
        setInterval('play()',10);
    }
}
function play() {
    var width = document.documentElement.clientWidth||document.body.clientWidth;
var height = document.documentElement.clientHeight||document.body.clientHeight;
```

```
    if ( width > 200 )
        theFloaters.items[0].x = width -100;
    if ( height > 300 )
        theFloaters.items[0].y = height -400;
        if(screen.width<=800) {
            for(var i=0;i<collection.length;i++) {
                collection[i].object.style.display = 'none';
            }
            return;
    }
    for(var i=0;i<collection.length;i++) {
            var followObj      = collection[i].object;
            var followObj_x       = (typeof(collection[i].x)=='string'?eval(collection[i].x):
collection[i].x);
            var followObj_y       = (typeof(collection[i].y)=='string'?eval(collection[i].y):
collection[i].y);
            if(followObj.offsetLeft!=(document.body.scrollLeft+followObj_x)) {
                var dx=(document.body.scrollLeft+followObj_x-followObj.offsetLeft)*delta;
                dx=(dx>0?1:-1)*Math.ceil(Math.abs(dx));
                followObj.style.left=(followObj.offsetLeft+dx)+"px";
            }
                var scrollTop = window.pageYOffset || document.documentElement.scrollTop ||
document.body.scrollTop || 0;
            if(followObj.offsetTop!=(scrollTop+followObj_y)) {
                var dy=(scrollTop+followObj_y-followObj.offsetTop)*delta;
                dy=(dy>0?1:-1)*Math.ceil(Math.abs(dy));
                followObj.style.top=followObj.offsetTop+dy+"px";
            }
            followObj.style.display   = '';
        }
    }
    var theFloaters = new floaters();
    theFloaters.addItem('followDiv2',30,80,html);
    theFloaters.play();
```

（2）在需要加载浮动窗口的页面中，使用下面的代码来加载 floatdiv.js 文件。

```
<SCRIPT type=text/javascript src="js/floatdiv.js"></SCRIPT>
```

20.5　小结

　　本章使用 JavaScript、Ajax、jQuery 等目前的主流技术，制作了一个简单的官方网站。通过本章的学习，希望读者可以掌握网页的页面框架设计，以及 JavaScript、Ajax 及 jQuery 技术的应用。

第 21 章
课程设计——旅游网站前台

本章要点：

- 熟悉网站前台页面的设计过程
- 掌握如何设计网站的 header 及 footer
- 掌握如何在网页中显示文字及图片
- 掌握如何设计网页导航
- 掌握如何在网站播放音乐
- 掌握添加留言功能的实现过程

本章以一个旅游信息网为例来讲解如何综合运用 HTML 中的结构元素，将实现页面的 HTML 及 CSS 样式代码结合，以便让读者在学习的同时，不仅能掌握 HTML 的结构元素在网页设计中所起的作用，还能了解在 HTML 实现的网页中如何使用 CSS 样式来对页面中的元素进行页面布局视觉美化。

21.1　课程设计目的

随着人们生活水平的不断提高和生活压力的不断加重，人们在不断地寻找释放压力的方法。旅游作为既可以增加阅历又可以适当减压的好项目，受到越来越多人的喜爱。长春是个旅游的好地方，有着独特的旅游资源，为了更好地展示长春的魅力，让更多的旅游爱好者了解长春并爱上长春，有必要开发一个我爱长春旅游信息网。

21.2　功能描述

旅游信息网是关于长春的旅游介绍网站，该网站主要包括主页、自然风光、人文气息、美食、旅游景点、名校简介及留下足迹等页面。

21.3　网站总体设计

21.3.1　构建开发环境

旅游信息网前台页面的开发及运行环境如下。

- 开发工具：Dreamweaver CS6；
- 开发语言：HTML+CSS。
- 浏览器：Chrome、Firefox、IE 9 或者 Opera 浏览器，其中 Chrome 浏览器的显示效果最佳。
- 分辨率：最佳效果 1024 像素×768 像素。

21.3.2　网站功能结构

旅游网站前台的功能结构如图 21-1 所示。

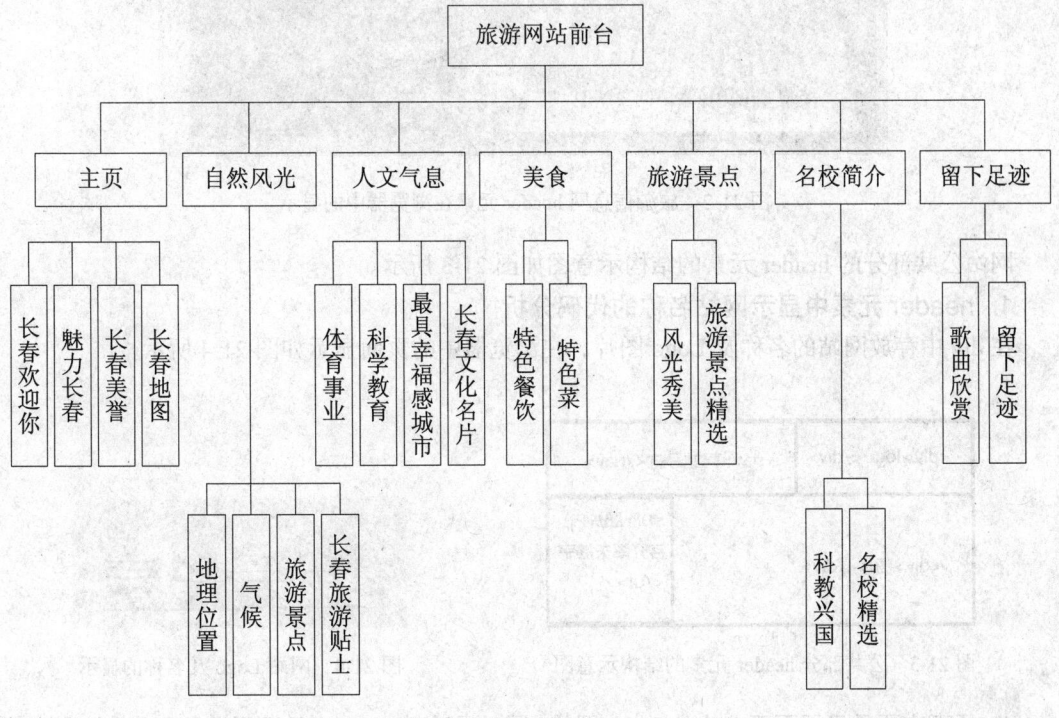

图 21-1　旅游网站前台功能结构

21.4　实现过程

21.4.1　设计网站公共 header

header 元素是一个具有引导和导航作用的结构元素，很多企业网站中都有一个非常重要的 header 元素，一般位于网页的开头，用来显示企业名称、企业 Logo 图片、整个网站的导航条，以及 Flash 形式的广告条等。

在本网站中，header 元素中的内容包括：网站的 Logo 图片、网站的导航以及通过 jQuery 技术来循环显示的特色图片，同时还为这些图片添加了说明性关键字。header 元素中的内容在浏览器中的显示结果如图 21-2 所示。

图 21-2　旅游信息网 header 元素在浏览器中的显示

网站公共部分的 header 元素的结构示意图如图 21-3 所示。

1. header 元素中显示网站名称的代码分析

在 div 中存放网站的名称及 Logo 图片，在浏览器中的页面显示如图 21-4 所示。

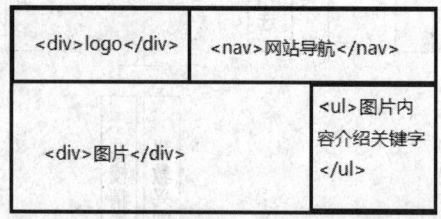

图 21-3　公共部分 header 元素的结构示意图

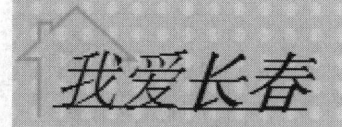

图 21-4　网站 Logo 及名称的显示

div 元素主要是显示页面左边的 Logo 图片，同时通过<h2></h2>显示网站的名称"我爱长春"，并通过<strong>属性对"长春"两个字进行加粗。其实现代码如下。

```
<div class="logo">
    <h2>我爱<strong>长春</strong> </h2>
</div>
```

接下来看一下对网站 Logo 实现 CSS 样式的设计，代码如下。

```
header .logo {
position:absolute;                                   /*设置为绝对位置*/
left:45px;
top:70px;
background:url(../images/logo.png) no-repeat 0 0;     /*设置不重复的背景图片*/
padding:20px 0 0 20px;                               /*设置内边距*/
width: 156px;                                         /*设置宽度*/
}
header .logo h1 {
font-size:38px;                                      /*设置文字尺寸*/
line-height:1.2em;                                   /*设置行间距*/
color:#c3c3c3;                                       /*设置文字颜色*/
```

```
font-weight:normal;
font-style:italic;                        /*设置文字为斜体*/
letter-spacing:-1px;
}
header .logo h1 a {
    color:#c3c3c3;
    text-decoration:none;                 /*设置文字修饰效果*/
    }
    header .logo h1 a strong {
        color:#fff;
    }
}
```

上面的 CSS 代码的主要作用是：

- 对 header 元素中 Logo 整体样式的设计，其中包括：添加 Logo 的图片、设置补白像素值、设置 Logo 显示的宽度；
- 设置网站名称的字体大小、字体风格为斜体、字体加粗、字体颜色等。

2. header 元素中 nav 元素的代码分析

nav 元素是一个可以用作页面导航的连接组，其中的导航元素链接到其他页面或当前页面的其他部分。nav 元素可以被放置在 header 元素中，作为整个网站的导航条来使用。nav 元素中可以存放列表或导航地图，或其他任何可以放置一组超链接的元素。在本网站中，网站标题部分的 nav 元素中放置了一个导航地图，如图 21-5 所示。

图 21-5　应用 nav 元素实现的网站导航条

header 元素中应用到的 nav 元素的代码如下。

```
<nav>
  <ul>
    <li><a href="index.html" class="current">主页</a></li>
    <li><a href="index-1.html">自然风光</a></li>
    <li><a href="index-2.html">人文气息</a></li>
    <li><a href="index-3.html">美食</a></li>
    <li><a href="index-4.html">旅游景点</a></li>
    <li><a href="index-5.html">名校简介</a></li>
    <li><a href="index-6.html">留下足迹</a></li>
  </ul>
</nav>
```

接下来看一下，nav 元素所使用到的样式代码如下。

```
header nav {
position:absolute;                    //采用绝对定位来设定浏览器定位 HTML 元素
right:25px;
top:97px;
}
header nav ul li {
    float:left;
    padding-left:6px;                 //右侧补白值为 6 像素
    }
```

```
header nav ul li a {
    float:left;                  //让内容右包围一个元素
    color:#fff;
    text-decoration:none;        //文本不加任何下划线、上划线和删除线
    width:80px;
    text-align:center;           //文本居中对齐
    line-height:31px;            //文本的行高设置为 31 像素
    font-size:14px;              //将字体大小设置成 14 像素
    }
header nav ul li a:hover,
header nav ul li a.current {
    background:url(../images/nav-bg.gif) 0 0 repeat-x;    //设置导航条的背景图片,
并水平平铺
    border-radius:5px;
    -moz-border-radius:5px;
    -webkit-border-radius:5px;
    }
```

上面的 CSS 代码的主要作用是:

- 设定 HTML 元素在浏览器的定位采用的是绝对定位,同时设定导航的上边距与左边距的位置;
- 对导航的列表块进行设置,主要是对右侧进行补白;
- 对列表内导航文字进行设置,主要是设置字体的大小、颜色、文字的对齐方式等;
- 添加导航的背景图片,并水平平铺显示。

3. header 元素中显示宣传图片代码分析

接下来,看一下在 header 元素中显示的宣传图片,这些宣传图片被放置在 div 元素中,该元素中放置 3 张图片,并通过 jQuery 技术循环播放这 3 张图片;同时,在宣传图片的右侧显示对应的说明性文字,这些文字的显示是以列表形式出现的。宣传图片在浏览器中显示的结果如图 21-6 所示。

图 21-6 通过 jQuery 技术在 header 元素中实现图片的循环播放

实现的主要代码如下。

```
<div class="rap">
    <a href="#"><img src="images/big-img1.jpg" alt="" width="571" height="398"></a>
    <a href="#"><img src="images/big-img2.jpg" alt="" width="571" height="398"></a>
    <a href="#"><img src="images/big-img3.jpg" alt="" width="571" height="398"></a>
```

```
    </div>
        <ul class="pagination">
        <li>
            <a href="#" rel="0">
            <img src="images/f_thumb1.png" alt="">
            <span class="left">
                北国风光<br />
                万里雪飘<br />
            </span>
            <span class="right">
                堆雪人<br />
                溜爬犁<br />
            </span>
            </a>
        </li>
        <li>
            <a href="#" rel="1">
            <img src="images/f_thumb2.png" alt="">
            <span class="left">
                净月潭<br />
                33568 平方米<br />
                樟子松
            </span>
            <span class="right">
                夏避暑<br />
                秋赏叶<br />
                冬玩雪
            </span>
            </a>
        </li>
        <li>
            <a href="#" rel="2">
            <img src="images/f_thumb3.png" alt="">
            <span class="left">
                伪满洲国<br />
                红色旅游<br />
                跑马场
            </span>
            <span class="right">
                中和门<br />
                同德殿<br />
                怀远楼
            </span>
            </a>
        </li>
        </ul>
```

宣传图片所使用的样式代码如下。（代码位置：光盘\MR\源码\第 21 章\css\style.css）

```
#faded {
    position:absolute;
    left:0;
    top:161px;
```

```
        padding-bottom:20px;
        }
    #faded .rap {
        background:url(../images/img-wrapper-bg.jpg) no-repeat 50% 0 #d92400;        /* 设
置背景图片*/
        border:1px solid #e46b00;                                              /*设置边框*/
        width:589px;
        height:416px;
        border-radius:8px;
        -moz-border-radius:8px;
        -webkit-border-radius:8px;                                      /*设置圆角半径*/
        box-shadow:-2px 8px 5px rgba(0, 0, 0, .6);                      /*设置阴影效果*/
        -moz-box-shadow:-2px 8px 5px rgba(0, 0, 0, .6);
/*Firefox 浏览器中设置阴影效果*/
        -webkit-box-shadow:-2px 8px 5px rgba(0, 0, 0, .6);
/*Chrome 浏览器中设置阴影效果*/
        z-index:10;
        overflow:hidden;                                               /*设置溢出时隐藏*/
        }
    #faded .rap img {
        margin:9px 0 0 9px;                                            /*设置外边距*/
        }

#faded ul.pagination {
    position:absolute;
    left:537px;
    top:10px;
    background:url(../images/pagination-splash.gif) no-repeat 0 0 #2a2a2a;  /*设置背景图片*/
    border:1px solid #3a3a3a;
    border-radius:8px;
    -moz-border-radius:8px;
    -webkit-border-radius:8px;
    box-shadow:-2px 8px 5px rgba(0, 0, 0, .4);
    -moz-box-shadow:-2px 8px 5px rgba(0, 0, 0, .4);
    -webkit-box-shadow:-2px 8px 5px rgba(0, 0, 0, .4);
    z-index:9;
    padding:25px 0 25px 0;
    }
    #faded ul.pagination li {
        width:429px;
        position:relative;
        background:url(../images/line-bot.gif) no-repeat 77px 100%;/*设置背景图片*/
        padding-bottom:1px;
        height:1%;
        }
    #faded ul.pagination li:last-child {
        background:none;
        }
    #faded ul.pagination li a {
        display:block;
        padding:16px 40px 14px 77px;
        overflow:hidden;
        color:#7f7f7f;
```

```
            text-decoration:none;
            font-size:13px;
            line-height:28px;
            height:1%;
            cursor:pointer;
            -moz-transition: all 0.3s ease-out;    /* FF3.7+ */
            -o-transition: all 0.3s ease-out;    /* Opera 10.5 */
            -webkit-transition: all 0.3s ease-out;    /* Saf3.2+, Chrome */
            }
    #faded ul.pagination li a:hover, #faded ul.pagination li.current a {
            background-color:#1d1d1d;
            color:#fff;
            }
    #faded ul.pagination li a img {
            float:left;
            margin-right:28px;
            }
    #faded ul.pagination li a span.left {
            float:left;
            width:100px;
            }
    #faded ul.pagination li a span.right {
            float:left;
            width:80px;
            }
```

上面的 CSS 代码的主要作用是：

- 设置放置图片位置，距上边框 161 像素，并在底部进行补白；
- 设置图片的背景色为红色、设置图片的边框为 1 像素、设置图片的宽度与高度、将图片的层叠顺序属性设为整数 10，表示图片覆盖其背景、将图片超出背景的部分隐藏；
- 设置这个列表的样式包括：列表的背景图像、列表的宽度、列表的层叠顺序属性设为整数 9，表示列表与图片重叠部分将被图片覆盖；
- 设置列表项的样式，将列表项的定位方式设置为 relative 表示采用相对定位，对象不可层叠，但是将依据 left、right、top、bottom 等属性设置在页面中的偏移位置；
- 设置列表项内文字和缩小图片的样式，首先将 display 的属性设置为 block，表示块对象的默认值。将对象强制作为块对象呈递，为对象之后添加新行。设置新行的填充像素、设置列表项内文字的大小及样式。设置缩小图片与文字排列的位置。

21.4.2　设计网站公共 footer

footer 元素专门用来显示网站、网页或内容区块的脚注信息，在企业网站中的 footer 结构元素通常用来显示版权声明、备案信息、企业联系电话及网站制作单位等内容。

本章中，网站页面的 footer 元素在浏览器中的显示结果如图 21-7 所示。

版权所有：吉林省明日科技有限公司　　地址：长春市高新区锦河街155号电子信息楼三层301室　　电话：400-675-1066

图 21-7　通过 footer 元素实现的网站版权说明

footer 元素中的内容相对来说比较简单，它存放了两个 div 元素，其中上面的 div 元素仅用来设置 footer 的样式的类名为 container_16，第 2 个 div 元素中存放版权信息、公司地址、公司电话

等。其主要的实现代码如下。（代码位置：光盘\MR\源码\第 21 章\index.html）

```
<footer>
  <div class="container_16">
    <div id="main">
        版权所有：<strong>吉林省明日科技有限公司</strong>   
        地址：长春市高新区锦河街 155 号电子信息楼三层 301 室   
        电话：400-675-1066
    </div>
  </div>
</footer>
```

footer 元素所使用的 CSS 样式代码如下。（代码位置：光盘\MR\源码\第 21 章\css\style.css）

```
footer .container_16 {
font-size:.625em;
}
footer .copy {
}
footer .copy span {
    text-transform:uppercase;
    color:#e1e1e1;
    }
footer .copy a {
    color:#777;
    }
```

21.4.3　显示网站介绍及相关图片

在 HTML 网站中，每个网页所展示的主体内容通常都存放在 section 结构元素中，而且通常带有一个标题元素 header。在主页中，网站介绍及相关图片的显示结果如图 21-8 所示。

图 21-8　网站介绍及相关图片的显示

在主页中，页面主体 section 元素中显示了长春的简介，以及一些美丽的图片，其结构相对来说比较简单，主要是通过 aside 元素组成的。主页中的 section 元素内容的代码如下。（代码位置：光盘\MR\源码\第 21 章\index.html）

```html
<section id="mainContent" class="grid_10">
        <article>
         <h2>长春欢迎你</h2>
         <h3>长春，吉林省省会，全省政治、经济、文化和交通中心，中国最大的汽车工业城市，有 "东方底特律" 之称。中国建成区面积和建成区人口第九大城市。中国特大城市之一。</h3>
         <h4>长春地处东北平原中央，是东北地区天然地理中心，东北亚几何中心，东北亚十字经济走廊核心。总面积 20604 平方公里。</h4>
         <p>新的长春，宛若一颗镶嵌在中国东北平原腹地的明珠，在二百余年近代城市历史的发展变化中，以其年轻而美丽跻身于国内特大城市之列！而已湮没的长春古代历史又相似饱经风霜的老者，讲述这里曾经的跌跌撞撞、大起大落、大喜大悲。从古都到新城，悠远和年轻这两种不同的力量，都注定了长春必定辉煌！</p>
         <a href="#" class="button">更多</a>
        </article>
        <article class="last">
        <h2>魅力长春</h2>
        <h5>　　长春素有 "汽车城"、"电影城"、"光电之城" "科技文化城"、"大学之城"、"森林城"、"雕塑城" 的美誉，是中国汽车、电影、光学、生物制药、轨道客车等行业的发源地。</h5>
         <ul class="img-list clearfix">
          <li><a href="#"><img src="images/thumb1.jpg" alt=""></a></li>
          <li><a href="#"><img src="images/thumb2.jpg" alt=""></a></li>
          <li><a href="#"><img src="images/thumb3.jpg" alt=""></a></li>
          <li><a href="#"><img src="images/thumb4.jpg" alt=""></a></li>
          <li><a href="#"><img src="images/thumb5.jpg" alt=""></a></li>
          <li><a href="#"><img src="images/thumb6.jpg" alt=""></a></li>
          <li><a href="#"><img src="images/thumb7.jpg" alt=""></a></li>
          <li><a href="#"><img src="images/thumb8.jpg" alt=""></a></li>
          <li><a href="#"><img src="images/thumb9.jpg" alt=""></a></li>
         </ul>
         <a href="#" class="button">更多</a>
        </article>
     </section>
```

第 1 个<article>显示了关于长春的介绍性文字，其主要是通过标题文字标记的使用，来达到文字的层次效果。第 2 个<article>显示了关于长春的荣誉称号，并通过列表的形式来展示图片，以使得文字内容更有说服力，页面显示效果更加美观。

上面 section 元素所使用的 CSS 样式代码如下。（代码位置:光盘\MR\源码\第 21 章\css\style.css）

```css
#mainContent article {
    padding:0 0 32px 0;
    margin-bottom:30px;
    border-bottom:1px dashed #323232;          /*设置底边框*/
    }
#mainContent article.last {
    padding-bottom:0;
    margin-bottom:0;
    border:none;
    }
```

21.4.4 主页左侧导航的实现

aside 元素用来显示当前网页主体内容之外的、与当前网页显示内容相关的一些辅助信息。例如，可以是一些关于网站的宣传语，或者是网站管理者认为比较重要的信息。aside 元素的显示形式可以是多种多样的，其中最常用的形式是侧边栏的形式。在主页中的 aside 元素内应用到两个 article 元素，一个 article 元素用以显示对长春一些特点的概述，当单击这些概述的文字时，将以定义列表的形式，对这些概述的文字进行解释；另外一个 article 元素显示一张长春区域的地图，并在图片的下方对各区的名称进行链接。主页左侧导航在浏览器中的效果如图 21-9 所示。

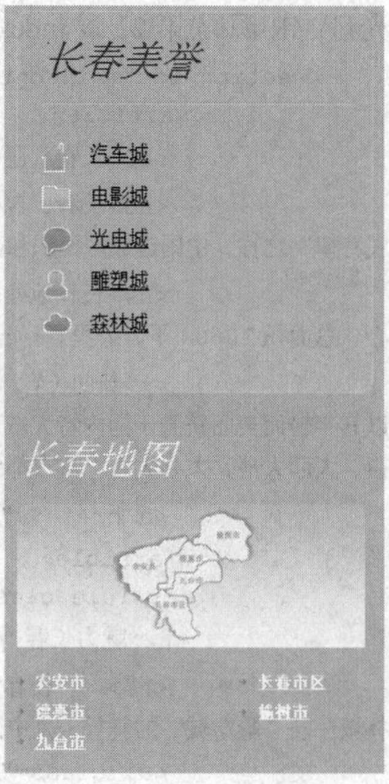

主页中的 aside 元素的代码如下。（代码位置：光盘\MR\源码\第 21 章\index.html）

```
<aside class="grid_6">
        <div class="prefix_1">
        <article>
          <div class="box">
            <h2>长春美誉</h2>
            <dl class="accordion">
            <dt><img src="images/icon1.gif" alt=""><a
href="#">汽车城</a></dt>
              <dd>中国第一汽车集团公司是中国最大的汽车工业科研生产基地，汽车产量占全国总产量的
五分之一</dd>
              <dt><img src="images/icon2.gif" alt=""><a href="#">电影城</a></dt>
              <dd>长春电影制片厂是新中国电影事业的"摇篮"，为弘扬电影文化，长春市政府自九二年
以来，每两年举办一届长春电影节，邀请国内外电影界知名人士和电影厂商汇聚长春，共创电影辉煌</dd>
              <dt><img src="images/icon3.gif" alt=""><a href="#">光电城</a></dt>
              <dd>在光学电子、激光技术、高分子材料、生物工程等方面的研究居全国领先地位，有的已
经达到国际先进水平</dd>
              <dt><img src="images/icon4.gif" alt=""><a href="#">雕塑城</a></dt>
              <dd>长春雕塑公园</dd>
              <dt><img src="images/icon5.gif" alt=""><a href="#">森林城</a></dt>
              <dd>著名的净月潭森林旅游区总面积 478.7 平方公里，有亚洲最大的人工森林</dd>
            </dl>
          </div>
        </article>
        <article class="last">
          <h2>长春地图</h2>
          <p><img src="images/map.jpg" alt=""></p>
          <div class="wrapper">
          <ul class="list1 grid_3 alpha">
              <li><a href="#">农安市</a></li>
            <li><a href="#">德惠市</a></li>
            <li><a href="#">九台市</a></li>
          </ul>
          <ul class="list1 grid_2 omega">
```

图 21-9　主页左侧导航

```
            <li><a href="#">长春市区</a></li>
            <li><a href="#">榆树市</a></li>
          </ul>
        </div>
      </article>
    </div>
  </aside>
```

其中，对目录列表实现的下拉式显示，是通过 JavaScript 脚本与 jQuery 脚本实现的，具体的实现代码如下。（代码位置：光盘\MR\源码\第 21 章\index.html）

```javascript
<script type="text/javascript">
    $(function(){
        $(".accordion dt").toggle(function(){
            $(this).next().slideDown();
        }, function(){
            $(this).next().slideUp();
        });
    })
</script>
```

下面再来看一下首页中 aside 元素所使用的样式，其实现代码如下。（代码位置：光盘\MR\源码\第 21 章\css\style.css）

```css
aside article {
    padding-bottom:0;
    margin-bottom:35px;
    }
aside article.last {
    margin-bottom:0;
    }
/* Accordion */
.accordion dt {
    font-size:16px;                      /*设置文字大小为 16 像素*/
    line-height:1.2em;                   /*设置行间距*/
    color:#000;
    position:relative;                   /*设置相对位置*/
    padding:10px 0 5px 40px;             /*设置内边距*/
    height:1%;
    }
    .accordion dt img {
        position:absolute;
        left:0;
        top:10px;
    }
    .accordion dt a {
        color:#000;                      /*设置文字颜色*/
    }
.accordion dd {
    display:none;
    padding:0 0 0 40px;                  /*设置内边距*/
    }
/* Lists */
.list1 li {
    background:url(../images/arrow1.gif) no-repeat 0 7px;     /*设置背景图片*/
```

```
    padding:0 0 6px 15px;
    font-size:13px;                                 /*设置文字尺寸为 13 像素*/
    zoom:1;
}
.list1 li a {
    color:#fff;
    font-weight:bold;                               /*设置文字加粗显示*/
}
```

上面 CSS 代码的主要作用是：

* 对 aside 元素中的 article 元素样式进行设置，主要是设置其边距和填充的像素；
* 设置定义列表项的样式，主要是设置列表项的字体、高度、颜色、定位方式以及列表项前面的图标等。

21.4.5　播放音乐

"留下足迹"页面的主体内容相对来说比较简单，主要是添加了一张 gif 格式的图片，选择添加 gif 格式的图片，是因为其能"闪动"，从而为整个页面增加一些生机。在该图片的下方，通过 audio 标签，加载了一段声频，并将其设置为自动播放，这样当进入这个网页的时候，不但可以看到美丽的画面，还可以听到一首好听的歌曲。当然，这里读者也可以通过设置背景音乐的形式，达到以上效果。但是为了显示 HTML 的强大功能，这里使用了 audio 标签来加载音频。当然更好的办法是直接通过 video 标签，加载一段视频，这样整个页面的效果会更绚丽。"留下足迹"页面中的播放音乐功能的效果如图 21-10 所示。

图 21-10　"留下足迹"页面的播放音乐功能

播放音乐功能的实现代码如下。（代码位置：光盘\MR\源码\第 21 章\index-6.html）

```html
<section id="mainContent" class="grid_10">
    <article>
        <h2>雪景</h2>
        <img src="images/7page-img1.gif" alt="" width="600">
        <h2>听一首关于雪的歌曲</h2>
         <audio src="music/xr.mp3" controls="controls"  autoplay="autoplay" ></audio>
    </article>
 </section>
```

21.4.6　添加留言功能的实现

在"留下足迹"页面中，使用 aside 元素实现了添加留言的功能，其运行效果如图 21-11 所示。

使用 aside 元素实现添加留言功能的主要代码如下。（代码位置：光盘\MR\源码\第 21 章\index-6.html）

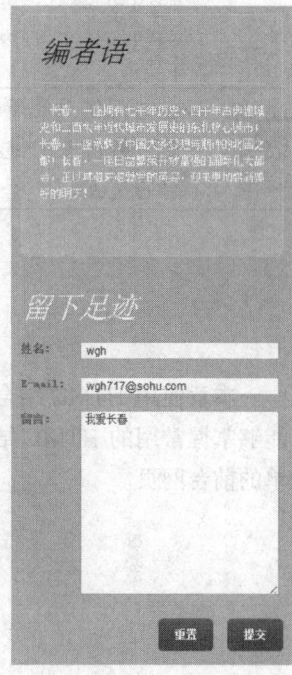

图 21-11　添加留言功能

```html
<form action="" id="contacts-form">
        <label><span> 姓 名 ： </span><input type="text" /></label>
        <label><span>E-mail： </span><input type="text" /></label>
        <span>留言: </span><textarea></textarea></div>
        <a  href="#"  onclick="document.getElementById('contacts-form').submit()" class="button">提交</a>
    <a href="#" onclick="document.getElementById('contacts-form').submit()" class="button">重置</a></div>
    </form>
```

下面再来看一下对表单样式设计的代码。（代码位置：光盘\MR\源码\第 21 章\css\style.css）

```css
#contacts-form fieldset {
    border:none;
}
#contacts-form label {
    display:block;
    height:26px;
    overflow:hidden;               /*设置溢出隐藏*/
}
#contacts-form span {
    float:left;       '            /*设置浮动在左侧*/
    width:66px;
    }
#contacts-form input {
    float:left;                    /*设置浮动在左侧*/
    background:#1e1e1e;
    border:1px solid #a4a4a4;      /*设置一个像素的边框*/
    width:210px;
    padding:1px 5px 1px 5px;       /*设置内边距*/
    color:#fff;                    /*设置文字颜色*/
}
#contacts-form textarea {
```

```
        float:left;                        /*设置浮动在左侧*/
        width:210px;
        padding:1px 5px 1px 5px;           /*设置内边距*/
        height:195px;
        background:#1e1e1e;                /*设置背景颜色*/
        border:1px solid #a4a4a4;          /*设置一个像素的边框*/
        overflow:auto;
        color:#fff;
    }
    #contacts-form .button {
        float:right;                       /*设置浮动在右侧*/
        margin-left:16px;                  /*设置左外边距*/
        margin-top:14px;                   /*设置右外边距*/
    }
```

请使用最新的 Chrome 浏览器运行本章的旅游信息网，该网站只是一个前台展示页面，故所有的链接都为空链接。读者可以自行开发本站的后台程序，最终实现前台与后台的交互。

21.5　课程设计总结

　　本章使用 HTML 结合 CSS 样式文件制作了一个旅游信息网，通过对本章的学习，读者应该能够掌握常用的 HTML 结构元素的使用，并能够使用这些结构元素，结合 CSS 样式文件制作简单的前台网页。